“工学结合、校企合作”课程改革成果系列教材
数控技术应用专业教学用书

数控车铣复合加工

主　　编　陈颂阳
副 主 编　陈崇军
参　　编　段　超　梁　宇　江献华　谢政平
技术顾问　林新贵　曹玉成　王　鹏　谢　旭

机械工业出版社

本书共分五个项目，分别为槽轮轴加工、油口法兰加工、管接头加工、联轴器加工和手动气阀综合零件加工，内容包括车铣复合零件加工工艺制订、多工序加工操作方法、多工序工件装夹与装配、产品质量检测与控制、不同材料刀具和切削用量的选择等知识，使学生具备数控车铣复合加工较复杂零部件的能力，毕业后能熟练从事与数控车铣复合加工有关的CNC岗位工作。本书可作为职业院校数控技术专业及相关专业教材，也可作为各类培训机构的数控技术培训资料与参考书。

图书在版编目（CIP）数据

数控车铣复合加工/陈颂阳主编．—北京：机械工业出版社，2016.8（2025.2重印）

“工学结合、校企合作”课程改革成果系列教材．数控技术应用专业教学用书

ISBN 978-7-111-54736-5

Ⅰ.①数…　Ⅱ.①陈…　Ⅲ.①数控机床-车床-加工工艺-中等专业学校-教材②数控机床-铣床-加工工艺-中等专业学校-教材　Ⅳ.①TG519.1②TG547

中国版本图书馆CIP数据核字（2016）第209112号

机械工业出版社（北京市百万庄大街22号　邮政编码100037）

策划编辑：齐志刚　责任编辑：齐志刚　韩　冰　责任校对：张　薇

封面设计：路恩中　责任印制：郜　敏

北京中科印刷有限公司印刷

2025年2月第1版第8次印刷

184mm×260mm·17.5印张·474千字

标准书号：ISBN 978-7-111-54736-5

定价：44.00元

前　言

进入21世纪，制造业技术的革新日新月异，多功能数控机床越来越普及，机械零件产品也越来越复杂，对从业人员的素质提出了更高的要求，产业发展急需大批复合型数控技术人才。在现代机械、模具、汽车、航空航天、电工电子等制造企业中有大批的车铣复合加工零件，其结构复杂，产品更新换代快，品种多而批量小。因此，中小型制造企业呈现出定制生产的发展趋势，按“成组技术”原理形成“生产单元”和“独立制造岛”式的生产组织模式已成为中小型制造企业提高生产率与效益的关键。广州市番禺区职业技术学校数控技术应用专业部针对区域产业发展的要求，与广州市敏嘉制造技术有限公司、广州市恒鸥食品机械设备有限公司、佛山神威热交换器有限公司等企业合作，开发了“数控车铣复合加工”项目课程。该课程将数控车床与数控加工中心组合成“制造岛”，项目以来自企业的典型真实车铣复合零件产品为载体，教学模式按“生产型项目教学”的模式展开，将数控车削加工、数控铣削加工、工艺编制等能力融为一体，培养学生的生产实践经验，并提升学生综合职业能力，使他们成为高素质复合型数控技术人才。

本书是“数控车铣复合加工”项目课程配套教材，有以下特色。

一是原创性。本书的内容是课程建设小组在企业专家的技术指导下，根据教学需要从一线生产企业的典型零件产品中遴选出来的，同类教材在国内教材建设中少有见到。

二是职业性。本书的教学内容以企业生产流程进行序化，任务实施过程对接企业生产流程，综合了数控车削、数控铣削、CAD/CAM等技术技能，有鲜明的职业教育特色。

三是创新性。本书的体例按职业活动规律与学生学习规律编排，步骤清晰，解说详细，针对性强，学生完全能够按本书的操作步骤完成项目实施。

本书由陈颂阳任主编、陈崇军任副主编，江献华负责全书图样的绘制与校核，谢政平负责全书各项目零件产品加工工艺的审核与修改。其中，项目一由陈颂阳编写、项目二和项目四由梁宇编写、项目三由段超编写、项目五由陈崇军编写。在本书编写过程中，得到了广州市敏嘉制造技术有限公司等企业专家的大力支持，他们为本书的编写提供了大量的技术资料与技术指导，在此特别鸣谢。

由于编者水平有限，书中疏漏、不足之处在所难免，欢迎读者提出宝贵的意见，在此表示衷心感谢！

编　者

目　录

项目一　槽轮轴加工

【项目任务】

按订单要求，请各小组加工纺织机转扬槽轮轴五件，实物如图1-1所示，材料为45钢，零件尺寸、技术要求详见槽轮轴零件图（图1-2）。

本项目教学时数为24学时。

图1-1　槽轮轴实物图

【学习目标】

通过本项目任务的学习，学生应：

1）了解车铣复合加工类零件的一般加工工艺过程，感知机械产品完整的加工工艺路线。

2）会初步分析车铣复合加工类零件的加工工艺，能初步编写零件加工工艺卡。

3）能正确装夹车铣复合加工类零件，会综合运用工具、量具进行简单的装夹找正。

4）会使用千分尺等测量工具精确测量车铣复合加工类零件。

5）初步熟悉企业生产现场管理与劳动组织模式。

【任务知识与技能分析】

槽轮轴的加工包括车削加工与铣削加工两大部分，实施本项目任务涉及的主要知识与技能包括：

1）45钢的加工性能。

2）45钢刀具和切削用量选择的原则。

3）单件小批量车铣复合类零件加工工序与工步编排、工艺文件的编制。

4）表面精度的控制方法，车削表面粗糙度值为 $Ra3.2\mu m$ 的情况下如何设置切削深度、刀具转速与进给量。

5）尺寸精度的控制方法，包括刀具、检测工具和检测方法的综合运用。

6）对称度、垂直度、平行度的几何公差的控制。

7）二次装夹时的定位与找正方法。

8）简单车铣复合类零件装夹夹具的选择。

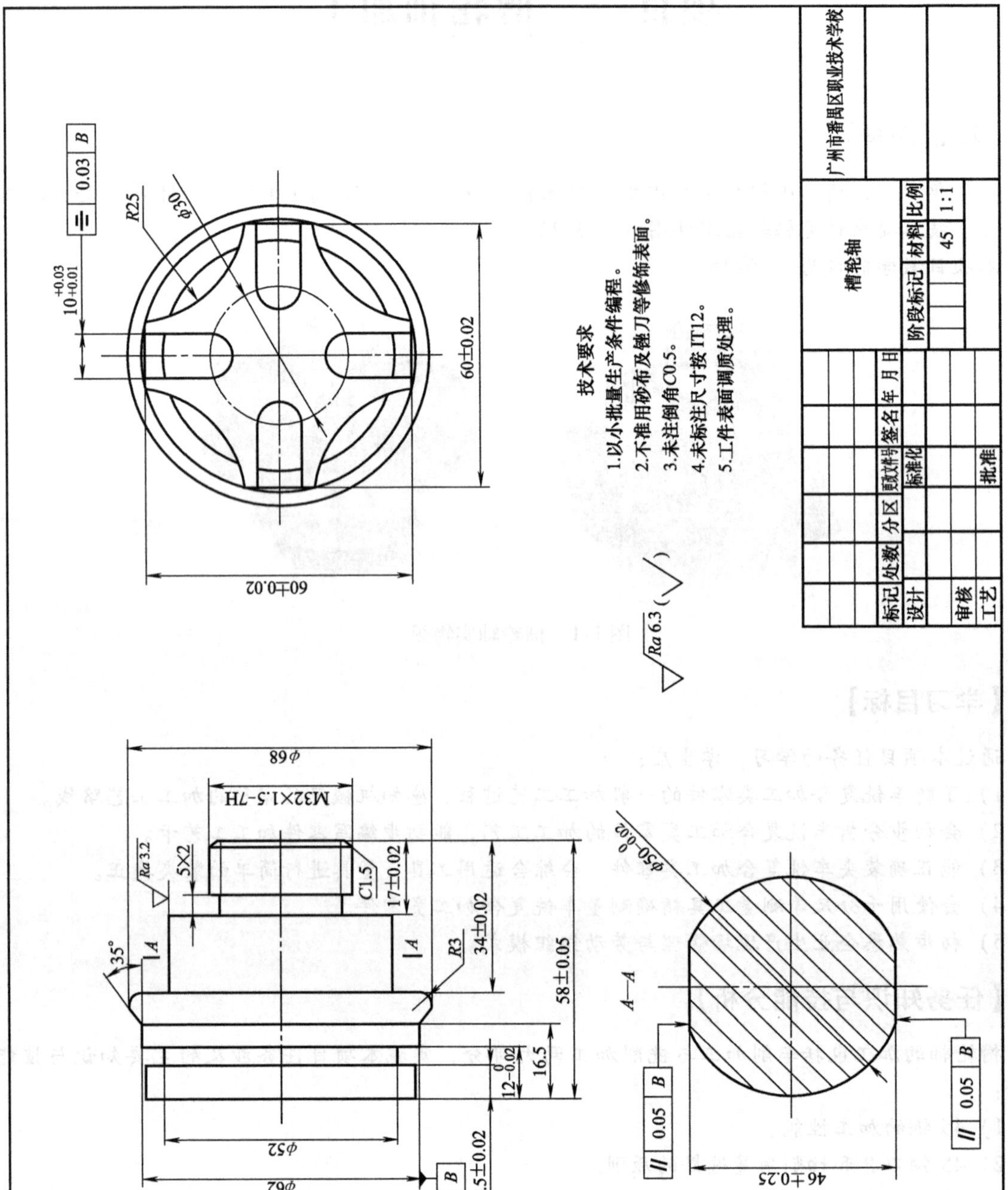

技术要求
1.以小批量生产条件编程。
2.不准用砂布及锉刀等修饰表面。
3.未注倒角C0.5。
4.未标注尺寸按IT12。
5.工件表面调质处理。
Ra 6.3
A—A
M32×1.5-7H
φ68
φ52
φ62
58±0.05
34±0.02
17±0.02
16.5
7.5±0.02
60±0.02
46±0.25
R2.5
R3
φ30
35°
5×2
C1.5
0.03 B
0.05 B
槽轮轴
广州市番禺区职业技术学校
标记 处数 分区 更改文件号 签名 年 月 日
设计 标准化 阶段标记 材料 比例
45 1:1
审核
工艺 批准

图 1-2 槽轮轴零件图

【任务实施】

一、组建学习小组

根据项目任务要求，结合组员的个性特点组建学习小组，并参照企业生产小组的形式，对小组成员进行任务分工，组内岗位包括生产组长、工艺编制员、数控车床操作员、数控铣床操作员、质量检测员，具体岗位分工见表1-1。

表1-1 学习小组岗位分工表

工作岗位	姓 名	岗 位 任 务	备 注
生产组长		1)统筹安排生产加工任务,协调、调度各组员按进度加工生产 2)贯彻实施安全生产 3)做好现场管理,落实"7S"(即整理、整顿、清扫、清洁、素养、安全、节约)制度	生产安排
工艺编制员		1)组织进行产品的加工工艺分析,合理分配工序 2)制订工艺规程并编写工艺卡片 3)协助解决加工过程中出现的工艺问题 4)管理加工工艺文件	
数控车床操作员		1)负责按工艺文件要求,操作数控车床完成零件车削工序 2)按品质管理的检测频度对产品进行质量检验 3)调整、控制车削加工部分的产品质量	
数控铣床操作员		1)负责按工艺文件要求,操作数控铣床完成零件铣削工序 2)按品质管理的检测频度对产品进行质量检验 3)调整、控制铣削加工部分的产品质量	
质量检测员		1)负责按产品技术要求对产品质量进行检验和入库 2)提出品质管理的建议和意见 3)说明产品生产中质量控制点和经常出现的质量问题	

想一想：你们小组的分工是否合理？每个成员思考一下本人除了胜任现已分配的岗位工作外，还可胜任哪些岗位工作？

二、加工工艺分析

加工工艺是指导操作者将工件逐步生产成交货状态的产品的指导性文件，加工工艺编制质量的好坏直接影响到产品的生产成本和生产率，它在生产组织中是非常重要且不可或缺的。槽轮轴加工工艺分析见表1-2。

表1-2 槽轮轴加工工艺分析表

序号	项目	分 析 内 容	备注
1	槽轮轴零件图样分析	细致认真地审读槽轮轴零件图,重点关注尺寸公差、表面粗糙度、几何公差与技术要求。具体如下 1)槽轮轴尺寸标注方法分析。分析整体与局部的尺寸标注是否完整,标注是否正确,有无多余尺寸,特别是槽轮部分的形状尺寸要认真读懂 2)槽轮轴零件轮廓的几何要素分析。分析图样中几何要素的给定条件是否充分、正确,包括螺纹、外圆、槽、槽轮部分的几何要素 3)槽轮轴精度及技术要求分析。在槽轮轴中,要求车削外圆部分的尺寸精度是±0.02mm,铣削槽宽部分为$10^{+0.03}_{+0.01}$mm,表面粗糙度值最高为$Ra3.2\mu m$,还有三处平行度和对称度的几何公差要求。分析精度及各项技术要求是否齐全、是否合理 4)对于车削加工的表面,槽轮轴表面粗糙度值最高为$Ra3.2\mu m$,加工时考虑按最高精度一刀连续加工 5)找出槽轮轴零件图样上有较高几何公差要求的表面,这些表面应尽可能在一次装夹下完成 6)根据零件图的尺寸要求,本产品备料毛坯尺寸为ϕ70mm×60mm的圆棒料	

（续）

序号	项目	分析内容	备注
2	槽轮轴结构工艺分析	槽轮轴的结构包括阶梯轴身、螺纹轴头和槽轮三大部分，另外还有两处切槽。根据其结构工艺特性，须采用车削加工与铣削加工 1）槽轮轴加工工序。根据其结构特点，划分为四个工序：①车削槽轮轴右端台阶、螺纹退刀槽、螺纹；②调头车削左端台阶、切槽；③铣削右端轴身两平面；④铣削槽轮部分 2）各工序的粗、精加工：先对各表面进行粗加工，粗加工结束后再精加工，并进行精度控制 3）槽轮轴零件图中三处几何公差要求较高的表面，其中平行度、对称度要求均在一次装夹下完成，以免多次装夹所产生的装夹误差影响几何公差 4）车削工序中，轴两端的加工对刀点一般均设在右前方，以便缩短刀具移动距离，减少空行程时间。铣削工序中的对刀点，须根据零件装夹与切削点的安全距离确定 5）加工中选用的机床为数控车床和数控铣床（或加工中心）	
3	装夹用夹具分析	根据槽轮轴结构特点，在车削与铣削过程中，所用夹具如下 1）车削圆周的定位夹具采用自定心卡盘，两次装夹结合坯料进行 2）铣削加工右端轴身部分，采用自定心卡盘装夹，并且注意保证与轴线垂直 3）铣削加工左端槽轮部分，采取机用虎钳装夹，夹持轴的两平行面	
4	加工刀具分析	根据槽轮轴的轮廓几何要素，在车削与铣削过程中，所用的刀具如下 1）外圆车削部分，选用外圆车刀，刀具材料一般采用硬质合金 2）切槽加工部分，根据槽宽选用3mm切槽刀，刀具材料一般采用硬质合金 3）外螺纹加工部分，根据螺纹参数，选用60°外螺纹车刀，刀具材料一般采用硬质合金 4）铣削加工部分，根据铣削量与槽宽，选用ϕ8mm硬质合金立铣刀	
5	切削用量分析	切削用量的选择，包括背吃刀量、主轴转速和进给速度三项。槽轮轴的材料为45钢，刀具材料均为硬质合金，切削具体要求如下 1）确定背吃刀量a_p(mm)。须考虑机床、刀具、装夹的刚性，车削最好一次切净余量，以提高生产率。根据产品实际情况，槽轮轴精加工量一般不超过2mm，同时为了保证加工精度和表面粗糙度，一般都留有一定的精加工余量，精车余量为0.1～0.5mm 2）确定主轴转速n(r/min)。主轴转速应根据零件上被加工部位的直径，并按零件和刀具的材料及加工性质等条件所允许的切削速度v_c(m/min)来确定 3）确定进给速度v_f(mm/min)。进给速度的大小直接影响表面粗糙度和车削效率，因此应在保证表面质量的前提下，选择较高的进给速度	
6	产品质量检测分析	槽轮轴的检测包括外圆、螺纹、沟槽三部分，其中加工过程还须有辅助检测工具，具体准备的检测工具包括： ①游标卡尺；②钢直尺；③游标深度卡尺；④千分尺；⑤螺纹环规；⑥百分表	

想一想：

1）按表1-2从图样、结构、装夹、刀具、切削用量、产品质量检测六个方进行零件加工工艺分析，是否全面、具体、合理？

2）零件加工工艺分析的重要内容有哪些？你能否列举？

3）零件图的左视图中尺寸（60±0.02）mm表示什么？你能否读懂？

三、编制工艺卡

编制工艺卡（表1-3）时需查找《机床参数表》《机床使用说明书》《切削用量手册》《刀具手册》《机械加工工艺手册》等工艺文件资料。

表 1-3　槽轮轴加工工艺卡

广州市番禺区职业技术学校	零件名称	槽轮轴	加 工 工 艺 卡		产品型号		FZJ-BXXW-01	
	毛坯类型	ϕ70mm 棒料	材料	45 钢	工艺卡号	CLZ001	第 1 页	共 4 页

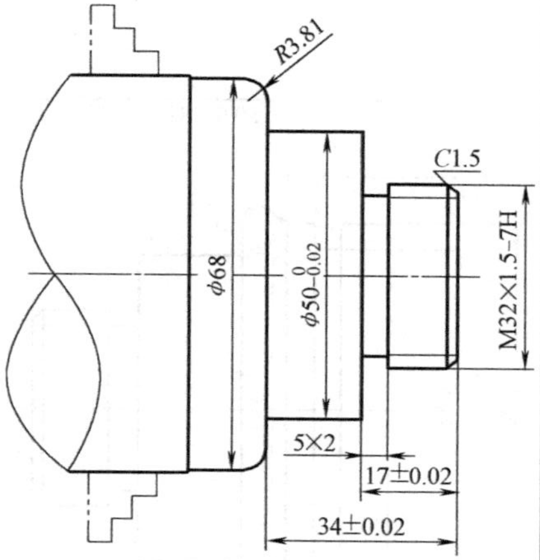

工序号	工步	加工内容	刀具及材料	工艺装备	切削用量 加工类别	n/(r/min)	a_p/mm	v_f/(mm/min)
车 1	1	1）车右端面 2）单边留余量 0.2mm，粗车 M32、ϕ50mm、R3mm 外圆及肩面 3）精车 M32、ϕ50mm、R3mm 外圆、肩面、倒角至要求	外圆车刀（硬质合金）	自定心卡盘（夹毛坯外圆，左端面定位）	粗加工	1000	1.0	150
					精加工	1300	0.2	100
	2	切 5mm×2mm 的螺纹退刀槽	3mm 的外圆切槽刀（硬质合金）		粗加工	600	3	15
	3	车削 M32 螺纹	60°外螺纹车刀（硬质合金）		粗加工	250		1.5

				编制		批准	
				日期		日期	
标记	处数	更改文件号	签字				

（续）

广州市番禺区职业技术学校	零件名称	槽轮轴	加工工艺卡		产品型号		FZJ-BXXW-01	
	毛坯类型	ϕ70mm 棒料	材料	45 钢	工艺卡号	CLZ002	第 2 页	共 4 页

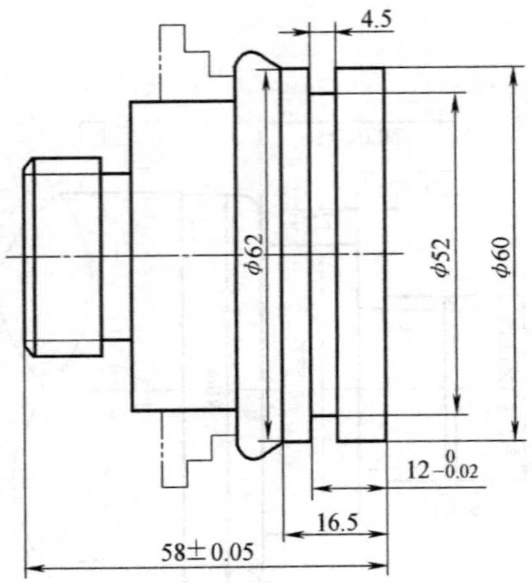

工序号	工步	加工内容	刀具及材料	工艺装备	切削用量：加工类别	n/(r/min)	a_p/mm	v_f/(mm/min)
车 2	1	调头用卡盘夹紧，按图样尺寸加工 ϕ60mm、ϕ62mm 外圆，ϕ68mm 外圆的 45°锥面	外圆车刀（硬质合金）	自定心卡盘	粗加工	800	0.8	120
					精加工	1300	0.4	100
	2	按图样尺寸加工 4.5mm×5mm 的槽	3mm 切槽刀（硬质合金）	自定心卡盘	粗加工	300	3	15
					精加工	300	3	12

标记	处数	更改文件号	签字	编制		日期		批准		日期	

（续）

广州市番禺区职业技术学校	零件名称	槽轮轴	加工工艺卡		产品型号		FZJ-BXXW-01	
	毛坯类型	ϕ70mm 棒料	材料	45 钢	工艺卡号	CLZ003	第 3 页	共 4 页

工序号	工步	加工内容	刀具及材料	工艺装备	切削用量：加工类别	n/(r/min)	a_p/mm	v_f/(mm/min)
铣 1	1	用卡盘夹紧，按图样尺寸加工 46mm 的扁位平面	ϕ12mm 立铣刀（硬质合金）	自定心卡盘	粗加工	800	0.6	120
					精加工	1200	0.3	100

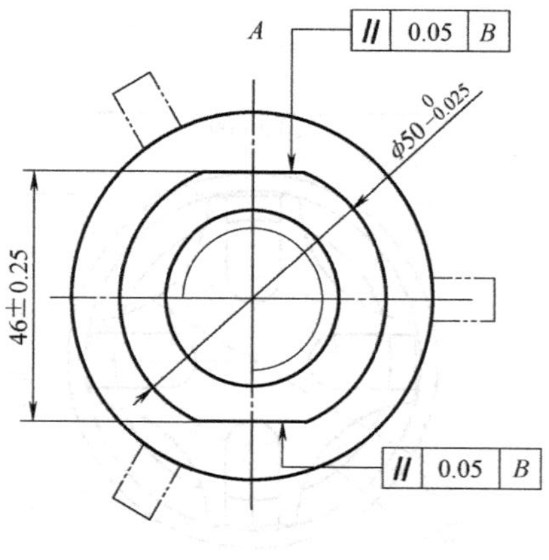

				编制		批准	
标记	处数	更改文件号	签字	日期		日期	

（续）

广州市番禺区职业技术学校	零件名称	槽轮轴	加工工艺卡		产品型号			FZJ-BXXW-01	
	毛坯类型	φ70mm 棒料	材料	45 钢	工艺卡号	CLZ004		第 4 页	共 4 页
	工序号	工步	加工内容	刀具及材料	工艺装备	切削用量			
						加工类别	n/(r/min)	a_p/mm	v_f/(mm/min)
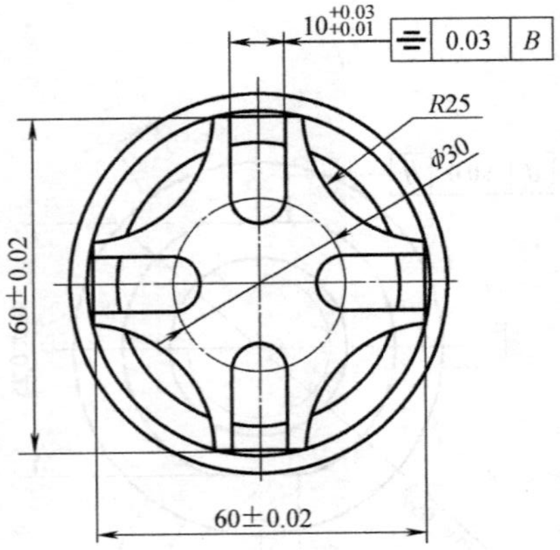	铣 2	1	工件调头，用机用虎钳夹紧工件，按图样尺寸加工 R25mm 及宽度 60mm 的部位	φ12mm 立铣刀（硬质合金）	机用虎钳	粗加工	800	0.6	120
						精加工	1200	0.3	100
		2	按照图样尺寸加工四个宽度为 10mm 的槽	φ8mm 立铣刀（硬质合金）	机用虎钳	粗加工	1000	0.6	120
						精加工	1300	0.3	100

				编制		批准		
标记	处数	更改文件号	签字	日期		日期		

四、设备、工具、量具、辅具的准备

根据任务的加工要求，实施本任务具体需要准备的设备、工具、量具、辅具见表1-4。

表1-4　槽轮轴加工需要的设备、工具、量具、辅具

序号	名称	简　图	型号/规格	数量	备注
1	数控车床	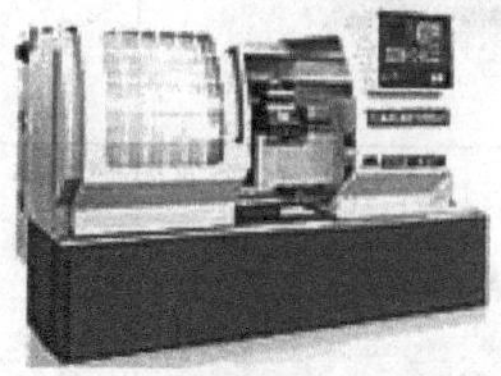	CAK6140	1台	设备
2	数控铣床		VMC850	1台	设备
3	编程计算机		通用型（配机床通信线）	2台	设备
4	外圆车刀		刀杆25mm×25mm，硬质合金	1把	刀具
5	切槽刀		3mm，硬质合金	1把	刀具
6	外螺纹车刀		60°，硬质合金	1把	刀具
7	立铣刀		ϕ16mm四刃，硬质合金	1把	刀具
8	立铣刀		ϕ8mm四刃，硬质合金	1把	刀具
9	自定心卡盘		通孔直径大于80mm	1个	夹具

（续）

序号	名称	简　图	型号/规格	数量	备注
10	机用虎钳	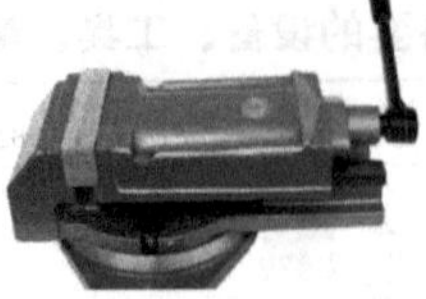	开口大于100mm	1个	夹具
11	游标卡尺	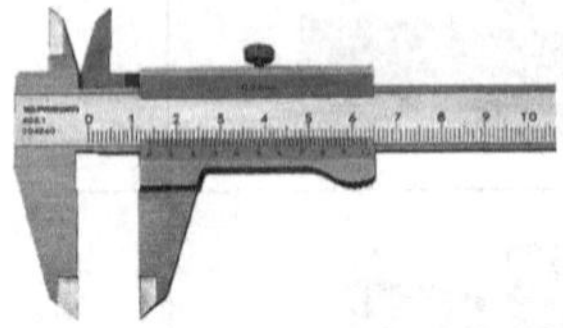	150mm	1把	量具
12	钢直尺	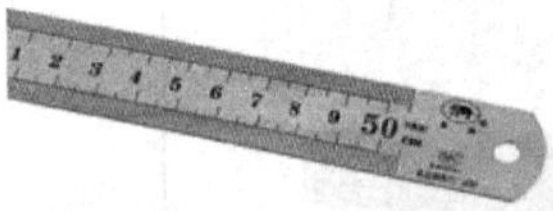	200mm	1把	量具
13	千分尺	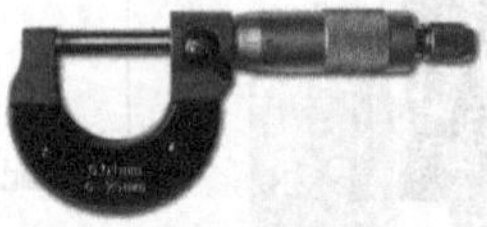	25～75mm	2把	量具
14	千分表座		0.001mm	1套	量具
15	螺纹环规		M32×1.5	1套	量具
16	铣刀柄	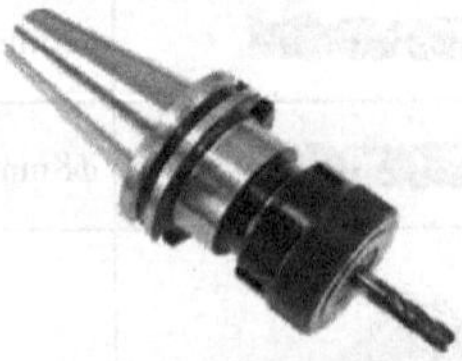	BT40	1个	辅具

想一想：仔细分析一下表1-4列出的设备、工具、量具是否齐备？如果不齐，还缺什么？你是否熟悉每一种工具、量具的功能，是否熟悉正确的操作规程？

五、操作加工

（一）车削槽轮轴右端部分

按照表1-3中“车1”的要求，操作数控车床加工槽轮轴右端部分，具体加工步骤见表1-5。

表1-5　槽轮轴右端部分车削加工步骤

<table>
<tr><th>步骤</th><th>简　图</th><th>操作要点</th><th>探究</th></tr>
<tr><td>1. 绘制槽轮轴加工二维图</td><td>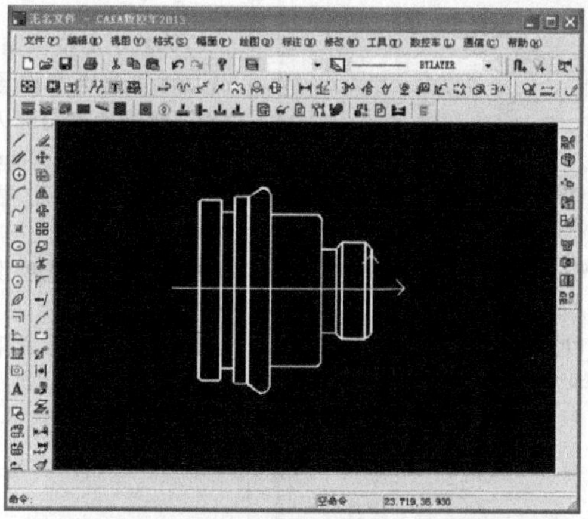
</td><td>1）编程软件采用CAXA数控车2013版
2）绘制零件加工二维图，尺寸要准确
3）M32螺纹大径尺寸要车小0.2mm
4）绘图时注意中心点，并且须作出参照线，方便调头加工使用</td><td>坐标原点不设在右端轴心会有什么后果</td></tr>
<tr><td rowspan="2">2. 设置槽轮轴右端粗车参数</td><td>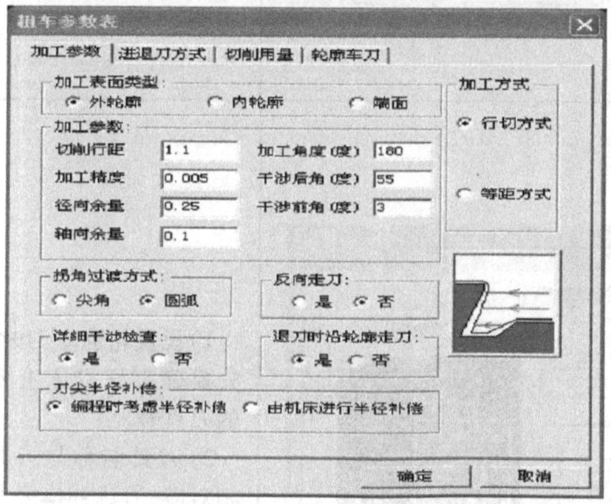
</td><td>1）选择好加工表面后，进行加工参数的设置
2）将加工表面类型设置为“外轮廓”，加工方式设置为“行切方式”
3）为精加工预留加工余量，一般径向余量为0.25mm，轴向余量为0.1mm</td><td>外轮廓、内轮廓与端面的具体含义是什么</td></tr>
<tr><td>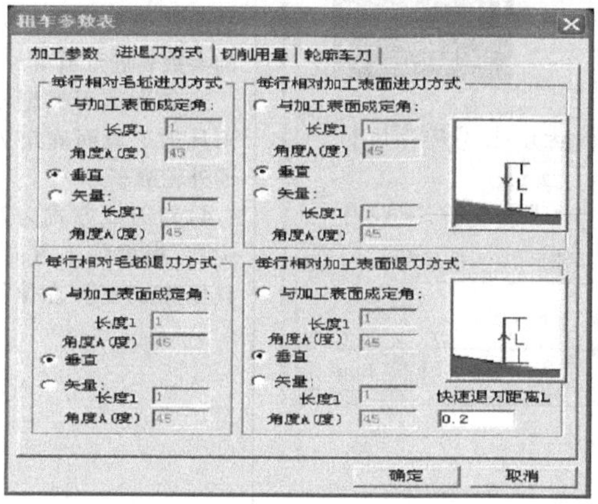
</td><td>1）每行相对毛坯进、退刀方式设置为“垂直”
2）每行相对加工表面进、退刀方式设置为“垂直”
3）快速退刀距离设置为0.2mm，以提高加工效率</td><td>快速退刀距离L的含义是什么</td></tr>
</table>

（续）

步骤	简　　图	操作要点	探究
2. 设置槽轮轴右端粗车参数	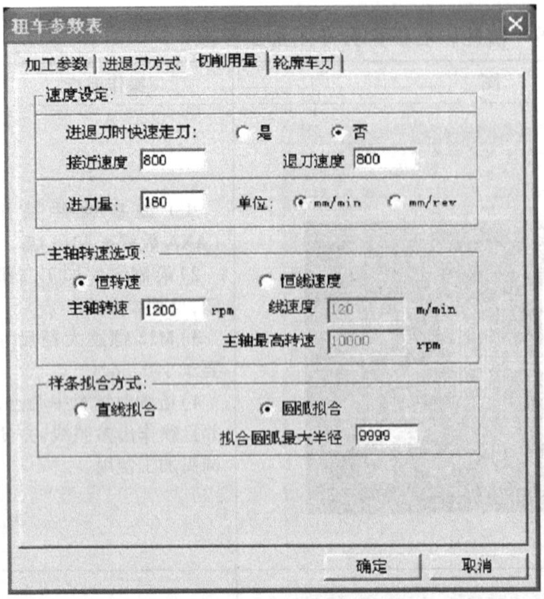	1）为减小定位误差，进退刀时快速走刀设置为“否”，接近速度与退刀速度均设置为800mm/min 2）进刀量设置为160mm/min 3）主轴转速选项设置为“恒转速” 4）样条拟合方式采用默认设置	
	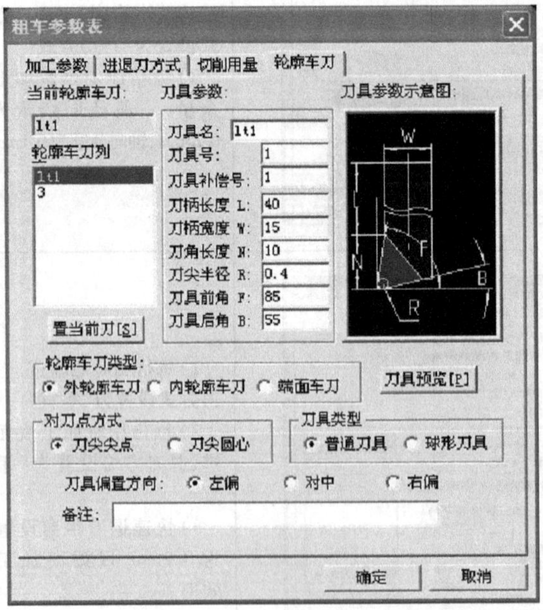	1）设置轮廓车刀时，首先要确定好机床上安装的刀具号 2）刀具名称与刀具号相对应，刀具补偿号与机床参数中刀补号对应，刀具的其他参数根据刀具的参数表进行填写 3）轮廓车刀类型根据刀具加工表面确定为普通外轮廓车刀 4）对刀点方式为刀尖尖点，根据加工方向，刀具偏置方向为“左偏”	如果刀具号与机床刀架上刀号不一致，会出现什么后果

（续）

步骤	简图	操作要点	探究
3. 槽轮轴右端粗车刀路模拟	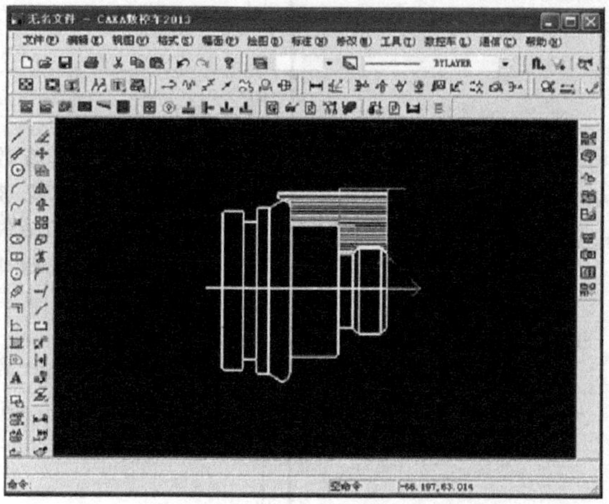	1）在粗车参数全部设置完成后，可在数控车菜单中单击“轨迹仿真”生成槽轮轴右端部分粗加工刀具轨迹 2）检查刀具轨迹是否合理，有没有干涉，有无错误	在刀具轨迹中，绿色线条代表什么
4. 生成槽轮轴右端粗车程序	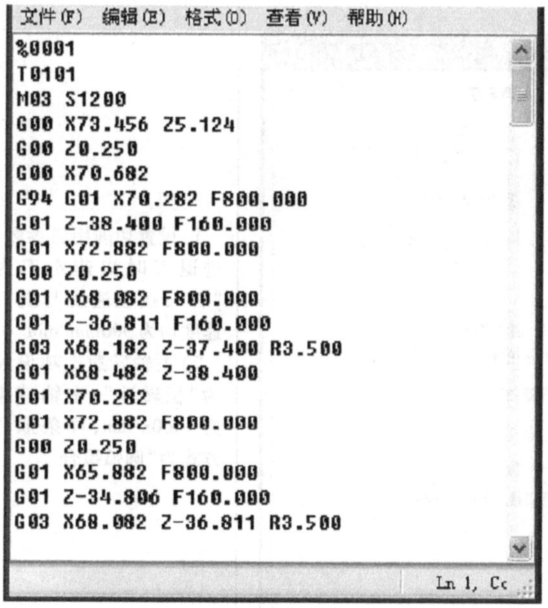 %0001 T0101 M03 S1200 G00 X73.456 Z5.124 G00 Z0.250 G00 X70.682 G94 G01 X70.282 F800.000 G01 Z-38.400 F160.000 G01 X72.882 F800.000 G00 Z0.250 G01 X68.082 F800.000 G01 Z-36.811 F160.000 G03 X68.182 Z-37.400 R3.500 G01 X68.482 Z-38.400 G01 X70.282 G01 X72.882 F800.000 G00 Z0.250 G01 X65.882 F800.000 G01 Z-34.806 F160.000 G03 X68.082 Z-36.811 R3.500 	1）在确认刀路无误后，在菜单中单击“生成代码”，生成槽轮轴右端粗车程序 2）修改程序头与程序尾，将程序命名为“O0001”，保存程序为“TXT”文件 3）设置好传输参数和机床参数，把程序传输到机床	如果程序命名和格式与机床要求不一致，会出现什么后果

（续）

<table>
<tr><th>步骤</th><th>简　图</th><th>操作要点</th><th>探究</th></tr>
<tr><td></td><td>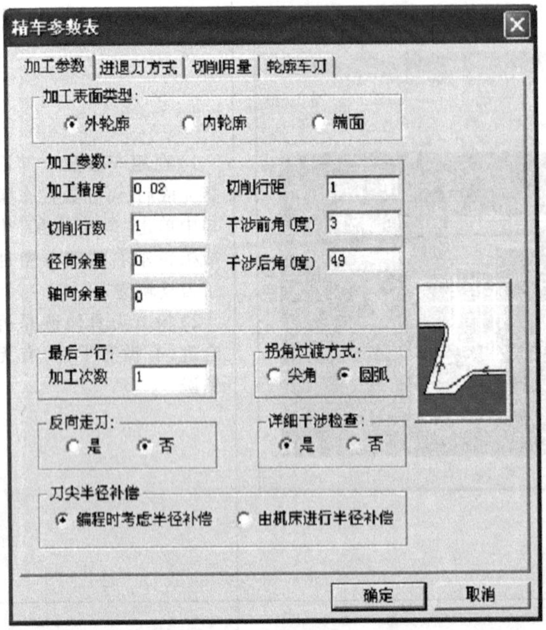
</td><td>1）设置轮廓精车参数时要确定被加工轮廓，被加工轮廓就是加工结束后的工件表面轮廓，被加工轮廓不能闭合或自相交
2）在菜单区中单击“数控车”→“轮廓精车”，系统弹出精车参数表</td><td>精加工留加工余量为零，否则会出现什么后果</td></tr>
<tr><td>5. 设置槽轮轴右端精车参数</td><td>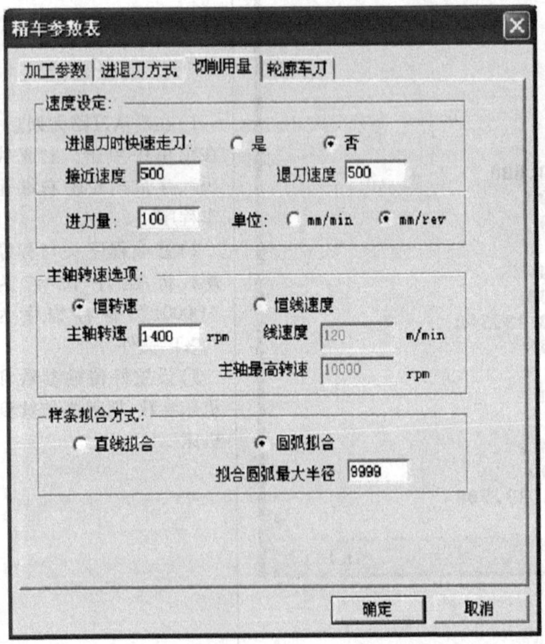
</td><td>1）设置切削用量参数，进退刀时快速走刀为“否”，接近速度与退刀速度均为500mm/min
2）主轴转速选项设置为“恒转速”，主轴转速为1400r/min；样条拟合方式为“圆弧拟合”</td><td>为什么精加工时主轴转速一般比粗加工时高</td></tr>
</table>

（续）

步骤	简　图	操作要点	探究
6. 生成槽轮轴右端精车刀具轨迹	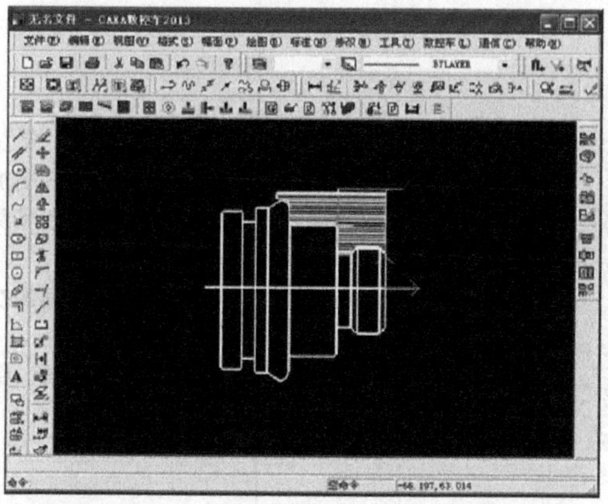	1)生成精车刀具轨迹时,要准确拾取轮廓线,并注意根据加工方向选定一个方向 2)另外还须确定进退刀点,指定一点为刀具加工前和加工后所在的位置,按鼠标右键可忽略该点输入 3)被加工轮廓不能闭合或自相交	拾取轮廓线的方向与刀具的加工方向有无关系
7. 生成槽轮轴右端精车程序	文件(F) 编辑(E) 格式(O) 查看(V) 帮助(H) %0002 T0101 M03 S1400 G00 X74.090 Z5.464 G00 Z-0.117 G00 X71.582 G94 G01 X27.748 F800.000 G01 X31.748 Z-2.117 F140.000 G03 X31.982 Z-2.400 R0.400 G01 Z-10.400 G03 X31.748 Z-10.683 R0.400 G01 X27.982 Z-12.566 G01 Z-17.000 G01 X47.182 G03 X47.748 Z-17.117 R0.400 G01 X49.748 Z-18.117 G03 X49.982 Z-18.400 R0.400 G01 Z-34.000 G01 X61.182 G03 X67.982 Z-37.400 R3.400 G01 Z-38.500 Ln 1, Col	1)在确认刀路无误后,在菜单中单击“生成代码”,生成槽轮轴右端精车程序 2)修改程序头与程序尾,注意与机床要求一致 3)将程序命名为“O0002”,保存程序为“TXT”文件,把程序O0002传输到机床	
8. 编写槽轮轴右端螺纹加工程序	文件(F) 编辑(E) 格式(O) 查看(V) 帮助(H) %0003 T0202 M3 S700 G0 X100 Z100 G0 X34 Z3 G82 X31.8 Z-12.1 F1.5 X31.6 X31.4 X31.2 X31 X30.8 X30.6 X30.4 X30.2 X30.1 X30.05 X30.05 G0 Z100 M30 % Ln 1, Col 1	1)因螺纹加工程序较为简短,采用手工编写较方便,用编程计算机编写螺纹加工程序,命名为“O0003” 2)将程序O0003传输到机床	用软件自动编写螺纹加工程序在实际应用中有何不足

（续）

步骤	简　图	操作要点	探究
9. 工件装夹		1）装夹工件时要注意伸出长度，保证右端加工长度，注意用钢直尺测量伸出长度 2）找正工件，确保摆动在要求范围内 3）保证装夹正确、稳固	工件装夹达不到要求，会出现什么加工后果
10. 对刀	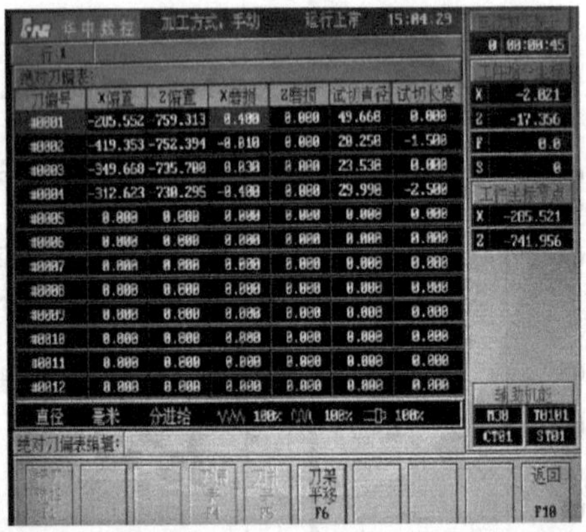	1）按要求安装好外圆车刀、切槽刀和螺纹车刀，注意刀号与程序中的刀号是否一致 2）试切后合理设置刀补参数，注意粗加工后精加工的余量，刀补设置要合理、精准	对刀不准会出现什么加工后果
11. 操作机床进行加工		1）注意车螺纹与车外圆要分两个步骤 2）掌握尺寸控制的方法，如何正确测量与精加工，包括去毛刺、测两个关键的长度尺寸（半精车一次，再复核一次）、两个外圆尺寸（修刀补该如何修整） 3）螺纹加工的测量（通止规的松紧度及控制方法）	加工过程中精加工精度如何控制

（二）车削槽轮轴左端部分

按照表1-3中“车2”的要求，操作数控车床加工槽轮轴左端部分，具体步骤见表1-6。

表 1-6　槽轮轴左端部分车削加工步骤

步骤	简　图	操作要点	探究
1. 绘制槽轮轴二维图	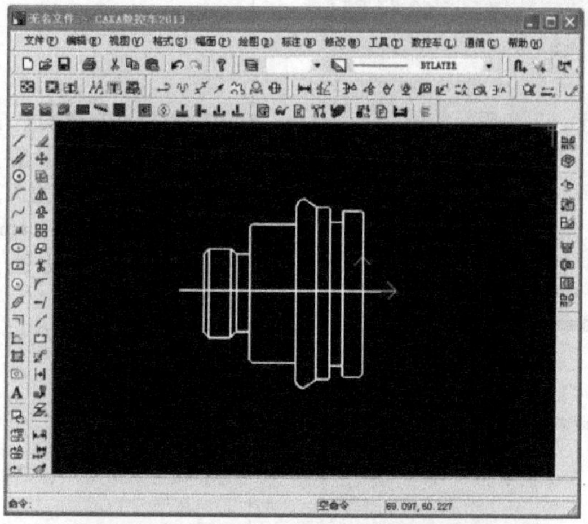	1)将绘制的槽轮轴二维图以原点为中心做左、右镜像 2)移动整个图形,将槽轮轴左端中心点移动到坐标原点	不同镜像点的选择会导致什么后果
2. 设置槽轮轴左端粗车参数	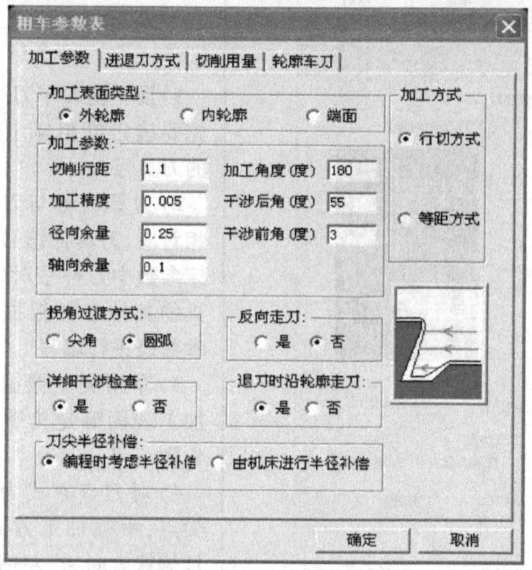	1)选择好加工表面后,进行加工参数的设置 2)将加工表面类型设置为“外轮廓”,加工方式设置为“行切方式” 3)为精加工预留加工余量,一般径向余量为0.25mm,轴向余量为0.1mm	注意比较左端部分与右端部分粗车参数有无不同
	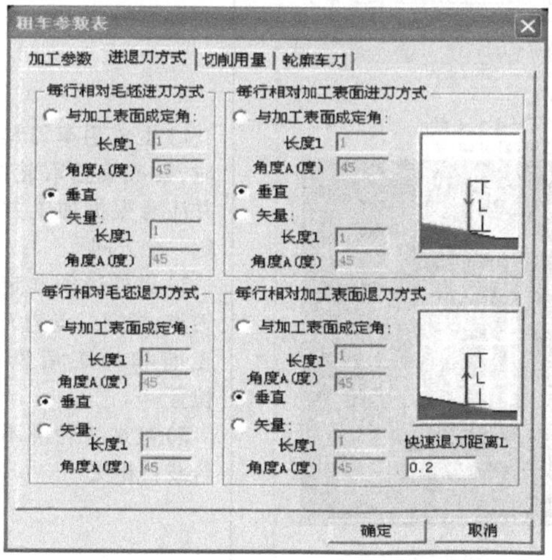	1)每行相对毛坯进、退刀方式设置为“垂直” 2)每行相对加工表面进、退刀方式设置为“垂直” 3)快速退刀距离设置为0.2mm,以提高加工效率	

（续）

步骤	简 图	操作要点	探究
2. 设置槽轮轴左端粗车参数	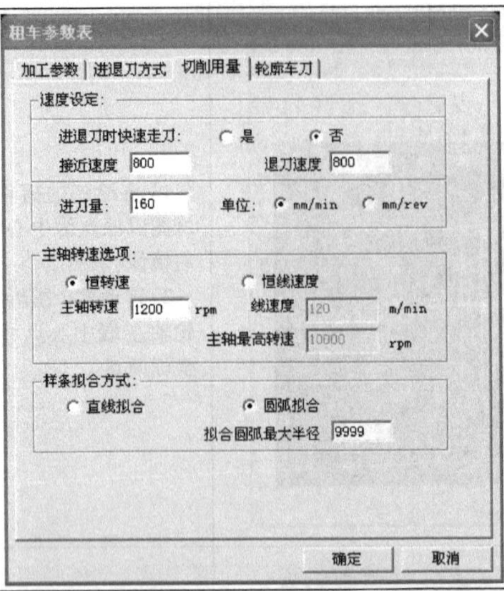	1)为减小定位误差，进退刀时快速走刀设置为“否”，接近速度与退刀速度均设置为800mm/min 2)进刀量设置为160mm/min 3)主轴转速选项设置为“恒转速” 4)样条拟合方式采用默认设置	
	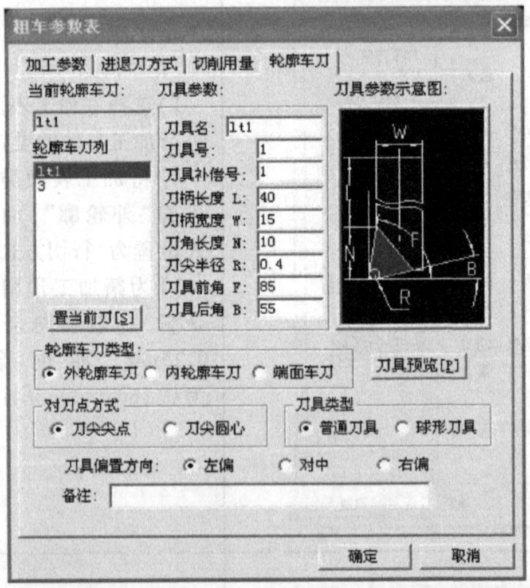	1)设置轮廓车刀时，首先要确定好机床上安装的刀具号 2)刀具名称与刀具号相对应，刀具补偿号与机床参数中刀补号对应，刀具的其他参数根据刀具参数表进行填写 3)车刀类型根据刀具加工表面确定为普通外轮廓车刀 4)对刀点方式为刀尖尖点，根据加工方向，刀具偏置方向为“左偏”	注意轴左端部分与右端部分加工所用刀具号是否一致
3. 生成槽轮轴左端粗车刀具轨迹	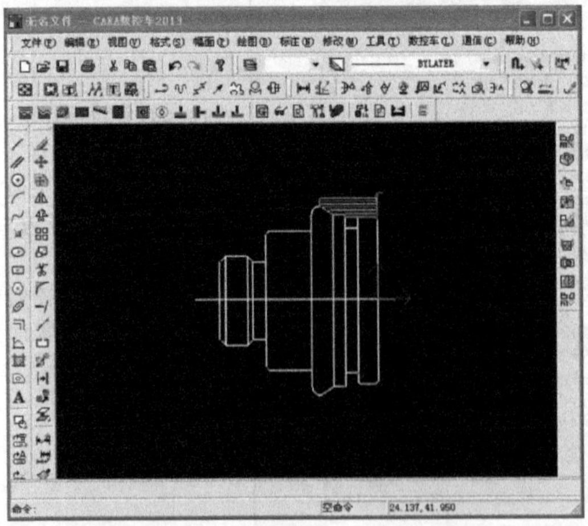	1)生成粗车刀具轨迹时，要准确拾取轮廓线，并注意根据加工方向选定一个方向 2)另外还须确定进退刀点，指定一点为刀具加工前和加工后所在的位置 3)被加工轮廓不能闭合或自相交	刀具轨迹能否直接在图样中编辑修改

（续）

<table>
<tr><th>步骤</th><th>简 图</th><th>操作要点</th><th>探究</th></tr>
<tr><td>4. 生成槽轮轴左端粗车程序</td><td>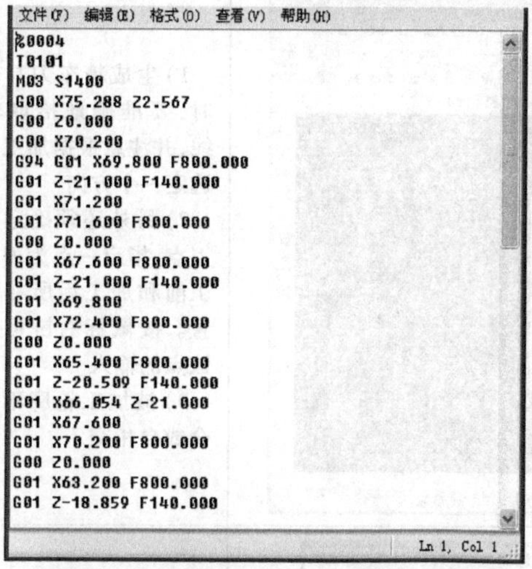
</td><td>1）在确认刀路无误后，在菜单中单击“生成代码”，生成槽轮轴左端粗车程序
2）修改程序头与程序尾
3）将程序命名为“O0004”，保存程序为“TXT”文件，把程序O0004传输到机床</td><td></td></tr>
<tr><td rowspan="2">5. 设置槽轮轴左端精车参数</td><td>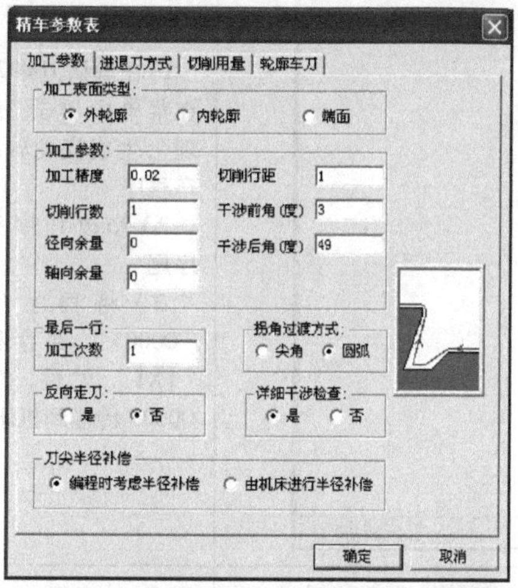
</td><td>1）在菜单区中单击“数控车”→“轮廓精车”，系统弹出“精车参数表”
2）精加工中径向余量与轴向余量均设为“0”</td><td>注意比较精车参数与粗车参数的区别</td></tr>
<tr><td>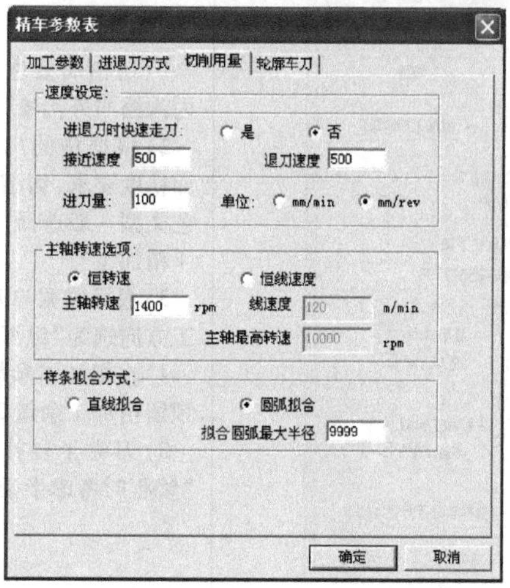
</td><td>1）设置切削用量参数，进退刀时快速走刀为“否”，接近速度与退刀速度均为500mm/min
2）主轴转速选项设置为“恒转速”，主轴转速为1400r/min；样条拟合方式为“圆弧拟合”</td><td>精加工表面要求较高时，可考虑采取“恒线速度”，但机床要能提供支持</td></tr>
</table>

（续）

步骤	简　　图	操作要点	探究
6. 生产槽轮轴左端精车刀具轨迹	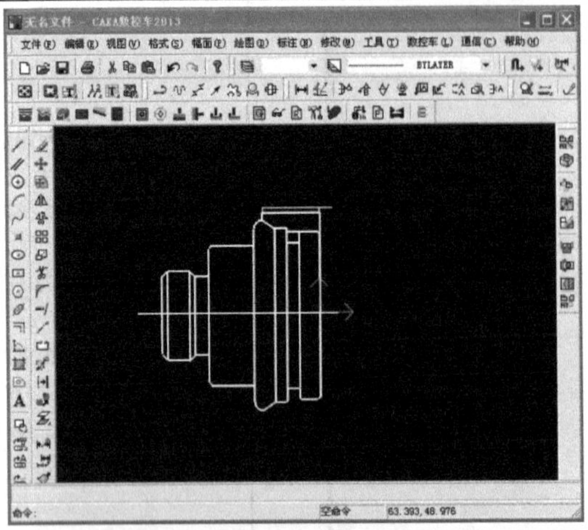	1)生成精车刀具轨迹时，要准确地拾取轮廓线，并注意根据加工方向选定一个方向 2)另外还须确定进退刀点，指定一点为刀具加工前和加工后所在的位置。按鼠标右键可忽略该点的输入 3)被加工轮廓不能闭合或自相交	精加工前切槽还是精加工后切槽比较好
7. 生成槽轮轴左端精车加工程序	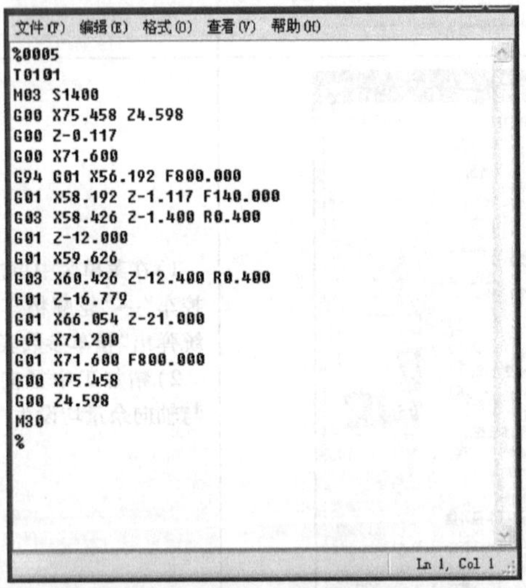 文件(F) 编辑(E) 格式(O) 查看(V) 帮助(H) %0005 T0101 M03 S1400 G00 X75.458 Z4.598 G00 Z-0.117 G00 X71.600 G94 G01 X56.192 F800.000 G01 X58.192 Z-1.117 F140.000 G03 X58.426 Z-1.400 R0.400 G01 Z-12.000 G01 X59.626 G03 X60.426 Z-12.400 R0.400 G01 Z-16.779 G01 X66.054 Z-21.000 G01 X71.200 G01 X71.600 F800.000 G00 X75.458 G00 Z4.598 M30 % Ln 1, Col 1	1)在确认刀路无误后，在菜单中单击“后置处理”，生成槽轮轴左端精车程序 2)修改程序头与程序尾 3)将程序命名为“O0005”，保存程序为“TXT”文件，把程序O0005传输到机床	
8. 设置槽轮轴左端退刀槽切槽加工参数	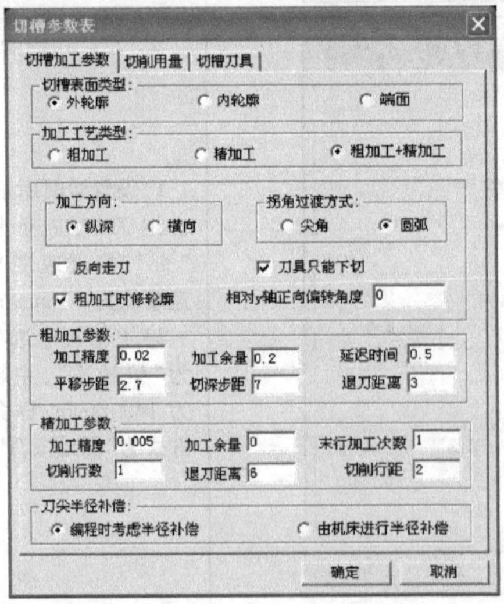	1)切槽时要注意区分内沟槽与外沟槽 2)根据槽的尺寸与表面精度要求，切槽加工工艺类型一般选择“粗加工+精加工” 3)根据槽宽与刀宽，加工方向选为“纵深” 4)在粗加工参数中，要预留精加工余量0.2mm 5)刀尖半径补偿选择“编程时考虑半径补偿”	切槽加工参数中，切削行距是什么含义

（续）

<table>
<tr><th>步骤</th><th>简　图</th><th>操作要点</th><th>探究</th></tr>
<tr><td>8. 设置槽轮轴左端退刀槽切槽加工参数</td><td>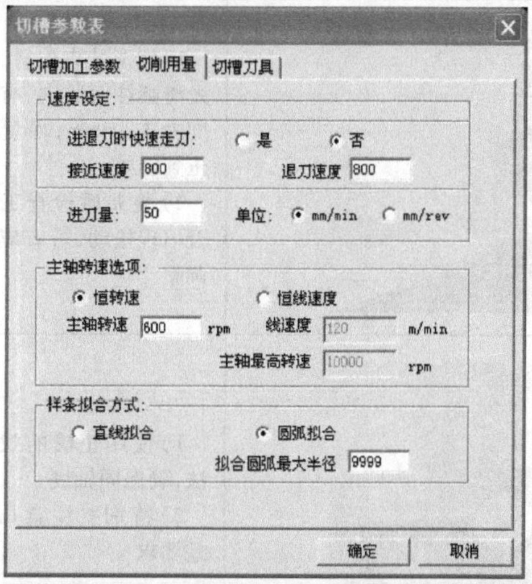
</td><td>1）切槽时切削用量的选择按工艺文件要求选择：接近速度为800m/min，进刀量为50mm/min。
2）主轴转速设为600r/min</td><td>切削时切削用量选择的原则是什么</td></tr>
<tr><td>9. 生成槽轮轴左端退刀槽刀具轨迹</td><td>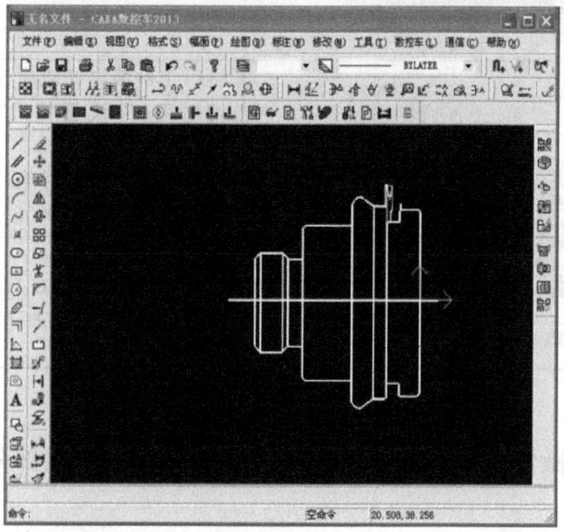</td><td>1）选择退刀槽轮廓生成刀具轨迹
2）观察刀具轨迹有无过切或错误</td><td></td></tr>
<tr><td>10. 生成槽轮轴左端退刀槽加工程序</td><td>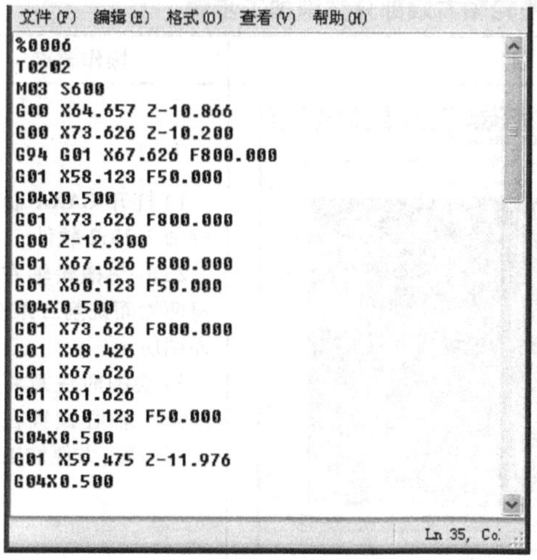
<pre>
%0006
T0202
M03 S600
G00 X64.657 Z-10.866
G00 X73.626 Z-10.200
G94 G01 X67.626 F800.000
G01 X58.123 F50.000
G04X0.500
G01 X73.626 F800.000
G00 Z-12.300
G01 X67.626 F800.000
G01 X60.123 F50.000
G04X0.500
G01 X73.626 F800.000
G01 X68.426
G01 X67.626
G01 X61.626
G01 X60.123 F50.000
G04X0.500
G01 X59.475 Z-11.976
G04X0.500
</pre></td><td>1）在确认刀路无误后，在菜单中单击“后置处理”，生成槽轮轴左端退刀槽加工程序
2）修改程序头与程序尾
3）将程序命名为“O0006”，保存程序为“TXT”文件把程序O0006传输到机床</td><td></td></tr>
</table>

（续）

步骤	简　图	操作要点	探究
11. 工件调头装夹		1)注意装夹位置,选择光滑圆柱面装夹,有效长度为3～5mm,尽量避免压到螺纹 2)装夹后检查工件是否出现松动,若有应及时调整	装夹接触面过大会出现什么情况
12. 打表找正		1)使用正确的找正方法,确保同轴度 2)特别要注意几何公差要求	如何用夹具保证加工精度
13. 操作机床进行加工		1)工件装夹完成后,试切对刀,并设置好刀补参数 2)分步调用程序O0004、O0005、O0006进行加工 3)加工完成后,注意除去零件表面毛刺,为在铣床加工做好准备	能否一次性调用多个程序

（三）铣削槽轮轴右端部分

按照表1-3中“铣1”的要求，操作数控铣床或加工中心加工槽轮轴右端部分，具体步骤见表1-7。

表1-7　槽轮轴右端部分铣削加工步骤

步骤	简　图	操作要点	探究
1. 绘制槽轮轴右端轴身两侧面铣削二维图	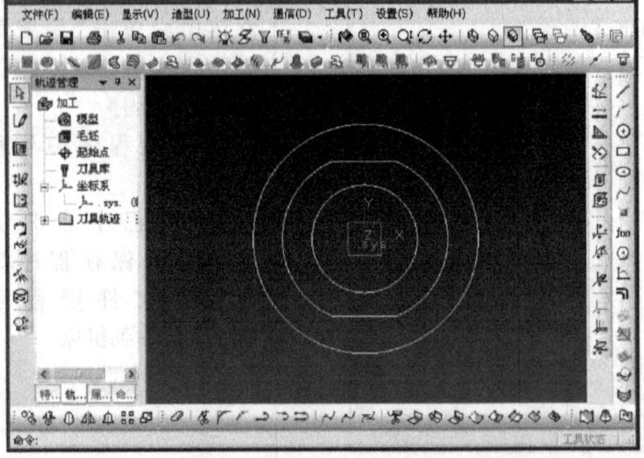	1)打开CAXA制造工程师2013r2软件 2)绘制槽轮轴右端轴身两侧面铣削二维图,如左图所示 3)绘图时注意将坐标原点与轴心设置在同一坐标位置,方便加工	设置坐标原点为轴心,在加工中有何意义

（续）

步骤	简图	操作要点	探究
	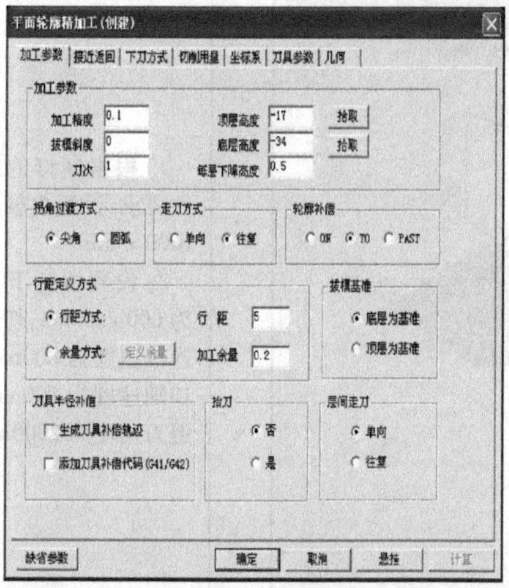	1）对刀时注意以工件螺纹的顶端作为Z方向的工件坐标参考点，抬刀时注意刀具高度必须高于工件Z方向位置高度 2）设置加工参数，具体如左图所示，留0.2mm精加工余量，走刀方式为“往复”走刀，走刀中不抬刀 3）层间走刀采取“单向”走刀	加工参数中顶层高度与底层高度的具体含义是什么
2. 设置槽轮轴右端轴身侧面粗铣参数	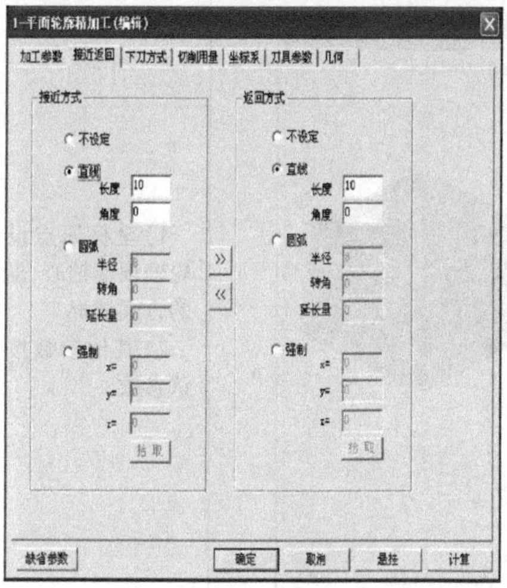	1）接近方式设置为“直线”，长度为10mm 2）返回方式设置为“直线”，长度为10mm。	直线与圆弧接近有何区别
	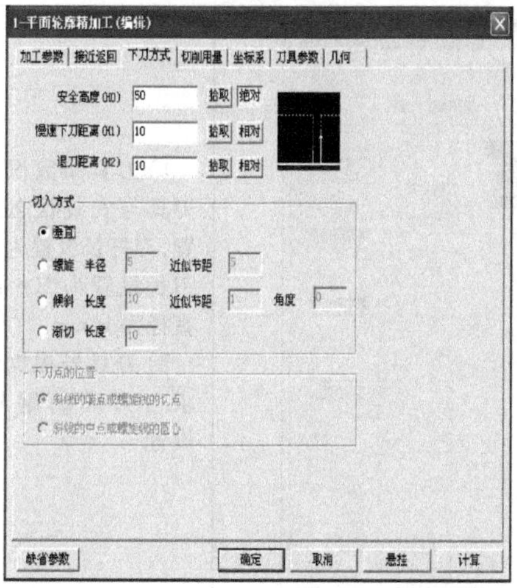	1）在下刀方式设置中，根据工件在工作台上的装夹高度，以螺纹中心顶点为原点，设置安全高度为50mm，以确保安全加工 2）设置慢速下刀距离为10mm，退刀距离为10mm 3）因直接从轴外切入，切入方式采取“垂直”	安全高度有何意义？是不是越大越好

（续）

步骤	简　图	操作要点	探究
	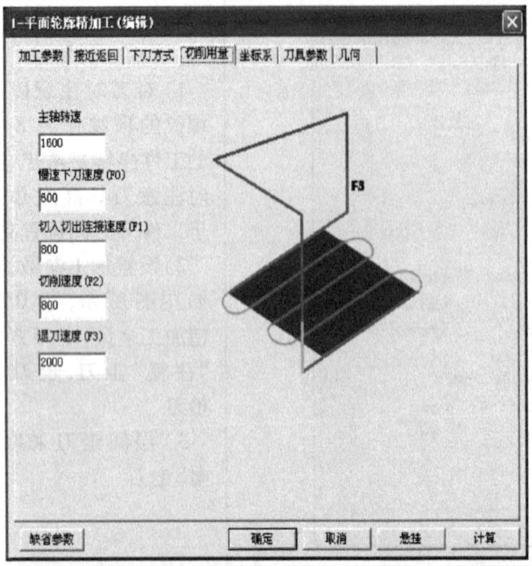	1）根据制订的工艺文件要求，设置主轴转速为1600 r/min 2）设置慢速下刀速度为600mm/min，切入切出连接速度为800mm/min，切削速度为800mm/min，退刀速度为2000mm/min	
2. 设置槽轮轴右端轴身侧面粗铣参数	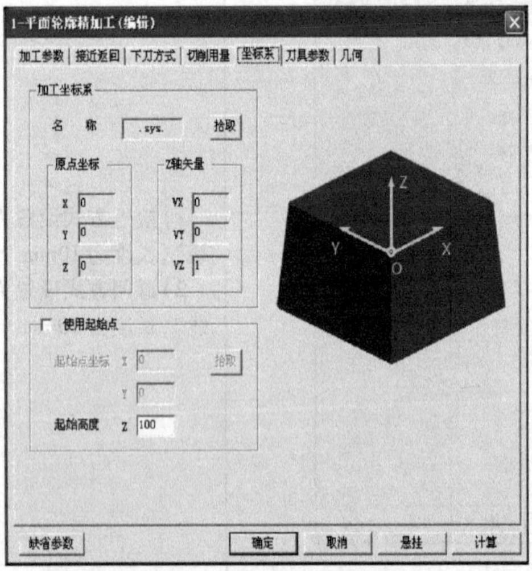	1）坐标原点设置在槽轮轴顶端轴心，通过拾取的方式捕捉 2）其他参数按软件默认参数	软件中起始高度是指什么
	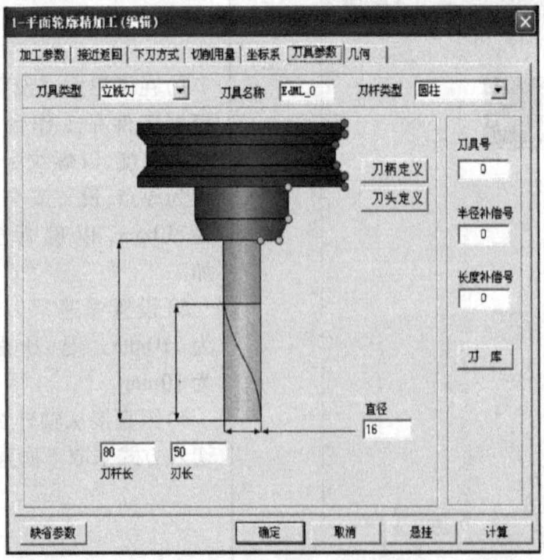	1）刀具参数根据所选刀具与安装状态进行设置，刀杆长设置为80mm，刃长设置为50mm，刀具直径为16mm 2）刀具号根据编程要求与刀库的编号进行设置	刀具号对加工有什么影响

（续）

<table>
<tr><th>步骤</th><th>简　图</th><th>操作要点</th><th>探究</th></tr>
<tr><td rowspan="2">3. 生成槽轮轴右端轴身侧面粗铣刀具轨迹</td><td>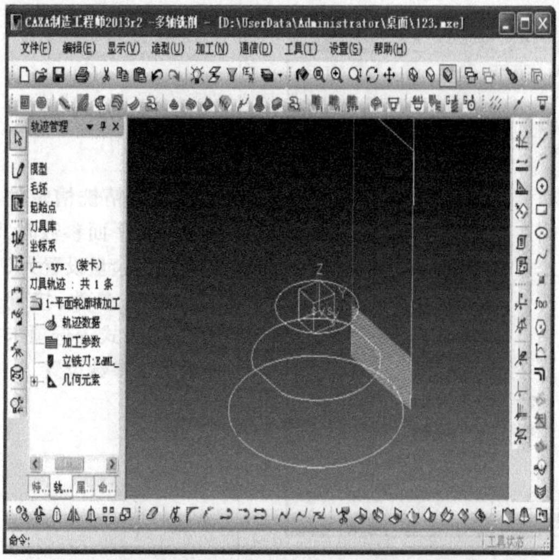
</td><td>在所有参数设置完成后，在工具栏中单击“生成刀具轨迹”按钮，生成槽轮轴右端轴身一侧面粗铣刀具轨迹</td><td></td></tr>
<tr><td>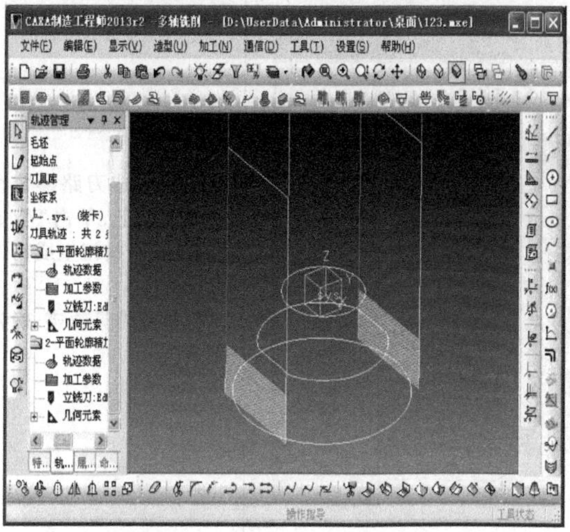
</td><td>在有刀路参数前提下，复制刀具轨迹 1，删除刀具轨迹 1 的轮廓曲线，重新设定轮廓曲线，生成刀具轨迹 2</td><td>复制产生刀具轨迹 2 需要注意什么问题</td></tr>
<tr><td>4. 生成槽轮轴右端轴身侧面粗铣程序</td><td>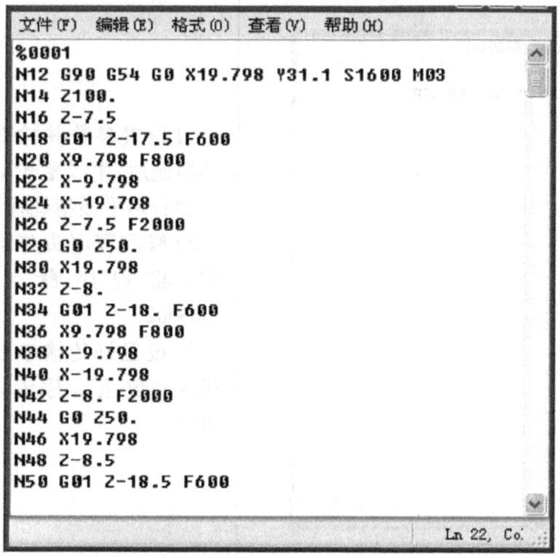
文件(F) 编辑(E) 格式(O) 查看(V) 帮助(H)
<pre>
%0001
N12 G90 G54 G0 X19.798 Y31.1 S1600 M03
N14 Z100.
N16 Z-7.5
N18 G01 Z-17.5 F600
N20 X9.798 F800
N22 X-9.798
N24 X-19.798
N26 Z-7.5 F2000
N28 G0 Z50.
N30 X19.798
N32 Z-8.
N34 G01 Z-18. F600
N36 X9.798 F800
N38 X-9.798
N40 X-19.798
N42 Z-8. F2000
N44 G0 Z50.
N46 X19.798
N48 Z-8.5
N50 G01 Z-18.5 F600
</pre>
Ln 22, Co</td><td>1）同时选择平面轮廓加工刀具轨迹 1 和平面轮廓加工刀具轨迹 2 生成刀路文件
2）检查加工参数是否正确，并根据要求修改程序头与程序尾
3）将程序文件命名为“O0001”，并将程序文件传输到机床上</td><td>程序上传需要设置哪些具体的参数</td></tr>
</table>

（续）

<table>
<tr><th>步骤</th><th>简　图</th><th>操作要点</th><th>探究</th></tr>
<tr><td>5. 设置槽轮轴右端轴身侧面精铣参数</td><td>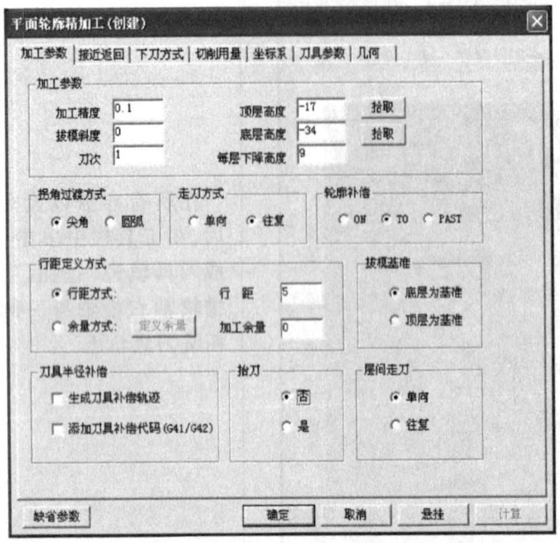
</td><td>1）设置精铣槽轮轴右端轴身两平面参数时，注意将加工余量设置为0
2）加工参数、接近返回、下刀方式等选项卡按照粗加工参数设置</td><td>精铣参数与粗铣参数有何不同</td></tr>
<tr><td>6. 生成槽轮轴右端轴身侧面精铣刀具轨迹</td><td>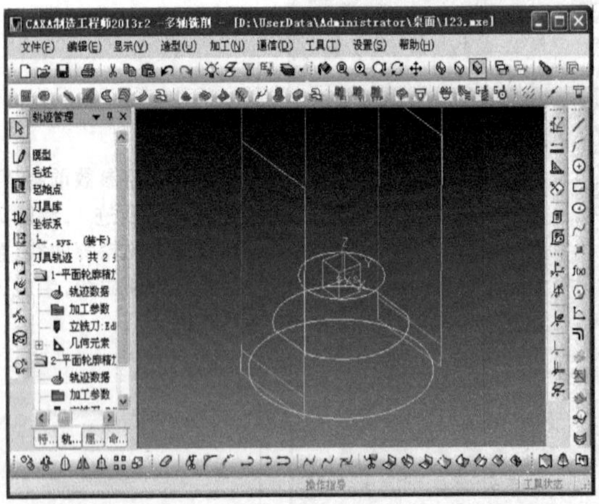
</td><td>1）在完成刀路参数设置的基础上，单击“生成刀具轨迹”按钮生成精铣刀具轨迹
2）检查刀具轨迹，确认无错误</td><td></td></tr>
<tr><td>7. 生成槽轮轴右端轴身侧面精铣程序</td><td>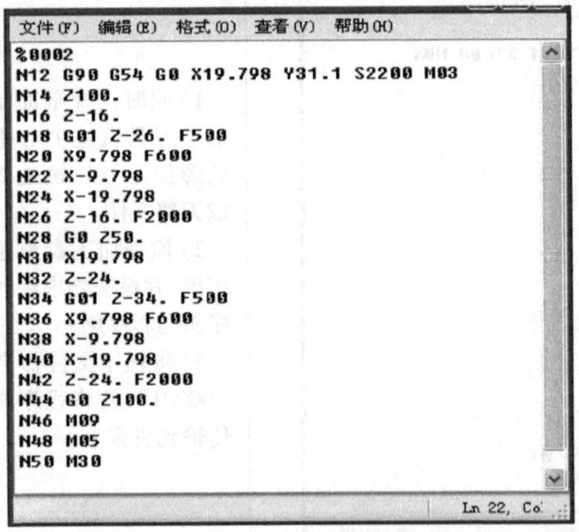
</td><td>1）设置参数并检查刀具轨迹后，生成槽轮轴右端轴身两平面精铣程序
2）修改程序头与程序尾，将程序命名为“O0002”
3）设置好传输参数和机床参数，把程序传输到机床</td><td></td></tr>
</table>

（续）

步骤	简　图	操作要点	探究
8. 装夹工件		1）装夹工件时，压板紧固自定心卡盘不出现松动 2）装夹时确保工件与两块垫铁紧贴 3）自定心卡盘紧固工件不出现松动	如何确保装夹轴线与Z轴同轴
9. 操作机床进行铣削加工		1）调用程序O0001和O0002，试切对刀后加工槽轮轴右端轴身两平面 2）加工完毕后注意去除加工部位毛刺，为左端加工做好准备	加工中要注意什么问题

（四）铣削槽轮轴左端槽轮部分

按照表1-3中“铣2”的要求，操作数控铣床或加工中心加工槽轮轴左端槽轮部分，具体步骤见表1-8。

表1-8　槽轮轴左端槽轮部分铣削加工步骤

步骤	简　图	操作要点	探究
1. 绘制槽轮轴左端外轮廓铣削加工二维图	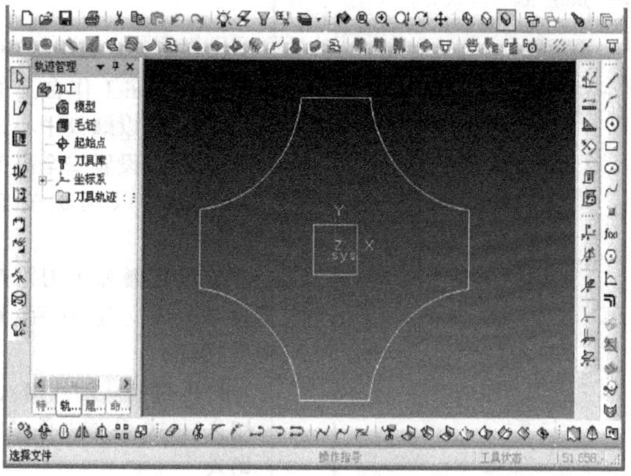	1）通过CAXA制造工程师2013r2软件绘制槽轮轴外轮廓二维图 2）注意将坐标原点设置在槽轮轴心	

（续）

步骤	简　图	操作要点	探究
	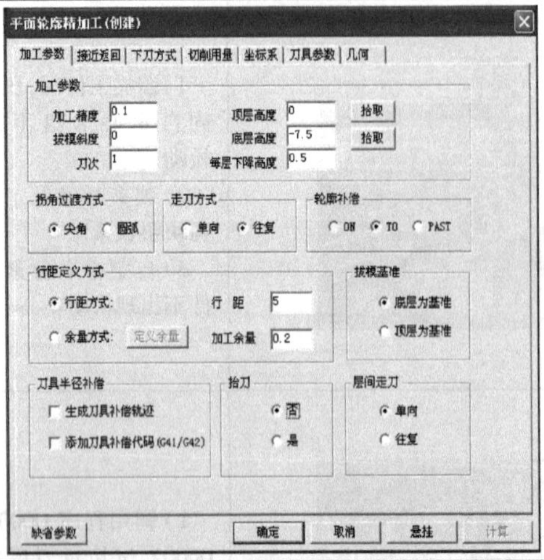	1）对刀时注意以工件螺纹的顶端作为Z轴坐标参考点，抬刀时注意刀具高度必须高于工件Z方向位置高度 2）设置加工参数，留0.2mm精加工余量，采取“往复”走刀，不抬刀 3）层间走刀设为“单向”走刀	如何准确快速地拾取轮廓曲线
2. 设置槽轮轴左端槽轮外轮廓粗铣参数	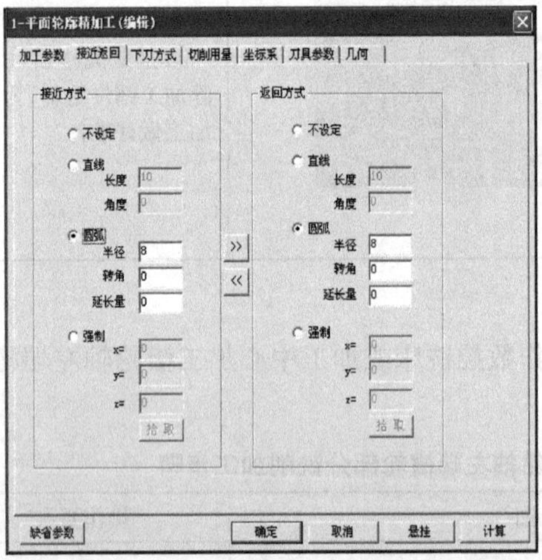	1）接近方式设置为“圆弧”，半径为8mm 2）返回方式设置为“圆弧”，半径为8mm	
	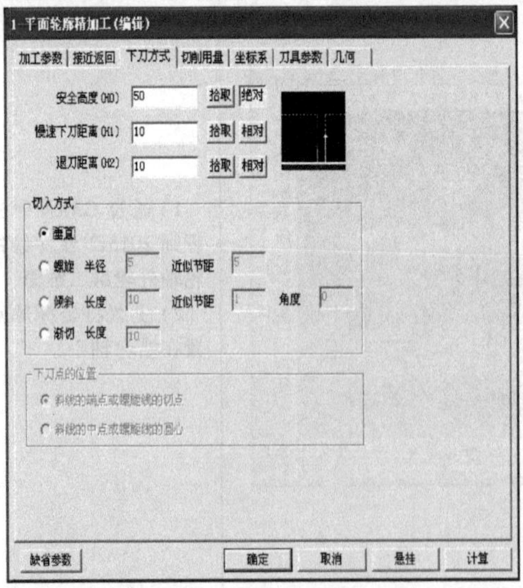	1）在下刀方式设置中，根据工件在工作台上的安装高度，以螺纹中心顶点为原点，设置安全高度为50mm，以确保安全加工 2）设置慢速下刀距离为10mm，退刀距离为10mm 3）因直接从轴外切入，切入方式采取“垂直”切入	如何理解慢速下刀距离

（续）

<table>
<tr><th>步骤</th><th>简 图</th><th>操作要点</th><th>探究</th></tr>
<tr><td rowspan="2">2. 设置槽轮轴左端槽轮外轮廓粗铣参数</td><td>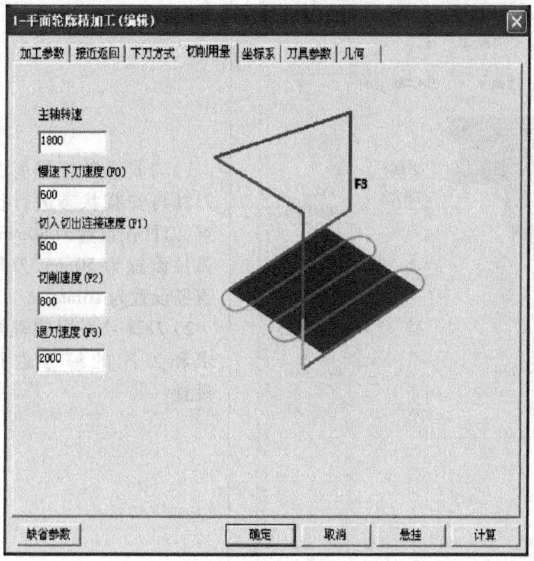
</td><td>1）根据制订的工艺文件要求，设置主轴转速为1800r/min
2）设置慢速下刀速度为600mm/min，切入切出连接速度为600mm/min，切削速度为800mm/min，退刀速度为2000mm/min</td><td></td></tr>
<tr><td>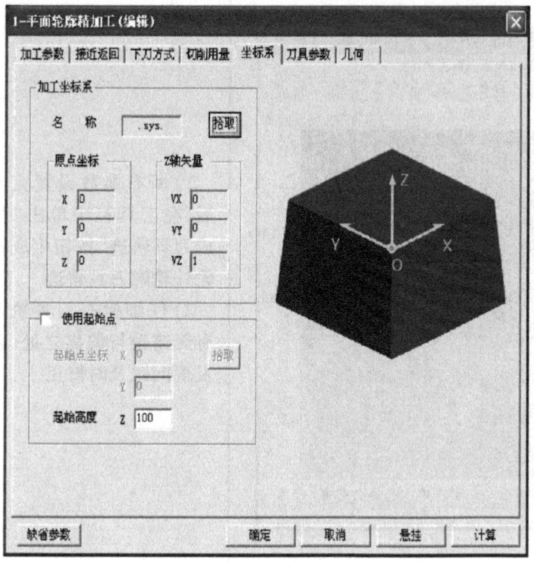
</td><td>1）坐标原点设置在槽轮轴顶端轴心，通过拾取的方式捕捉
2）其他参数按软件默认参数</td><td></td></tr>
</table>

（续）

步骤	简　　图	操作要点	探究
2. 设置槽轮轴左端槽轮外轮廓粗铣参数	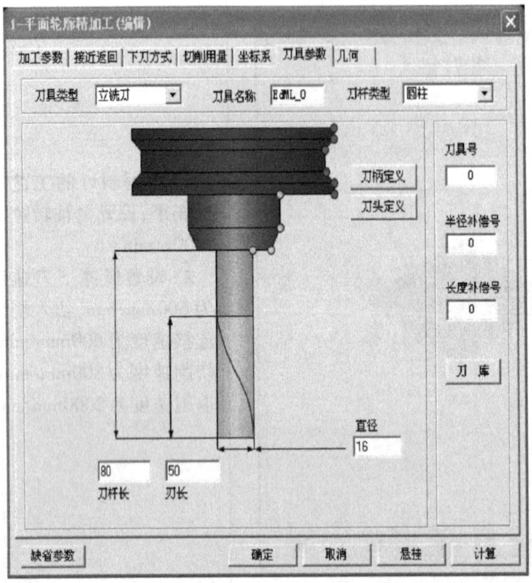	1）刀具参数根据所选刀具与安装状态进行设置，刀杆长设置为80mm，刃长设置为50mm，刀具直径设置为16mm 2）刀具号根据编程要求和刀库的编号进行设置	
3. 生成槽轮轴左端槽轮外轮廓粗铣刀具轨迹	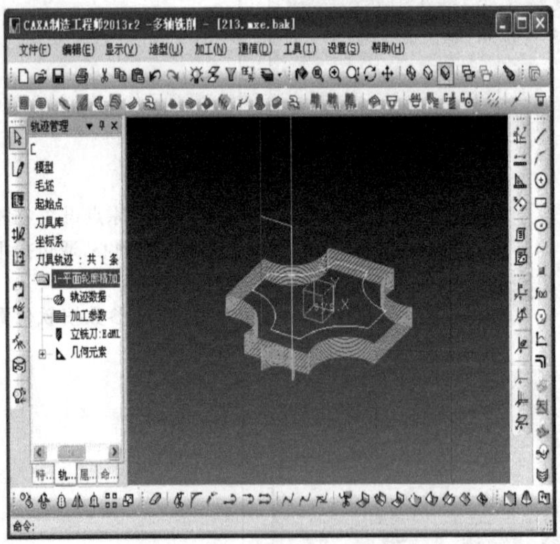	1）所有参数设置完成后，在工具栏中单击“生成刀具轨迹”按钮生成槽轮外轮廓刀具轨迹 2）仔细检查刀具轨迹有无错误与偏离之处，若发现问题及时修正	发现刀具轨迹有错误，应如何修正

（续）

步骤	简 图	操作要点	探究
4. 生成槽轮轴左端槽轮外轮廓粗铣程序	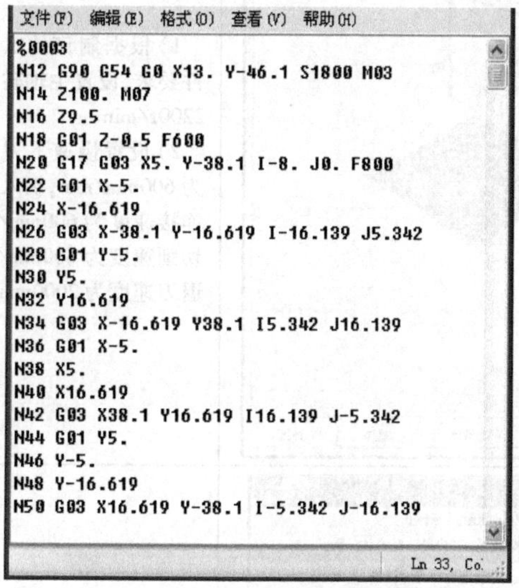 文件(F) 编辑(E) 格式(O) 查看(V) 帮助(H) %0003 N12 G90 G54 G0 X13. Y-46.1 S1800 M03 N14 Z100. M07 N16 Z9.5 N18 G01 Z-0.5 F600 N20 G17 G03 X5. Y-38.1 I-8. J0. F800 N22 G01 X-5. N24 X-16.619 N26 G03 X-38.1 Y-16.619 I-16.139 J5.342 N28 G01 Y-5. N30 Y5. N32 Y16.619 N34 G03 X-16.619 Y38.1 I5.342 J16.139 N36 G01 X-5. N38 X5. N40 X16.619 N42 G03 X38.1 Y16.619 I16.139 J-5.342 N44 G01 Y5. N46 Y-5. N48 Y-16.619 N50 G03 X16.619 Y-38.1 I-5.342 J-16.139 Ln 33, Co	1）设置参数并检查刀具轨迹后，生成槽轮外轮廓粗铣程序 2）修改程序头与程序尾，将程序命名为“O0003” 3）设置好传输参数和机床参数，把程序传输到机床	
5. 设置槽轮轴左端槽轮外轮廓精铣参数	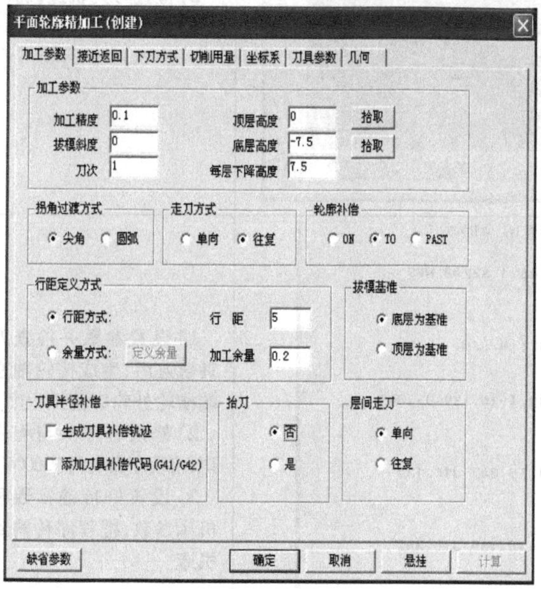	1）利用“复制”命令把平面轮廓加工刀具轨迹1粘贴至平面轮廓加工刀具轨迹5，修改切削参数 2）精加工余量根据刀具磨损程度设置，若没出现磨损，则设为0	

（续）

步骤	简 图	操作要点	探究
5. 设置槽轮轴左端槽轮外轮廓精铣参数	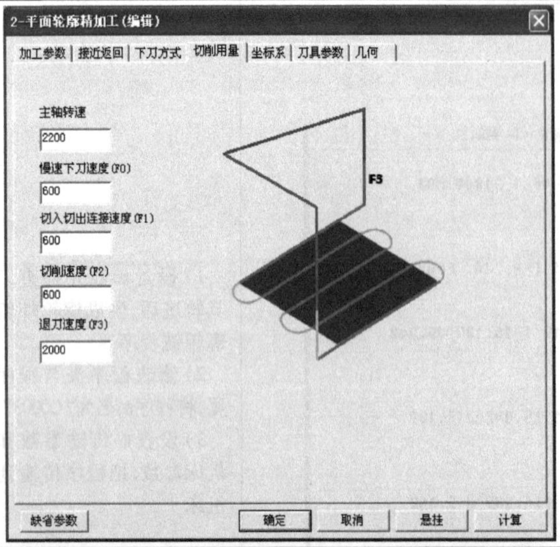	1）根据制订的工艺文件要求，设置主轴转速为2200r/min 2）设置慢速下刀速度为600mm/min，切入切出连接速度为600mm/min，切削速度为600mm/min，退刀速度为2000mm/min	精铣加工参数与粗铣加工参数有何不同
6. 生成槽轮轴左端槽轮外轮廓精铣刀具轨迹	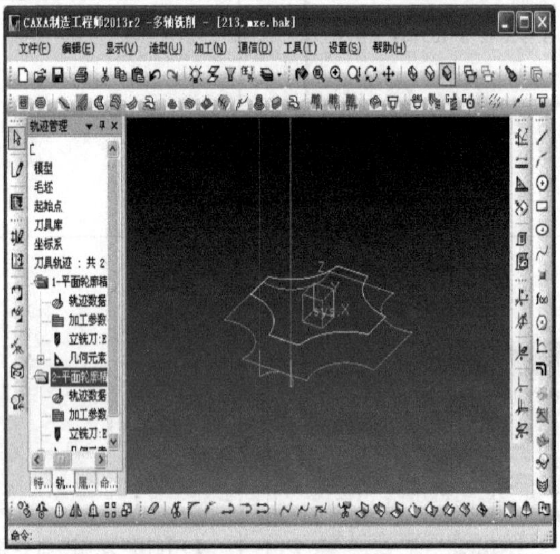	1）在完成刀路参数设置的基础上，单击"生成刀具轨迹"按钮生成精铣刀具轨迹 2）检查刀具轨迹，确认无错误	
7. 生成槽轮轴左端槽轮外轮廓精铣程序	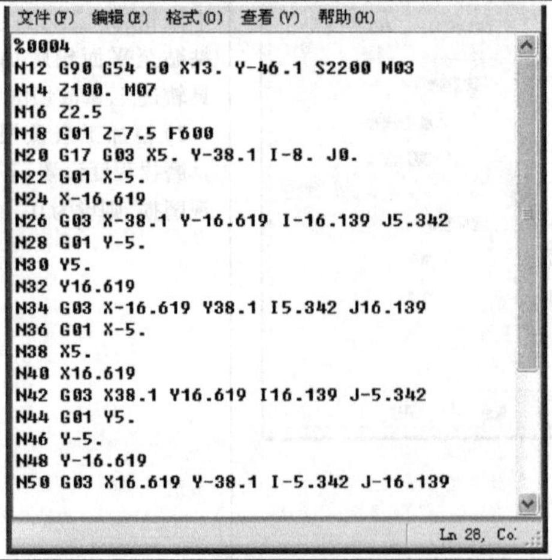	1）设置参数并检查刀具轨迹后，生成槽轮轴左端槽轮外轮廓精铣程序 2）修改程序头与程序尾，将程序命名为"O0004" 3）设置好传输参数和机床参数，把程序传输到机床	所选数控系统的程序头有何具体的要求

（续）

步骤	简　图	操作要点	探究
8. 装夹工件		1）装夹工件采用机用虎钳，注意机用虎钳与工作台间紧密贴合 2）工件装夹时注意轴线与机床工作台的垂直度	采用机用虎钳装夹工件时如何保证垂直度
9. 操作机床进行铣削加工		1）调用程序 O0003 和 O0004，试切对刀后加工槽轮外轮廓 2）加工完毕后注意去除加工部位的毛刺	加工后如何检查外轮廓尺寸精度
10. 绘制槽轮轴左端槽轮内轮廓加工图	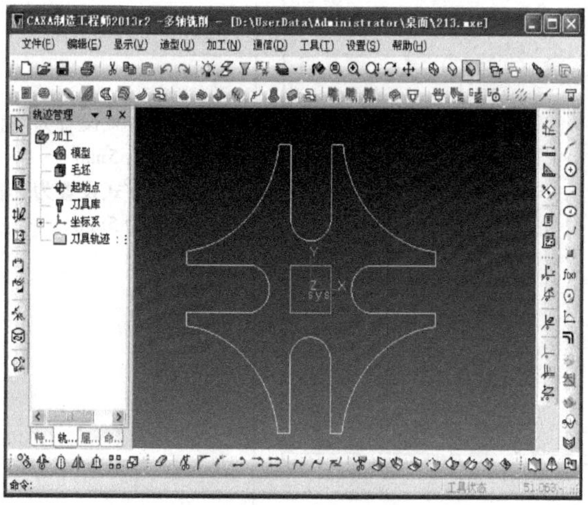	1）通过 CAXA 制造工程师 2013r2 软件绘制槽轮内轮廓二维图 2）注意将坐标原点设置在槽轮轴心	

（续）

<table>
<tr><th>步骤</th><th>简　图</th><th>操作要点</th><th>探究</th></tr>
<tr><td rowspan="2">11. 设置槽轮轴左端槽轮内轮廓粗铣参数</td><td>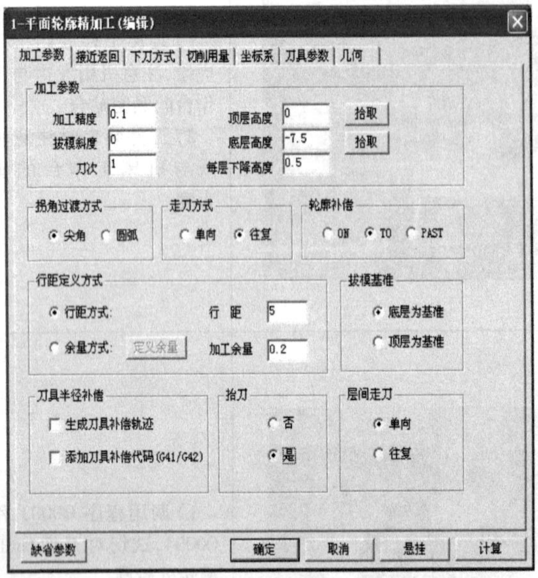
</td><td>1）顶层高度设置为“0”，底层高度设置为-7.5mm，每层下降高度为0.5mm
2）粗加工时预留精加工余量为0.2mm
3）抬刀设置为“是”，层间走刀设置为“单向”</td><td>每层下降高度是否可以根据刀具材料选择？一般如何确定</td></tr>
<tr><td>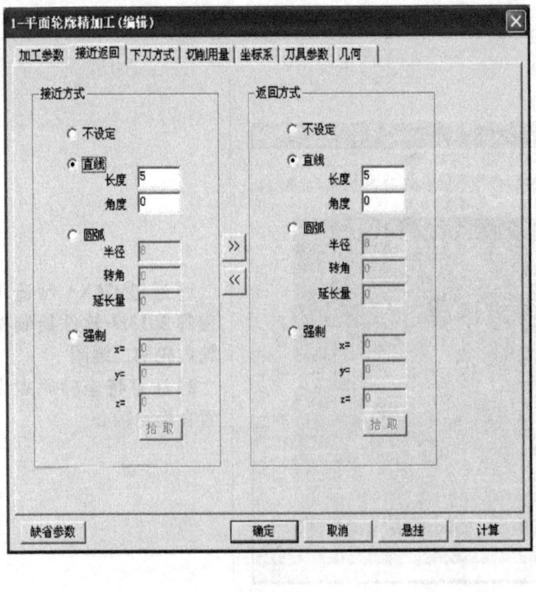
</td><td>1）接近方式设置为“直线”，长度为5mm
2）返回方式设置为“直线”，长度为5mm</td><td></td></tr>
</table>

（续）

<table>
<tr><th>步骤</th><th>简 图</th><th>操作要点</th><th>探究</th></tr>
<tr><td rowspan="2">11. 设置槽轮轴左端槽轮内轮廓粗铣参数</td><td>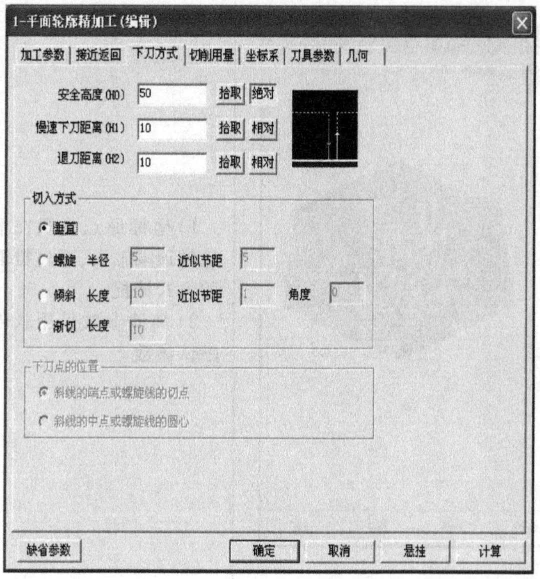
</td><td>1)在下刀方式设置中，根据工件在工作台上的装夹高度，以螺纹中心顶点为原点，设置安全高度为 50mm，以确保安全加工
2)慢速下刀距离设置为 10mm，退刀距离为 10mm
3)因直接从轴外切入，切入方式采取“垂直”</td><td></td></tr>
<tr><td>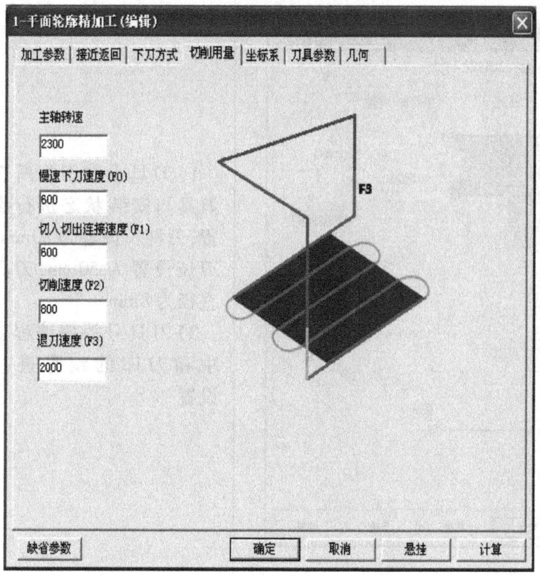
</td><td>1)根据制订的工艺文件要求，设置主轴转速为 2300r/min
2)设置慢速下刀速度为 600mm/min，切入切出连接速度为 600mm/min，切削速度为 800mm/min，退刀速度为 2000mm/min</td><td></td></tr>
</table>

（续）

步骤	简图	操作要点	探究
11. 设置槽轮轴左端槽轮内轮廓粗铣参数	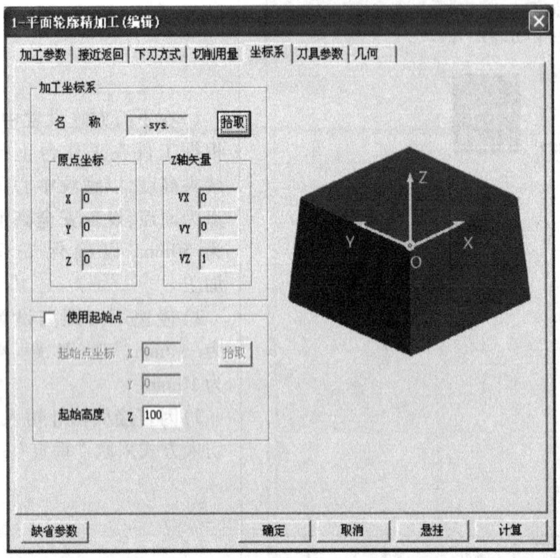	1）坐标原点设置在槽轮轴顶端轴心，通过拾取的方式捕捉 2）其他参数采用软件默认参数	
	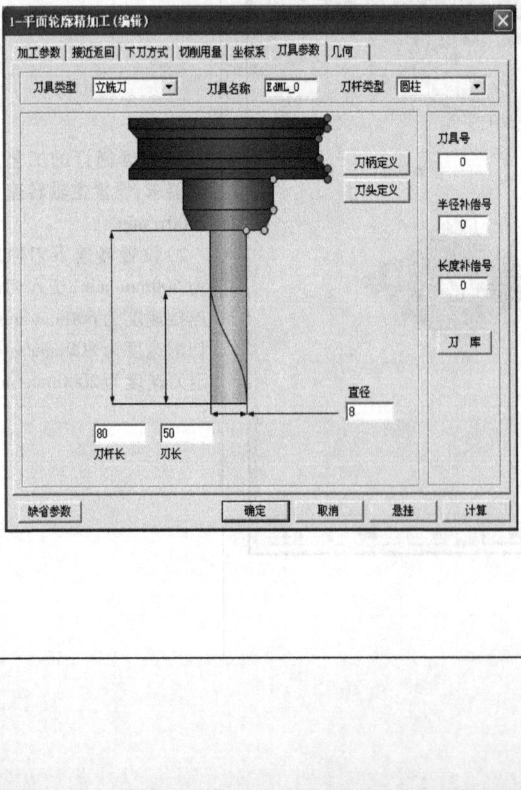	1）刀具参数根据所选刀具与安装状态进行设置，刀杆长设置为80mm，刃长设置为50mm，刀具直径为8mm 2）刀具号根据编程要求和刀库的编号进行设置	

（续）

步骤	简　图	操作要点	探究
12. 生成槽轮轴左端槽轮内轮廓粗铣刀具轨迹		1）参数设置完成后，生成槽轮轮槽 1 的刀具轨迹 2）利用“阵列旋转”命令复制平面轮廓刀具轨迹 1，生成平面轮廓刀具轨迹 2、平面轮廓刀具轨迹 3 和平面轮廓刀具轨迹 4 3）检查刀具轨迹是否正确无误	使用阵列工具时，要注意哪些问题
13. 生成槽轮轴左端槽轮内轮廓粗铣程序	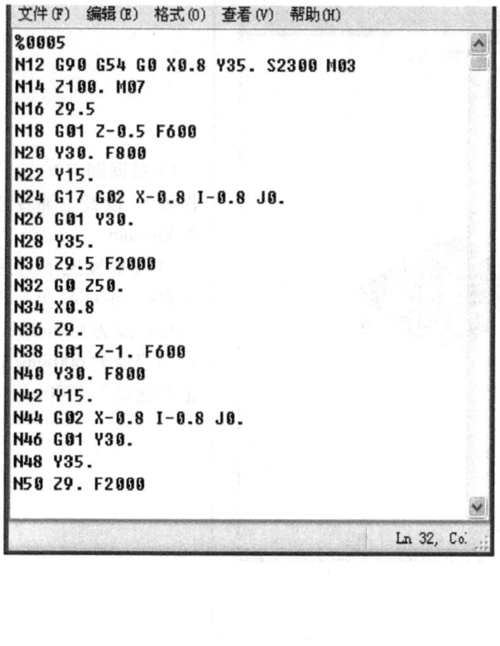文件(F) 编辑(E) 格式(O) 查看(V) 帮助(H) %0005 N12 G90 G54 G0 X0.8 Y35. S2300 M03 N14 Z100. M07 N16 Z9.5 N18 G01 Z-0.5 F600 N20 Y30. F800 N22 Y15. N24 G17 G02 X-0.8 I-0.8 J0. N26 G01 Y30. N28 Y35. N30 Z9.5 F2000 N32 G0 Z50. N34 X0.8 N36 Z9. N38 G01 Z-1. F600 N40 Y30. F800 N42 Y15. N44 G02 X-0.8 I-0.8 J0. N46 G01 Y30. N48 Y35. N50 Z9. F2000 Ln 32, Co	1）同时选择平面轮廓加工刀具轨迹 1～4，生成刀具轨迹文件 2）将程序命名为“O0005” 3）设置好传输参数和机床参数，把程序传输到机床	

（续）

步骤	简图	操作要点	探究
14. 设置槽轮轴左端槽轮内轮廓精铣参数	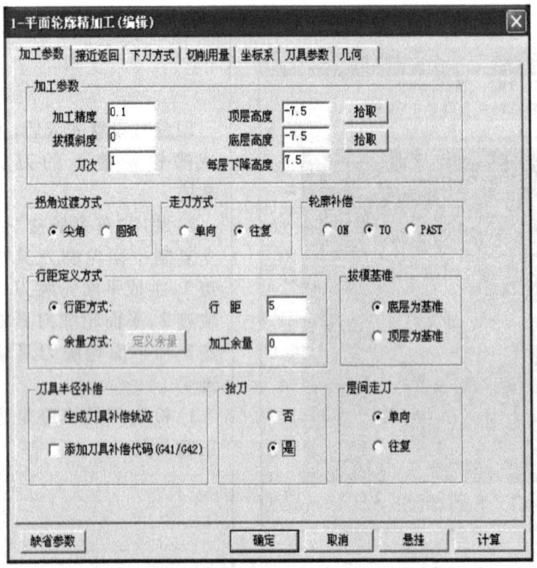	1）精加工采取一次进给完成，顶层高度与底层高度均设为－7.5mm，每层下降高度为7.5mm 2）加工余量设置为“0” 3）其他参数与粗加工参数基本相同	为什么精铣时每层下降高度设置为7.5mm
	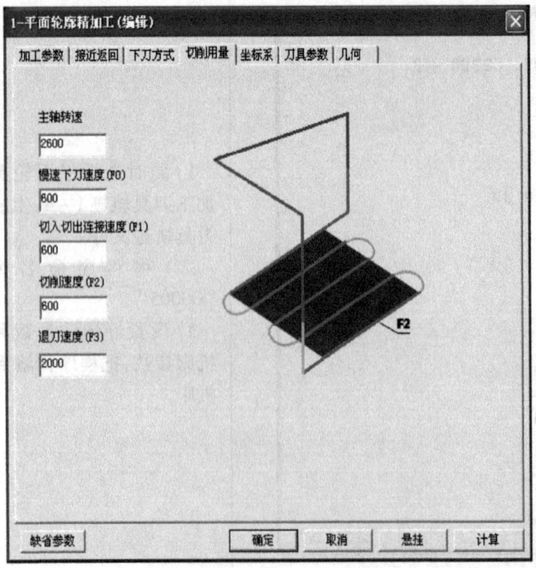	1）根据制订的工艺文件要求，设置主轴转速为2600r/min 2）设置慢速下刀速度为600mm/min，切入切出连接速度为600mm/min，切削速度为600mm/min，退刀速度为2000mm/min	

（续）

步骤	简　图	操作要点	探究
15. 生成槽轮轴左端槽轮内轮廓精铣刀具轨迹	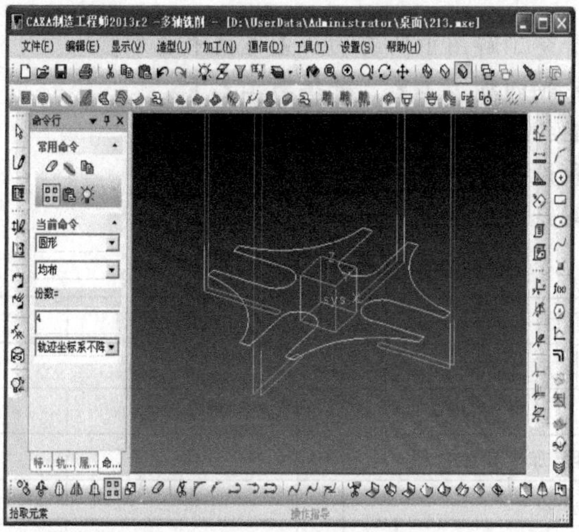	1）参数设置完成后，生成槽轮轴内轮廓5的刀具轨迹 2）利用“阵列旋转”命令复制平面轮廓刀具轨迹5，生成平面轮廓刀具轨迹6～8 3）检查加工参数是否正确无误	
16. 生成槽轮轴左端槽轮内轮廓精铣程序	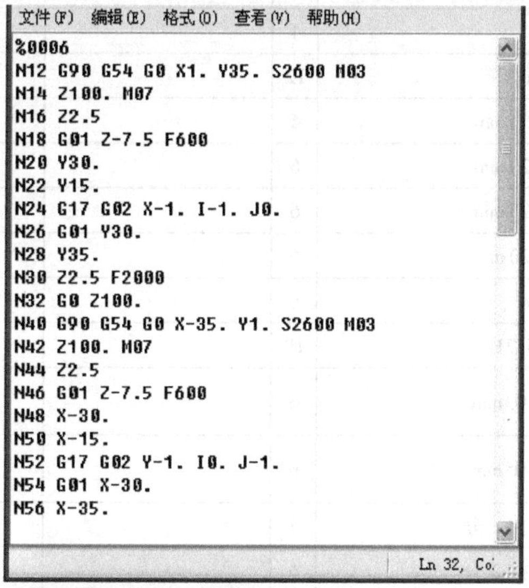 文件(F)　编辑(E)　格式(O)　查看(V)　帮助(H) %0006 N12 G90 G54 G0 X1. Y35. S2600 M03 N14 Z100. M07 N16 Z2.5 N18 G01 Z-7.5 F600 N20 Y30. N22 Y15. N24 G17 G02 X-1. I-1. J0. N26 G01 Y30. N28 Y35. N30 Z2.5 F2000 N32 G0 Z100. N40 G90 G54 G0 X-35. Y1. S2600 M03 N42 Z100. M07 N44 Z2.5 N46 G01 Z-7.5 F600 N48 X-30. N50 X-15. N52 G17 G02 Y-1. I0. J-1. N54 G01 X-30. N56 X-35. Ln 32, Co	1）同时选择平面轮廓加工刀具轨迹5～8生成刀具轨迹文件 2）将程序命名为“O0006” 3）设置好传输参数和机床参数，把程序传输到机床	选择刀具轨迹时有没有先后顺序，应如何确定顺序
17. 操作机床进行槽轮内轮廓铣削加工		1）调用程序O0005和O0006，试切对刀后加工槽轮内轮廓 2）加工完毕后清理工件表面毛刺，把工具摆放整齐并清理机床 3）检测工件尺寸，填写质量评检单	加工中要注意哪些安全事项

【任务评价】

完成本项目后，应做到：

1）正确地识读槽轮轴零件图，清楚了解图中所有的公差与技术要求。

2）独立或在适当帮助下分析槽轮轴的加工工艺，并编写工艺卡。

3）清楚槽轮轴的加工过程，并能指出加工中心须把握的关键点。

4）完成加工任务后，做好场地和设备的整理、清洁、维护等工作。

5）对零件产品进行检测，并填写产品质量评检单。具体见表 1-9。

表 1-9　槽轮轴产品质量评检单

项目名称	项目一　槽轮轴加工		项目时间	
组　别		成员名单		

序号	检查项目	检查内容		学生自检	教师核检
1	加工工艺文件	工艺合理，加工参数合理	10		
2	外圆	$\phi 50_{-0.02}^{0}$ mm	8		
3	成形面	$R3$mm	4		
4		$R25$mm	4		
5	槽轮槽	$10_{+0.01}^{+0.03}$ mm	12		
6	长度	(58 ±0.05) mm	6		
7		(60 ±0.02) mm	6		
8		(34 ±0.02) mm	6		
9		(17 ±0.02) mm	6		
10		$12_{-0.02}^{0}$ mm	6		
11	外螺纹	M32 ×1.5-7H	10		
12	几何公差	对称度 0.03mm	6		
13					
14		平行度 0.05mm	6		
15	倒角	超差每处扣 1 分	4		
16	表面粗糙度值	每降一级扣 2 分	6		

检查评价				
	过程评价（学生填写）：			
	教师评语：			
	评　　分		日　　期	
	学生签字		教师签字	

【任务拓展】

1）编写图 1-3 所示花键轴的工艺卡。

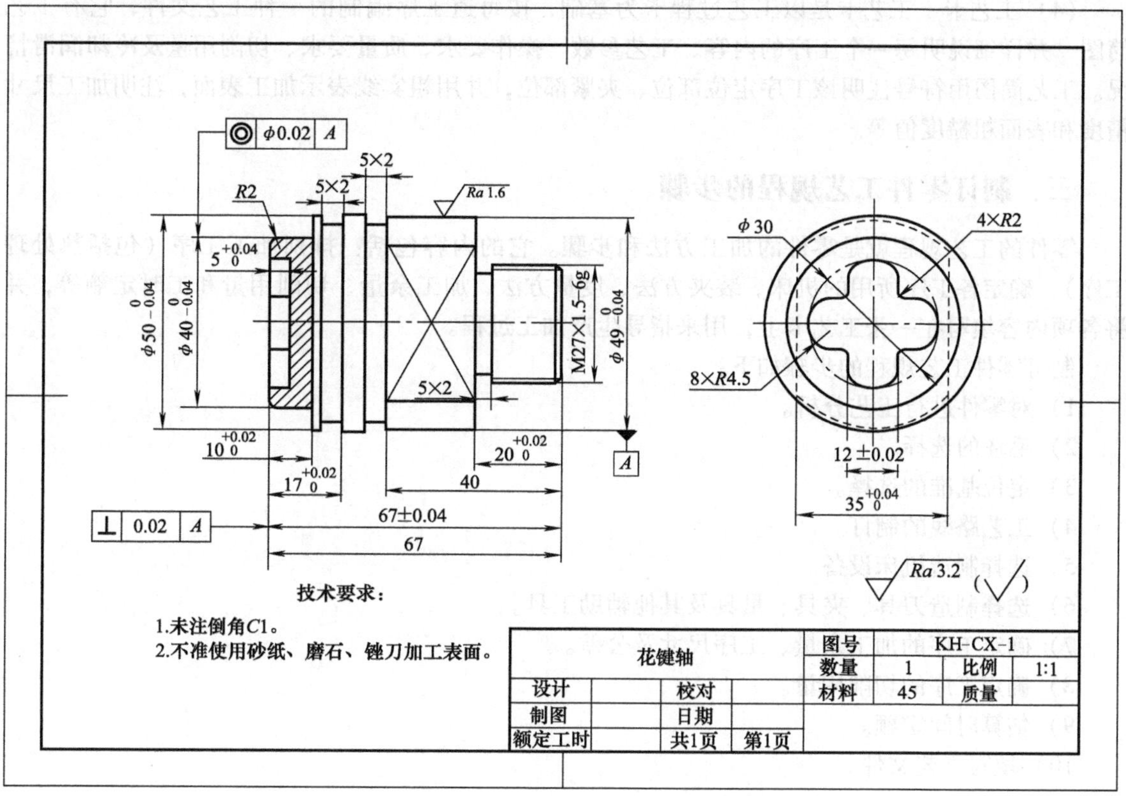

图 1-3　花键轴

2）简述编写加工工艺的一般步骤。

【知识链接】

一、45 钢的特性

1）45 钢是 GB（我国国家标准）中的叫法，JIS（日本工业标准）中称为 S45C，ASTM（美国材料与试验协会）中称为 1045、080M46，DIN（德国标准化学会）中称为 C45。

2）45 钢的碳的质量分数为 0.42% ~0.50%；密度为 7.85g/cm^3；抗拉强度为 600MPa，屈服强度为 355MPa；未热处理硬度为 16 ~20HRC，淬火后表面硬度可达 45 ~52HRC。

3）45 钢热处理温度：正火 850℃，淬火 840℃，回火 600℃。

4）45 钢为优质碳素结构钢，硬度不高且易切削加工，调质处理后零件具有良好的综合力学性能，广泛应用于摩托车、汽车零件，特别是在交变载荷下工作的连杆、螺栓、齿轮及轴等，模具中常用来制作模板、销、导柱等。

二、工艺、工序、工步、工艺卡

（1）工艺　将原材料或半成品加工成产品的过程、方法、技术等，统称为加工工艺。

（2）工序　在一台机床上连续完成的那一部分加工内容，称为工序。

（3）工步　在加工表面、切削刀具、转速和进给量都不变的情况下，所连续完成的那一部分工序工作，称为工步。

（4）工艺卡　工艺卡是以工艺过程卡为基础，按每道工序编制的一种工艺文件，它有工艺简图，并详细说明每一个工序的内容、工艺参数、操作要求、质量要求、切削用量及冷却润滑情况。工艺简图用符号注明该工序定位部位、夹紧部位，并用粗实线表示加工表面，注明加工尺寸精度和表面粗糙度值等。

三、制订零件工艺规程的步骤

零件的工艺规程就是零件的加工方法和步骤。它的内容包括：排列加工工序（包括热处理工序），确定各工序所用的机床、装夹方法、度量方法、加工余量、切削用量和工时定额等，并将各项内容填写在一张工艺卡上，用来指导生产加工过程。

制订零件工艺规程的步骤如下：

1）对零件进行工艺分析。

2）毛坯的选择。

3）定位基准的选择。

4）工艺路线的制订。

5）选择制造机床设备。

6）选择制造刀具、夹具、量具及其他辅助工具。

7）确定工序的加工余量、工序尺寸及公差。

8）确定工序的切削用量。

9）估算时间定额。

10）填写工艺文件。

四、工件的找正与夹紧

（1）找正　用相应的工具和量具，确定工件与刀具的正确位置和角度的过程，称为工件找正。

（2）夹紧　工件找正定位后，将工件固定，使其保持正确位置称为工件夹紧。为了保证工件的加工质量，在夹紧过程中要注意以下事项：

1）工件在夹紧过程中，不应改变找正定位时的正确位置，保证工件定位准确。

2）夹紧力要稳定可靠，确保在加工过程中工件不发生位移，即夹紧力不能太大，也不能太小。

3）正确选择夹紧部位及夹压点，使工件在夹紧状态下的变形最小。

4）能迅速完成工件夹紧，并且装卸方便。

保证工件正确找正与夹紧，是完成零件加工的首要工作，而采取何种措施来保证工件在夹紧状态下的变形最小是零件加工经常面临又很难解决的问题。

五、数控加工工序与工步的划分

工序与工步的划分要根据零件的结构特点、技术要求等情况综合考虑。

1. 工序的划分

在数控机床上加工零件，工序可以比较集中，在一次装夹中尽可能完成大部分或全部的工序，一般工序划分有以下几种方式：

1）按零件装夹定位方式划分工序。零件结构形状不同，加工时定位方式也有差异。一般加工外形时以内形定位，加工内形时又以外形定位。因而可根据定位方式的不同来划分工序。

2）按粗、精加工划分工序。根据零件的加工精度、刚度和变形等因素来划分工序时，可按粗、精加工分开的原则来划分工序，即先粗加工再精加工。

3）按所用刀具划分工序。为了减少换刀次数，缩减空程时间，减少不必要的定位误差，可按刀具集中工序的方法加工零件，即在一次装夹中，尽可能用同一把刀具加工出可以加工的所有部位，然后再换另一把刀具加工其他部位。

2. 工步的划分

工步的划分主要从加工精度和效率两方面来考虑。在一个工序内往往需要采用不同的刀具和切削用量，对不同的表面进行加工。工步划分的原则为：

1）同一表面按粗加工、半精加工、精加工依次完成，或全部加工表面按先粗加工后精加工分开进行。

2）按刀具划分工步，以减少换刀次数，提高生产率。

项目二　油口法兰加工

【项目任务】

图 2-1 所示为某公司生产的热交换器的零部件，现要求加工 50 件。请各小组根据油口法兰的零件特征和技术要求（图 2-2），合理分析零件加工工艺并正确选择加工机床。

本项目教学时数为 18 学时。

图 2-1　油口法兰实物图

【学习目标】

通过本项目任务的学习，学生应：

1）能对车铣复合加工类零件进行正确的工艺分析，会编写工艺卡。

2）能对车铣复合加工类零件进行正确的装夹，并学会工装夹具的使用，能合理组织中小批量生产加工。

3）能用千分尺等测量工具精确测量车铣复合加工类零件，并进行质量评定。

4）熟悉企业生产现场管理与劳动组织模式，熟悉车铣复合加工类零件的工艺编排，具备精益求精的工作态度，培养“品质为先”的质量观。

【任务知识与技能分析】

油口法兰所用材料为 45 钢，备料毛坯尺寸为 ϕ105mm × 15mm 的圆棒料。加工要用到车削加工与铣削加工，属于车铣复合加工类零件，加工工艺编写至关重要，直接影响到是否能顺利完成加工任务。实施本项目任务，涉及的主要知识与技能如下：

1）车铣复合类零件的加工工艺编写，其中关键的是各工序与工步编排的合理性、科学性和便捷性。

2）零件加工数量为 50 件，属小批量生产，生产工艺要注意考虑批量的大小。单件生产、中批量生产与小批量流水线生产有不同的工艺要求。

3）尺寸公差的保证。零件加工包括油槽两处尺寸公差要求，且表面粗糙度值要求为 *Ra*3.2μm。其中孔的精度以及孔的距离影响零件的定位装夹，在合理选择切削用量的前提下注重过程检测，确保加工质量。

4）零件加工中涉及四次装夹，每一道工序所用夹具的选择很重要，装夹与找正也非常关键，应避免因二次装夹导致加工误差，从而产生废品。

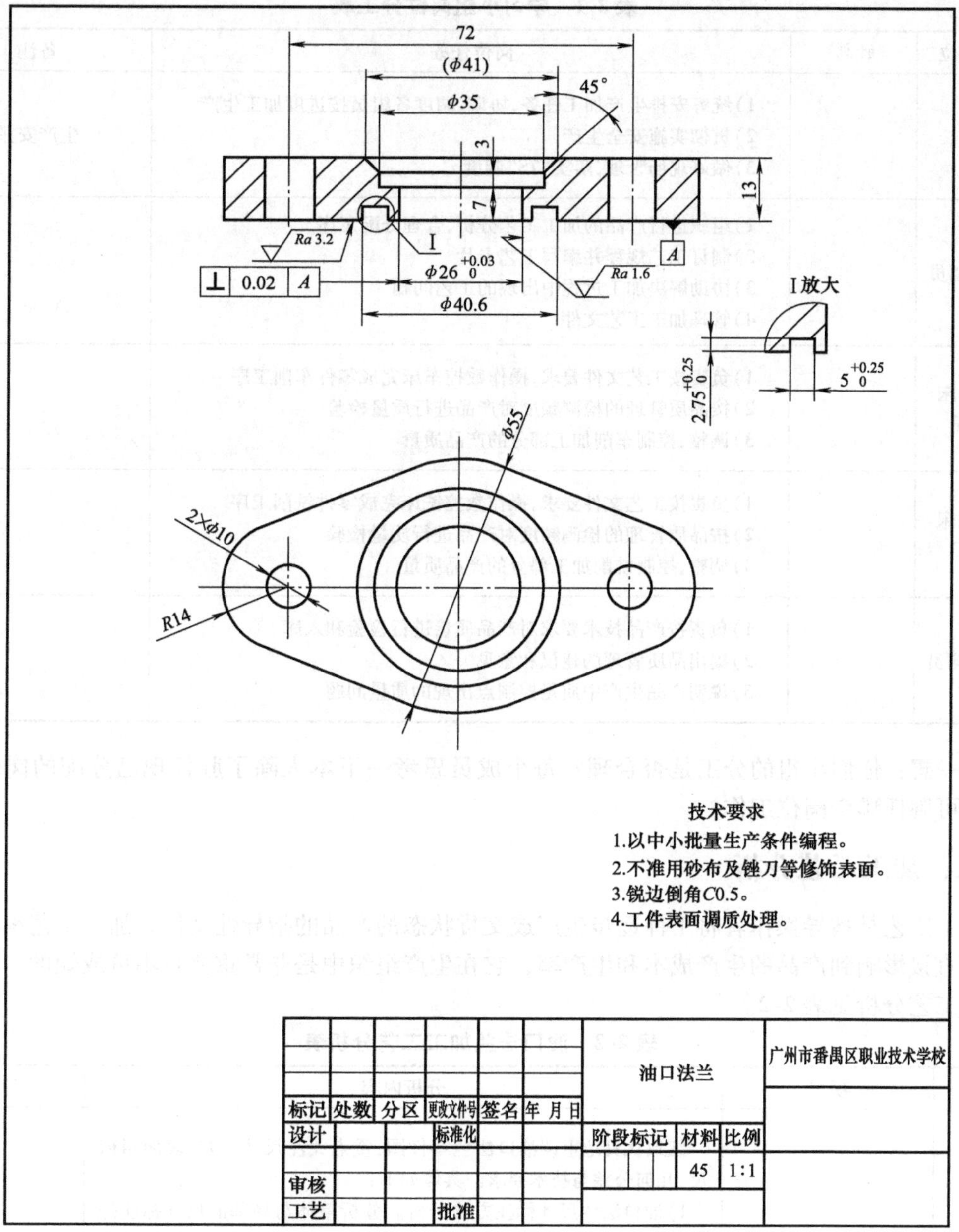

图 2-2 油口法兰零件图

【任务实施】

一、组建学习小组

各学习小组根据项目任务的特性和要求，确定组内成员的分工，主要岗位包括组长（生产安排）、工艺编制员、数控车床操作员、数控铣床操作员、质量检测员，具体岗位分工见表2-1。

表 2-1 学习小组岗位分工表

工作岗位	姓名	岗位任务	备注
生产组长		1)统筹安排生产加工任务,协调、调度各组员按进度加工生产 2)贯彻实施安全生产 3)做好现场管理,落实"7S"制度	生产安排
工艺编制员		1)组织进行产品的加工工艺分析,合理分配工序 2)制订工艺规程并编写工艺卡片 3)协助解决加工过程中出现的工艺问题 4)管理加工工艺文件	
数控车床操作员		1)负责按工艺文件要求,操作数控车床完成零件车削工序 2)按品质管理的检测频度对产品进行质量检验 3)调整、控制车削加工部分的产品质量	
数控铣床操作员		1)负责按工艺文件要求,操作数控铣床完成零件铣削工序 2)按品质管理的检测频度对产品进行质量检验 3)调整、控制铣削加工部分的产品质量	
质量检测员		1)负责按产品技术要求对产品质量进行检验和入库 2)提出品质管理的建议和意见 3)说明产品生产中质量控制点出现的质量问题	

想一想：你们小组的分工是否合理？每个成员思考一下本人除了胜任现已分配的岗位工作外，还可胜任哪个岗位工作？

二、加工工艺分析

加工工艺是指导操作者将工件逐步生产成交货状态的产品的指导性文件，加工工艺编制质量的好坏直接影响到产品的生产成本和生产率，它在生产组织中是非常重要且不可或缺的。油口法兰加工工艺分析见表 2-2。

表 2-2 油口法兰加工工艺分析表

序号	项目	分析内容	备注
1	油口法兰零件图样分析	细致认真地审读油口法兰零件图,重点关注尺寸公差、表面粗糙度、几何公差与技术要求。具体如下: 1)油口法兰尺寸标注方法分析。分析整体与局部的尺寸标注是否完整,标注是否正确,有无多余尺寸,特别是标注了公差的尺寸要认真读懂 2)油口法兰零件轮廓的几何要素分析。分析图样中几何要素的给定条件是否充分、正确,包括圆弧、槽、孔、斜面等要素 3)油口法兰公差及技术要求分析。在油口法兰中,端面槽的尺寸公差要求是 0 ~ 0.03mm,槽的宽度公差要求是 0 ~ 0.25mm,表面粗糙度值最低为 $Ra1.6\mu m$,此外还要保证孔的轴线与端面的垂直度 4)找出油口法兰零件图样上有较高几何公差要求的表面,这些表面应尽可能在一次装夹下完成 5)根据零件图的尺寸要求,本产品备料毛坯尺寸为 ϕ105mm × 15mm 的圆棒料	

（续）

序号	项目	分析内容	备注
2	油口法兰结构工艺分析	1)油口法兰的结构包括端面、ϕ26mm 的孔、端面槽及外形轮廓。根据其结构工艺特性,须采用车削加工与铣削加工 2)油口法兰加工工序。根据其结构特点,划分为五个加工工序:①车端面,钻中心孔;②铣平面,控制厚度,钻 ϕ10mm 的孔;③铣削外形轮廓;④车内孔;⑤车端面槽 3)对各工序的粗、精加工。先对各表面进行粗加工,粗加工结束后再精加工,并进行精度控制 4)油口法兰零件图中有一处垂直度的要求,要求中心孔轴线与端面垂直,须依靠装夹时打表保证 5)加工中选用的机床为数控车床和数控铣床(或加工中心)	
3	装夹夹具分析	根据油口法兰结构特点,车削与铣削过程中,所用夹具如下: 1)车削外圆、端面所钻中心孔采用的是自定心卡盘 2)铣削平面、控制法兰厚度及钻 2×ϕ10mm 孔采用 V 形块装夹 3)铣削外形轮廓时以中心孔定位,采用专用夹具装夹 4)车削内孔及端面槽时以 2×ϕ10mm 的孔定位,采用专用夹具装夹	
4	加工刀具分析	根据油口法兰的轮廓几何要素,在车削与铣削过程中,所用的刀具如下: 1)外圆车削部分,选用外圆车刀,刀具材料采用硬质合金 2)钻孔之前先用中心钻进行钻孔定位,然后用 ϕ22mm 钻头钻孔 3)铣削平面,根据铣削量选用 ϕ16mm 的硬质合金铣刀 4)加工 2×ϕ10mm 孔时,由于有精度要求,先用 ϕ9.8mm 的钻头钻孔,然后用 ϕ10mm 的铰刀进行精加工 5)车削内孔选用硬质合金内孔车刀 6)车削端面槽时,由于槽宽是 5mm,并且有精度要求,所以选用 4mm 的切槽刀	
5	切削用量分析	切削用量的选择,包括背吃刀量、主轴转速和进给速度三项。油口法兰材料为 45 钢,刀具材料均为硬质合金,切削具体要求如下: 1)确定背吃刀量 a_p(mm)必须考虑机床、刀具、装夹的刚性,车削最好一次切净余量,以提高生产率,根据产品实际情况,油口法兰精加工量一般不超过 2mm,同时为了保证加工精度和表面粗糙度,留一定的精加工余量,精车余量为 0.1 ~0.5mm 2)主轴转速 n(r/min)。主轴转速应根据零件上被加工部位的直径,并按零件和刀具的材料及加工性质等条件所允许的切削速度 v_c(mm/min)来确定 3)确定进给速度 v_f(mm/min)。进给速度的大小直接影响表面粗糙度和车削效率,因此应在保证表面质量的前提下,选择较高的进给速度	
6	产品质量检测分析	油口法兰的检测包括外圆、螺纹、沟槽三部分,其中加工过程还须有辅助检测工具,具体准备的检测工具包括: ①游标卡尺;②内径千分尺;③钢直尺;④深度游标卡尺;⑤百分表	

想一想:

1） 在选用专用夹具时如何进行定位夹紧?

2） 零件加工工艺分析的重要内容有哪些?你能否列举?

3） 在车削端面槽时,为什么要选用 4mm 的切槽刀?

三、编制工艺卡

编制工艺卡（表 2-3）时需查找《机床参数表》《机床使用说明书》《切削用量手册》《刀具手册》《机械加工工艺手册》等工艺文件资料。

表 2-3 油口法兰加工工艺卡

广州市番禺区职业技术学校	零件名称	油口法兰	加工工艺卡		产品型号		RJF-RKFL-02	
	毛坯类型	ϕ105mm × 15mm 棒料	材料	45 钢	工艺卡号	YKFL01	第 1 页	共 5 页

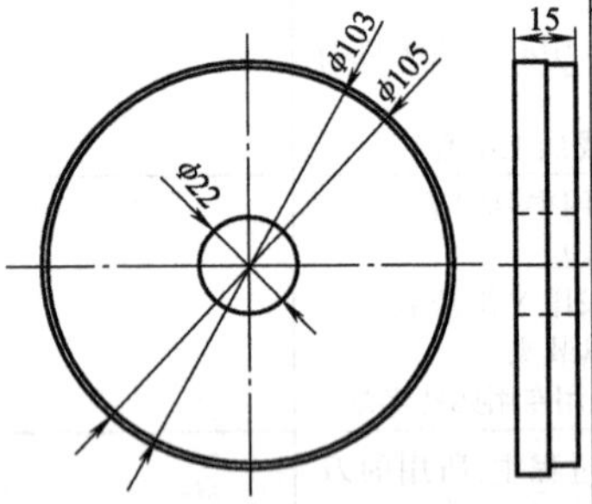

工序号	工步	加工内容	刀具及材料	工艺装备	切削用量：加工类别	切削用量：n/(r/min)	切削用量：a_p/mm	切削用量：v_f/(mm/min)
车 1	1	夹紧毛坯，车平端面	外圆车刀（硬质合金）	自定心卡盘	手动	1000	0.2	30
	2	外圆伸出端面 7.5mm，加工至 ϕ103mm	外圆车刀（硬质合金）	自定心卡盘	手动	1000	0.2	50
	3	钻中心孔	中心钻	自定心卡盘	手动	1000		50
	4	钻 ϕ22mm 的中心孔	ϕ22mm 钻头	自定心卡盘	手动	700	0.5	30

				编制		批准	
				日期		日期	
标记	处数	更改文件号	签字				

广州市番禺区职业技术学校	零件名称	油口法兰	加工工艺卡		产品型号		RJF-RKFL-02	
	毛坯类型	ϕ105mm × 15mm 棒料	材料	45 钢	工艺卡号	YKFL02	第 2 页	共 5 页

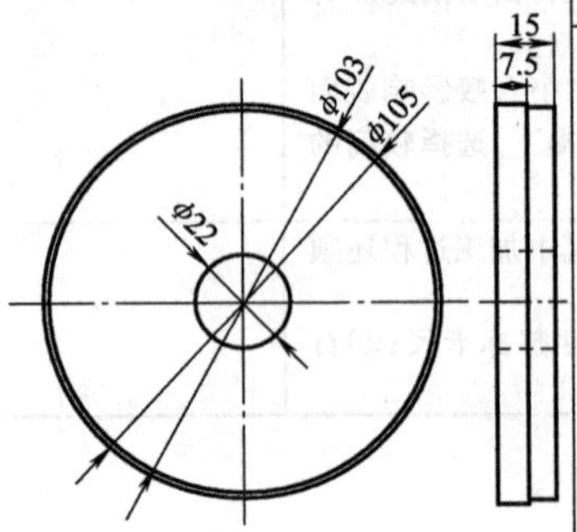

工序号	工步	加工内容	刀具及材料	工艺装备	切削用量：加工类别	切削用量：n/(r/min)	切削用量：a_p/mm	切削用量：v_f/(mm/min)
铣 1	1	用 V 形块夹紧工件，铣平面	ϕ16mm 立铣刀（硬质合金）	V 形块	手动	1600	0.2	800
	2	按图样加工 2 × ϕ10mm 的孔	ϕ9.8mm 钻头	V 形块	手动	800	1	100
	3	按图样尺寸铰 2 × ϕ10mm 的孔	ϕ10mm 铰刀	V 形块	CNC 加工	180	0.1	20

				编制		批准	
				日期		日期	
标记	处数	更改文件号	签字				

（续）

广州市番禺区职业技术学校	零件名称	油口法兰	加工工艺卡		产品型号		RJF-RKFL-02	
	毛坯类型	ϕ105mm×15mm 棒料	材料	45 钢	工艺卡号	YKFL03	第 3 页	共 5 页

	工序号	工步	加工内容	刀具及材料	工艺装备	切削用量			
						加工类别	n/(r/min)	a_p/mm	v_f/(mm/min)
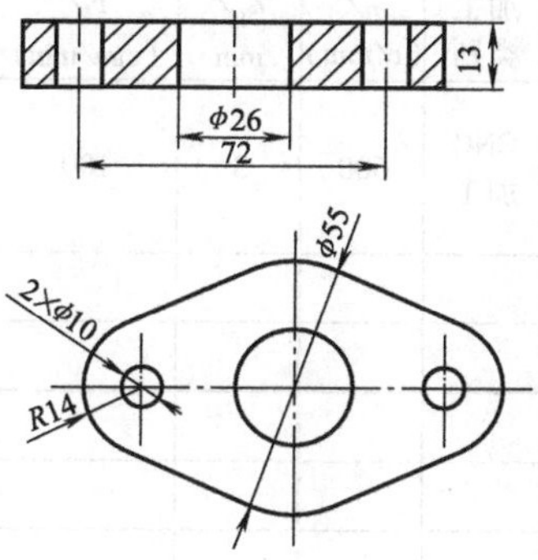	铣 2	1	用辅助夹具夹紧工件，按图样尺寸加工零件外轮廓	ϕ16mm 立铣刀（硬质合金）	辅助夹具 1	粗加工	1600	0.5	800
						精加工	2200	0.2	600

				编制		批准	
				日期		日期	
标记	处数	更改文件号	签字				

广州市番禺区职业技术学校	零件名称	油口法兰	加工工艺卡		产品型号		RJF-RKFL-02	
	毛坯类型	ϕ105mm×15mm 棒料	材料	45 钢	工艺卡号	YKFL04	第 4 页	共 5 页

	工序号	工步	加工内容	刀具及材料	工艺装备	切削用量			
						加工类别	n/(r/min)	a_p/mm	v_f/(mm/min)
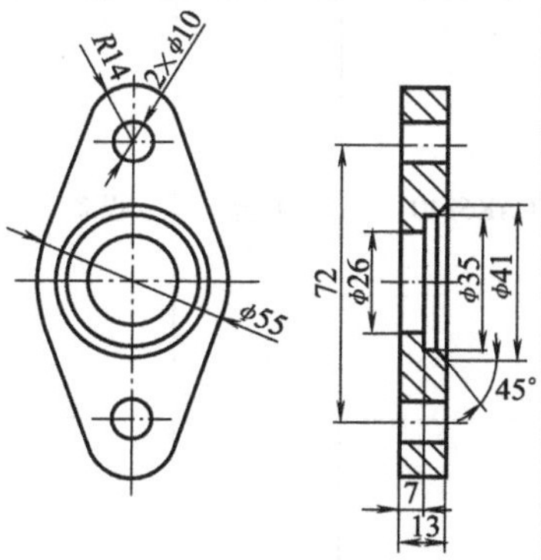	车 2	1	用辅助夹具夹紧工件，按图样尺寸加工 ϕ41mm、ϕ35mm、ϕ26mm 内孔尺寸	内孔车刀（硬质合金）	辅助夹具 2	粗加工	1200	0.8	120
						精加工	1400	0.4	100

				编制		批准	
				日期		日期	
标记	处数	更改文件号	签字				

（续）

广州市番禺区职业技术学校	零件名称	油口法兰	加工工艺卡		产品型号		RJF-RKFL-02	
	毛坯类型	ϕ105mm×15mm棒料	材料	45钢	工艺卡号	YKFL5	第5页	共5页

	工序号	工步	加工内容	刀具	工艺装备	切削用量			
						加工类别	n/(r/min)	a_p/mm	v_f/(mm/min)
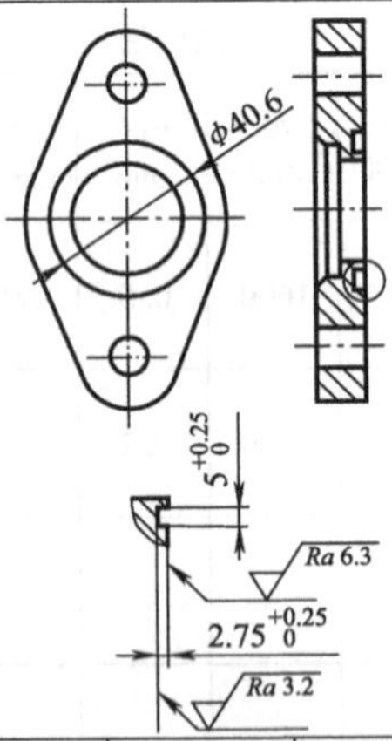	车3	1	用辅助夹具夹紧工件,按图样要求加工端面槽	切槽刀	辅助夹具2	CNC加工	600	3	100

				编制		批准	
标记	处数	更改文件号	签字	日期		日期	

四、设备、工具、量具、辅具准备

根据任务的加工要求，实施本任务具体需要准备的设备、工具、量具、辅具见表2-4。

表2-4　油口法兰加工设备、工具、量具、辅具

序号	名称	简图	型号/规格	数量	备注
1	数控车床		CAK6140	1台	设备
2	数控铣床		VMC850	1台	设备

（续）

序号	名称	简图	型号/规格	数量	备注
3	编程计算机		通用型（配机床通信线）	2台	设备
4	外圆车刀		刀杆25mm×25mm硬质合金	1把	刀具
5	切槽刀		4mm，硬质合金	1把	刀具
6	内孔车刀	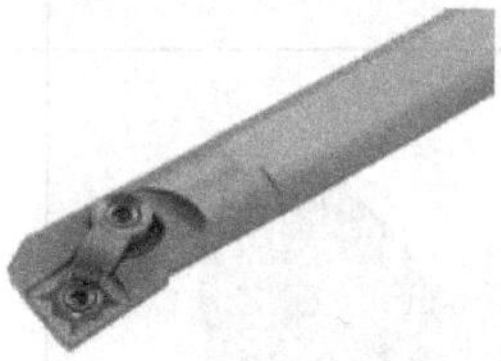	硬质合金	1把	刀具
7	中心钻	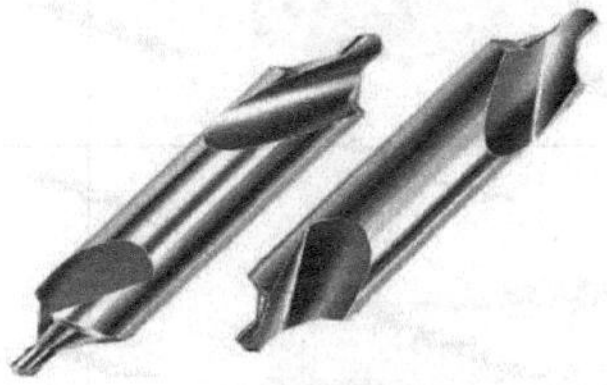		1把	刀具
8	立铣刀		ϕ16mm，四刃，硬质合金	1把	刀具
9	钻头		ϕ9.8mm、ϕ22mm钻头	各1把	刀具
10	铰刀		ϕ10mm铰刀	1把	刀具

（续）

序号	名称	简图	型号/规格	数量	备注
11	自定心卡盘		通孔直径大于 80mm	1 个	夹具
12	机用虎钳		开口大于 100mm	1 个	夹具
13	V 形块			1 套	夹具
14	游标卡尺	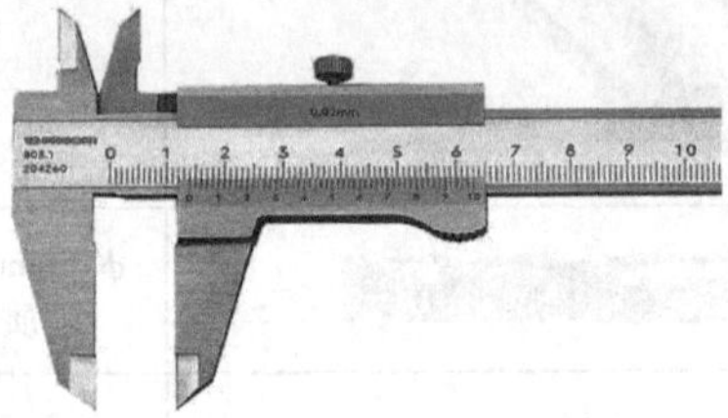	150mm	1 把	量具
15	钢直尺	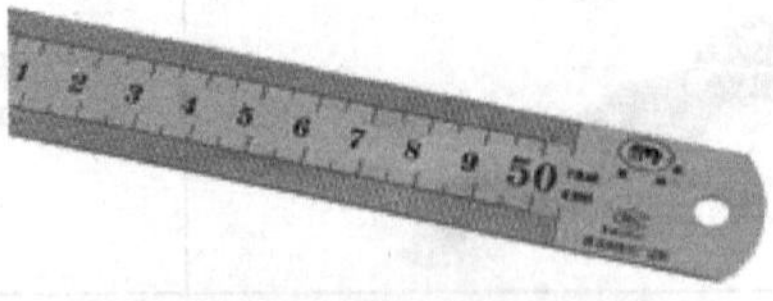	200mm	1 把	量具
16	千分尺		25 ~ 75mm	2 把	量具

（续）

序号	名称	简图	型号/规格	数量	备注
17	千分表座		0.001mm	1套	量具
18	铣刀柄	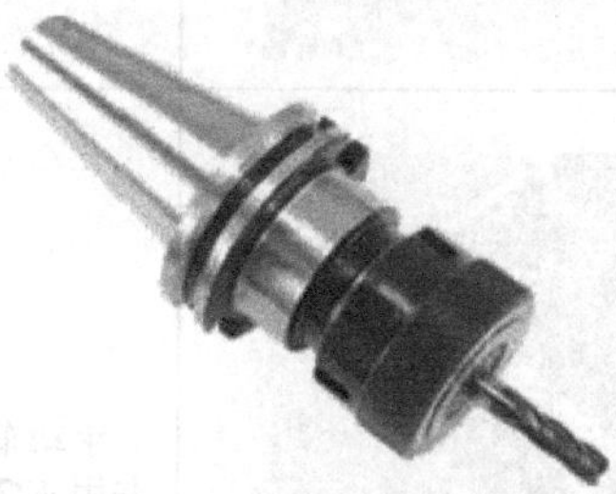	BT40	1个	辅助工具

想一想：仔细分析一下表2-4列出的设备、工具、量具是否齐备，如果不齐，还缺什么？你是否熟悉每一种工具、量具的功能，是否熟悉正确的操作规程？

五、操作加工

（一）车削法兰右端部分

按照表2-3中“车1”的要求，操作数控车床加工法兰的端面及钻孔，具体工步见表2-5。

表2-5　法兰端面及钻孔加工步骤

步骤	简图	操作要点	探究
1. 装夹工件	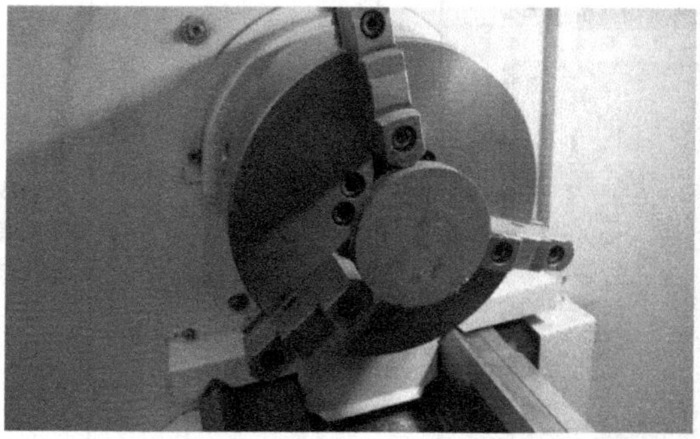	1）装夹工件时要注意伸出长度，保证右端加工长度，注意用钢直尺测量伸出长度 2）找正工件，确保其摆动在要求范围内 3）保证装夹正确、稳固	工件装夹达不到要求会出现什么后果

（续）

<table>
<tr><th>步骤</th><th>简图</th><th>操作要点</th><th>探究</th></tr>
<tr><td>2. 对刀</td><td>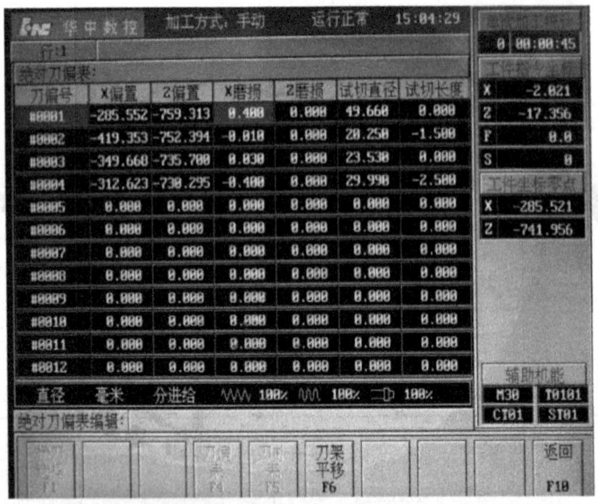</td><td>1）按要求安装好外圆车刀、麻花钻，注意刀具号与程序中的刀具号是否一致
2）试切后合理设置刀补参数，注意粗加工后精加工的余量，刀补要合理，设置要精准</td><td>对刀不准会出现什么后果</td></tr>
<tr><td>3. 车削端面及钻孔加工</td><td></td><td>手动车外圆端面，并用 ϕ22mm 的麻花钻钻中心孔</td><td></td></tr>
</table>

（二）铣削平面及钻孔

按照表 2-3 中“铣 1”的要求，铣削法兰平面及加工 2 × ϕ10mm 的孔，具体工步见表 2-6。

表 2-6　法兰端面及 2 × ϕ10mm 孔的加工步骤

<table>
<tr><th>步骤</th><th>简图</th><th>操作要点</th><th>探究</th></tr>
<tr><td>1. 绘制法兰二维图</td><td>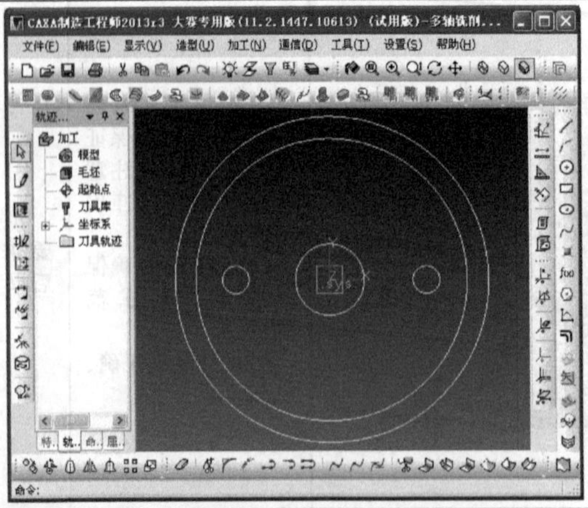</td><td>绘图时绘制 ϕ121mm 圆形，铣削平面时选择大圆为面铣轮廓，保证下刀在工件外面，避免插刀</td><td>如果按照毛坯的大小绘制铣削外圆会出现什么问题</td></tr>
</table>

（续）

步骤	简图	操作要点	探究
	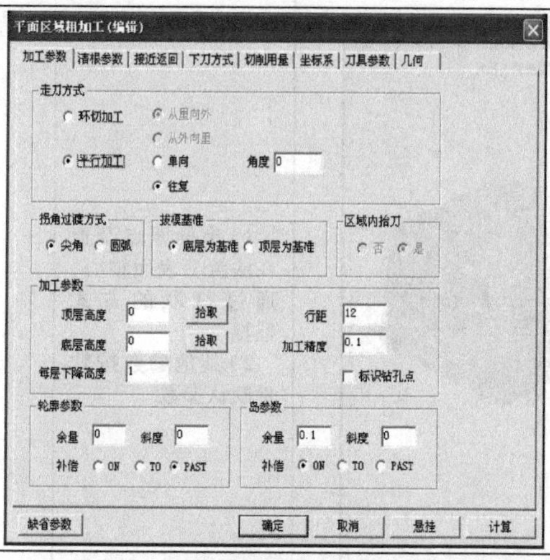	选择走刀方式为“平行加工”→“往复”，行距为 12mm，留取 0.1mm 的加工余量	环切加工与平行加工各有什么优点
2. 设置平面铣削参数	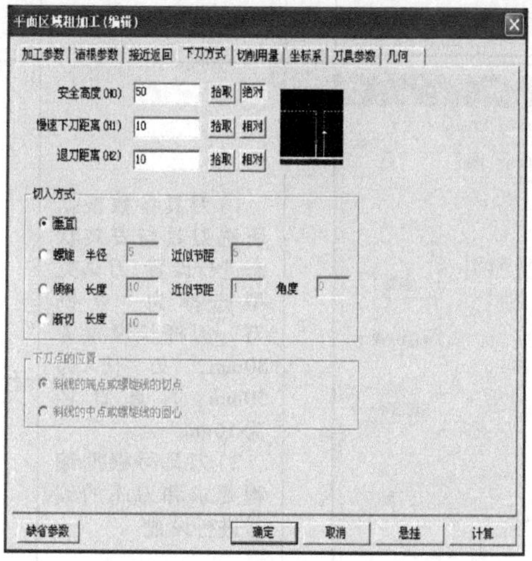	1）在下刀方式设置中，根据工件在工作台上的装夹高度，法兰上平面为 Z 轴原点，设置安全高度为 50mm，以确保安全加工 2）慢速下刀距离设置为 10mm，退刀距离为 10mm 3）因切削直接从轴外切入，切入方式采取“垂直”	
	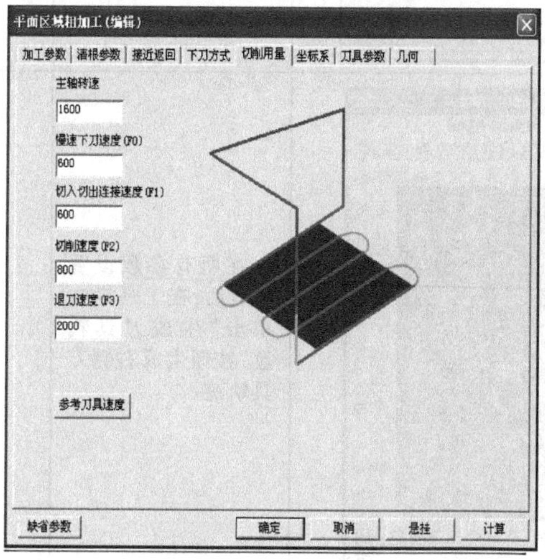	1）根据制订的工艺文件要求，设置主轴转速为 1600r/min 2）设置慢速下刀速度为 600 mm/min，切入切出连接速度为 600mm/min，切削速度为 800mm/min，退刀速度为 2000mm/min	

（续）

步骤	简图	操作要点	探究
2. 设置平面铣削参数	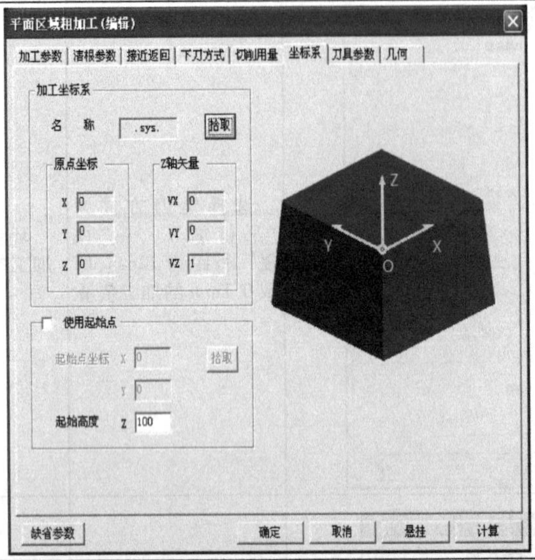	1）坐标原点设置在法兰上表面轴心，通过拾取的方式捕捉 2）其他参数按软件默认参数	
	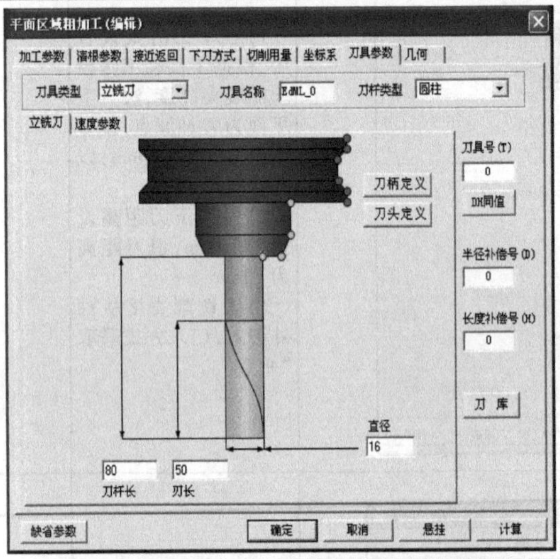	1）刀具参数根据所选刀具与安装状态进行设置，刀具类型选择为“立铣刀”，刀杆长设置为80mm，刃长为50mm，刀具直径为16mm 2）刀具号根据编程要求和刀库的编号进行设置	刀具号对加工有什么影响
3. 平面加工刀路模拟	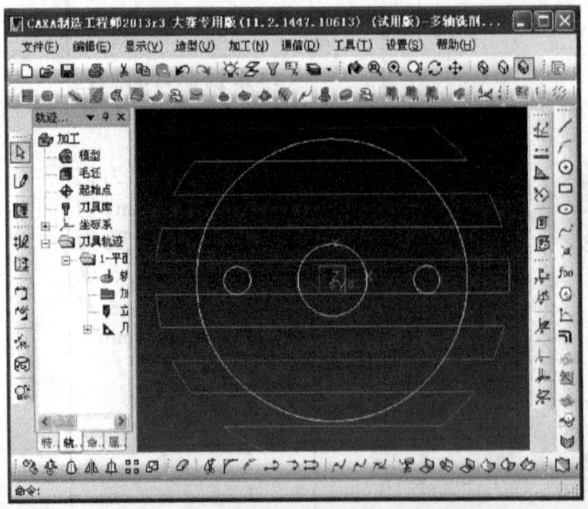	在所有参数设置完成后，在工具栏中单击“生成刀具轨迹”按钮生成右侧刀具轨迹	

（续）

<table>
<tr><th>步骤</th><th>简图</th><th>操作要点</th><th>探究</th></tr>
<tr><td>4. 生成平面加工程序</td><td>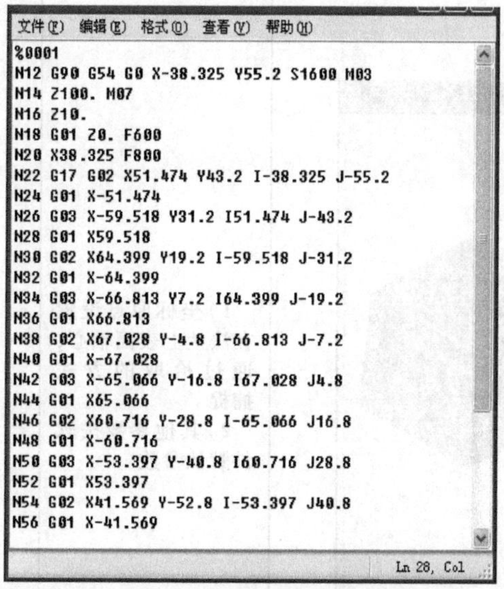
文件(F) 编辑(E) 格式(O) 查看(V) 帮助(H)
%0001
N12 G90 G54 G0 X-38.325 Y55.2 S1600 M03
N14 Z100. M07
N16 Z10.
N18 G01 Z0. F600
N20 X38.325 F800
N22 G17 G02 X51.474 Y43.2 I-38.325 J-55.2
N24 G01 X-51.474
N26 G03 X-59.518 Y31.2 I51.474 J-43.2
N28 G01 X59.518
N30 G02 X64.399 Y19.2 I-59.518 J-31.2
N32 G01 X-64.399
N34 G03 X-66.813 Y7.2 I64.399 J-19.2
N36 G01 X66.813
N38 G02 X67.028 Y-4.8 I-66.813 J-7.2
N40 G01 X-67.028
N42 G03 X-65.066 Y-16.8 I67.028 J4.8
N44 G01 X65.066
N46 G02 X60.716 Y-28.8 I-65.066 J16.8
N48 G01 X-60.716
N50 G03 X-53.397 Y-40.8 I60.716 J28.8
N52 G01 X53.397
N54 G02 X41.569 Y-52.8 I-53.397 J40.8
N56 G01 X-41.569
Ln 28, Col</td><td>1）生成平面加工程序
2）检查加工参数是否正确，并根据要求修改程序头与程序尾
3）将程序命名为“O0001”
4）将程序文件传输到机床上</td><td></td></tr>
<tr><td>5. 绘制钻孔加工图</td><td>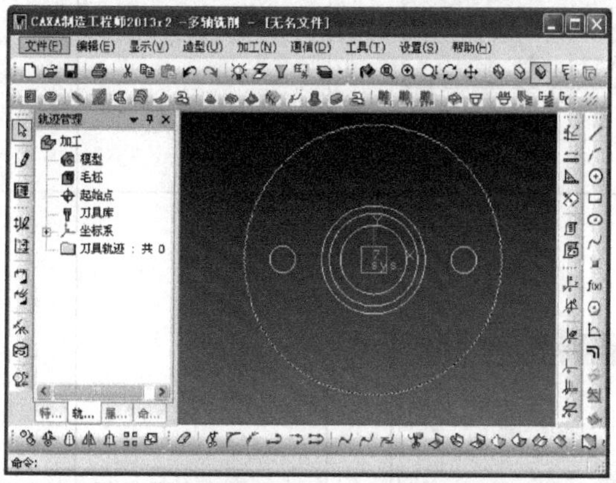</td><td>画图时，为了防止钻削时钻到等高垫，把图中两个孔的位置画在中心孔的左右两边</td><td>如果把孔画在上下两个位置会有什么后果</td></tr>
<tr><td>6. 设置钻削参数</td><td>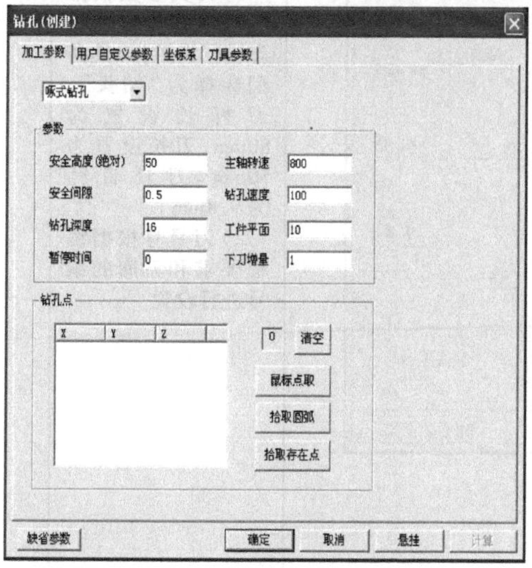</td><td>钻削方式采用“啄式钻孔”，设置安全间隙为 0.5mm，钻孔深度为 16mm，主轴转速为 800r/min，钻孔速度为 100mm/min，下刀增量为 1mm</td><td>钻孔加工时要注意哪些问题？如何排屑</td></tr>
</table>

（续）

步骤	简图	操作要点	探究
	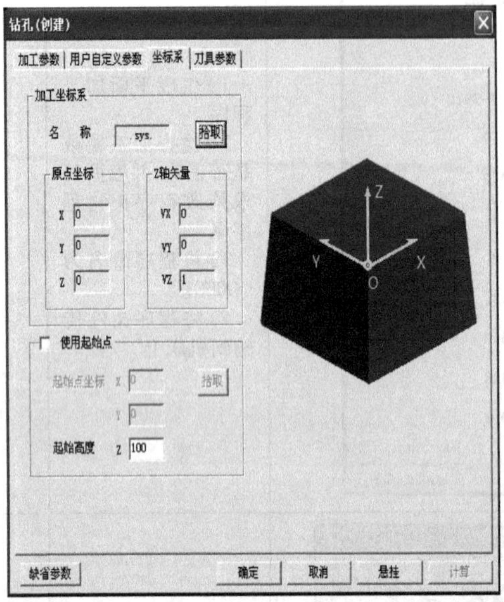	1）坐标原点设置在法兰上表面轴心，通过拾取的方式捕捉 2）其他参数按软件默认参数	
6. 设置钻削参数	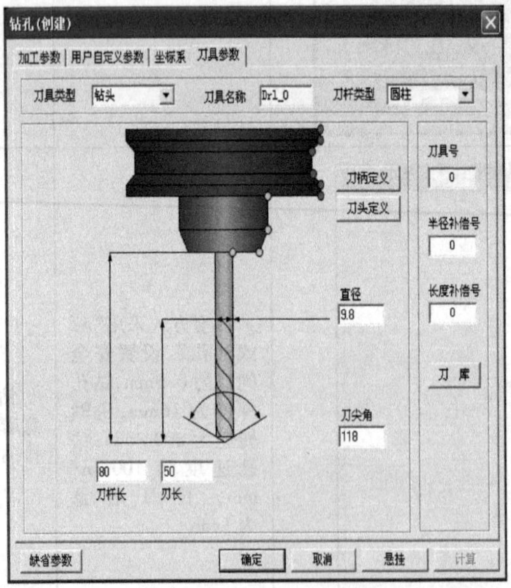	1）刀具参数根据所选刀具与安装状态进行设置，刀具类型选择为“钻头”，刀杆长设置为80mm，刃长设置为50mm，刀具直径为9.8mm 2）刀具号根据编程要求和刀库的编号进行设置	

（续）

步骤	简图	操作要点	探究
7. 钻孔刀路模拟	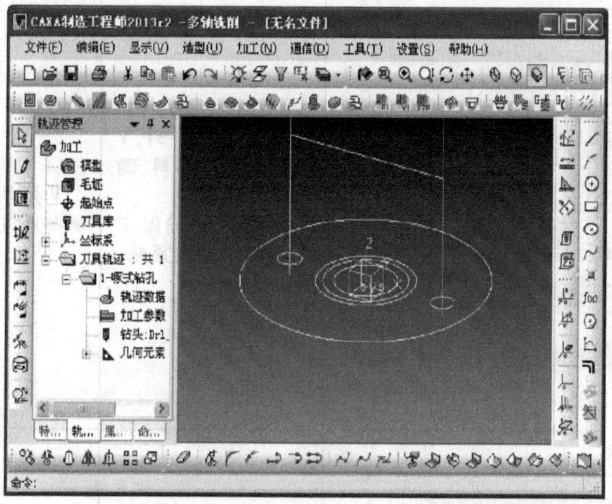 	在所有参数设置完成后，在工具栏中单击“生成刀具轨迹”按钮生成右侧刀具轨迹	
8. 生成钻孔加工程序	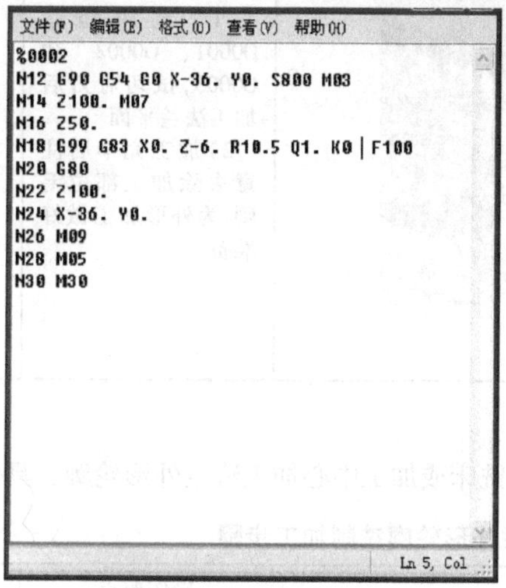 文件(F) 编辑(E) 格式(O) 查看(V) 帮助(H) %0002 N12 G90 G54 G0 X-36. Y0. S800 M03 N14 Z100. M07 N16 Z50. N18 G99 G83 X0. Z-6. R10.5 Q1. K0 F100 N20 G80 N22 Z100. N24 X-36. Y0. N26 M09 N28 M05 N30 M30 Ln 5, Col	1）生成钻孔加工程序 2）检查加工参数是否正确，并根据要求修改程序头与程序尾 3）将程序命名为“O0002” 4）将程序文件传输到机床上	钻孔的程序格式如何
	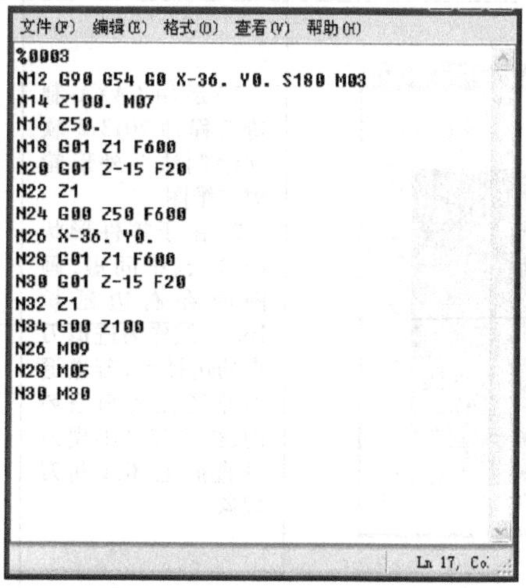 文件(F) 编辑(E) 格式(O) 查看(V) 帮助(H) %0003 N12 G90 G54 G0 X-36. Y0. S180 M03 N14 Z100. M07 N16 Z50. N18 G01 Z1 F600 N20 G01 Z-15 F20 N22 Z1 N24 G00 Z50 F600 N26 X-36. Y0. N28 G01 Z1 F600 N30 G01 Z-15 F20 N32 Z1 N34 G00 Z100 N26 M09 N28 M05 N30 M30 Ln 17, Co	手工编写铰孔程序，将程序命名为“O0003”，并传输到机床	铰孔与钻孔有什么区别

（续）

步骤	简图	操作要点	探究
9. 装夹工件		1）工件装夹时，V形块紧贴圆棒料，确保工件夹紧 2）装夹时确保工件与两块垫铁紧贴，保证整体高度	V形块可以用在哪些地方
10. 平面铣削及钻孔加工		1）调用程序O0001、O0002和O0003，试切对刀后加工法兰平面 2）加工完毕后注意去除加工部位毛刺，为外形加工做好准备	

（三）铣削法兰外形轮廓

按照表2-3中“铣2”的要求，操作数控铣床或加工中心加工法兰外形轮廓，具体步骤见表2-7。

表2-7 法兰外形轮廓铣削加工步骤

步骤	简图	操作要点	探究
1. 绘制法兰外形轮廓二维图	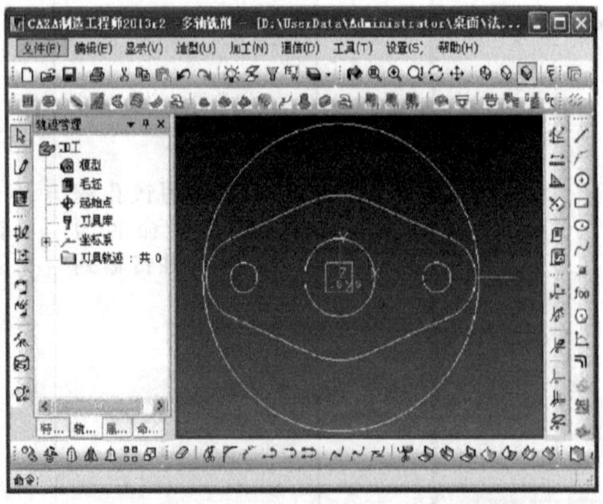	1）运用CAXA制造工程师2013r2软件绘制法兰外形轮廓二维图 2）由于零件形状两端长、中间短，画图时在右边延长16mm线作为进退刀点的选择点，若进退刀路径在大圆毛坯内，往往容易出现刀具直插毛坯或断刀现象	注意：将坐标原点设置在法兰中心

（续）

<table>
<tr><th>步骤</th><th>简图</th><th>操作要点</th><th>探究</th></tr>
<tr><td rowspan="3">2. 设置法兰外轮廓粗铣参数</td><td>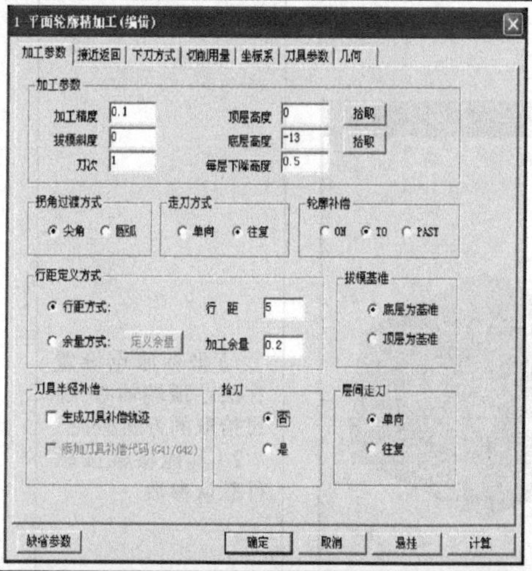
</td><td>1）设置顶层高度为 0，底层高度为 −13mm，每层下降高度为 0.5mm，行距设置为 5mm
2）设置加工参数，留 0.2mm 精加工余量，采取往复走刀方式，不抬刀
3）层间走刀方式设置为“单向”</td><td></td></tr>
<tr><td>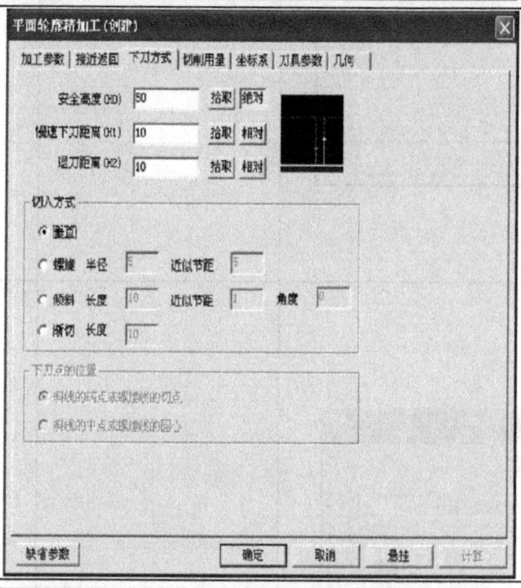
</td><td>1）在下刀方式设置中，根据工件在工件台上的装夹高度，以螺纹中心顶点为原点，设置安全高度为 50mm，以确保安全加工
2）设置慢速下刀距离为 10mm，退刀距离为 10mm
3）因切削直接从外切入，切入方式采用“垂直”</td><td></td></tr>
<tr><td>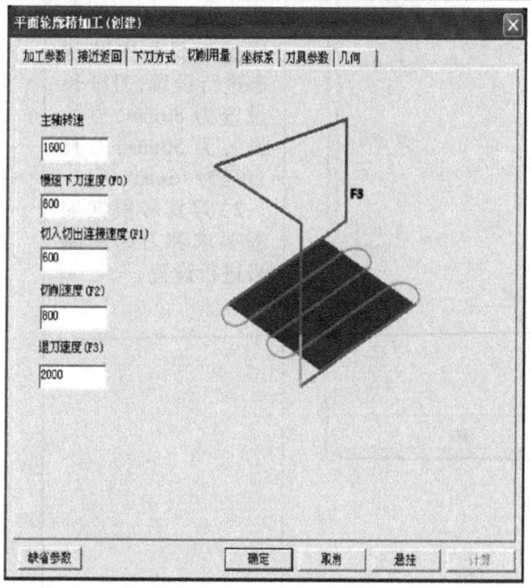
</td><td>1）根据制订的工艺文件要求，设置主轴转速为 1600r/min
2）设置慢速下刀速度为 600mm/min，切入切出连接速度为 600mm/min，切削速度为 800mm/min，退刀速度为 2000mm/min</td><td></td></tr>
</table>

（续）

<table>
<tr><th>步骤</th><th>简图</th><th>操作要点</th><th>探究</th></tr>
<tr><td rowspan="2">2. 设置法兰外轮廓粗铣参数</td><td>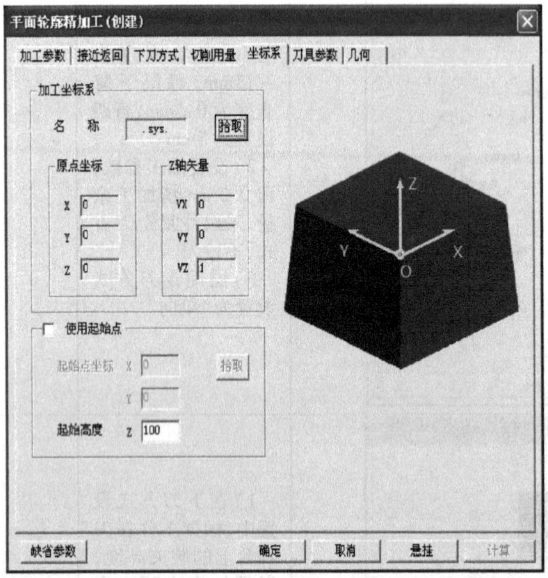
</td><td>1）坐标原点设置在法兰顶端轴心，通过拾取的方式捕捉
2）其他参数按软件默认参数</td><td></td></tr>
<tr><td>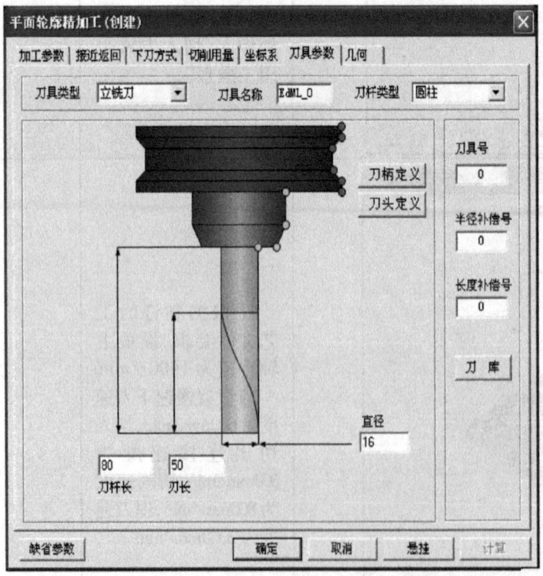
</td><td>1）刀具参数根据所选刀具与安装状态进行设置，刀杆长设置为 80mm，刃长设置为 50mm，刀具直径为 16mm
2）刀具号根据编程要求和刀库的编号进行设置</td><td></td></tr>
</table>

（续）

步骤	简图	操作要点	探究
3. 粗铣刀路模拟	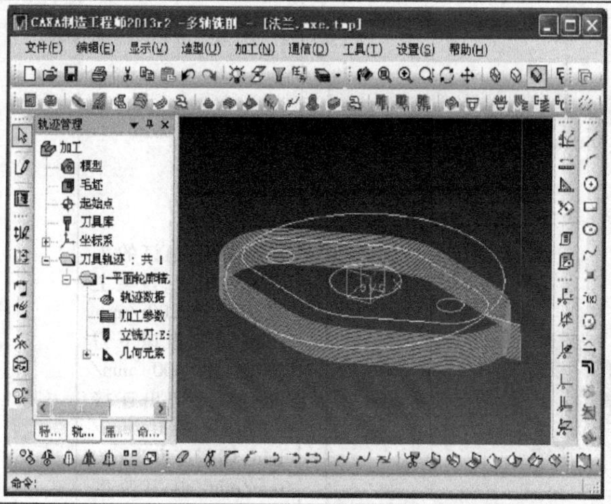	在所有参数设置完成后，在工具栏中单击“生成刀具轨迹”按钮生成右侧刀具轨迹	
4. 生成铣削粗加工程序	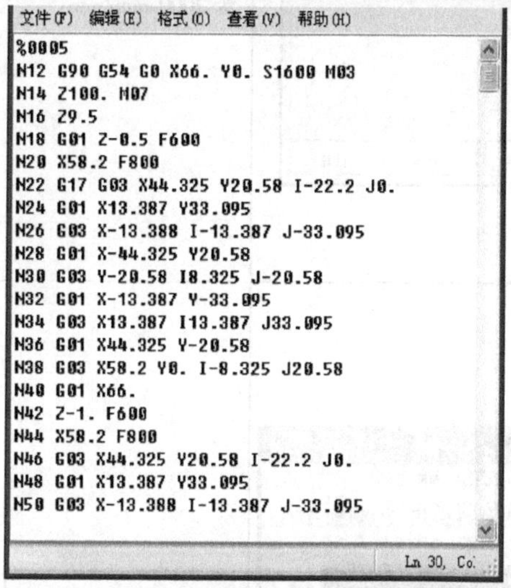 文件(F) 编辑(E) 格式(O) 查看(V) 帮助(H) %0005 N12 G90 G54 G0 X66. Y0. S1600 M03 N14 Z100. M07 N16 Z9.5 N18 G01 Z-0.5 F600 N20 X58.2 F800 N22 G17 G03 X44.325 Y20.58 I-22.2 J0. N24 G01 X13.387 Y33.095 N26 G03 X-13.388 I-13.387 J-33.095 N28 G01 X-44.325 Y20.58 N30 G03 Y-20.58 I8.325 J-20.58 N32 G01 X-13.387 Y-33.095 N34 G03 X13.387 I13.387 J33.095 N36 G01 X44.325 Y-20.58 N38 G03 X58.2 Y0. I-8.325 J20.58 N40 G01 X66. N42 Z-1. F600 N44 X58.2 F800 N46 G03 X44.325 Y20.58 I-22.2 J0. N48 G01 X13.387 Y33.095 N50 G03 X-13.388 I-13.387 J-33.095 Ln 30, Co	1）设置参数并检查刀具轨迹后，生成法兰外形粗加工程序 2）修改程序头与程序尾，将程序命名为“O0005” 3）设置好传输参数和机床参数，把程序传输到机床	
5. 设置精铣切削参数	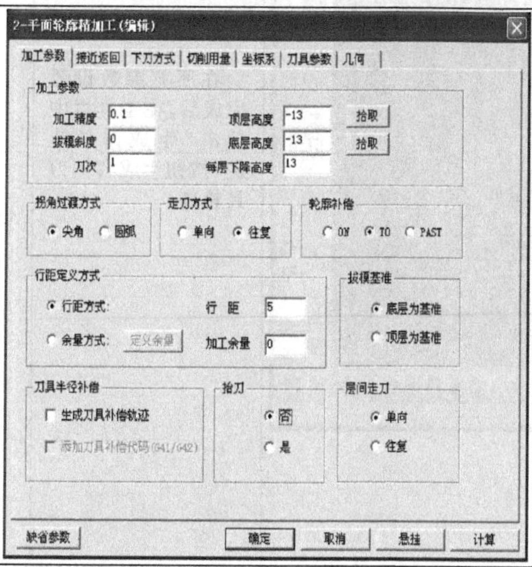	1）设置精铣法兰外形切削参数时，注意将加工精度设置为0.1mm 2）其余加工参数如接近返回、下刀方式等按照粗加工参数来设置	

（续）

步骤	简图	操作要点	探究
5. 设置精铣切削参数	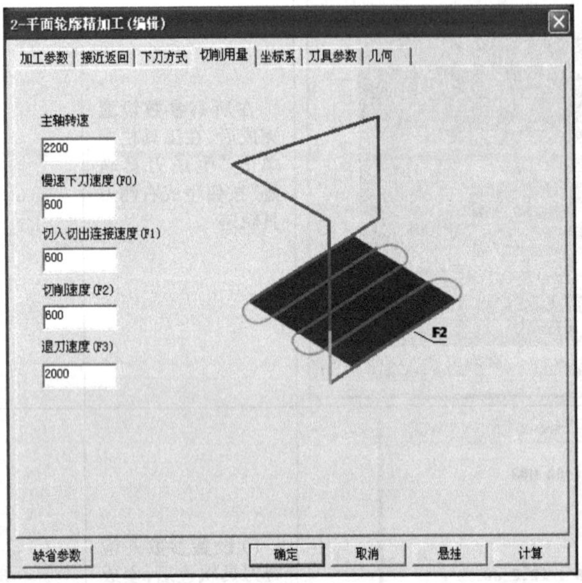	1）根据制订的工艺文件要求，设置主轴转速为2200r/min 2）设置慢速下刀速度为600 mm/min，切入切出连接速度为600 mm/min，切削速度为600 mm/min，退刀速度为2000 mm/min	
6. 精铣法兰外形轮廓刀路模拟	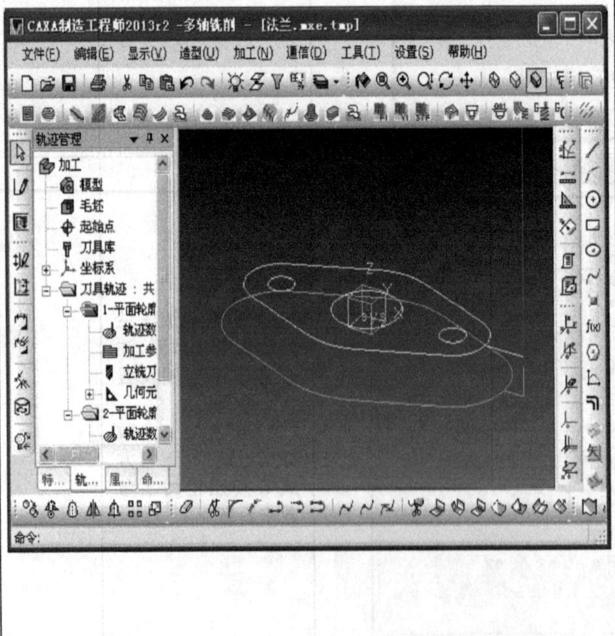	在所有参数设置完成后，在工具栏中单击“生成刀具轨迹”按钮生成右侧刀具轨迹	

（续）

<table>
<tr><th>步骤</th><th>简图</th><th>操作要点</th><th>探究</th></tr>
<tr><td>7. 生成法兰外形精加工程序</td><td>文件(F) 编辑(E) 格式(O) 查看(V) 帮助(H)
%0006
N12 G90 G54 G0 X66. Y0. S2200 M03
N14 Z100. M07
N16 Z-3.
N18 G01 Z-13. F600
N20 X58.
N22 G17 G03 X44.25 Y20.395 I-22. J0.
N24 G01 X13.312 Y32.909
N26 G03 X-13.313 I-13.312 J-32.909
N28 G01 X-44.25 Y20.395
N30 G03 Y-20.395 I8.25 J-20.395
N32 G01 X-13.312 Y-32.909
N34 G03 X13.312 I13.312 J32.909
N36 G01 X44.25 Y-20.395
N38 G03 X58. Y0. I-8.25 J20.395
N40 G01 X66.
N42 Z-3. F2000
N44 G0 Z100.
N46 M09
N48 M05
N50 M30
Ln 21, Co</td><td>1）设置参数并检查刀具轨迹后，生成法兰外形精加工程序
2）修改程序头与程序尾，将程序命名为“O0006”
3）设置好传输参数和机床参数，把程序传输到机床</td><td></td></tr>
<tr><td>8. 装夹工件</td><td></td><td>1）将工件装夹在辅助夹具1上
2）注意装夹时孔的位置对准夹具凸台，螺钉必须要加上垫片以压紧工件</td><td>工件的装夹是以什么来进行定位的</td></tr>
<tr><td>9. 法兰外形轮廓的加工</td><td></td><td>1）分别调用程序O0005和O0006进行粗、精加工
2）加工完毕后注意去除零件表面毛刺，为在车床加工做好准备</td><td></td></tr>
</table>

(四) 法兰中心孔的车削加工

按照表2-3中“车2”的要求，操作数控车床加工法兰的 ϕ41mm、ϕ35mm、ϕ26mm孔，具体步骤见表2-8。

表2-8 法兰中心孔加工步骤

步骤	简图	操作要点	探究
1. 绘制法兰中心孔二维平面图	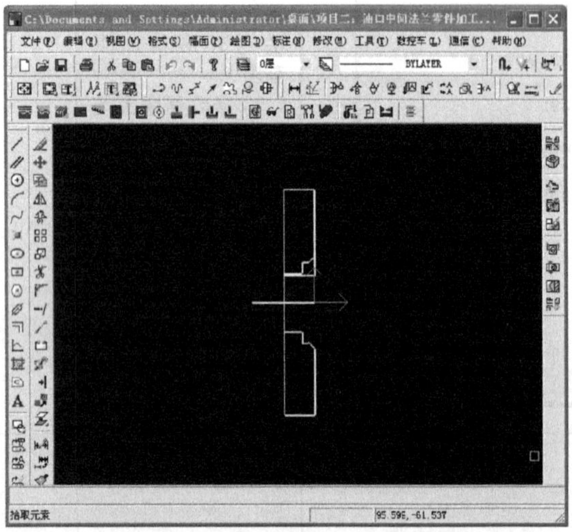	1)运用CAXA制造工程师2013r2软件绘制法兰中心孔二维平面图 2)注意将坐标原点设置在法兰轴心	
2. 设置法兰中心孔车削参数	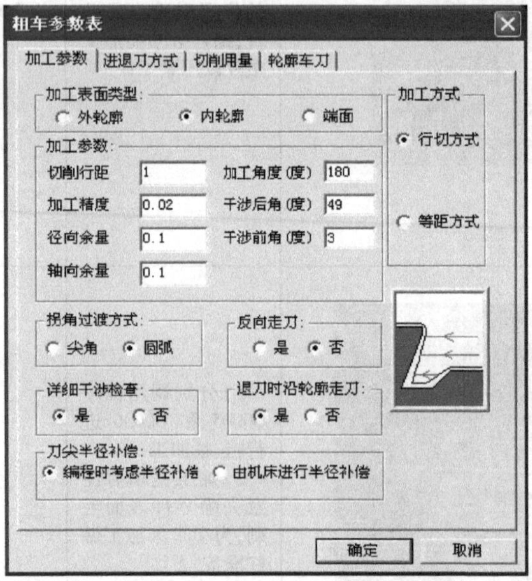	1)选择好加工表面后，进行加工参数的设置 2)加工参数中将加工表面类型设置为“内轮廓”，加工方式设置为“行切方式” 3)为精加工留置加工余量，一般径向余量设置为0.1mm，轴向余量设置为0.1mm	

（续）

<table>
<tr><th>步骤</th><th>简图</th><th>操作要点</th><th>探究</th></tr>
<tr><td rowspan="2">2. 设置法兰中心孔车削参数</td><td>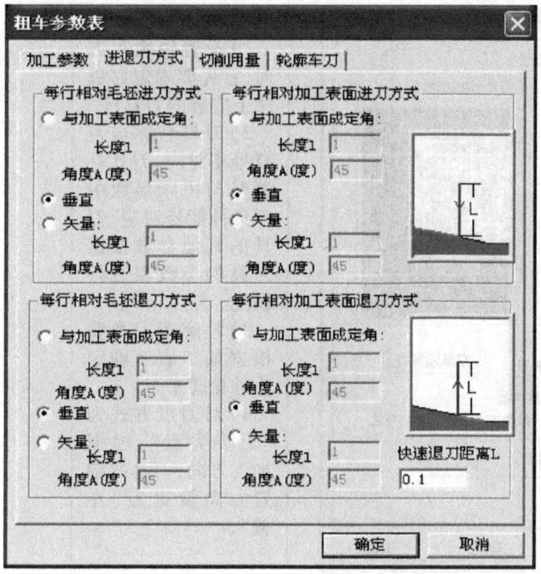
</td><td>1）设置每行相对毛坯进、退刀方式为“垂直”
2）设置每行相对加工表面进、退刀方式为“垂直”
3）设置快速退刀距离为0.1mm，以提高加工效率</td><td></td></tr>
<tr><td>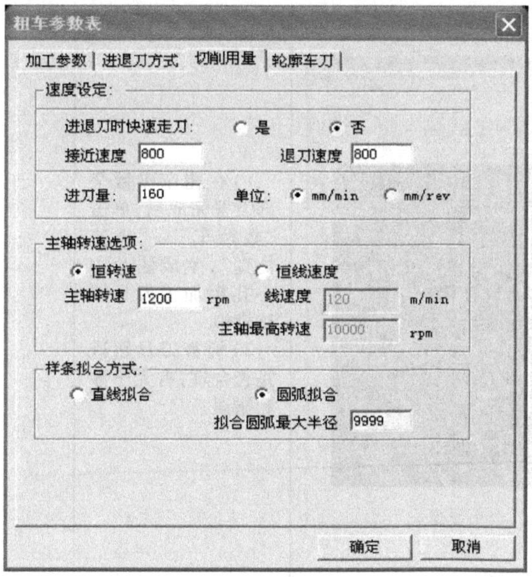
</td><td>1）为减少定位误差，设置进退刀时快速走刀为“否”，接近速度与退刀速度均设置为800mm/min
2）切削进刀量设置为160mm/min
3）主轴转速选项设置为“恒转速”
4）样条拟合方式采用默认设置</td><td></td></tr>
</table>

（续）

步骤	简图	操作要点	探究
2. 设置法兰中心孔车削参数	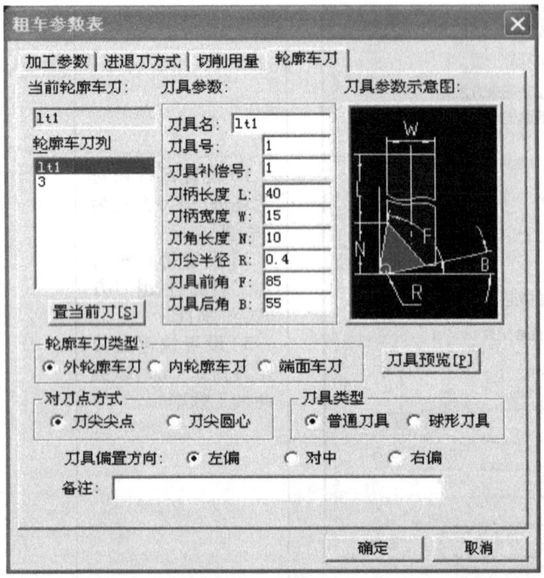	1）设置轮廓车刀时，首先要确定好机床上安装的刀具号 2）刀具名称与刀具号相对应，刀具补偿号与机床参数中刀具补偿号对应，刀具的其他参数根据刀具的参数表进行设置 3）轮廓车刀类型根据加工表面确定为外轮廓车刀 4）对刀点方式为“刀尖尖点”；根据加工方向，刀具的偏置方向设置为“左偏”	
3. 车削粗加工模拟	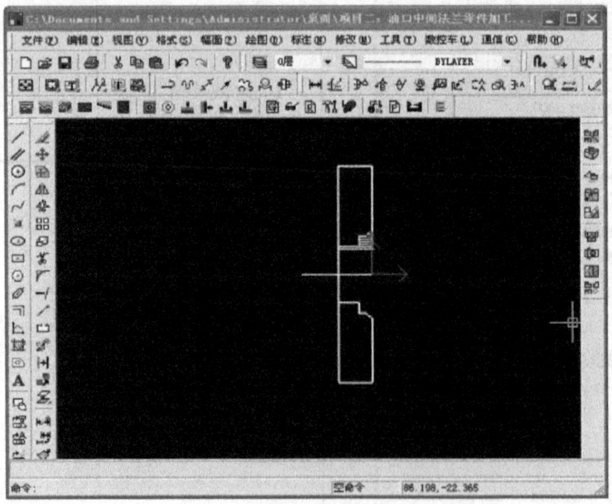	1）在粗车参数全部设置完成后，单击“数控车”→“轨迹仿真”，生成法兰中心孔粗加工刀具轨迹模拟 2）检查刀具轨迹是否合理，有无干涉和错误	

（续）

<table>
<tr><th>步骤</th><th>简图</th><th>操作要点</th><th>探究</th></tr>
<tr><td>4. 生成粗加工程序</td><td>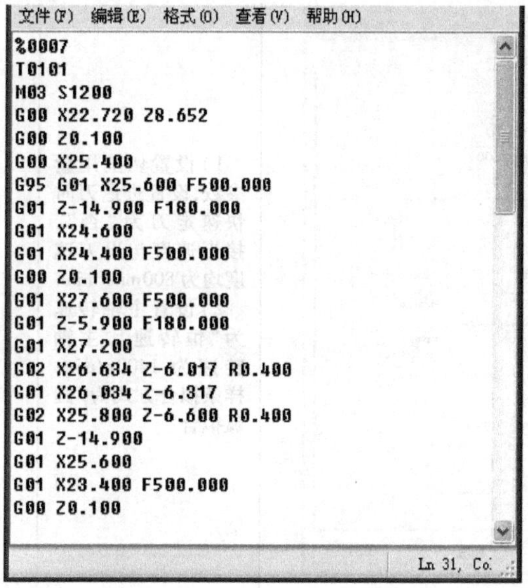
</td><td>1）在确认刀具轨迹无误后，在菜单中单击“生成代码”，生成法兰中心孔粗车程序
2）修改程序头与程序尾，将程序命名为“O0007”，保存程序为“TXT”文件
3）设置好传输参数和机床参数，把程序传输到机床</td><td></td></tr>
<tr><td>5. 设置法兰中心孔精加工参数</td><td>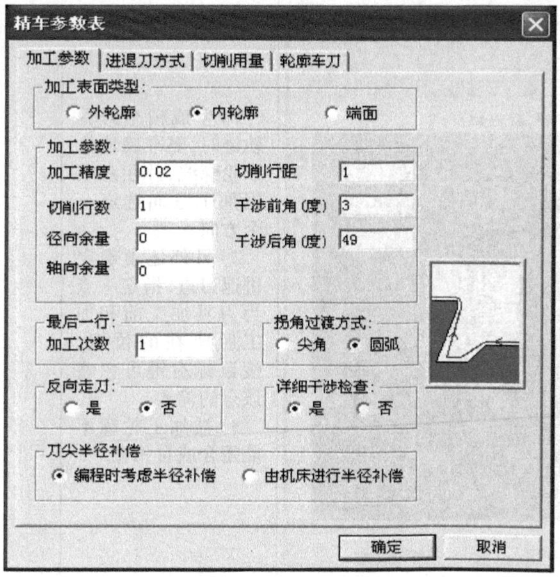
</td><td>1）设置轮廓精车参数时要确定被加工轮廓，被加工轮廓就是加工结束后的工件表面轮廓，被加工轮廓不能闭合或自相交
2）加工表面类型选择为“内轮廓”
3）在菜单区中单击“数控车”→“轮廓精车”，系统弹出“精车参数表”对话框</td><td></td></tr>
</table>

（续）

<table>
<tr><th>步骤</th><th>简图</th><th>操作要点</th><th>探究</th></tr>
<tr><td>5. 设置法兰中心孔精加工参数</td><td>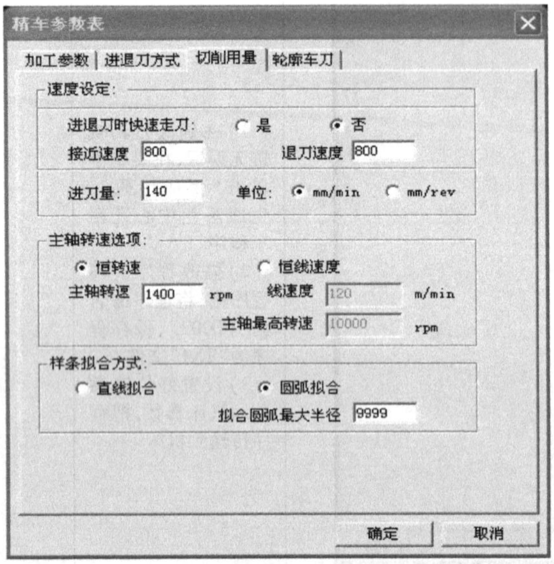
</td><td>1）设置切削用量参数，设置进退刀时快速走刀为“否”，接近速度与退刀速度均为800mm/min
2）设置主轴转速为“恒转速”，主轴转速为1400r/min；样条拟合方式为“圆弧拟合”</td><td></td></tr>
<tr><td>6. 车削精加工模拟</td><td>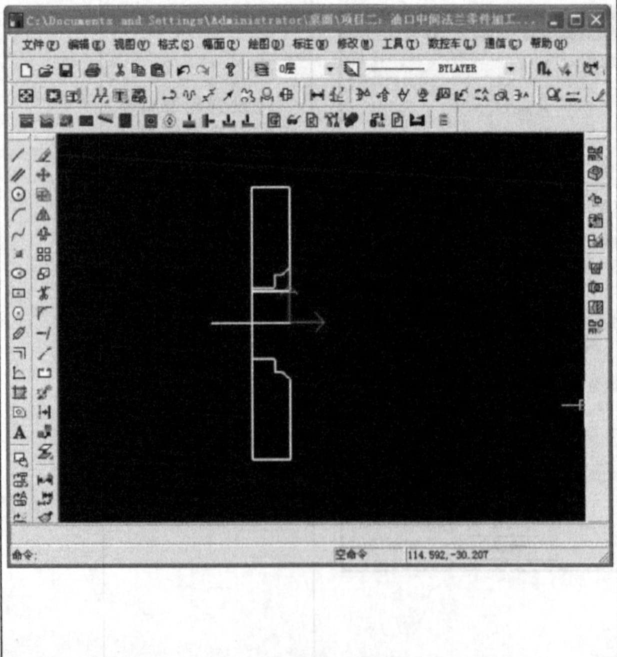
</td><td>1）生成精车刀具轨迹时，要准确地拾取轮廓线，并注意根据加工方向选定一个方向
2）另外还须确定进退刀点，指定一点为刀具加工前和加工后所在的位置。按鼠标右键可忽略该点的输入
3）被加工轮廓不能闭合或自相交</td><td></td></tr>
</table>

（续）

步骤	简图	操作要点	探究
7. 生成精加工程序	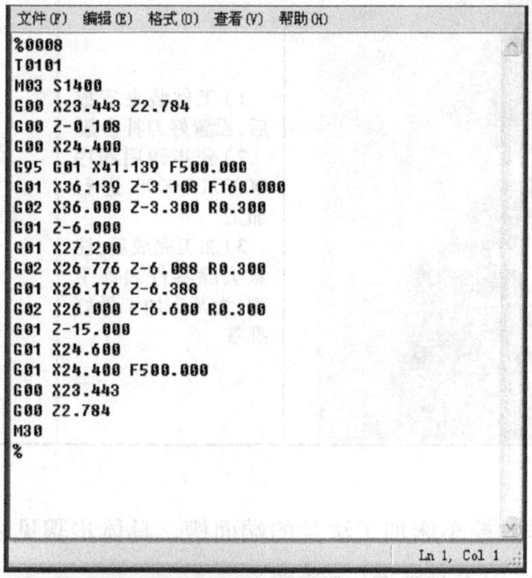 文件(F) 编辑(E) 格式(O) 查看(V) 帮助(H) %0008 T0101 M03 S1400 G00 X23.443 Z2.784 G00 Z-0.108 G00 X24.400 G95 G01 X41.139 F500.000 G01 X36.139 Z-3.108 F160.000 G02 X36.000 Z-3.300 R0.300 G01 Z-6.000 G01 X27.200 G02 X26.776 Z-6.088 R0.300 G01 X26.176 Z-6.388 G02 X26.000 Z-6.600 R0.300 G01 Z-15.000 G01 X24.600 G01 X24.400 F500.000 G00 X23.443 G00 Z2.784 M30 % Ln 1, Col 1	1）在确认刀具轨迹无误后，在菜单中单击“生成代码”，生成法兰中心孔精车程序 2）修改程序头与程序尾，注意与机床要求一致 3）将程序命名为“O0008”，保存程序为“TXT”文件 4）把程序O0008传输到机床	
8. 法兰的装夹		1）用自定心卡盘将车削辅助夹具夹紧 2）注意保证同轴度要求	如何保证辅助夹具与主轴的同轴度要求
		以法兰的 2×ϕ10mm 孔进行定位，装夹在辅助夹具的销孔上，再用紧定螺钉压紧法兰，保证法兰不松动	法兰在装夹时如何进行定位

（续）

步骤	简图	操作要点	探究
9. 法兰内轮廓车削加工		1）工件装夹完成后，设置好刀补参数 2）分步调用程序O0007、O0008进行加工 3）加工完成后，注意去除零件表面毛刺，为调头加工做好准备	如何进行对刀

（五）车削法兰端面槽

按照表2-3中“车3”的要求，操作数控车床加工法兰的端面槽，具体步骤见表2-9。

表2-9 法兰端面槽加工步骤

步骤	简图	操作要点	探究
1. 绘制法兰端面槽二维图	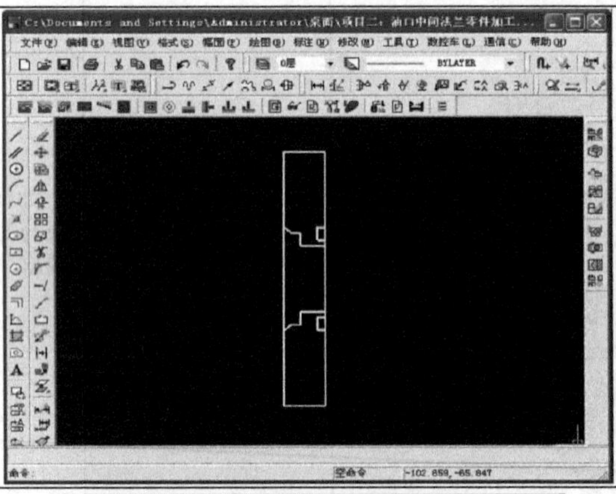	1）打开CAXA制造工程师2013r2软件，绘制法兰端面槽二维图 2）绘图时注意将坐标原点与轴心设置在同一坐标下	
2. 设置法兰端面槽车削参数	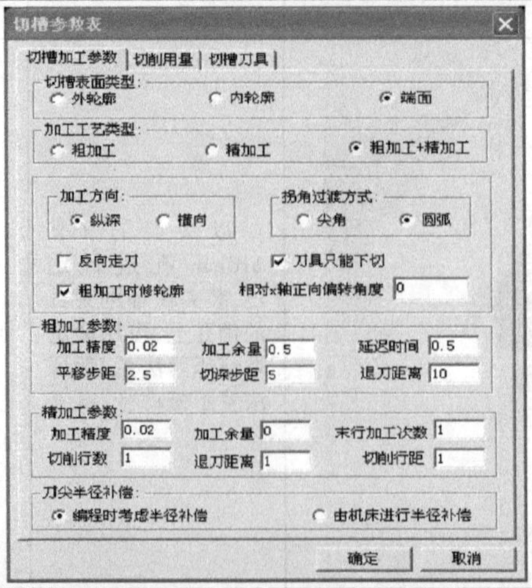	1）切槽表面类型选择“端面” 2）加工工艺类型选择“粗加工＋精加工” 3）粗加工及精加工参数的设置如左图所示	

（续）

步骤	简图	操作要点	探究
2. 设置法兰端面槽车削参数	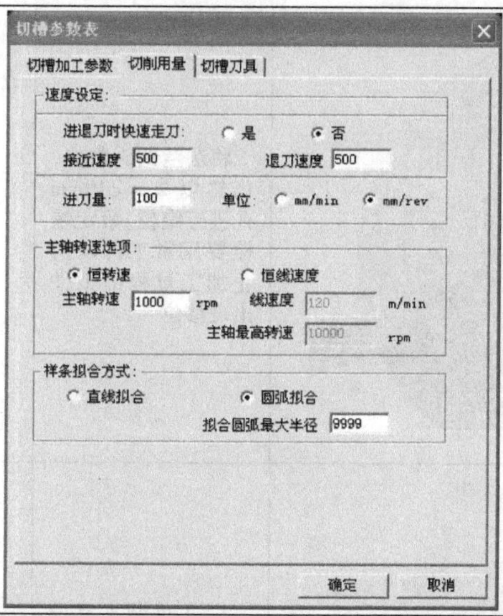	1）为减少定位误差，进退刀时快速走刀设置为“否”，接近速度与退刀速度均设置为500mm/min 2）进刀量设置为100mm/min 3）主轴转速设置为“恒转速” 4）样条拟合方式采用默认方式	
3. 切槽加工刀路模拟	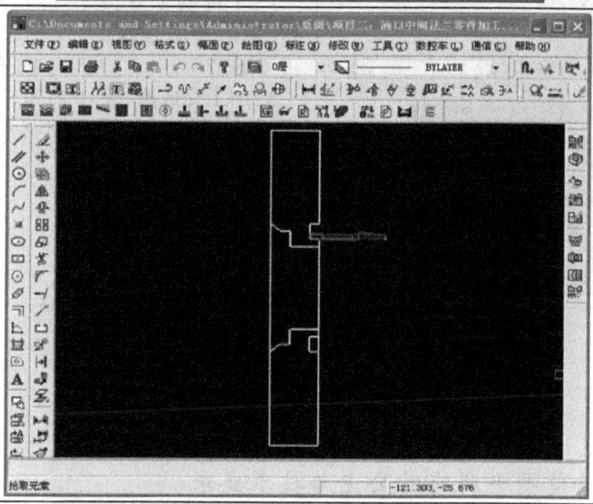	1）生成加工轨迹需要准确地拾取轮廓线，并注意根据加工方向选定一个方向 2）另外还须确定进退刀点，指定一点为刀具加工前和加工后所在的位置。按鼠标右键可忽略该点的输入 3）被加工轮廓不能闭合或自相交	
4. 生成切槽加工程序	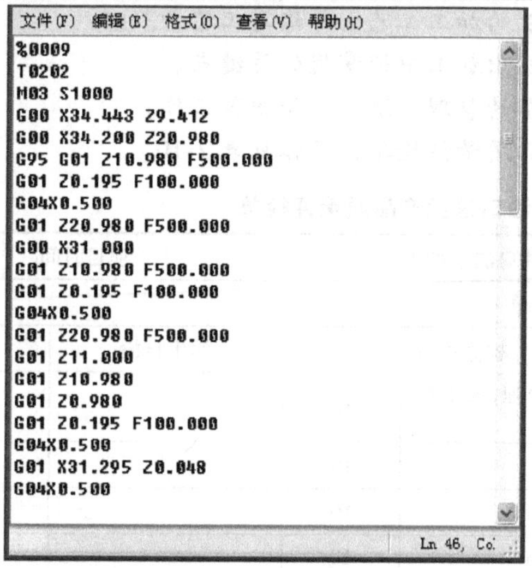 文件(F) 编辑(E) 格式(O) 查看(V) 帮助(H) %0009 T0202 M03 S1000 G00 X34.443 Z9.412 G00 X34.200 Z20.980 G95 G01 Z10.980 F500.000 G01 Z0.195 F100.000 G04X0.500 G01 Z20.980 F500.000 G00 X31.000 G01 Z10.980 F500.000 G01 Z0.195 F100.000 G04X0.500 G01 Z20.980 F500.000 G01 Z11.000 G01 Z10.980 G01 Z0.980 G01 Z0.195 F100.000 G04X0.500 G01 X31.295 Z0.048 G04X0.500 Ln 46, Co	1）在确认刀具轨迹无误后，在菜单中单击“生成代码”，生成端面槽加工程序 2）修改程序头与程序尾，注意与机床要求一致 3）将程序命名为“O0009”，保存程序为“TXT”文件，把程序O0009传输到机床	

（续）

步骤	简图	操作要点	探究
5. 装夹工件		将法兰调头装夹，仍然以 2 × ϕ10mm 孔进行定位，紧定螺栓要压紧工件以防止加工过程中工件出现移位	
6. 端面槽车削加工		1）工件装夹完成后，调用程序 O0009 进行加工 2）加工完成后，注意去除零件表面毛刺	内孔车刀如何对刀

【任务评价】

完成本项目后，应做到：

1）正确地读懂油口法兰零件图，清楚图中所有的公差与技术要求。

2）独立或在适当帮助下分析油口法兰的加工工艺，并编写工艺卡。

3）清楚油口法兰的加工过程，并能指出加工中须掌握的关键点。

4）完成加工任务后，做好场地和设备的整理、清洁、维护等工作。

5）对零件产品进行检测，并填写产品质量评检单，具体见表2-10。

表 2-10 油口法兰产品质量评检单

项目名称	项目二 油口法兰加工			项目时间	
组别		成员名单			
序号	检查项目	检查内容		学生自检	教师核检
1	加工工艺文件	工艺合理，加工参数合理	10		
2	长度	13mm	10		
3	成形面	R14mm	10		
4	成形面	ϕ55mm	10		

（续）

项目名称	项目二　油口法兰加工			项目时间	
组别		成员名单			
序号	检查项目	检查内容		学生自检	教师核检
5	端面槽	$5^{+0.25}_{0}$ mm	10		
6		$2.75^{+0.25}_{0}$ mm	10		
7	内孔	ϕ35mm	10		
8		ϕ26mm	10		
9	倒角	超差每处扣 1 分	10		
10	表面粗糙度值	每降一级扣 2 分	10		
检查评价	过程评价（学生填写）： 教师评语：				
	评分		日期		
	学生签字		教师签字		

【任务拓展】

1）编写图 2-3 所示端盖的工艺卡片。

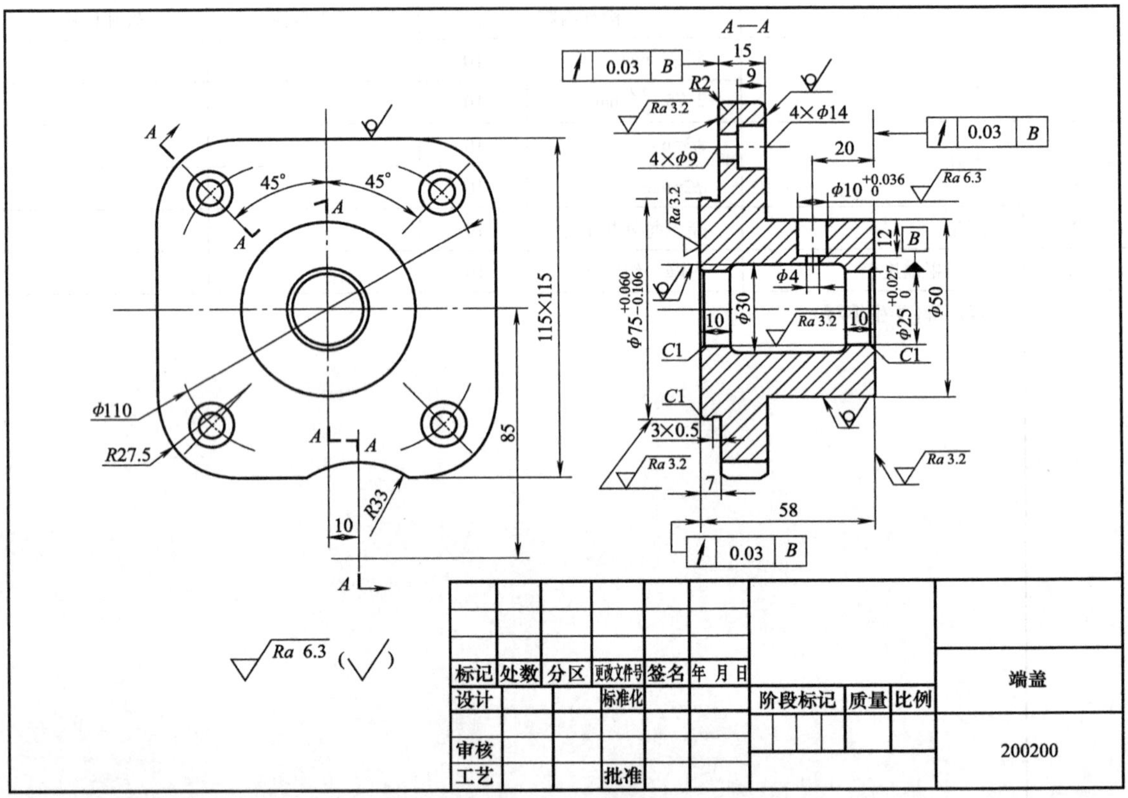

图 2-3 端盖

2）简述质量控制的关键要素。

【知识链接】

一、法兰

法兰如图 2-4 所示，又称为法兰盘或凸缘盘。法兰是使管与管相互连接的零件，连接于管端；也有用在设备进出口上的法兰，用于两个设备之间的连接，如减速器法兰。法兰连接或法兰接头，是指由法兰、垫片及螺栓三者相互连接作为一套组合密封结构的可拆连接。管道法兰指管道装置中配管用的法兰，用在设备上指设备的进出口法兰。法兰上有孔眼，通过螺栓使两法兰紧连。法兰间用衬垫密封。法兰分为螺纹连接法兰、焊接法兰和卡夹法兰。

法兰分类如下：按国家标准分为整体法兰、螺纹法兰、对焊法兰、带颈平焊法兰、带颈承插焊法兰、对焊环带颈松套法兰、板式平焊法兰、对焊环板式松套法兰、平焊环板式松套法兰、翻边环板式松套法兰、法兰盖；按化工行业标准分为整体法兰（IF）、螺纹法兰（Th）、板式平焊法兰（PL）、带颈对焊法兰（WN）、带颈平焊法兰（SO）、承插焊法兰（SW）、对焊环松套法兰（PJ/SE）、平焊环松套法兰（PJ/RJ）、衬里法兰盖［BL（S）］、法兰盖（BL）；按石化行业标准分为螺纹法兰（PT）、对焊法兰（WN）、平焊法兰（SO）、承插焊法兰（SW）、松套法兰（LJ）、

图 2-4 法兰

法兰盖（不表注）；按机械行业标准分为整体法兰、对焊法兰、板式平焊法兰、对焊环板式松套法兰、平焊环板式松套法兰、翻边环板式松套法兰、法兰盖。

二、夹具设计相关知识

1. 工装夹具设计的基本原则

1）满足使用过程中工件定位的稳定性和可靠性。

2）有足够的承载或夹持力度以保证工件在工装夹具上进行的施工过程。

3）满足装夹过程中的简单与快速操作。

4）易损零件必须是可以快速更换的结构，条件充分时最好不需要使用其他工具进行。

5）满足夹具在调整或更换过程中重复定位的可靠性。

6）尽可能地避免使用结构复杂、成本高的夹具。

7）尽可能选用市场上质量可靠的标准件作为组成零件。

8）满足夹具使用国家或地区的安全法令法规。

9）设计方案遵循手动、气动、液压、伺服的依次优先选用原则。

10）形成产品的系列化和标准化。

2. 夹具设计的基本要求

1）工装夹具应具备足够的强度和刚度。

2）夹紧的可靠性。

3）焊接操作的灵活性。

4）便于焊件的装卸。

5）良好的工艺性。

3. 夹具结构工艺性

（1）对夹具良好工艺性的基本要求

1）整体夹具结构的组成，应尽量采用各种标准件和通用件，制造专用件的比例应尽量少，减少制造劳动量并降低费用。

2）各种专用零件和部件结构形状应容易制造、测量，装配和调试方便。

3）便于夹具的维护和修理。

（2）合理选择装配基准

1）装配基准应该是夹具上一个独立的基准表面或线，其他元件的位置只对此表面或线进行调整和修配。

2）装配基准一经加工完毕，其位置和尺寸就不应再变动。因此，那些在装配过程中自身的位置和尺寸尚须调整或修配的表面或线不能作为装配基准。

（3）结构的可调性　经常采用的是依靠螺栓紧固、销定位的方式。调整和装配夹具时，可对某一元件尺寸较方便地修磨。还可采用在元件与部件之间设置调整垫圈、调整垫片或调整套等来控制装配尺寸，补偿其他元件的装配误差，提高夹具精度。

（4）维修方便　进行夹具设计时，应考虑到维修方便性的问题。

（5）制造工装夹具的材料　这应该主要考虑夹具的使用寿命和夹具的制造成本。

三、端面槽的加工

加工带有轴向槽的工件，重要的是正确选择刀柄。由于刀柄必须深入到有曲率的槽中，因此刀柄也应该是弯曲的。

1. 常见的端面槽种类（图 2-5）

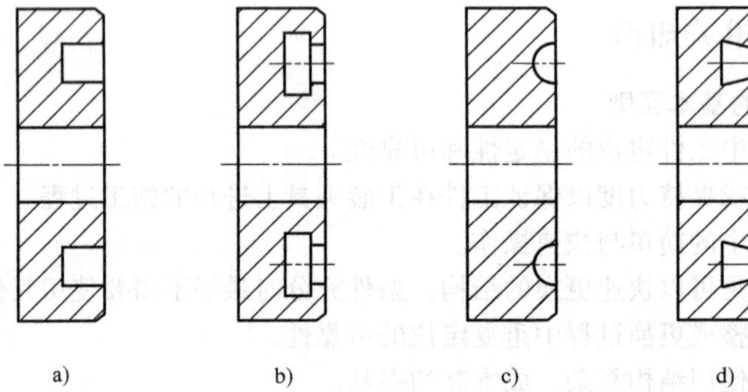

图 2-5　常见的端面槽种类

a）矩形槽　b）T形槽　c）圆弧形槽　d）燕尾槽

2. 刀具的选择

图 2-6 所示为推荐的与端面切槽刀直径相关的 CoroCut、CoroTurn 和 Q-Cut 刀片槽形。

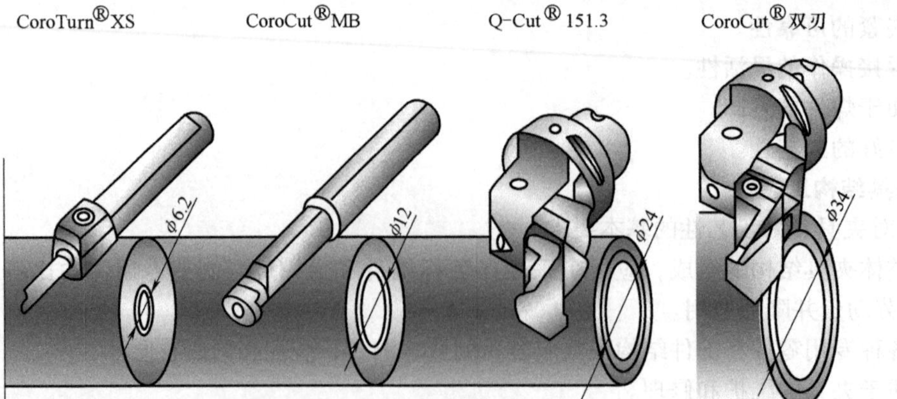

图 2-6　端面切槽刀的类型

首选 CoroCut 双刃加工方案。TF 槽形用于低进给量，GM 槽形用于中等进给量，RM 槽形用于槽底为圆弧的端面切槽。TF 槽形和 GM 槽形具有正前角，这消除了产生积屑瘤的风险。由于修光刃设计，TF 槽形具有良好的切屑控制能力和加工表面质量。RM 槽形具有出色的切屑控制能力和良好的加工表面质量。次选 Q-Cut 151.3 的 7G 槽形，用于中等进给量。

对于中等直径，使用槽形为 7G 或 7P 的 Q-Cut 151.3。首选为 7G 槽形，该槽形具有可获得良好表面质量的修光刃设计。两种槽形均有良好的切屑控制能力。小直径为 6.2 ~ 30mm。对于小直径，使用 CoroTurn XS 或 CoroCut MB 系统。两种刀片都具有锋利的切削刃，在低进给量下可获得良好的加工表面质量。切槽深度可达 4.5mm，角度有 7°、45°和 70°之分，有右手型和左手型。

CoroTurn SL 端面切槽刀板也可以与 Coromant Capto 和常规接杆一起使用，这样能够获得多种不同的组合，如图 2-7 所示。

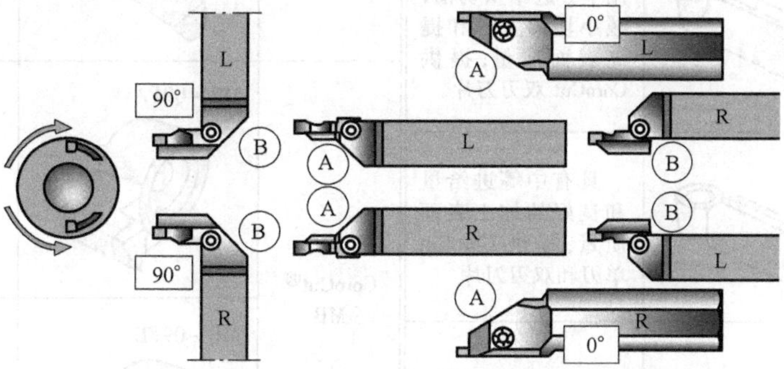

图 2-7　端面切槽刀刀片与刀杆的组合类型

R—右手刀柄　L—左手刀柄　A—A 曲线　B—B 曲线

根据机床设置和工件旋转方向，选择正确的刀具（A 曲线或 B 曲线，右手型或左手型），如图 2-8 所示。

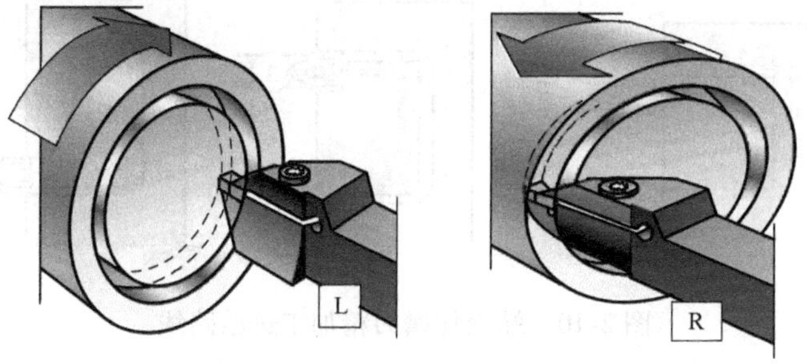

图 2-8　端面切槽刀装夹与切削方式

3. 推荐的刀片槽形

刀片种类及适用范围见表 2-11。

4. 应用

（1）粗加工　如图 2-9 所示，当粗加工时，首刀①总是从最大直径处开始并向内加工。首刀提供切屑控制，但是断屑较少。第二刀②和第三刀③宽度应为 0.5 ~ 0.8 倍刀片宽度，可获得可接受的断屑效果并且可以稍微增加进给量。

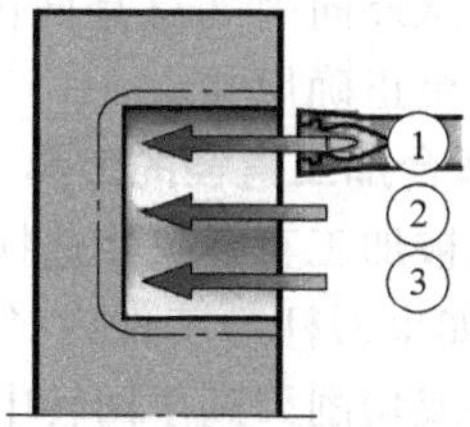

图 2-9　端面切槽刀粗加工进给路线

表 2-11 刀片种类及适用范围

刀片种类		适用范围	刀片种类		适用范围
CoroCut® 双刃	-TF 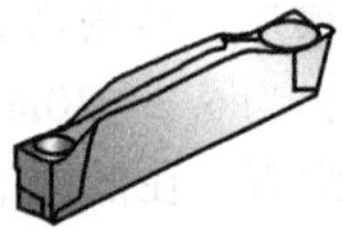	不锈钢中所有车削加工的首选，具有低进给量和良好的切屑控制能力。由于修光刃结构带来良好的加工表面质量，提供 CoroCut 单刃和双刃刀片	Q-Cut® 151.3	-7P 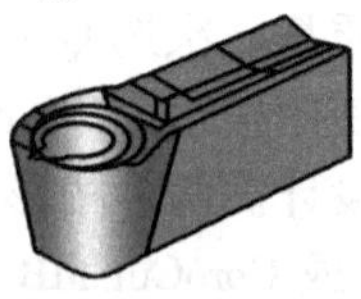	中等进给量，轴向和径向车削均可良好控制切屑，良好的加工表面质量
	-GM 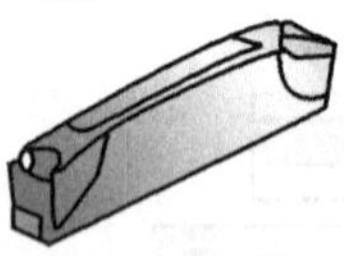	在所有材料中采用中等进给量切槽，减小切屑宽度和提高表面质量，提供 CoroCut 双刃刀片	CoroTurn® XS	CXS-F 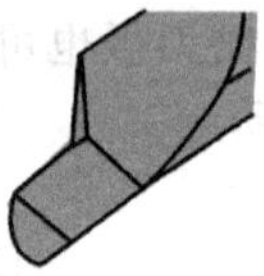	端面切槽刀片，右手型
	-RM 	具有中等进给量和良好的加工表面质量，提供 CoroCut 单刃和双刃刀片	CoroCut® MB	MB-09FA 	具有 *A* 曲线的端面切槽刀片
Q-Cut® 151.3	-7G 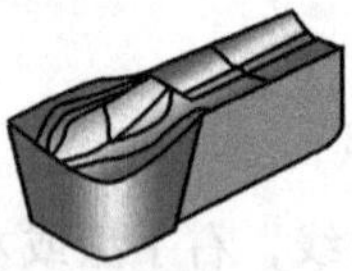	端面切槽的首选。中等进给量，由于修光刃结构带来良好的加工表面质量		MB-09FB 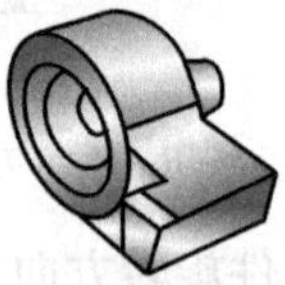	具有 *B* 曲线的端面切槽刀片

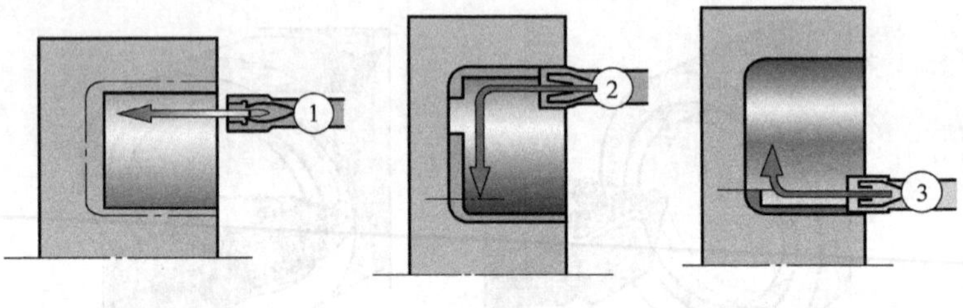

图 2-10 端面切槽刀精加工进给路线

（2）精加工 如图 2-10 所示，当精加工时，在给定直径范围内首刀①开始加工、第二刀②精加工直径。端面车削半径总是从外向内（总是向内车削）。最后，第三刀③将内径精加工至正确尺寸。

5. 适合加工直径的刀具

依据被加工直径尺寸选择正确的刀具，如图 2-11 所示。

1）如果刀杆与工件内径发生干涉，则可能是加工直径范围错误或切削刃高于回转中心造成的。

2）如果刀杆与工件外径发生干涉，则可能是加工直径范围错误或切削刃低于回转中心造成的。

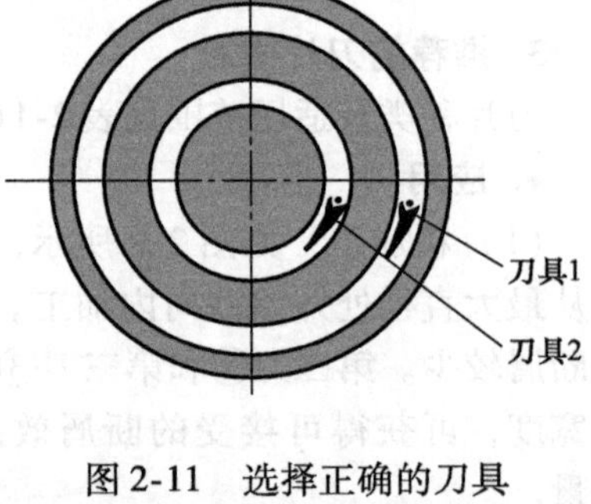

图 2-11 选择正确的刀具

项目三　管接头加工

【项目任务】

按照订单要求，各学习小组加工图 3-1 所示的管接头，数量为 50 件。管接头材料为黄铜，具体尺寸、技术要求如图 3-2 所示。各小组加工时请根据零件的结构特征和技术要求，合理设计加工工艺。

本项目教学时数为 16 学时。

图 3-1　管接头实物图

【学习目标】

通过本项目任务的学习，学生应：

1）能对黄铜材料的加工选择正确的切削参数，对薄壁件的加工编写合理的装夹工艺。

2）学会正确选用刀具加工管接头台阶、内孔部位。

3）初步熟悉企业生产现场管理与劳动组织模式，掌握不同材料切削性能的区别，具备精益求精的工作态度。培养“品质为先”的质量观。

【任务知识与技能分析】

管接头所用材料为黄铜，备料毛坯尺寸为 ϕ76mm × 1000mm 的圆棒料。加工要用到车削与铣削两个工序，属于车铣复合加工类零件。加工工艺编写至关重要，直接影响到是否能顺利完成加工任务。实施本项目任务，涉及的主要知识与技能包括如下：

1）车铣复合类零件的加工工艺编写，其中关键的是各工序与工步编排的合理性、科学性、便捷性。

2）零件加工数量为 500 件，属单件中小批量生产，生产工艺要注意考虑批量的大小。单件生产、小批量生产与大批量流水线生产相比有不同的工艺要求。

3）零件材料为黄铜，需要熟悉该材料的力学性能，以便合理选择切削刀具和切削用量。

4）尺寸公差保证。零件加工包括六处尺寸公差要求，且精度要求比较高，最小的精度要求为 0.02mm，对刀具、机床、检测工具要求较高。在合理选择切削用量的前提下，注重过程检测，确保加工质量。

5）位置公差的保证。零件图中有一处同轴度几何公差要求，不但在工艺设计时要考虑，在

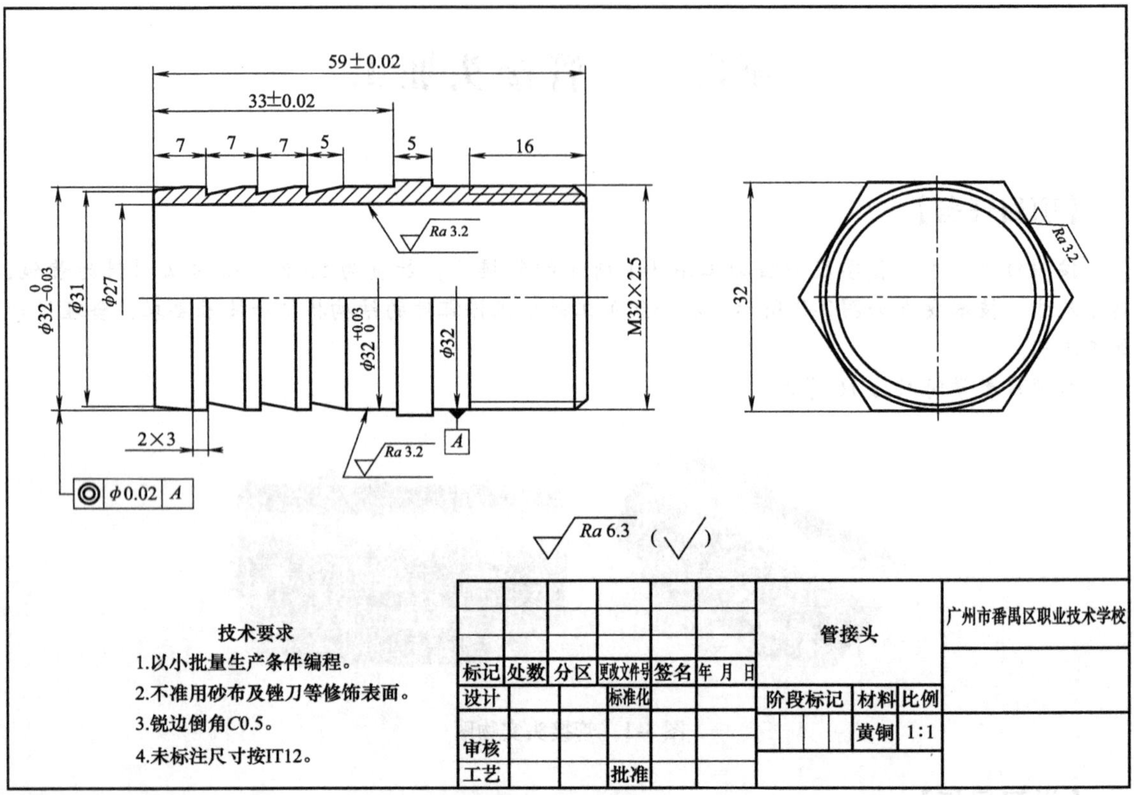

图 3-2 管接头零件图

二次装夹时如何保证重复定位也非常重要。

6）零件加工中涉及两次装夹，每一道工序所用夹具的选择很重要，装夹与找正也非常关键，应避免装夹力度过大导致工件薄壁变形。另外装夹定位基准要选好，应避免因二次装夹导致加工误差，从而产生废品。

【任务实施】

一、组建学习小组

根据项目任务要求，结合组员的个性特点组建学习小组，并参照企业生产小组的形式，对小组成员进行任务分工，组内岗位包括生产组长、工艺编制员、数控车床操作员、数控铣床操作员、质量检测员，具体岗位分工见表 3-1。

表 3-1 学习小组岗位分工表

工作岗位	姓　名	岗位任务	备 注
生产组长		1）统筹安排生产加工任务，协调、调度各组员按进度加工生产 2）贯彻实施安全生产 3）做好现场管理，落实“7S”制度	

（续）

工作岗位	姓　名	岗位任务	备注
工艺编制员		1）组织进行产品的加工工艺分析，合理分配工序 2）制订工艺规程和编写工艺卡片 3）协助解决加工过程中出现的工艺问题 4）管理加工工艺文件	
数控车床操作员		1）负责按工艺文件要求，操作数控车床进行零件车削工序 2）按品质管理的检测频度对产品进行质量检验 3）调整、控制车削加工部分的产品质量	
数控铣床操作员		1）负责按工艺文件要求，操作数控铣床实施零件铣削工序 2）按品质管理的检测频度对产品进行质量检验 3）调整控制铣削加工部分的产品质量	
质量检测员		1）负责按产品技术要求对产品质量进行检验和入库 2）提出品质管理的建议和意见 3）说明产品生产中质量控制点和经常出现的质量问题	

想一想：在机床上测量零件尺寸和装拆后测量零件尺寸有何区别，出现尺寸误差应从哪些方面修正？

二、加工工艺分析

加工工艺是指导操作者将工件逐步生产成交货状态的产品的指导性文件。管接头加工工艺分析包括分析零件图样中的尺寸标注，零件的结构工艺性，零件毛坯的选择，零件的装夹，加工刀具、量具、夹具的选择等，详细分析见表3-2。

表3-2　管接头加工工艺分析表

序号	项目	分析内容	备注
1	管接头零件图样分析	细致认真地审读管接头零件图，重点关注尺寸公差、表面粗糙度值、几何公差与技术要求。具体如下： 1）管接头尺寸标注方法分析。分析整体与局部的尺寸标注是否完备，标注是否正确，有无多余尺寸，特别是几处台阶部分的形状尺寸要认真审读 2）管接头零件轮廓的几何要素分析。分析图样中几何要素的给定条件是否充分、正确，包括螺纹、外圆、内孔、切槽、外六边形部分的几何要素 3）管接头精度及技术要求分析。在管接头中，尺寸精度要求车削外圆部分是 $\phi32_{-0.03}^{\ 0}$mm、$\phi32_{\ 0}^{+0.03}$mm 的锥形台阶，铣削六边形部分的对称边距离为32mm，表面粗糙度值最低为 $Ra3.2\mu m$，分析精度及各项技术要求是否齐全、合理 4）车削加工管接头两端有同轴度公差要求，管接头加工时考虑一次装夹 5）根据零件图的尺寸要求，本产品备料毛坯尺寸为 $\phi76mm\times1000mm$ 的圆棒料	

（续）

序号	项目	分析内容	备注
2	管接头零件结构分析	1)管接头的结构包括锥度台阶、螺纹头、六边形台阶和内孔四大部分。根据其结构工艺特性,须采用车削加工与铣削加工 2)管接头加工工序:根据结构特点,将其划分为两个加工工序:①车削管接头零件台阶、螺纹;②铣削右端轴身 3)对各工序进行粗、精加工,先对各表面进行粗加工,全部粗加工结束后再精加工,并进行精度控制 4)管接头零件图中三处位置精度要求较高的表面,均在一次装夹下完成,以免多次装夹所产生的装夹误差影响位置精度 5)车削工序中,轴两端加工对刀点一般均设在右前方,以便缩短刀具移动距离,减少空行程时间。铣削工序中的对刀点,须根据零件装夹和切削点的安全距离确定 6)加工中选用数控车床和数控铣床(或加工中心)	
3	装夹夹具分析	根据管接头零件特点,在车削与铣削过程中所用的夹具如下: 1)车削圆周的定位夹具采用自定心卡盘,装夹结合坯料进行 2)铣削加工六边形部分,采用自定心卡盘装夹,并且注意保证与轴心垂直	
4	刀具分析	根据管接头的轮廓几何要素,在车削与铣削过程中,所用的刀具如下: 1)车削外圆部分选用外圆车刀,刀具材料一般采用硬质合金 2)切槽加工部分,根据槽宽选用3mm宽的切槽刀,刀具材料一般采用硬质合金 3)外螺纹加工部分,根据螺纹参数,选用60°外螺纹车刀,刀具材料一般采用硬质合金 4)铣削加工部分,根据铣削量与槽宽,选用ϕ8mm硬质合金立铣刀	
5	切削用量分析	切削用量的选择,包括背吃刀量、主轴转速和进给速度三项。管接头材料为黄铜,刀具材料均用硬质合金,切削具体要求如下: 1)确定背吃刀量a_p(mm),须考虑机床、刀具、装夹的刚性,车削一般最好一次切净余量,以提高生产率。根据产品实际情况,管接头精加工量一般不超过2mm,同时为了保证加工精度和表面粗糙度值,一般都留有一定的精加工余量,精车余量为0.1~0.5mm 2)确定主轴转速n(r/min)。主轴转速应根据零件上被加工部位的直径,并按零件和刀具的材料及加工性质等条件所允许的切削速度v_c(m/min)来确定 3)确定进给速度v_f(mm/min)。进给速度的大小直接影响表面粗糙度值和车削效率,因此应在保证表面质量的前提下,选择较高的进给速度	
6	质量检测分析	管接头的检测包括外圆、螺纹、沟槽三大内容,其中加工过程还须有辅助检测工具,具体准备的检测工具包括:①游标卡尺;②千分尺;③钢直尺;④螺纹环规;⑤深度游标卡尺;⑥百分表	

想一想：

1）加工中出现振动，工件表面有振纹应如何解决？

2）针对管形零件的加工内容，提出可行性装夹工艺方案。

三、编制工艺卡

编制工艺卡（表3-3）时需查找《机床参数表》《机床使用说明书》《切削用量手册》《刀具手册》《机械加工工艺手册》等工艺文件资料。

表 3-3 管接头加工工艺卡

广州市番禺区职业技术学校	零件名称	管接头	加工工艺卡		产品型号		FZJ-GJD-03	
	毛坯类型	ϕ76mm 圆棒料	材料	黄铜	工艺卡号	CLZ001	第 1 页	共 2 页

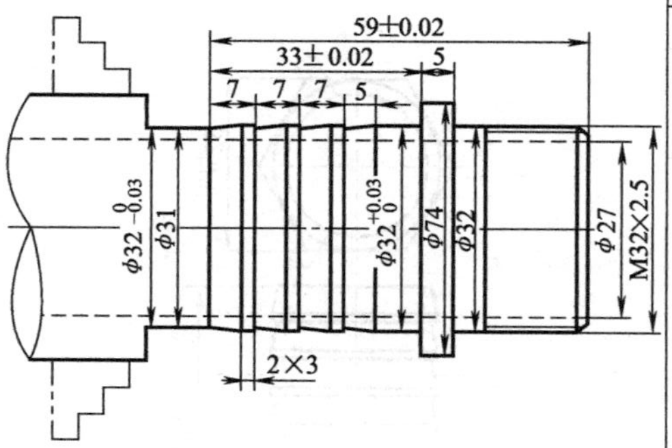

工序号	工步	加工内容	刀具及材质	工艺装备	切削用量 加工类别	n/(r/min)	a_p/mm	v_f/(mm/min)
车 1	1	用卡盘夹紧工件，按图样尺寸加工 ϕ32mm（四处）、ϕ74mm 及台阶	外圆车刀（硬质合金）	自定心卡盘	粗加工	1200	0.8	120
					精加工	1400	0.4	100
	2	按图样尺寸加工 M32×2.5 螺纹	螺纹车刀	自定心卡盘	粗加工	250	3	2.5
					精加工	250	3	2.5
	3	按照图样尺寸加工 ϕ27mm 孔	内孔车刀（硬质合金）	自定心卡盘	粗加工	250		1.5
					精加工	250		1.5
	4	按图样总体长度尺寸切断	切槽刀	自定心卡盘		600	3	12

				编制		批准	
				日期		日期	
标记	处数	更改文件号	签字				

（续）

广州市番禺区职业技术学校	零件名称	管接头	加工工艺卡		产品型号		FZJ-GJD-03		
	毛坯类型	φ76mm 圆棒料	材料	黄铜	工艺卡号	CLZ002		第 2 页	共 2 页
	工序号	工步	加工内容	刀具及材质	工艺装备	切削用量			
						加工类别	n/(r/min)	a_p/mm	v_f/(mm/min)
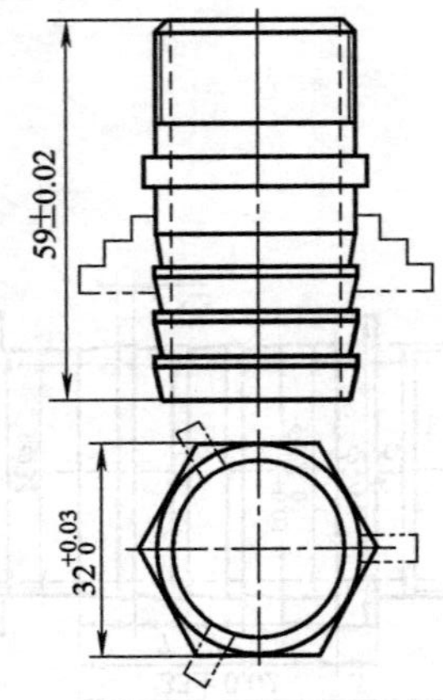	铣 1	1	调头用卡盘夹紧，按图样尺寸加工外六边形	φ12mm 立铣刀（硬质合金）	自定心卡盘	粗加工	1600	0.5	800
						精加工	2200	0.2	600

标记	处数	更改文件号	签字	编制		批准	
				日期		日期	

四、设备、工具、量具、辅具准备

根据任务的加工要求，实施本任务具体需要准备的设备、工具、量具、辅具见表3-4。

表3-4 管接头加工设备、工具、量具、辅具一览表

序号	名称	简图	型号/规格	数量	备注
1	数控车床	参照项目一类型参数		1台	设备
2	数控铣床	参照项目一类型参数		1台	设备
3	编程计算机	参照项目一类型参数		2台	设备
4	外圆车刀	参照项目一类型参数		1把	刀具
5	切槽刀	参照项目一类型参数		1把	刀具
6	外螺纹车刀	参照项目一类型参数		1把	刀具
7	内孔车刀		60°，硬质合金	1把	刀具
8	立铣刀		ϕ12mm，四刃，立铣刀，硬质合金	1把	刀具
9	自定心卡盘	参照项目一类型参数		1个	夹具
10	机用虎钳	参照项目一类型参数		1个	夹具
11	游标卡尺	参照项目一类型参数	150mm	1把	量具
12	钢直尺	参照项目一类型参数		1把	量具
13	千分尺	参照项目一类型参数	25~75mm	2把	量具
14	千分表座	参照项目一类型参数		1套	量具
15	螺纹环规	参照项目一类型参数		1套	量具
16	铣刀柄	参照项目一类型参数		1个	辅助工具

想一想：是否有更加合理、科学、高效的工艺方案？针对具体的加工内容，每位同学提出一条改善性的建议。

五、操作加工

（一）管接头车削加工

按照表3-3中“车1”的要求，操作数控车床加工管接头右端部分，具体步骤见表3-5。

表 3-5　管接头右端部分车削加工步骤

<table>
<tr><th>步骤</th><th>简图</th><th>操作要点</th><th>探究</th></tr>
<tr><td>1. 绘制管接头二维加工图</td><td>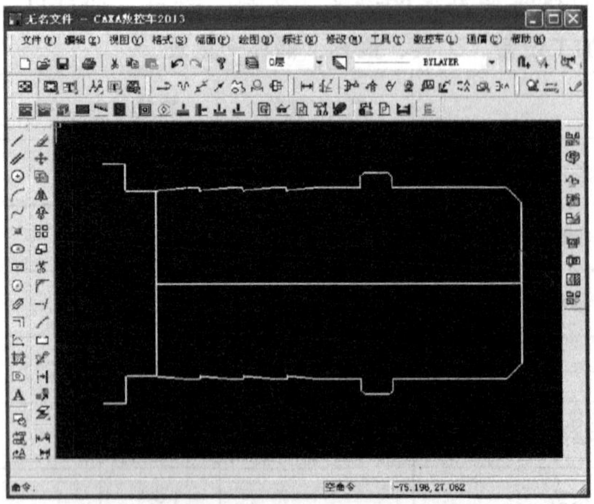
</td><td>1）编程软件采用 CAXA 数控车 2013 软件
2）绘制零件加工二维图，尺寸要准确
3）车削螺纹时要求 M32 螺纹顶径尺寸要车小 0.2mm
4）绘图时注意中心点，并且须做参照线，保证同轴度要求</td><td>为何要选择一次车削完成工件</td></tr>
<tr><td rowspan="2">2. 设置车削粗加工参数</td><td>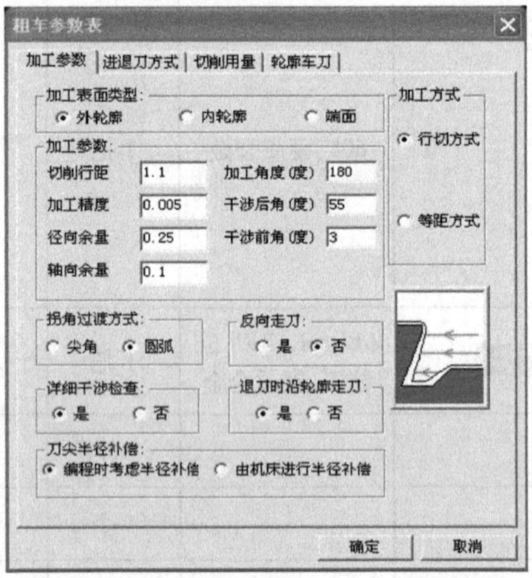
</td><td>1）选择好加工表面后，进行加工参数的设置
2）加工参数中将加工表面类型设置为“外轮廓”，加工方式设置为“行切方式”
3）为精加工预留加工余量，一般径向余量设置为 0.25mm，轴向余量设置为 0.1mm</td><td></td></tr>
<tr><td>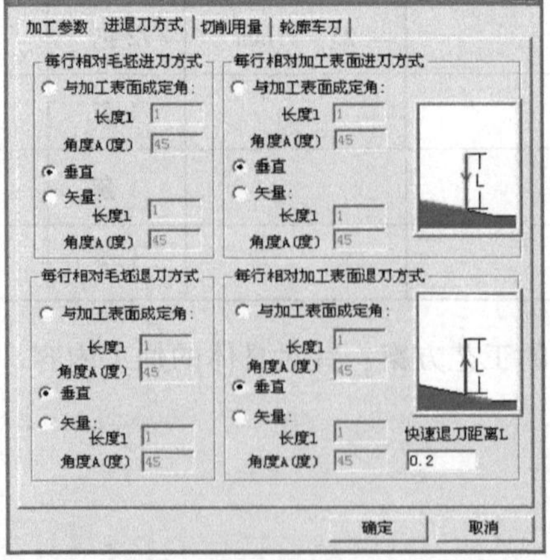
</td><td>1）每行相对毛坯进、退刀方式设置为“垂直”
2）每行相对加工表面进、退刀方式设置为“垂直”
3）设置快速退刀距离为 0.2mm，以提高加工效率</td><td></td></tr>
</table>

（续）

步骤	简图	操作要点	探究
2. 设置车削粗加工参数	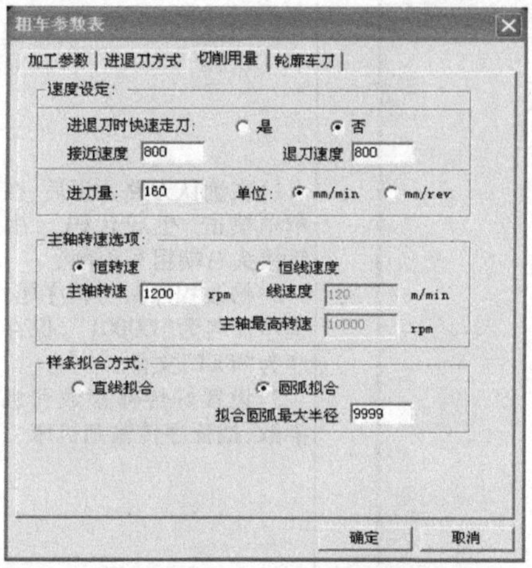	1）为减少定位误差，设置进退刀时快速走刀为“否”，接近速度与退刀速度均设置为800mm/min 2）切削进刀量设置为160mm/min 3）主轴转速选项设置为“恒转速” 4）样条拟合方式采用默认设置	
	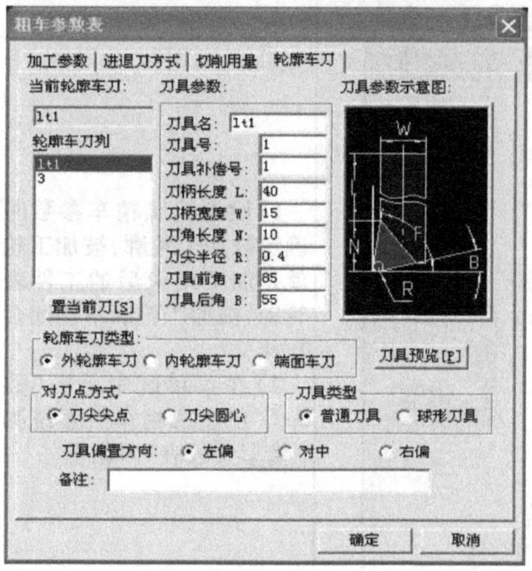	1）设置轮廓车刀时，首先要确定好机床上安装刀具的刀具号 2）刀具名称与刀具号相对应。刀具补偿号与机床参数中刀具补偿号对应 3）刀具的其他参数根据刀具的参数表进行设置 4）车刀类型根据加工表面确定为普通外轮廓车刀 5）对刀点方式为“刀尖尖点”，根据加工方向，刀具的偏置方向设置为“左偏”	
3. 管接头粗车刀路模拟	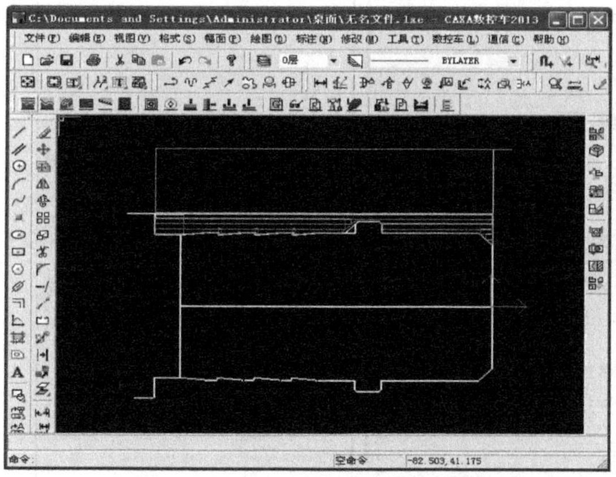	1）在粗车参数全部设置完成后，可单击“数控车”→“轨迹仿真”生成管接头右端部分粗加工刀路模拟 2）检查刀路轨迹是否合理，有无干涉和错误	

（续）

步骤	简图	操作要点	探究
4. 生成管接头右端粗车程序	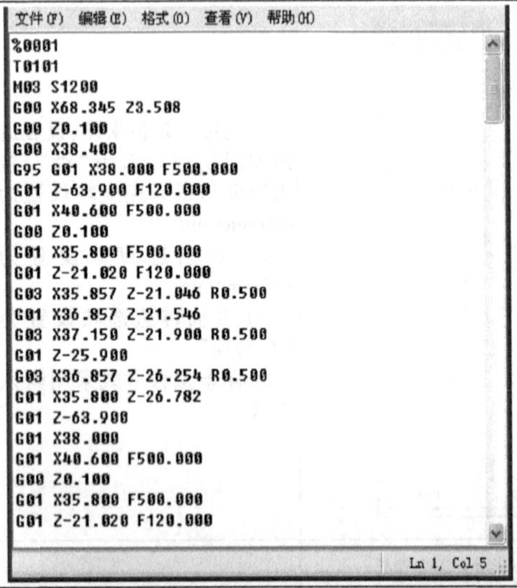	1）在确认刀路无误后，在菜单中单击“生成代码”，生成管接头右端粗车程序 2）修改程序头与程序尾，将程序命名为“O0001”，保存程序为“TXT”文件 3）设置好传输参数和机床参数，把程序传输到机床	
5. 设置管接头精车参数	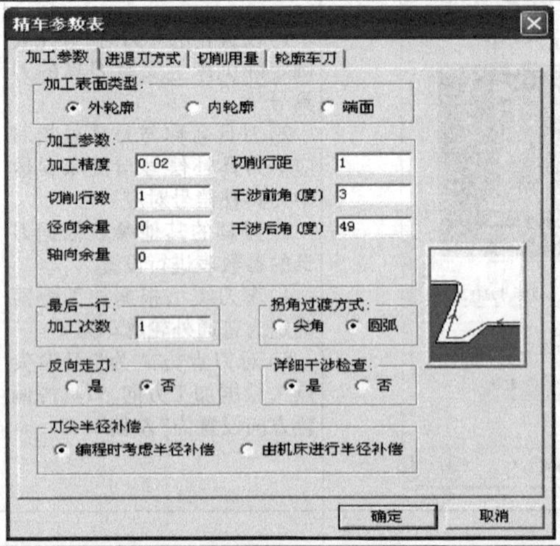	1）设置轮廓精车参数时要确定被加工轮廓，被加工轮廓就是加工结束后的工件表面轮廓，被加工轮廓不能闭合或自相交 2）在菜单区中单击“数控车”→“轮廓精车”，系统弹出“精车参数表”对话框	
	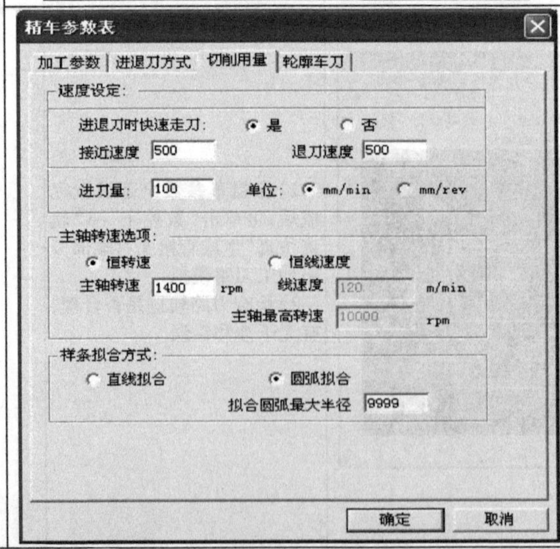	1）设置切削用量参数，设置进退刀时快速走刀为“否”，接近速度与退刀速度均为500mm/min 2）设置主轴转速为“恒转速”，主轴转速为1400r/min，样条拟合方式为“圆弧拟合”	

（续）

步骤	简图	操作要点	探究
6. 生成管接头精车刀具轨迹	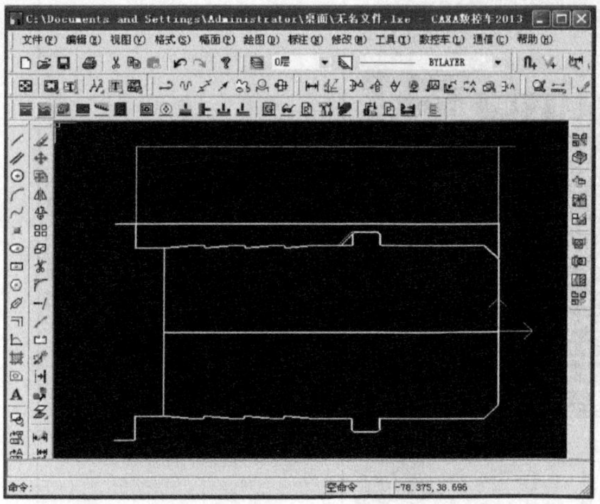	1）生成精车刀具轨迹时，要准确地拾取轮廓线，并注意根据加工方向选定一个方向 2）另外还须确定进退刀点，指定一点为刀具加工前和加工后所在的位置。按鼠标右键可忽略该点的输入 3）被加工轮廓不能闭合或自相交	
7. 生成管接头精车程序	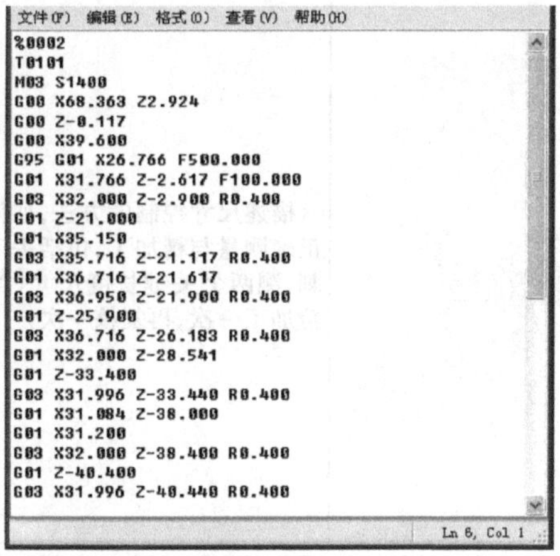	1）在确认刀具轨迹无误后，在菜单中单击“生成代码”，生成管接头右端精车程序 2）修改程序头与程序尾，注意与机床要求一致 3）将程序命名为“O0002”，保存程序为“TXT”文件 4）把程序 O0002 传输到机床	
8. 工件装夹		1）装夹工件时要注意伸出长度，保证右端加工长度，注意用钢直尺测量伸出长度 2）找正工件的装夹，确保摆动在要求范围内 3）保证装夹正确、稳固	

（续）

<table>
<tr><th>步骤</th><th>简图</th><th>操作要点</th><th>探究</th></tr>
<tr><td>9. 试切对刀</td><td>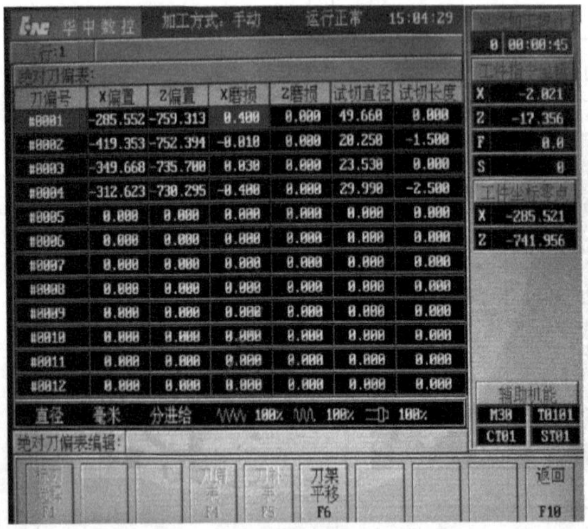
</td><td>1）按要求安装好外圆车刀、切槽刀和螺纹车刀，注意刀具号与程序中的刀具号应一致
2）试切后合理设置刀补，注意粗加工后精加工的余量，刀补要合理，设置要精准</td><td></td></tr>
<tr><td>10. 操作机床进行加工</td><td></td><td>描述尺寸控制的方法，如何正确测量与精加工，包括去毛刺，测两个关键长度尺寸（半精加工一次，再复核一次）</td><td></td></tr>
<tr><td>11. 手动输入螺纹加工程序</td><td>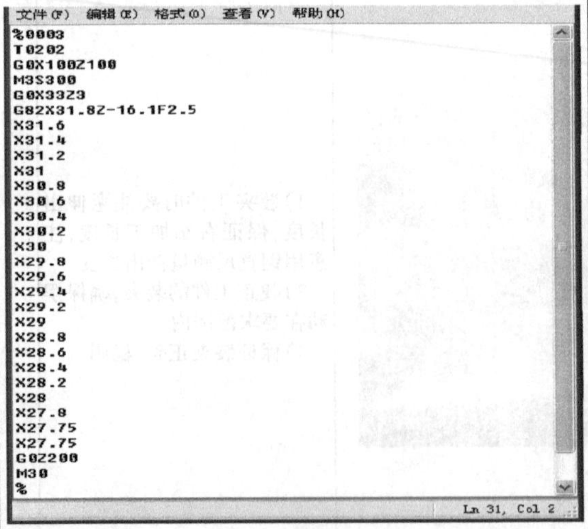

%0003
T0202
G0X100Z100
M3S300
G0X33Z3
G82X31.8Z-16.1F2.5
X31.6
X31.4
X31.2
X31
X30.8
X30.6
X30.4
X30.2
X30
X29.8
X29.6
X29.4
X29.2
X29
X28.8
X28.6
X28.4
X28.2
X28
X27.8
X27.75
X27.75
G0Z200
M30
%</td><td>1）根据螺纹螺距计算切削参数，将程序命名为“O0003”
2）保存程序为“TXT”文件
3）把程序O0003传输到机床</td><td></td></tr>
</table>

（续）

步骤	简图	操作要点	探究
12. 螺纹刀对刀螺纹切削加工		1）检查螺纹刀刀尖角度是否正确，有没有出现刀尖磨损情况 2）切削过程中，注意观察工件是否出现振动	
13. 绘制零件内孔二维加工图	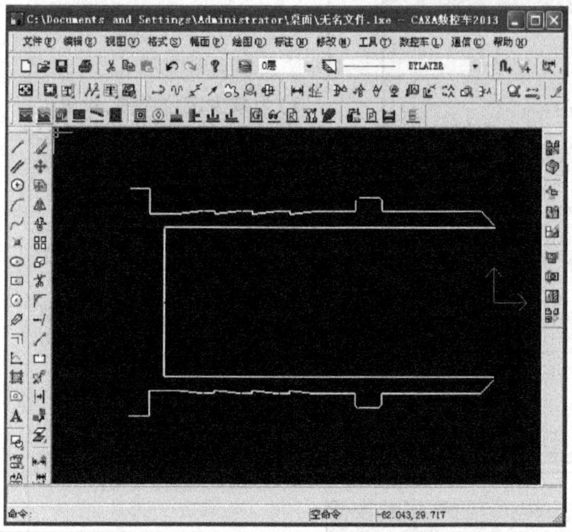	画图时注意内孔尺寸，保证内孔精度	
14. 设置管接头内孔车削参数	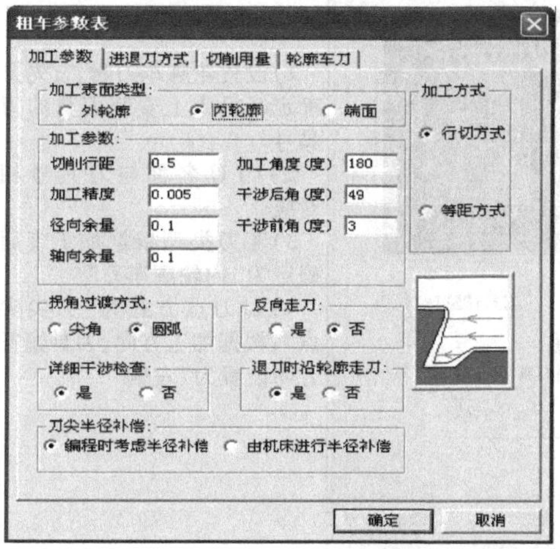	1）内孔加工表面类型须选择“内轮廓” 2）加工方式设置为“行切方式”	

（续）

步骤	简图	操作要点	探究
14. 设置管接头内孔车削参数	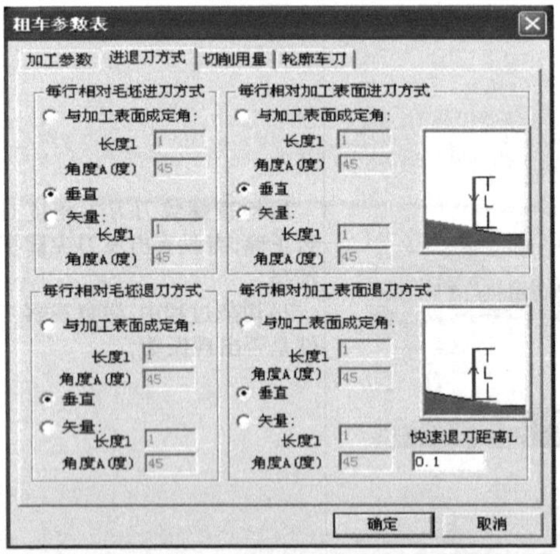	1）每行相对毛坯进、退刀方式设置为“垂直” 2）每行相对加工表面进刀方式设置为“垂直” 3）快速退刀距离设置为0.1mm，以提高加工效率	
	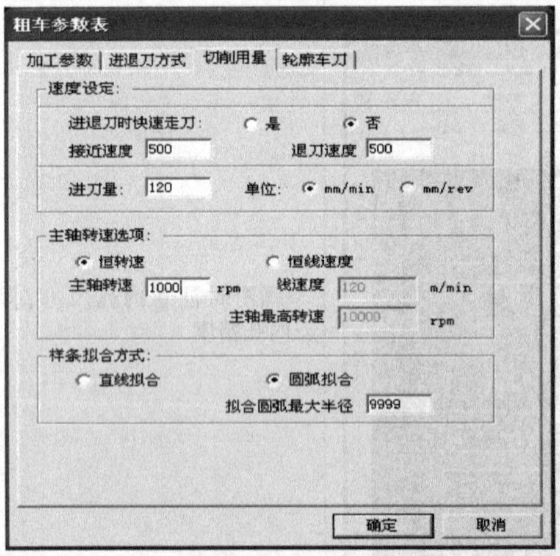	1）为减少定位误差，设置进退刀时快速走刀为“否”，接近速度与退刀速度均设置为500mm/min 2）设置进刀量为120mm/min 3）主轴转速选项设置为“恒转速” 4）样条拟合方式采用默认设置	
	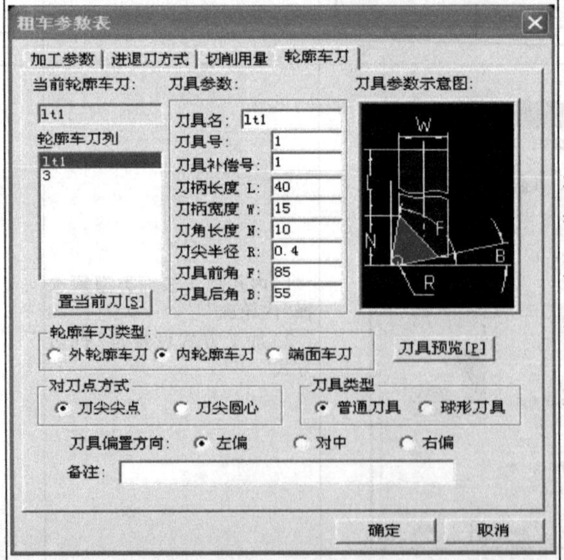	1）设置轮廓车刀时，首先要确定好机床上安装刀具的刀具号 2）刀具名称与刀具号相对应 3）车刀类型根据加工表面确定为“内轮廓车刀” 4）对刀点方式为“刀尖尖点”，根据加工方向，刀具偏置方向设置为“左偏”	若刀杆直径比孔的直径大，会出现什么情况

（续）

<table>
<tr><th>步骤</th><th>简图</th><th>操作要点</th><th>探究</th></tr>
<tr><td>15. 管接头内孔车削粗加工模拟</td><td>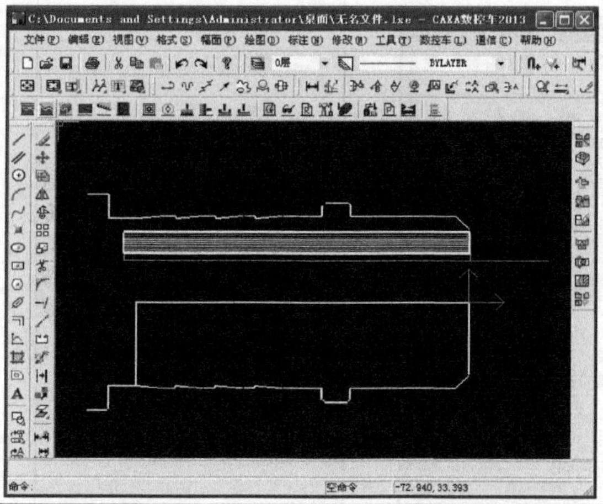
</td><td>检查刀具轨迹有没有出现干涉</td><td></td></tr>
<tr><td>16. 生成内孔粗加工程序</td><td>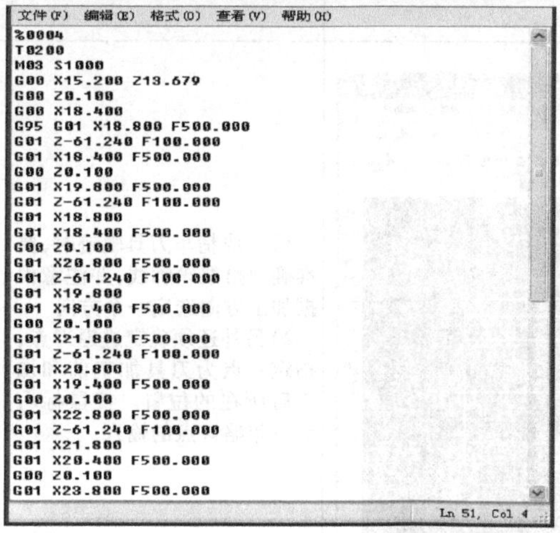
文件(F) 编辑(E) 格式(O) 查看(V) 帮助(H)
%0004
T0200
M03 S1000
G00 X15.200 Z13.679
G00 Z0.100
G00 X18.400
G95 G01 X18.800 F500.000
G01 Z-61.240 F100.000
G01 X18.400 F500.000
G00 Z0.100
G01 X19.800 F500.000
G01 Z-61.240 F100.000
G01 X18.800
G01 X18.400 F500.000
G00 Z0.100
G01 X20.800 F500.000
G01 Z-61.240 F100.000
G01 X19.800
G01 X18.400 F500.000
G00 Z0.100
G01 X21.800 F500.000
G01 Z-61.240 F100.000
G01 X20.800
G01 X19.400 F500.000
G00 Z0.100
G01 X22.800 F500.000
G01 Z-61.240 F100.000
G01 X21.800
G01 X20.400 F500.000
G00 Z0.100
G01 X23.800 F500.000
Ln 51, Col 4</td><td>1）修改程序头与程序尾，将程序命名为“O0004”，保存程序为“TXT”文件
2）设置好传输参数和机床参数，把程序传输到机床</td><td></td></tr>
<tr><td>17. 设置内孔车削精加工参数</td><td>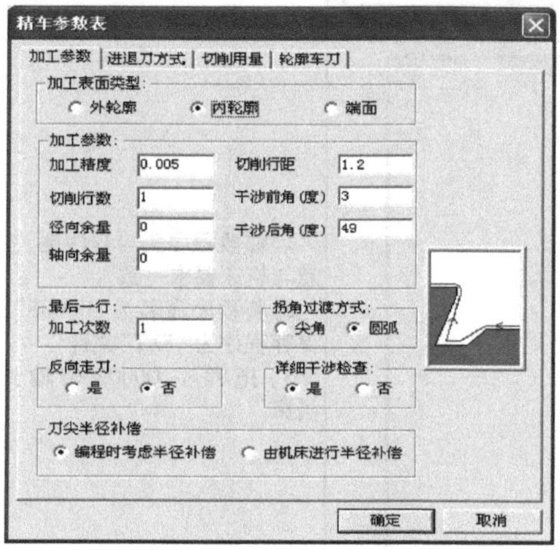
</td><td>设置轮廓精车时要确定被加工轮廓，被加工轮廓就是加工结束后的工件表面轮廓，被加工轮廓不能闭合或自相交</td><td></td></tr>
</table>

（续）

<table>
<tr><th>步骤</th><th>简图</th><th>操作要点</th><th>探究</th></tr>
<tr><td>17. 设置内孔车削精加工参数</td><td>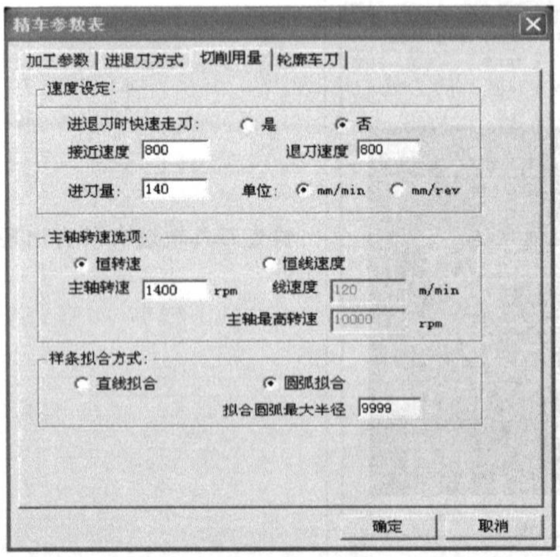
</td><td>设置切削用量参数，进退刀时快速走刀为“否”，接近速度与退刀速度均为800mm/min。主轴转速选项设置为“恒转速”，转速为1400r/min，样条拟合方式为“圆弧拟合”</td><td></td></tr>
<tr><td>18. 内孔车削精加工模拟</td><td>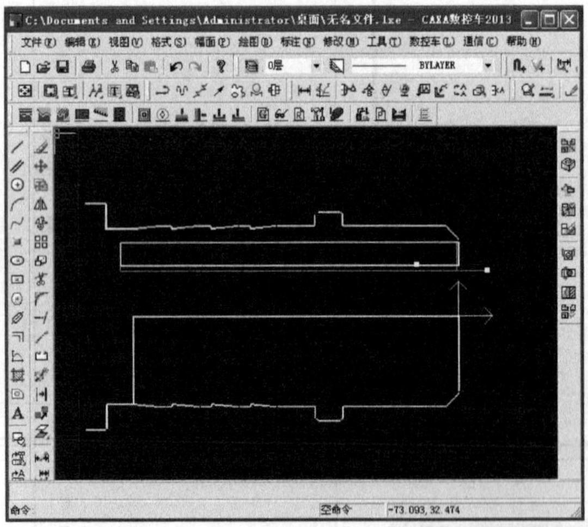
</td><td>1）生成精车刀具轨迹时，要准确地拾取轮廓线，并注意根据加工方向选定一个方向
2）另外还须确定进退刀点，指定一点为刀具加工前和加工后所在的位置。按鼠标右键可忽略该点的输入</td><td></td></tr>
<tr><td>19. 生成内孔精加工程序</td><td>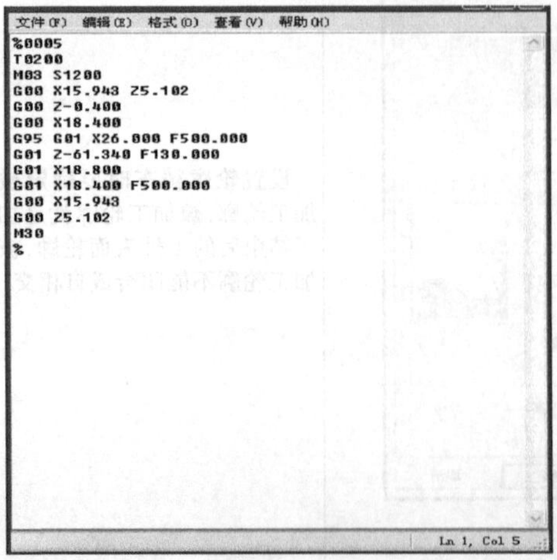
文件(F) 编辑(E) 格式(O) 查看(V) 帮助(H)
%0005
T0200
M03 S1200
G00 X15.943 Z5.102
G00 Z-0.400
G00 X18.400
G95 G01 X26.000 F500.000
G01 Z-61.340 F130.000
G01 X18.800
G01 X18.400 F500.000
G00 X15.943
G00 Z5.102
M30
%
Ln 1, Col 5</td><td>1）修改程序头与程序尾，注意与机床要求一致
2）将程序命名为“O0005”，保存程序为“TXT”文件
3）把程序O0005传输到机床</td><td></td></tr>
</table>

（续）

步骤	简图	操作要点	探究
20. 操作机床进行加工		1）加工完毕后，用千分尺检测各个部位尺寸，使用螺纹环规检测螺纹是否合格 2）使用切槽刀把工件切断，注意保证工件总长度 3）拆下工件，去除毛刺	若内孔加工后尺寸偏小，该如何操作

（二）铣削六边形台阶部分

按照表3-3中“铣1”的要求，操作数控铣床或加工中心加工管接头六边形台阶部分，具体步骤见表3-6。

表3-6　管接头六边形台阶部分铣削加工步骤

步骤	简图	操作要点	探究
1. 绘制管接头六边形台阶部分二维图	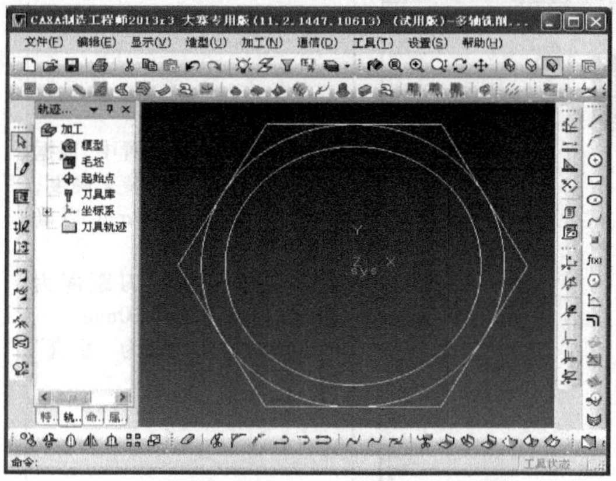	1）打开CAXA制造工程师2013r2软件 2）绘制管接头台阶二维图，如左图所示 3）绘图时注意将坐标原点与轴心设置在同一坐标下，方便加工	
2. 管接头台阶粗铣参数	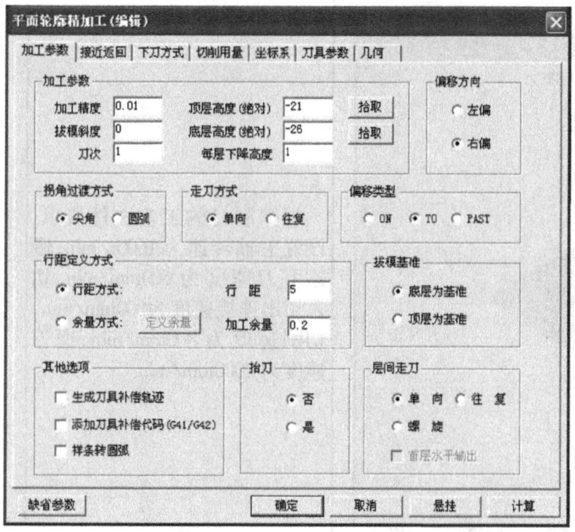	1）对刀时注意以工件顶端作为Z方向的工件坐标参考点，切削深度从-26mm至-21mm 2）设置加工参数，具体如左图所示，留0.2mm精加工余量，走刀方式为“单向”，走刀中不抬刀 3）层间走刀采取“单向”	

（续）

步骤	简图	操作要点	探究
	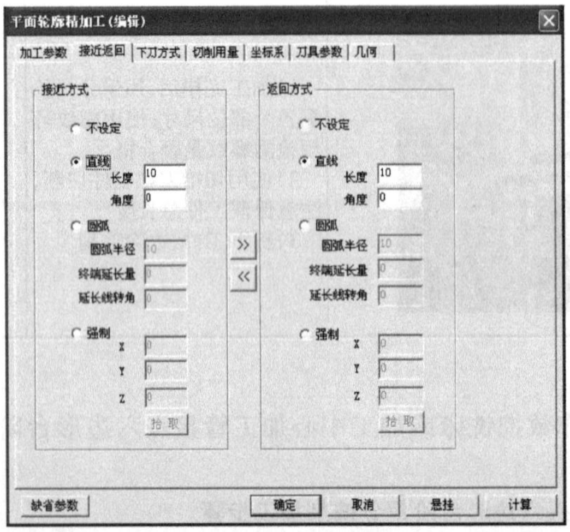	1）接近方式设置为“直线”，长度为10mm 2）返回方式设置为“直线”，长度为10mm	
2. 管接头台阶粗铣参数	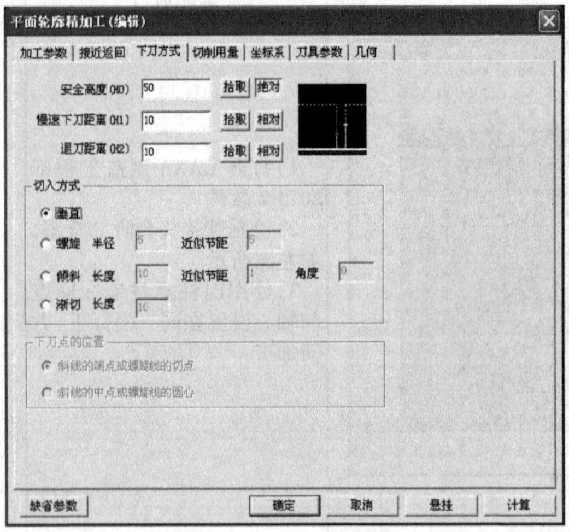	1）在下刀方式设置中，根据工件在工作台上的装夹高度，设置安全高度为50mm，以确保加工安全 2）设置慢速下刀距离为10mm，退刀距离为10mm 3）切入方式设置为“垂直”	
	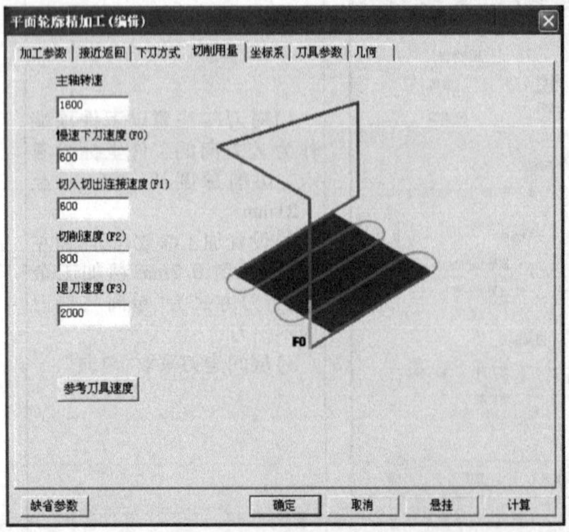	根据制订的工艺文件要求，设置主轴转速为1600r/min，慢速下刀速度为600mm/min，切入切出连接速度为600mm/min，切削速度为800mm/min，退刀速度为2000mm/min	

（续）

步骤	简图	操作要点	探究
2. 管接头台阶粗铣参数	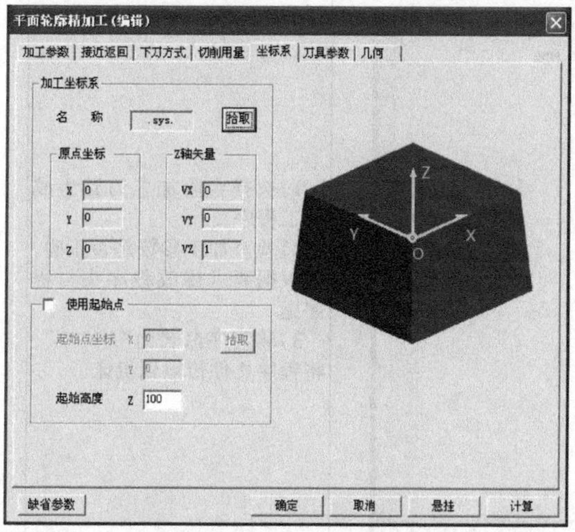	1）坐标原点设置在管接头端轴心，通过拾取的方式捕捉 2）其他方式按软件默认参数	
	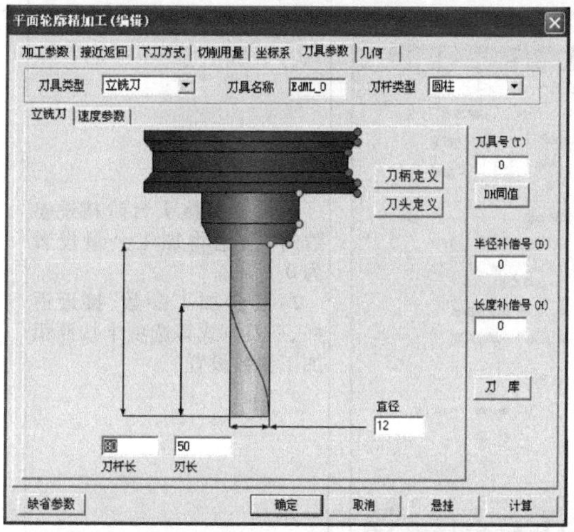	1）刀具参数根据所选刀具与安装状态进行设置，设置刀杆长为80mm，刃长为50mm，刀具直径为12mm 2）刀具号根据编程要求和刀库的编号进行设置	
3. 粗铣刀路模拟	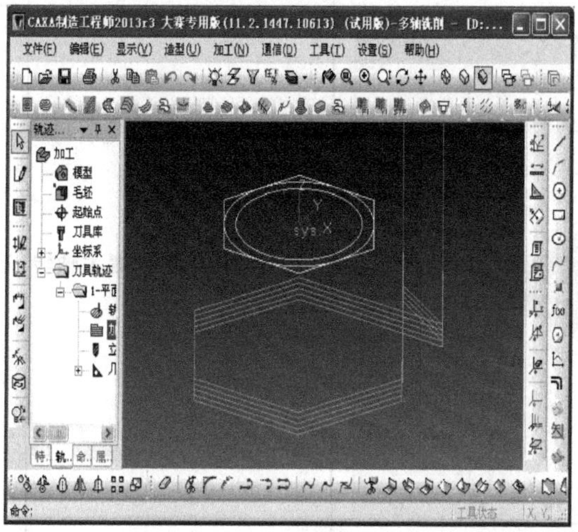	设置刀路时注意下刀点必须在工件外，避免出现直接插刀现象	

（续）

步骤	简图	操作要点	探究
4. 生成管接头台阶粗铣程序	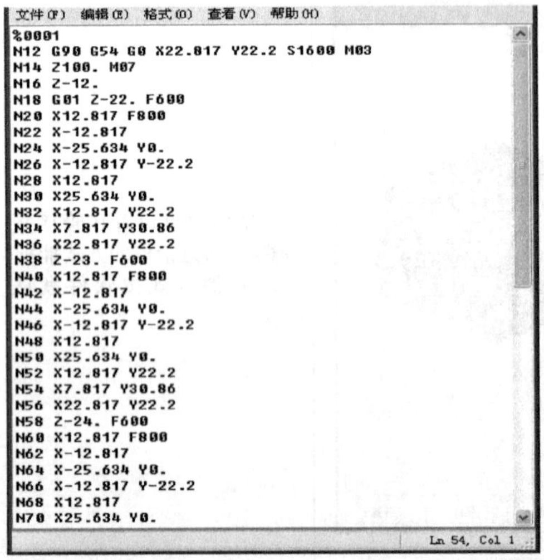 文件(F) 编辑(E) 格式(O) 查看(V) 帮助(H) %0001 N12 G90 G54 G0 X22.817 Y22.2 S1600 M03 N14 Z100. M07 N16 Z-12. N18 G01 Z-22. F600 N20 X12.817 F800 N22 X-12.817 N24 X-25.634 Y0. N26 X-12.817 Y-22.2 N28 X12.817 N30 X25.634 Y0. N32 X12.817 Y22.2 N34 X7.817 Y30.86 N36 X22.817 Y22.2 N38 Z-23. F600 N40 X12.817 F800 N42 X-12.817 N44 X-25.634 Y0. N46 X-12.817 Y-22.2 N48 X12.817 N50 X25.634 Y0. N52 X12.817 Y22.2 N54 X7.817 Y30.86 N56 X22.817 Y22.2 N58 Z-24. F600 N60 X12.817 F800 N62 X-12.817 N64 X-25.634 Y0. N66 X-12.817 Y-22.2 N68 X12.817 N70 X25.634 Y0. Ln 54, Col 1	1）选择台阶加工刀路生成加工程序 2）检查加工参数是否正确，并根据要求修改程序头与程序尾 3）将程序命名为“O0001”，将程序文件传输到机床	
5. 设置管接头台阶精铣参数	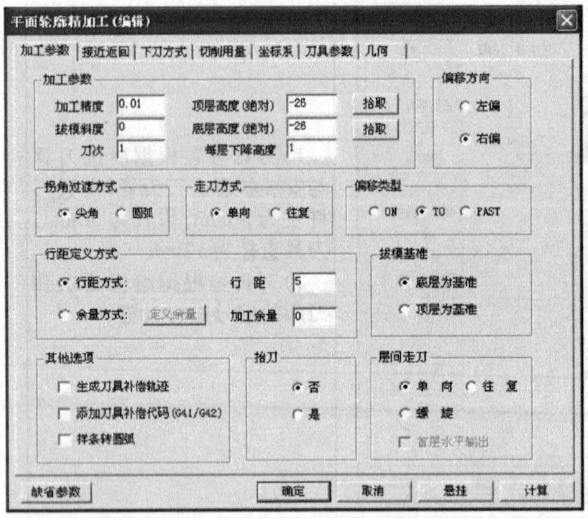 	1）设置管接头台阶精铣参数时，注意将加工余量设置为0 2）其余加工参数、接近返回、下刀方式等选项卡按照粗加工参数设置	
	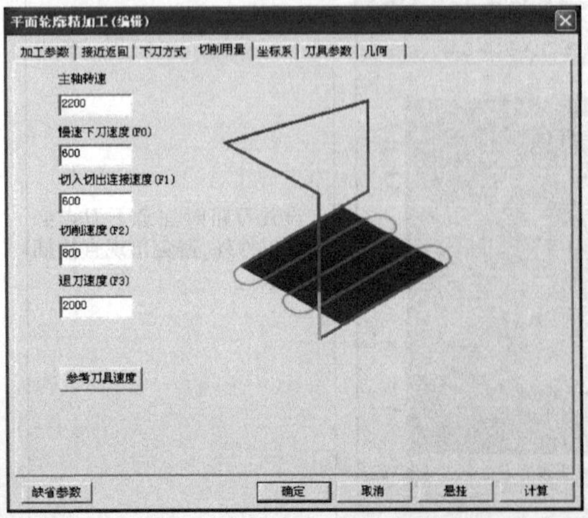 	注意精加工时设置主轴转速和进给量	

（续）

步骤	简图	操作要点	探究
6. 生成管接头台阶精铣刀具轨迹	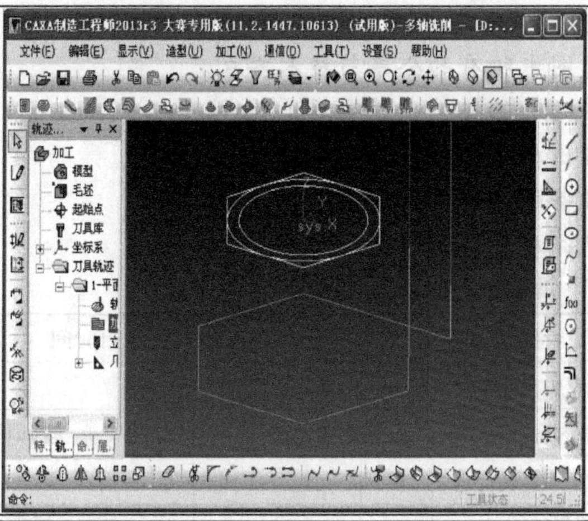	1）在完成刀路参数设置的基础上，单击“生成刀具轨迹”按钮生成精铣刀具轨迹 2）检查刀具轨迹，确认无错误	
7. 生成管接头台阶精铣程序	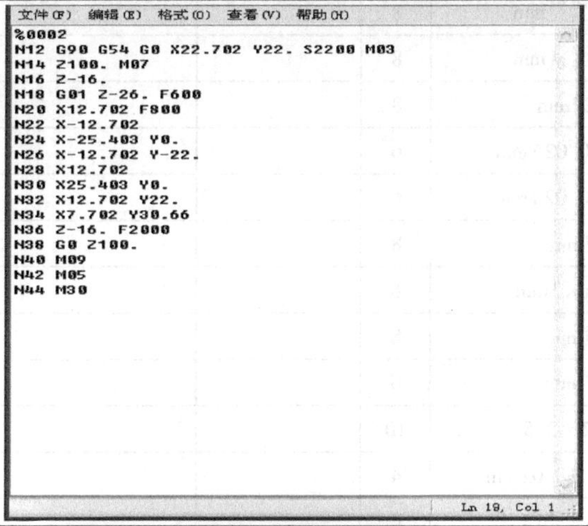	1）设置参数并检查刀具轨迹后，生成管接头台阶精铣程序 2）修改程序头与程序尾，将程序命名为“O0002” 3）设置好传输参数和机床参数，把程序传输到机床	
8. 装夹工件		装夹注意以下四点： 1）压板紧固自定心卡盘不出现松动 2）装夹时确保工件底面与两块垫铁紧贴 3）自定心卡盘紧固工件不出现松动 4）台阶底部高出钳口3mm左右，避免干涉	
9. 操作进行铣削加工		加工完毕后注意去除加工部位毛刺，检测管接头六边形台阶尺寸精度，填写质量评检单	

【任务评价】

完成本项目后，应做到：

1）正确地识读管接头零件图，清楚图中所有的公差与技术要求。

2）独立或在适当帮助下分析管接头的加工工艺，并编写工艺卡。

3）清楚管接头的加工过程，并能指出加工中须掌握的关键点。

4）完成加工任务后，做好场地和设备的整理、清洁、维护等工作。

5）对零件产品进行检测，并填写产品质量评检单，具体见表3-7。

表3-7 管接头产品质量评检单

项目名称		项目三 管接头加工		项目时间	
组别		成员名单			
序号	检查项目	检查内容	学生自检		教师核检
1	加工工艺文件	工艺合理，加工参数合理	10		
2	外圆	$\phi32^{+0.03}_{0}$ mm	8		
3		$\phi32^{0}_{-0.03}$ mm	8		
4	内孔	$\phi27$mm	8		
5	长度	(59 ±0.02) mm	6		
6		(33 ±0.02) mm	6		
7		7mm	8		
8		2mm ×3mm	6		
9		5mm	8		
10		32mm	6		
11	外螺纹	M32 ×2.5	10		
12	几何公差	同轴度 $\phi0.02$mm	4		
13	倒角	超差每处扣1分	4		
14	表面粗糙度值	每降一级扣2分	8		
检查评价	过程评价（学生填写）：				
	教师评语：				
	评分		日期		
	学生签字		教师签字		

【任务拓展】

1）编写图3-3所示轴套的工艺卡片。

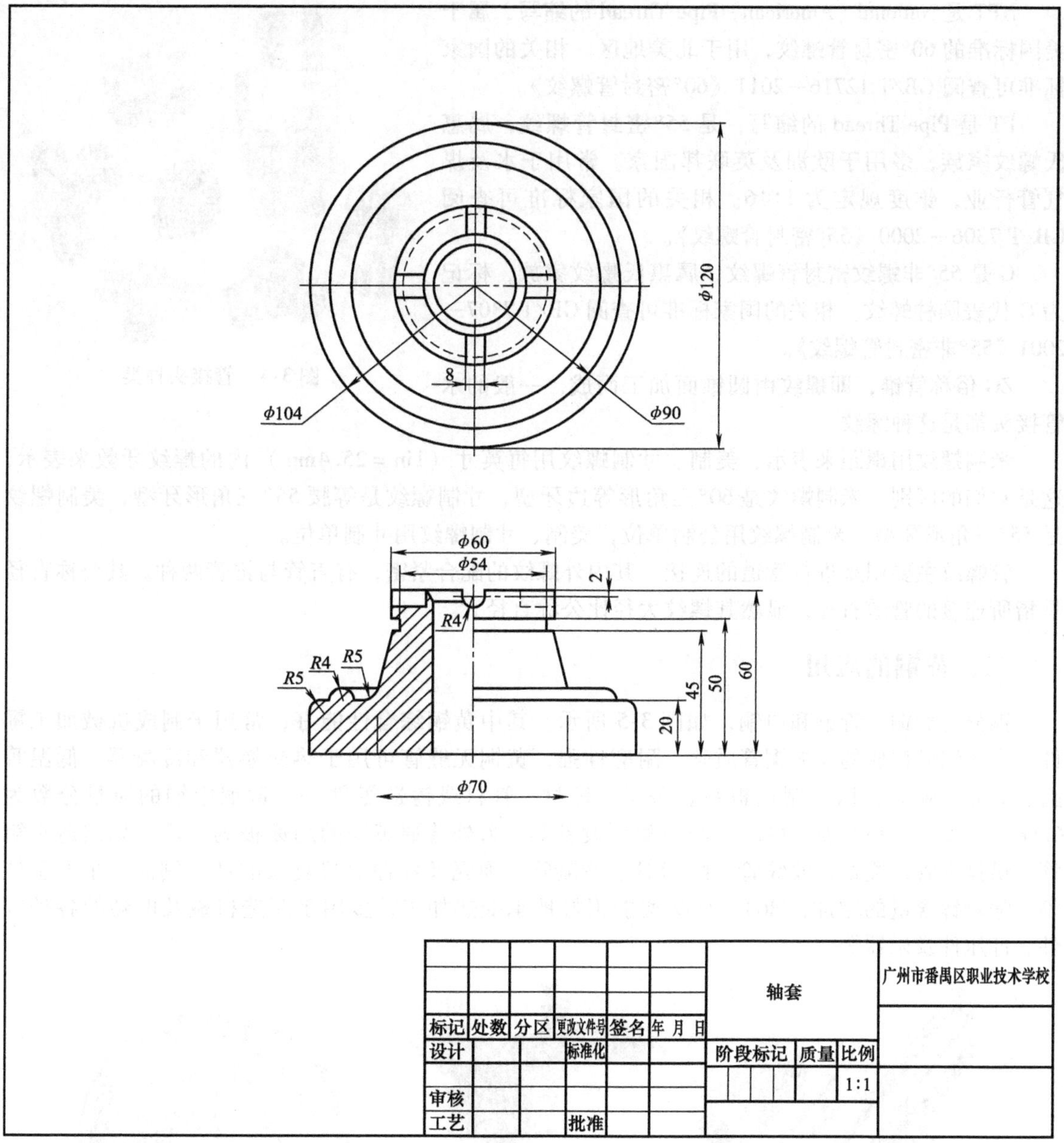

图3-3 轴套

2）简述铜质零件的加工特性。

【知识链接】

一、管接头简介

管接头是液压系统中连接管路或将管路装在液压元件上的零件，它是一种在流体通路中能装拆的连接件的总称，主要包括焊接式、卡套式和扩口式管接头等。管接头种类如图3-4所示，有端直通接头、直通接头、三通接头、弯头、带活螺母接头、铰接接头、堵头、过渡接头等。管接头常用材料是不锈钢和铜，米制、美制和寸制螺纹标准NPT、PT、G都是管螺纹。

NPT是National (American) Pipe Thread的缩写，属于美国标准的60°密封管螺纹，用于北美地区。相关的国家标准可查阅GB/T 12716—2011《60°密封管螺纹》。

PT是Pipe Thread的缩写，是55°密封管螺纹，属惠氏螺纹家族，多用于欧洲及英联邦国家。常用于水及煤气管行业，锥度规定为1:16。相关的国家标准可查阅GB/T 7306—2000《55°密封管螺纹》。

G是55°非螺纹密封管螺纹，属惠氏螺纹家族，标记为G代表圆柱螺纹。相关的国家标准可查阅GB/T 7307—2001《55°非密封管螺纹》。

图3-4 管接头种类

ZG俗称管锥，即螺纹由圆锥面加工而成，一般的水管接头都是这种螺纹。

米制螺纹用螺距来表示，美制、寸制螺纹用每英寸（1in = 25.4mm）内的螺纹牙数来表示，这是它们的区别。米制螺纹是60°三角形等边牙型，寸制螺纹是等腰55°三角形牙型，美制螺纹是55°三角形牙型。米制螺纹用公制单位，美制、寸制螺纹用寸制单位。

管螺纹主要用来进行管道的连接，其内外螺纹的配合紧密，有直管与锥管两种。其公称直径是指所连接的管道直径，显然其螺纹大径比公称直径大。

二、黄铜的应用

铜分为黄铜、青铜和白铜，如图3-5所示。其中黄铜综合性能好，常用于制成机械加工零件，由黄铜所拉成的无缝铜管质软、耐磨性强，黄铜无缝管可用于热交换器和冷凝器、低温管路、海底运输管，以及制造板料、条材、棒材、管材或铸造零件等。黄铜中铜的质量分数为62%~68%，其塑性强，可用来制造耐压设备等。另外普通黄铜的用途极为广泛，如制造水箱管、供排水管、奖章、波纹管、蛇形管、冷凝管、弹壳及各种形状复杂的冲压制品、小五金件等。随着锌含量的增加，H63~H59均能很好地承受热加工，多用于制造机械及电器的各种零件、冲压件及乐器等。

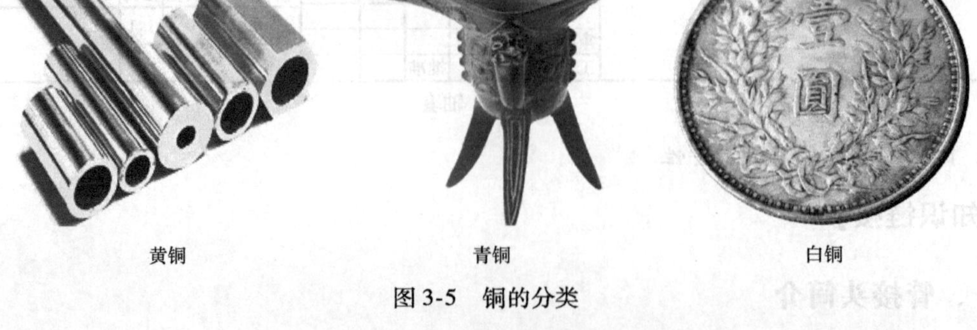

黄铜 青铜 白铜

图3-5 铜的分类

三、切屑的种类

由于工件材料不同，切削过程中的变形程度也就不同，因而产生的切屑种类多种多样，可以分为以下四类：

（1）带状切屑　带状切屑如图3-6所示。加工塑性金属材料，当切削厚度较小、切削速度较高、刀具前角较大时，一般常得到这类切屑。它的切削过程平稳，切削力波动较小，已加工表面粗糙度值较小。

（2）挤裂切屑　挤裂切屑如图3-7所示。这类切屑与带状切屑不同之处在于其外表面呈锯齿形，内表面有时有裂纹。这种切屑大多在切削速度较低、切削厚度较大、刀具前角较小时产生。

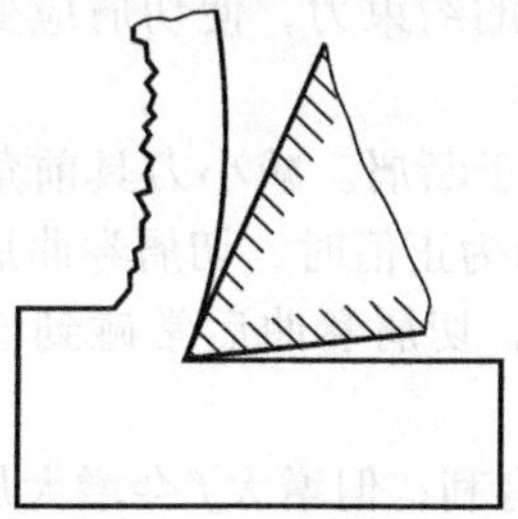

图3-6　带状切屑

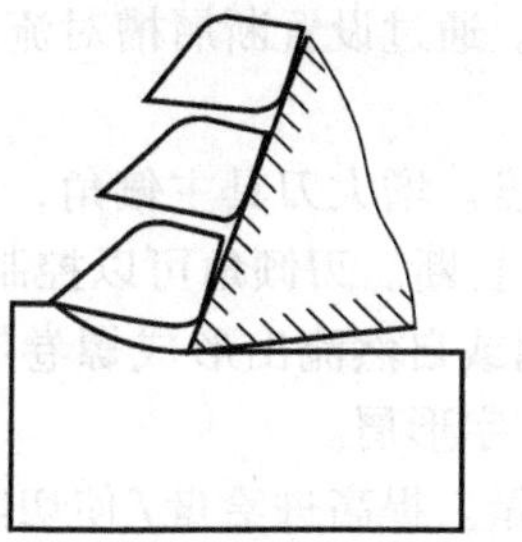

图3-7　挤裂切屑

（3）单元切屑　单元切屑如图3-8所示。如果在挤裂切屑的剪切面上，裂纹扩展到整个面上，则整个单元被切离，成为梯形的单元切屑。

以上三种切屑只有在加工塑性材料时才可能得到。其中，带状切屑的切削过程最平稳，单元切屑的切削力波动最大。在生产中最常见的是带状切屑，有时得到挤裂切屑，单元切屑则很少见。若改变挤裂切屑的条件，如进一步减小刀具前角，降低切削速度，或加大切削厚度，就可以得到单元切屑；反之，则可以得到带状切屑。这说明切屑的形态是随切削条件变化而转化的。掌握了它的变化规律，就可以控制切屑的变形、形态和尺寸，以达到卷屑和断屑的目的。

（4）崩碎切屑　这是属于脆性材料的切屑。崩碎切屑如图3-9所示。这种切屑的形状是不规则的，加工表面凹凸不平。从切削过程看，切屑在破裂前变形很小，和塑性材料的切屑形成机理也不同。它的脆断主要是由于材料所受应力超过了它的抗拉极限。加工脆硬性材料，如高硅铸铁、白口铸铁等，特别当切削厚度较大时常得到这种切屑。由于它的切削过程很不平稳，容易破坏刀具，也有损于机床，已加工表面又粗糙，因此在生产中应力求避免。方法是减小切削厚度，使切屑成针状或片状，同时适当提高切削速度，以增加工件材料的塑性。

图3-8　单元切屑

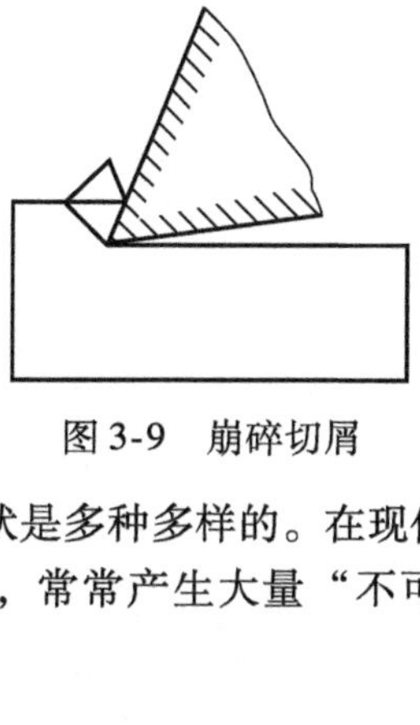

图3-9　崩碎切屑

以上是四种典型的切屑，但加工现场获得的切屑，其形状是多种多样的。在现代加工中，切削速度与金属切除率达到了很高的水平，切削条件也很恶劣，常常产生大量“不可接受”的切屑。所谓切屑控制，又称切屑处理，工厂中一般简称为“断屑”，是指在切削加工中采取适当的措施来控制切屑的卷曲、流出与折断，以形成“可接受”的良好屑形。

四、切屑控制方法

切屑经过在变形区的剧烈变形后，硬度增加，塑性下降，性能变脆。在切屑排出过程中，当碰到刀具后刀面、工件过渡表面或待加工表面等障碍时，若某一部位的应变超过了切屑材料的断裂应变值，切屑就会折断。

研究表明，工件材料脆性越大（断裂应变值小）、切削厚度越大、切削卷曲半径越小，切屑就越容易折断。可采取以下措施对切屑实施控制：

1）采用断屑槽。通过设置断屑槽对流动中的切屑施加一定的约束力，使切屑应变增大，切屑卷曲半径减小。

2）改变刀具角度。增大刀具主偏角，切削厚度变大，有利于断屑。减小刀具前角可使切屑变形加大，切屑易于折断。刃倾角可以控制切屑的流向，刃倾角为正值时，切屑卷曲后常碰到后刀面折断形成C形屑或自然流出形成螺卷屑；刃倾角为负值时，切屑卷曲后常碰到已加工表面折断形成C形屑或6字形屑。

3）调整切削用量。提高进给量f使切削厚度增大，对断屑有利；但增大f会增大加工表面粗糙度值。适当地降低切削速度使切削变形增大，也有利于断屑，但这会降低材料的切除效率，须根据实际条件适当选择切削用量。

项目四　联轴器加工

【项目任务】

各学习小组需加工联轴器装配件20套，要求完成联轴器主动件和从动件两部分加工。联轴器实物如图4-1所示。其材料为45钢，零件尺寸、技术要求详见零件图4-2～图4-4。

本项目教学时数为36学时。

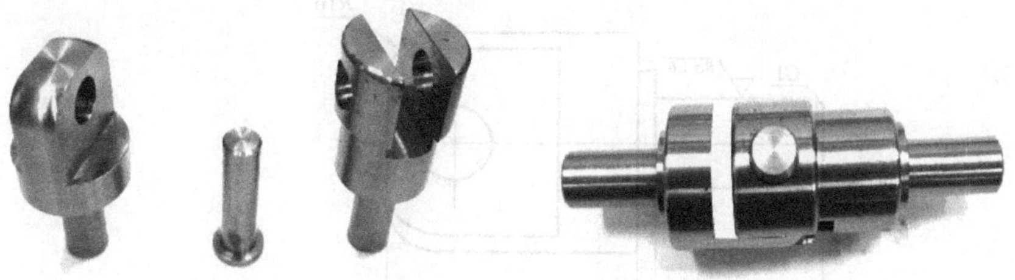

图4-1　联轴器实物

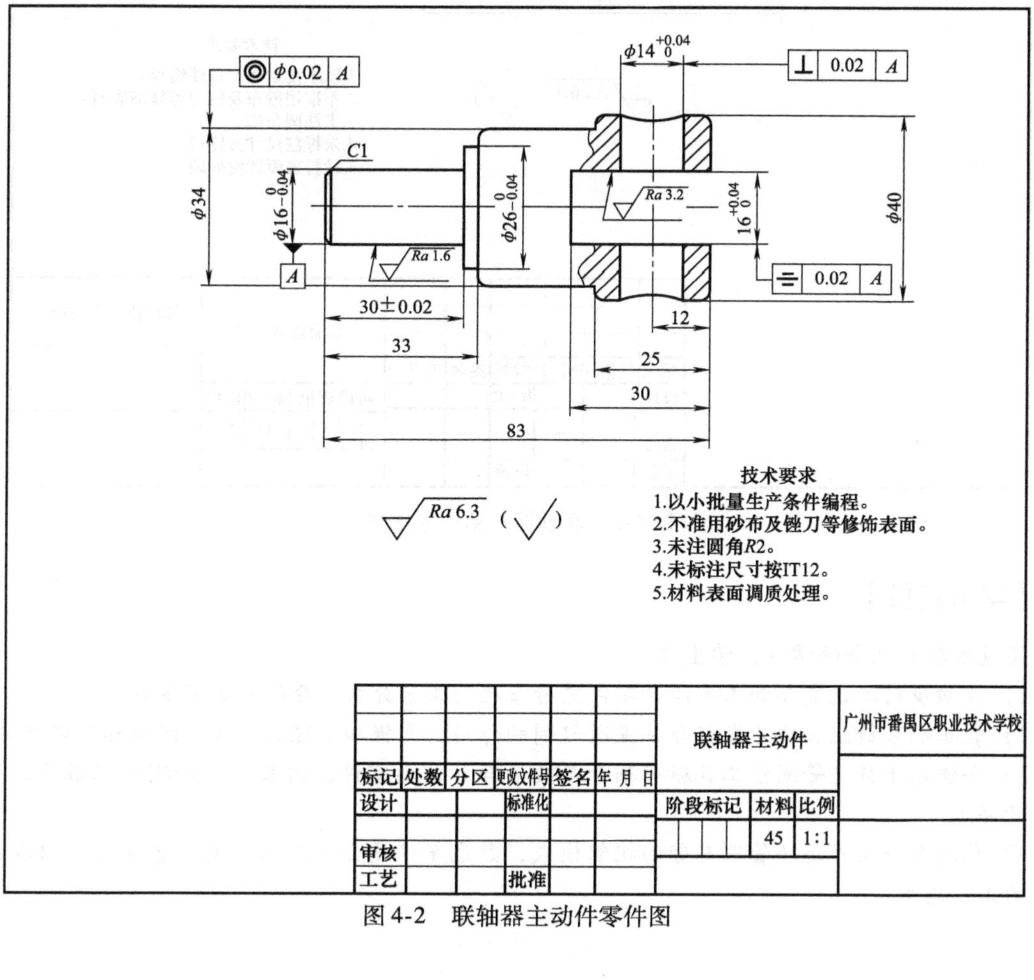

图4-2　联轴器主动件零件图

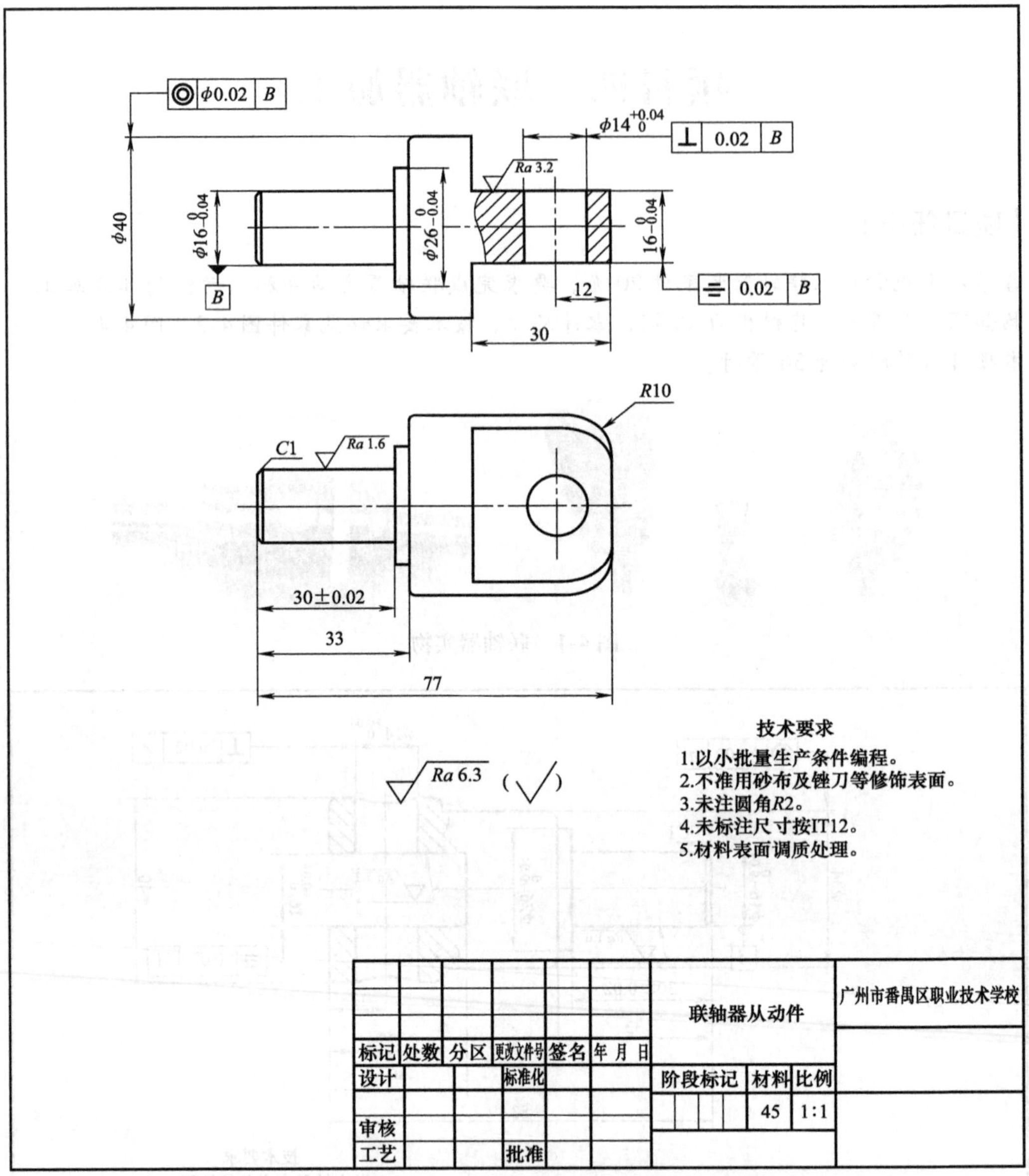

图 4-3 联轴器从动件零件图

【学习目标】

通过本项目任务的学习，学生应：

1）能初步对车铣复合加工类组合零件进行正确的工艺分析，会编写工艺卡片。

2）能正确分析配合公差在配合位置所起到的作用，掌握加工过程中保证配合精度的方法。

3）会使用千分尺等测量工具精确测量车铣复合加工类零件，组装零件检测装配性能，并进行质量评定。

4）熟悉企业生产现场管理与劳动组织模式，熟悉车铣复合加工零件的工艺编排，培养细致认真的工作态度。

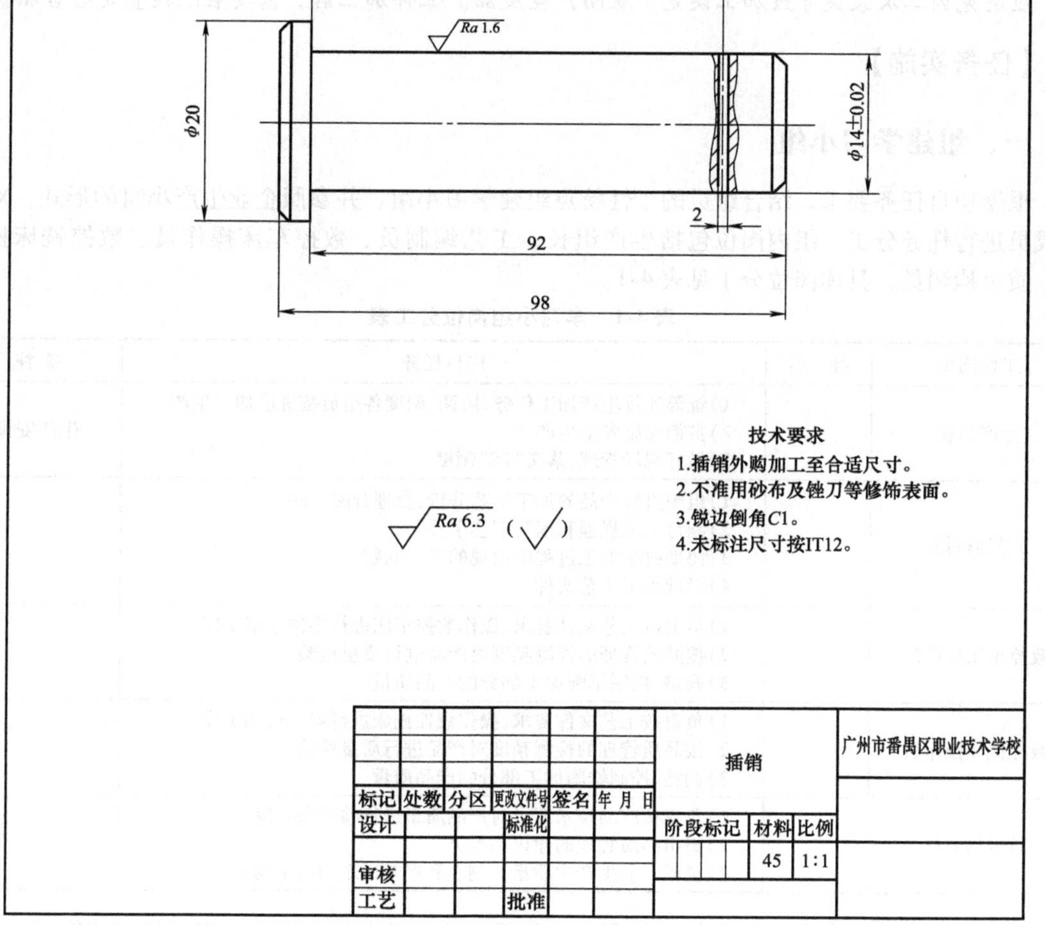

图4-4 联轴器插销零件图

【任务知识与技能分析】

联轴器所用材料为45钢，备料毛坯尺寸为ϕ45mm×80mm的圆棒料。加工采用车削与铣削两个工序，属于车铣复合加工类零件，加工工艺编写至关重要，直接影响到是否能顺利完成加工任务。实施本项目任务，涉及的主要知识与技能包括如下：

1）车铣复合类零件的加工工艺编写，其中关键的是各工序与工步编排的合理性、科学性、便捷性。

2）零件加工数量为20套，属组合件的中小批量生产，生产工艺要注意考虑批量的大小，因为组合件中小批量生产与大批量流水线生产有不同的工艺要求。

3）零件材料为45钢，需要熟悉45钢的力学性能，以便合理选择切削刀具和切削用量。

4）尺寸公差的保证。零件加工包括联轴器主动件、联轴器从动件、插销三个部分，其中联轴器主动件和联轴器从动件的公差最小要求为±0.02mm。孔和销的配合精度为H7/g6，对刀具、机床、检测工具要求较高。在合理选择切削用量的前提下，注重过程检测，确保加工质量。

5）位置公差的保证。零件联轴器从动件和联轴器主动件中各有一处同轴度要求，在车削工艺设计时需要考虑。在二次装夹时，如何保证重要定位也非常重要。

6）零件加工中涉及多次装夹，每一道工序所用夹具的选择很重要。装夹与找正也非常关键，应避免因二次装夹导致加工误差，从而产生废品。零件加工后，需要装配检查是否合格。

【任务实施】

一、组建学习小组

根据项目任务要求，结合组员的个性特点组建学习小组，并参照企业生产小组的形式，对小组成员进行任务分工，组内岗位包括生产组长、工艺编制员、数控车床操作员、数控铣床操作员、质量检测员，具体岗位分工见表4-1。

表4-1 学习小组岗位分工表

工作岗位	姓　名	岗位任务	备 注
生产组长		1)统筹安排生产加工任务,协调、调度各组员按进度加工生产 2)贯彻实施安全生产 3)做好现场管理,落实“7S”制度	生产安排
工艺编制员		1)组织进行产品的加工工艺分析,合理分配工序 2)制订工艺规程和编写工艺卡片 3)协助解决加工过程中出现的工艺问题 4)管理加工工艺文件	
数控车床操作员		1)负责按工艺文件要求,操作数控车床进行零件车削工序 2)按品质管理的检测频度对产品进行质量检验 3)调整、控制车削加工部分的产品质量	
数控铣床操作员		1)负责按工艺文件要求,操作数控铣床进行零件铣削工序 2)按品质管理的检测频度对产品进行质量检验 3)调整、控制铣削加工部分的产品质量	
质量检测员		1)负责按产品技术要求对产品质量进行检验和入库 2)提出品质管理的建议和意见 3)说明产品生产中质量控制点和经常出现的质量问题	

想一想：讨论在你们小组的加工过程中，你承担的任务在整个加工过程中起到的作用。

二、加工工艺分析

加工工艺是指导操作者将产品逐步生产成交货状态的指导性文件。联轴器加工工艺分析包括分析零件图样中的尺寸标注，零件的结构工艺性，零件毛坯的选择，零件的装夹，加工刀具、量具、夹具的选择等。加工工艺编制质量的好坏直接影响到产品的生产成本和生产率，因而其在生产中的作用是非常重要且不可或缺的。联轴器加工工艺分析见表4-2。

表4-2 联轴器加工工艺分析表

序号	项目	分析内容	备注
1	零件图样分析	细致认真地审读联轴器零件图,重点关注尺寸公差、表面粗糙度值、几何公差与技术要求。具体如下: 1)联轴器尺寸标注方法分析。分析整体与局部的尺寸标注是否完整,标注是否正确,有无多余尺寸,特别是配合部分的形状尺寸要认真识读 2)联轴器零件轮廓的几何要素分析。分析图样中几何要素的给定条件是否充分、正确,包括外圆、内槽、台阶、插销孔部分的几何要素	

（续）

序号	项目	分析内容	备注
1	零件图样分析	3）联轴器精度及技术要求分析。在联轴器中，要求车削长度公差是 ±0.02mm，铣削槽宽部分达到 $16^{+0.04}_{0}$mm，表面粗糙度值最低为 $Ra1.6\mu m$，还有同轴度要求。分析精度及各项技术要求是否齐全、合理 4）对车削加工的表面，联轴器表面质量最高为 $Ra3.2\mu m$，加工时考虑按最高表面质量一刀连续加工 5）找出联轴器零件图样上有较高位置精度要求的表面，这些表面应尽可能在一次装夹下完成 6）根据零件图的尺寸要求，本产品备料毛坯尺寸为 ϕ45mm×80mm 圆棒料	
2	零件结构分析	1）联轴器主动件的结构包括阶梯轴身、槽和侧孔三部分，联轴器从动件的结构包括阶梯轴身、侧面台阶和侧孔三部分。根据其结构工艺特性，须采用车削加工与铣削加工 2）联轴器加工工序。根据结构特点，划分四个加工工序：①车削联轴器右端台阶；②调头车削左端台阶；③铣削槽或侧面台阶；④钻孔 3）各工序的粗、精加工。先对各表面进行粗加工，全部粗加工结束后再精加工，并进行精度控制 4）联轴器零件图中有精度要求较高的表面，其中同轴度公差均在一次装夹下完成，以免多次装夹所产生的装夹误差影响位置精度 5）车削工序中，轴两端加工对刀点一般均设在右前方，以便缩短刀具移动距离，减少空行程时间。铣削工序中的对刀点，须根据零件装夹与切削点的安全距离来确定 6）加工中选用数控车床和数控铣床（或加工中心）	
3	装夹夹具分析	根据联轴器结构特点，在车削与铣削过程中，所用的夹具如下： 1）车削圆周定位夹具采用自定心卡盘，两次装夹结合坯料进行 2）铣削加工槽和侧面台阶，采取自定心卡盘装夹，并且注意装夹高度 3）钻削加工插销口，采取分度头夹持轴的台阶，注意与零件轴线垂直	
4	刀具分析	根据联轴器的轮廓几何要素，在车削与铣削过程中，所用的刀具如下： 1）外圆车削部分选用外圆车刀，刀具材料一般采用硬质合金 2）切槽加工部分，根据槽宽选用 3mm 宽的切槽刀，刀具材料一般采用硬质合金 3）铣削加工部分，根据铣削侧面台阶与槽宽，选用 ϕ12mm 硬质合金立铣刀	
5	切削用量分析	切削用量的选择，包括背吃刀量、主轴转速和进给速度三项。联轴器材料为 45 钢，刀具材料均用硬质合金，切削具体要求如下： 1）确定背吃刀量 a_p（mm），须考虑机床、刀具、装夹的刚性，车削一般最好一次切净余量，以提高生产率，根据产品实际情况，联轴器精加工量一般不超过 2mm，同时为了保证加工精度和表面粗糙度值，一般都留有一定的精加工余量，精车余量为0.1～0.5mm 2）主轴转速 n（r/min）。主轴转速应根据零件上被加工部位的直径，并按零件和刀具的材料及加工性质等条件所允许的切削速度 v_c（m/min）来确定 3）确定进给速度 v_f（mm/min）。进给速度的大小直接影响表面粗糙度值和车削效率，因此应在保证表面质量的前提下，选择较高的进给速度	
6	质量检测分析	联轴器的检测包括外圆、槽、圆孔三大内容，其中加工过程还须有辅助检测工具，具体准备的检测工具包括：①游标卡尺；②千分尺；③钢直尺；④深度游标卡尺；⑤百分表	

想一想：是否有更加合理、科学、高效的工艺方案？说一说零件装夹使用通用夹具与专用夹具的区别。

三、编制工艺卡

编制工艺卡（表4-3）时需查找《机床参数表》《机床使用说明书》《切削用量手册》《刀具手册》《机械加工工艺手册》等工艺文件资料。

表 4-3 联轴器加工工艺卡片

广州市番禺区职业技术学校	零件名称	联轴器主动件	加工工艺卡		产品型号		FZJ-LQJG-04	
	毛坯类型	ϕ45mm×80mm 圆棒料	材料	45 钢	工艺卡号	LZQ001	第 1 页	共 7 页

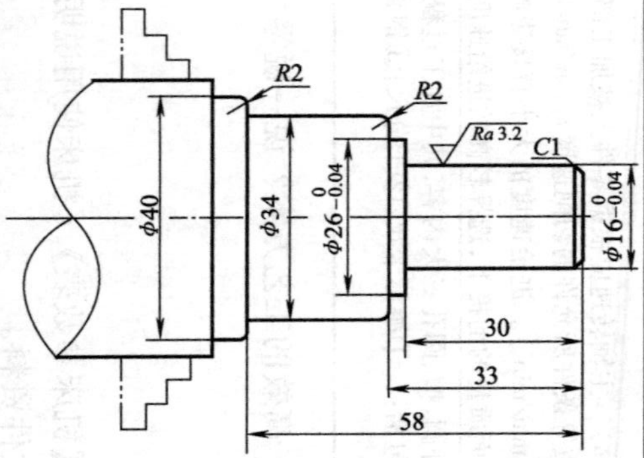

工序号	工步	加工内容	刀具	工艺装备	切削用量 加工类别	n/(r/min)	a_p/mm	v_f/(mm/min)
车 1	1	用卡盘夹紧，按图样尺寸加工外轮廓	外圆车刀(硬质合金)	自定心卡盘	粗加工	1200	0.8	120
					精加工	1400	0.4	100

				编制		批准	
				日期		日期	
标记	处数	更改文件号	签字				

（续）

广州市番禺区职业技术学校	零件名称	联轴器主动件		加工工艺卡		产品型号		FZJ-LQJG-04	
	毛坯类型	ϕ45mm×80mm 圆棒料	材料	45 钢	工艺卡号	LZQ002		第 2 页	共 7 页
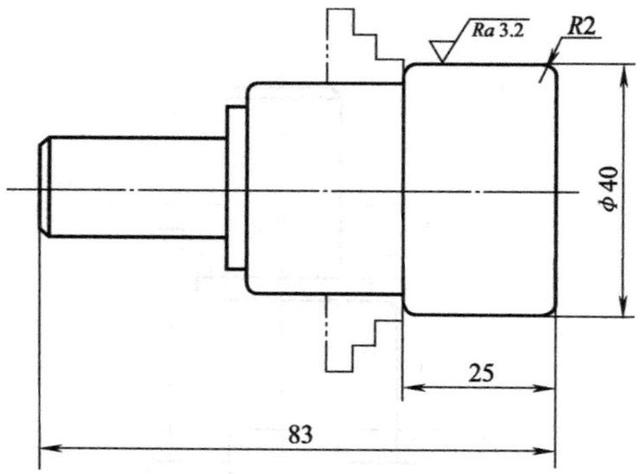	工序号	工步	加工内容	刀具	工艺装备	切削用量			
						加工类别	n/（r/min）	a_p/mm	v_f/（mm/min）
	车 2	1	调头装夹，按图样尺寸加工 ϕ40mm 外圆及 R2mm 圆弧	外圆车刀（硬质合金）	自定心卡盘	粗加工	1200	0.8	120
						精加工	1400	0.4	100

标记	处数	更改文件号	签字	编制		批准	
				日期		日期	

（续）

广州市番禺区职业技术学校	零件名称	联轴器主动件	加工工艺卡		产品型号		FZJ-LQJG-04	
	毛坯类型	ϕ45mm×80mm 圆棒料	材料	45 钢	工艺卡号	LZQ003	第 3 页	共 7 页

	工序号	工步	加工内容	刀具	工艺装备	切削用量			
						加工类别	n/（r/min）	a_p/mm	v_f/（mm/min）
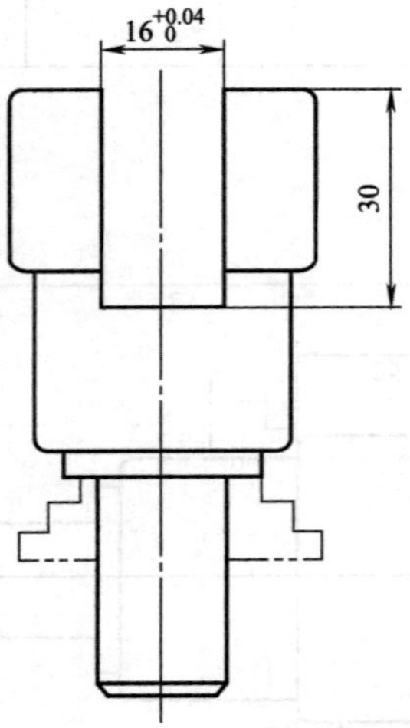	铣 1	1	用卡盘夹紧，按照图样尺寸加工 16mm × 30mm 的槽	ϕ12mm 立铣刀（硬质合金）	自定心卡盘	粗加工	1600	0.5	800
						精加工	2200	0.2	600

				编制		批准	
				日期		日期	
标记	处数	更改文件号	签字				

（续）

广州市番禺区职业技术学校	零件名称	联轴器主动件	加工工艺卡		产品型号		FZJ-LQJG-04	
	毛坯类型	ϕ45mm×80mm 圆棒料	材料	45 钢	工艺卡号	LZQ004	第 4 页	共 7 页

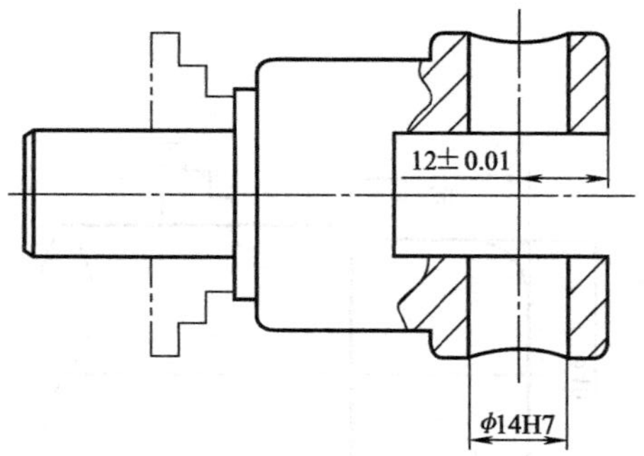

工序号	工步	加工内容	刀具	工艺装备	切削用量			
					加工类别	n/(r/min)	a_p/mm	v_f/(mm/min)
铣 2	1	用分度头的卡盘夹紧工件，按图样尺寸加工 ϕ14mm 孔	ϕ13.8mm 钻头	分度头	粗加工	800	1	100
	2	按图样尺寸铰 ϕ14mm 孔	ϕ14mm 铰刀	分度头	精加工	180	0.1	20

				编制		批准	
				日期		日期	
标记	处数	更改文件号	签字				

（续）

广州市番禺区职业技术学校	零件名称	联轴器从动件	加工工艺卡		产品型号		FZJ-LQJG-04			
	毛坯类型	ϕ45mm×80mm 圆棒料	材料	45 钢	工艺卡号	LZQ005	第 5 页	共 7 页		
	工序号	工步	加工内容	刀具	工艺装备	切削用量				
						加工类别	n/（r/min）	a_p/mm	v_f/（mm/min）	
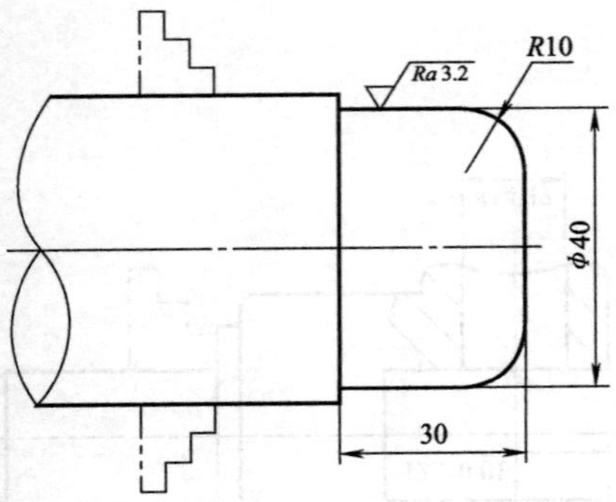	车 3	1	用卡盘夹紧工件，按照图样尺寸加工 ϕ40mm 外圆及 $R10$mm 圆弧	外圆车刀（硬质合金）	自定心卡盘	粗加工	1200	0.6	120	
						精加工	1400	0.3	100	

				编制		批准	
				日期		日期	
标记	处数	更改文件号	签字				

（续）

广州市番禺区职业技术学校	零件名称	联轴器从动件	加工工艺卡		产品型号		FZJ-LQJG-04		
	毛坯类型	ϕ45mm×80mm 圆棒料	材料	45 钢	工艺卡号	LZQ006	第 6 页	共 7 页	
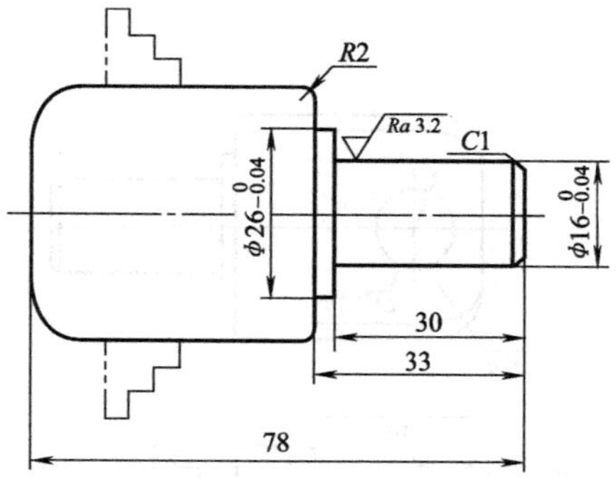	工序号	工步	加工内容	刀具	工艺装备	切削用量			
						加工类别	n/(r/min)	a_p/mm	v_f/(mm/min)
	车 4	1	调头装夹，按图样尺寸加工 ϕ16mm、ϕ26mm、R2mm 圆弧及倒角	外圆车刀（硬质合金）	自定心卡盘	粗加工	1200	0.8	120
						精加工	1400	0.4	100

标记	处数	更改文件号	签字	编制		批准	
				日期		日期	

（续）

广州市番禺区职业技术学校	零件名称	联轴器从动件		加工工艺卡	产品型号		FZJ-LQJG-04	
	毛坯类型	ϕ45mm 圆棒料	材料	45 钢	工艺卡号	LZQ007	第 7 页	共 7 页

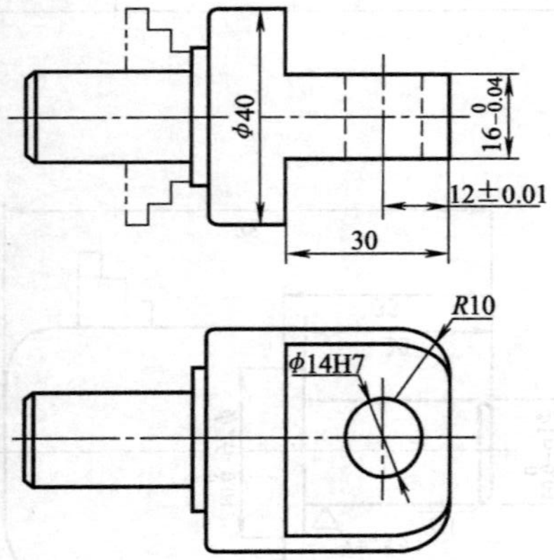

工序号	工步	加工内容	刀具	工艺装备	切削用量			
					加工类别	n/(r/min)	a_p/mm	v_f/(mm/min)
铣 3	1	使用分度头装夹，按图样尺寸加工侧面台阶	ϕ12mm 立铣刀（硬质合金）	分度头	粗加工	1600	0.5	800
					精加工	2200	0.2	600
	2	分度头旋转 180°加工另一侧台阶，保证加工厚度	ϕ12mm 立铣刀（硬质合金）	分度头	粗加工	1600	0.5	800
					精加工	2200	0.2	600
	3	按图样尺寸加工 ϕ14mm 插销孔	ϕ13.8mm 钻头	分度头		500	1	30
	4	按图样尺寸铰 ϕ14mm 插销孔	ϕ14mm 铰刀	分度头		100	0.1	10

				编制		批准	
				日期		日期	
标记	处数	更改文件号	签字				

四、设备、工具、量具、辅具的准备

根据任务的加工要求，实施本任务具体需要准备的设备、工具、量具、辅具见表4-4。

表4-4 联轴器加工设备、工具、量具、辅具一览表

序号	名称	简图	型号/规格	数量	备注
1	数控车床	参照项目一类型参数		1台	设备
2	数控铣床	参照项目一类型参数		1台	设备
3	编程计算机	参照项目一类型参数		2台	设备
4	外圆车刀	参照项目一类型参数		1把	刀具
5	切槽刀	参照项目一类型参数		1把	刀具
6	外螺纹车刀	参照项目一类型参数		1把	刀具
7	立铣刀		ϕ12mm 四刃	1把	硬质合金
8	自定心卡盘	参照项目一类型参数		1个	刀具
9	机用虎钳	参照项目一类型参数		1个	夹具
10	分度头		0.1°	1套	夹具
11	游标卡尺	参照项目一类型参数	150mm	1把	量具
12	钢直尺	参照项目一类型参数	200mm	1把	量具
13	千分尺	参照项目一类型参数	25～75mm	2把	量具
14	千分表座	参照项目一类型参数		1套	量具
15	铣刀柄	参照项目一类型参数	BT40	1个	辅助工具

想一想：是否有装夹方案？针对具体的加工内容，每位同学提出一条改善性的建议。

五、操作加工

（一）车削联轴器主动件左端部分

按照表4-3中“车1”的要求，操作数控车床加工联轴器左端部分，具体步骤见表4-5。

表4-5 联轴器左端部分加工步骤

步骤	简图	操作要点	探究
1. 绘制联轴器主动件左端二维加工图	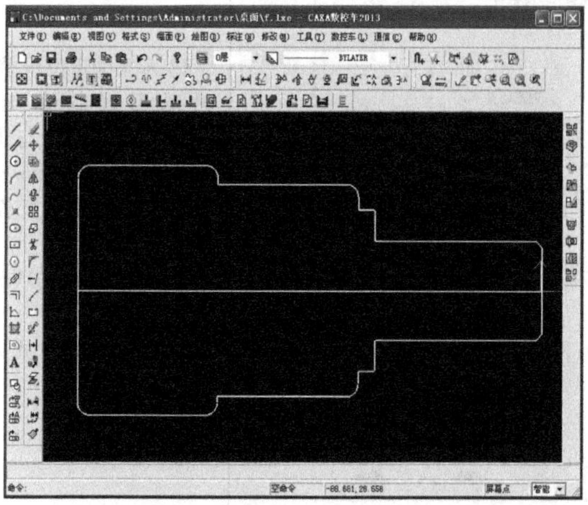	1）编程软件采用CAXA数控车2013软件 2）绘制零件加工二维图尺寸要准确 3）绘图时注意中心点，并且须做参照线，方便调头加工使用	

（续）

步骤	简图	操作要点	探究
2. 设置联轴器主动件左端车削粗加工参数	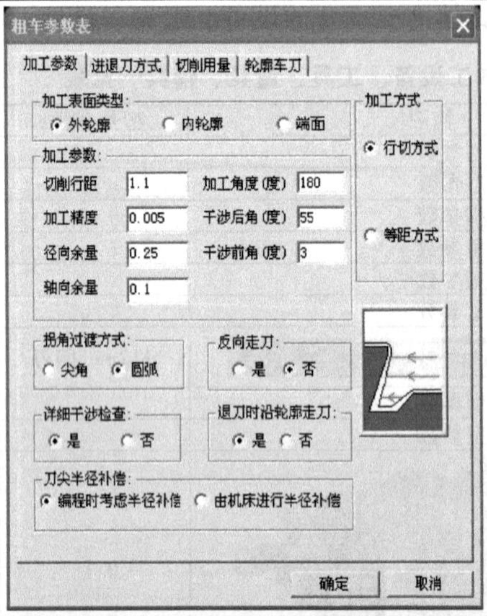	1)选择好加工表面后进行加工参数的设置 2)加工参数中将加工表面类型设置为"外轮廓"，加工方式设置为"行切方式" 3)为精加工预留加工余量，一般径向余量设置为0.25mm，轴向余量设置为0.1mm	
	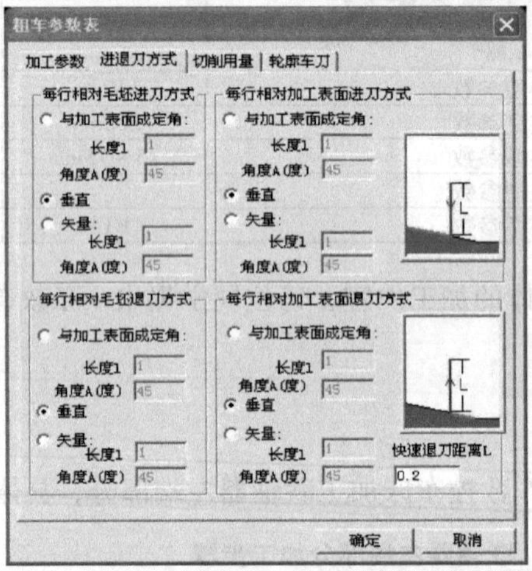	1)每行相对毛坯进、退刀方式设置为"垂直" 2)每行相对加工表面进刀方式设置为"垂直" 3)设置快速退刀距离为0.2mm，以提高加工效率	
	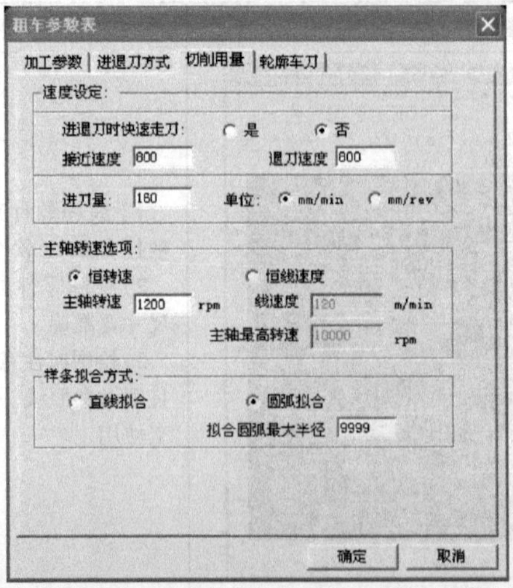	1)为减少定位误差，设置进退刀时快速走刀为"否"，接近速度与退刀速度均设置为800mm/min 2)切削进刀量设置为160mm/min 3)主轴转速选项设置为"恒转速" 4)样条拟合方式采用默认设置	

（续）

步骤	简图	操 作 要 点	探究
2. 设置联轴器主动件左端车削粗加工参数	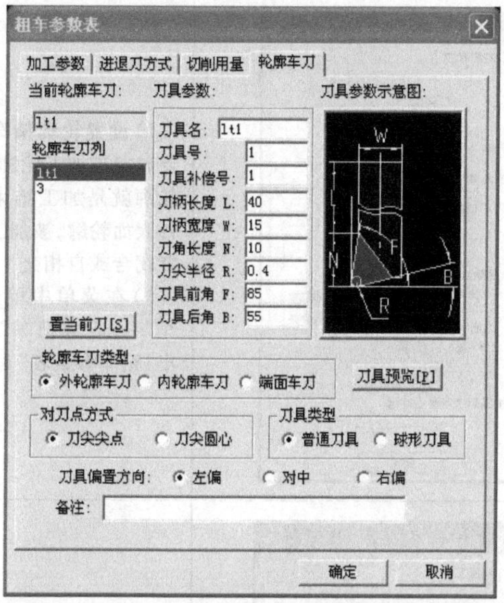	1)设置轮廓车刀时，首先要确定好机床上安装刀具的刀具号 2)刀具名称与刀具号相对应，刀具补偿号与机床参数中刀具补偿号对应 3)刀具的其他参数根据刀具的参数表进行填写 4)刀具类型根据加工表面确定为“普通刀具” 5)对刀点方式为“刀尖尖点”，根据加工方向，刀具的偏置方向设置为“左偏”	
3. 联轴器主动件左端粗车刀路模拟	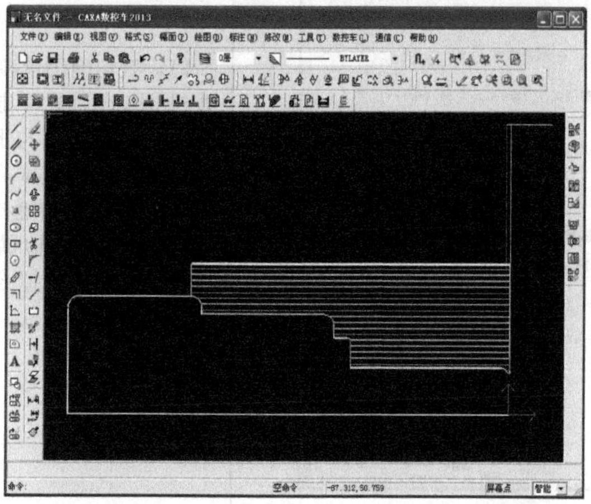	1)在粗车参数全部设置完成后，可单击“数控车”→“轨迹仿真”生成联轴器主动件左端部分粗加工刀路模拟 2)检查刀具轨迹是否合理，有无干涉和错误	
4. 生成联轴器主动件左端粗车程序	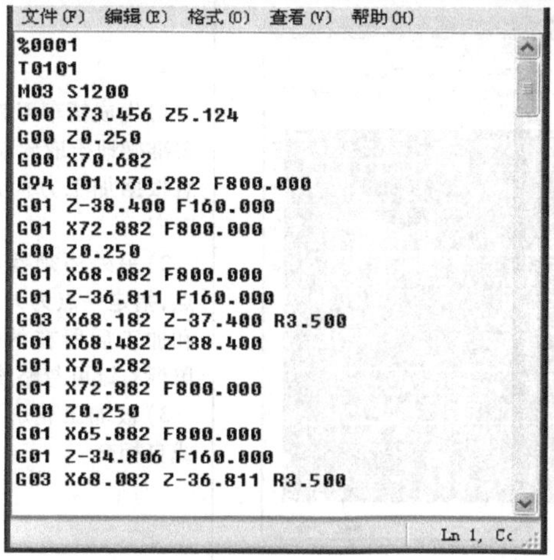 文件(F) 编辑(E) 格式(O) 查看(V) 帮助(H) %0001 T0101 M03 S1200 G00 X73.456 Z5.124 G00 Z0.250 G00 X70.682 G94 G01 X70.282 F800.000 G01 Z-38.400 F160.000 G01 X72.882 F800.000 G00 Z0.250 G01 X68.082 F800.000 G01 Z-36.811 F160.000 G03 X68.182 Z-37.400 R3.500 G01 X68.482 Z-38.400 G01 X70.282 G01 X72.882 F800.000 G00 Z0.250 G01 X65.882 F800.000 G01 Z-34.806 F160.000 G03 X68.082 Z-36.811 R3.500 Ln 1, Cc	1)在确认刀路无误后，在菜单中单击“生成代码”，生成联轴器主动件左端粗车程序 2)修改程序头与程序尾，将程序命名为“O0001”，保存程序为“TXT”文件 3)设置好传输参数和机床参数，把程序传输到机床	

（续）

<table>
<tr><th>步骤</th><th>简图</th><th>操 作 要 点</th><th>探究</th></tr>
<tr><td rowspan="2">5. 设置联轴器主动件左端精车参数</td><td>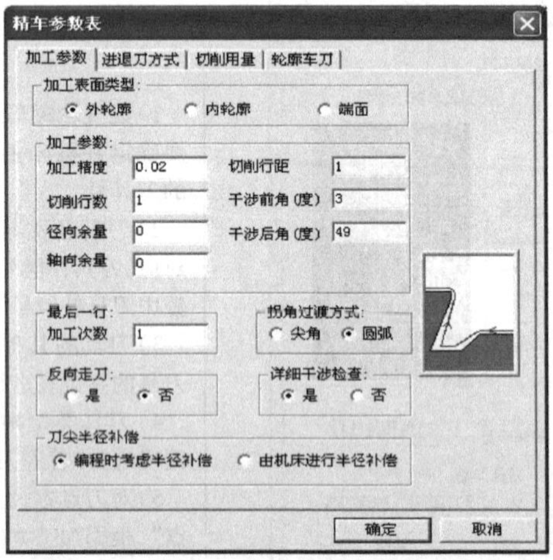
</td><td>1）设置轮廓精车参数时要确定被加工轮廓，被加工轮廓就是加工结束后的工件表面轮廓，被加工轮廓不能闭合或自相交
2）在菜单中单击“数控车”→“轮廓精车”，系统弹出“精车参数表”对话框</td><td></td></tr>
<tr><td>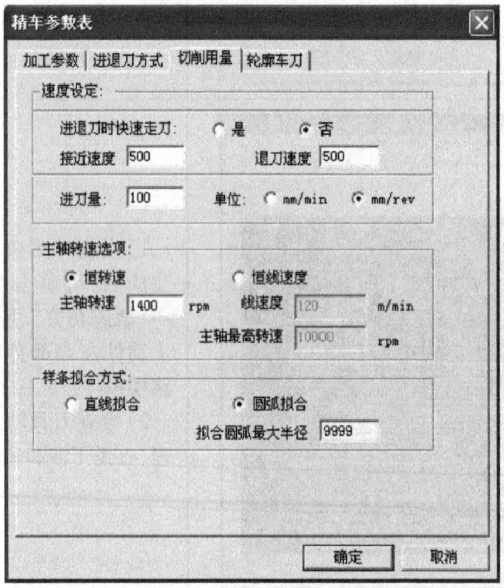
</td><td>1）设置切削用量参数，设置进退刀时快速走刀为“否”，接近速度与退刀速度均为500mm/min
2）设置主轴转速选项为“恒转速”，主轴转速为1400r/min；样条拟合方式为“圆弧拟合”</td><td></td></tr>
<tr><td>6. 联轴器主动件左端车削精加工模拟</td><td>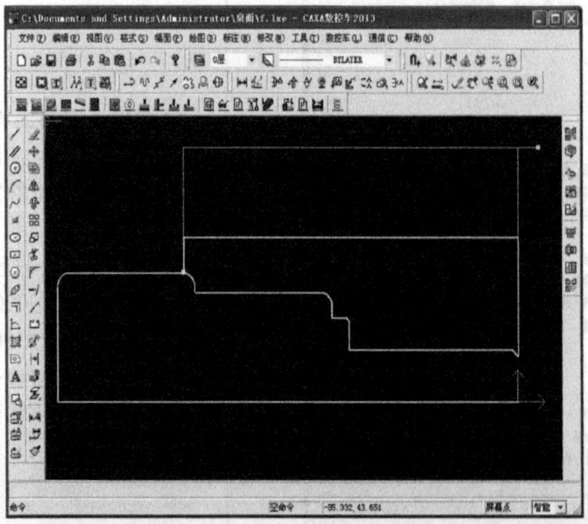</td><td>1）生成精车刀具轨迹时，要准确地拾取轮廓线，并注意根据加工方向选定一个方向
2）另外还须确定进退刀点，指定一点为刀具加工前和加工后所在的位置。按鼠标右键可忽略该点输入
3）被加工轮廓不能闭合或自相交</td><td></td></tr>
</table>

（续）

<table>
<tr><th>步骤</th><th>简图</th><th>操作要点</th><th>探究</th></tr>
<tr><td>7. 生成联轴器主动件左端精车程序</td><td>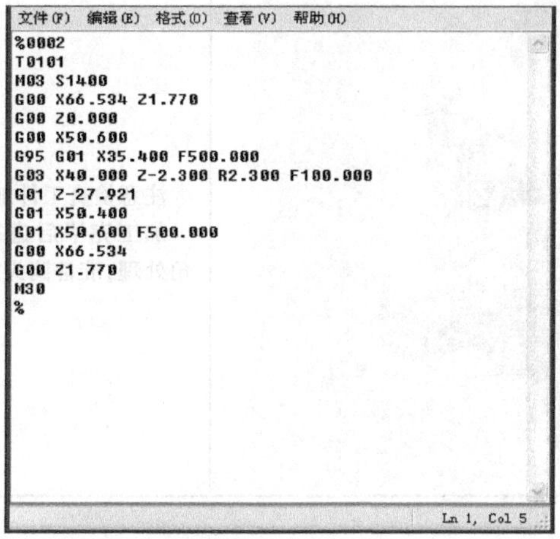</td><td>1）在确认刀路无误后，在菜单中单击“生成代码”，生成联轴器主动件左端精车程序
2）修改程序头与程序尾，注意与机床要求一致
3）将程序命名为“O0002”，保存程序为“TXT”文件
4）把程序 O0002 传输到机床</td><td></td></tr>
<tr><td>8. 工件装夹</td><td></td><td>1）装夹工件时要注意伸出长度，保证右端加工长度，注意用钢直尺测量伸出长度
2）找正工件的装夹，确保摆动在要求范围内
3）保证装夹正确、稳固</td><td></td></tr>
<tr><td>9. 试切对刀</td><td>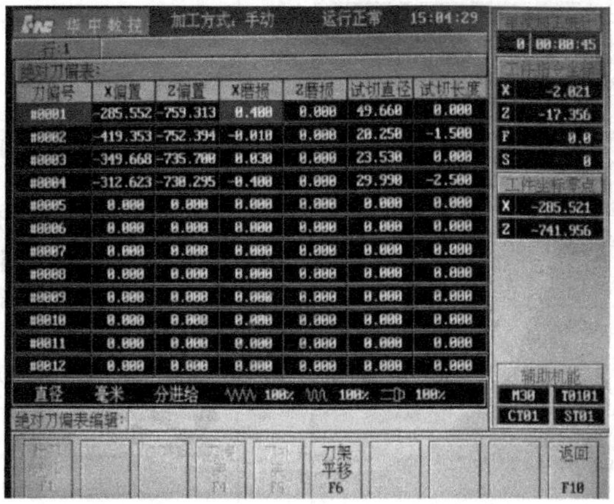</td><td>1）按要求安装好外圆车刀，注意刀具号与程序中的刀具号是否一致
2）试切后合理设置刀补，注意粗加工后精加工的余量，刀补要合理，设置要精准</td><td></td></tr>
</table>

（续）

步骤	简图	操作要点	探究
10. 操作机床进行加工		注意检查工件加工尺寸 加工完毕后进行锐边倒角处理，准备调头加工	

（二）车削联轴器主动件右端部分

按照表4-3中“车2”的要求，操作数控车床加工联轴器主动件右端部分，具体步骤见表4-6。

表4-6 联轴器主动件右端部分车削加工步骤

步骤	简图	操作要点	探究
1. 绘制联轴器主动件右端二维图	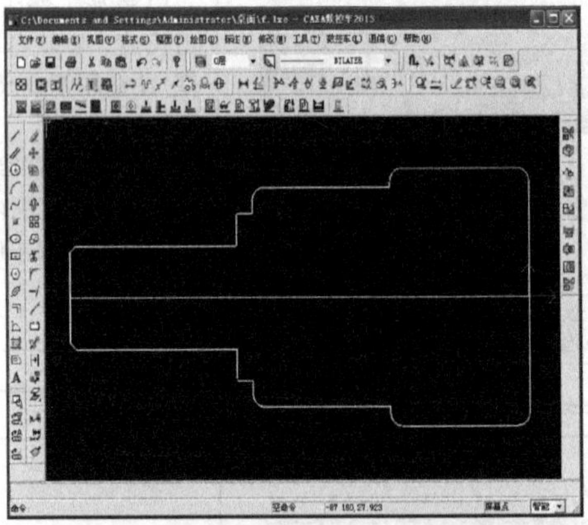	1）将绘制的联轴器主动件二维图以原点为中心进行镜像 2）移动整个图形，将断面右端中心点移到坐标原点	
2. 设置联轴器主动件右端粗车参数	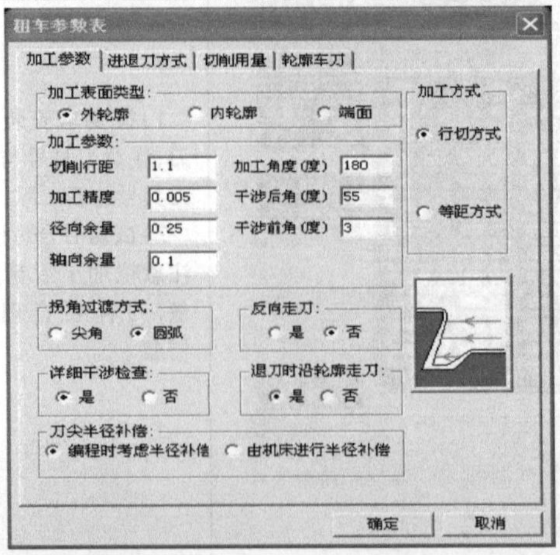	1）选择好加工表面后，进行加工参数的设置 2）加工参数中将加工表面类型设置为“外轮廓”，加工方式设置为“行切方式” 3）为精加工预留加工余量，一般径向余量为0.25mm，轴向余量为0.1mm	

（续）

<table>
<tr><th>步骤</th><th>简图</th><th>操作要点</th><th>探究</th></tr>
<tr><td></td><td>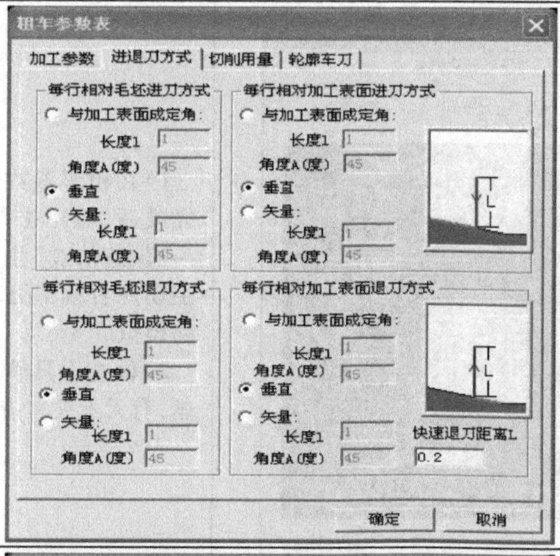</td><td>1）每行相对毛坯进、退刀方式设置为“垂直”
2）每行相对加工表面进刀方式设置为“垂直”
3）设置快速退刀距离为0.2mm，以提高加工效率</td><td></td></tr>
<tr><td>2. 设置联轴器主动件右端粗车参数</td><td>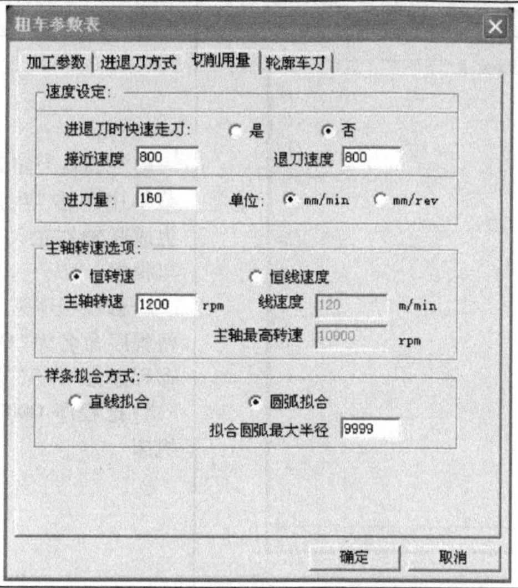</td><td>1）为减少定位误差，进退刀时快速走刀设置为“否”，接近速度与退刀速度均设置为800mm/min
2）设置进刀量为160mm/min
3）主轴转速选项设置为“恒转速”
4）样条拟合方式采用默认设置</td><td></td></tr>
<tr><td></td><td>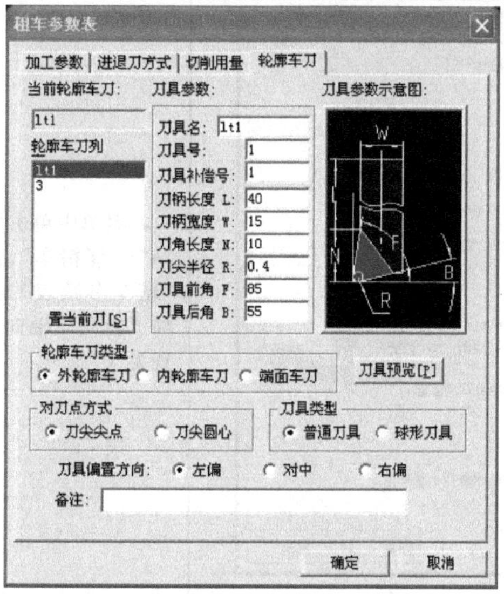</td><td>1）设置轮廓车刀时，首先要确定好机床上安装刀具的刀具号
2）刀具补偿号与机床参数中刀具补偿号对应
3）刀具的其他参数根据刀具的参数表进行填写
4）刀具类型根据刀具加工表面确定为“普通刀具”
5）对刀点方式设置为“刀尖尖点”，根据加工方向，刀具偏置方向设置为“左偏”</td><td></td></tr>
</table>

（续）

<table>
<tr><th>步骤</th><th>简图</th><th>操 作 要 点</th><th>探究</th></tr>
<tr><td>3. 联轴器主动件右端粗车刀路模拟</td><td>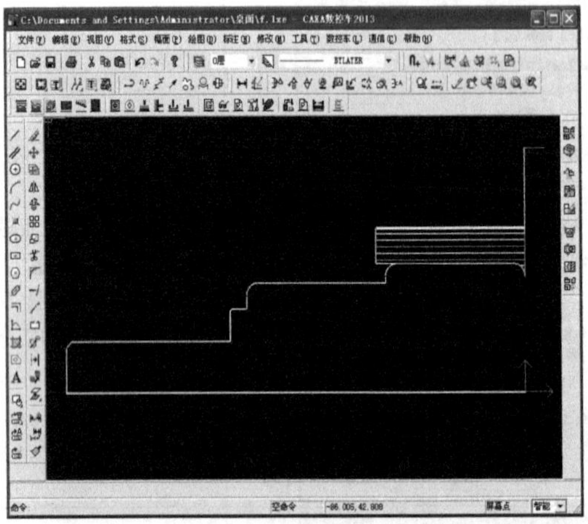</td><td>1）在粗车参数全部设置完成后，可单击“数控车”→“轨迹仿真”生成联轴器主动件右端部分粗加工刀路模拟
2）检查刀具轨迹是否合理，有无干涉和错误</td><td></td></tr>
<tr><td>4. 生成联轴器主动件右端粗车程序</td><td>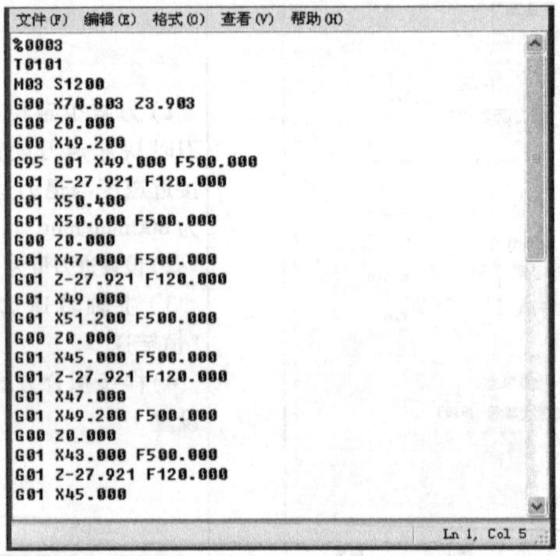
文件(F) 编辑(E) 格式(O) 查看(V) 帮助(H)
%0003
T0101
M03 S1200
G00 X70.803 Z3.903
G00 Z0.000
G00 X49.200
G95 G01 X49.000 F500.000
G01 Z-27.921 F120.000
G01 X50.400
G01 X50.600 F500.000
G00 Z0.000
G01 X47.000 F500.000
G01 Z-27.921 F120.000
G01 X49.000
G01 X51.200 F500.000
G00 Z0.000
G01 X45.000 F500.000
G01 Z-27.921 F120.000
G01 X47.000
G01 X49.200 F500.000
G00 Z0.000
G01 X43.000 F500.000
G01 Z-27.921 F120.000
G01 X45.000
Ln 1, Col 5</td><td>1）在确认刀路无误后，在菜单中单击“生成代码”，生成联轴器主动件右端粗车程序
2）修改程序头与程序尾，将程序命名为“O0003”，保存程序为“TXT”文件
3）把程序 O0003 传输到机床</td><td></td></tr>
<tr><td>5. 设置联轴器主动件右端精车参数</td><td>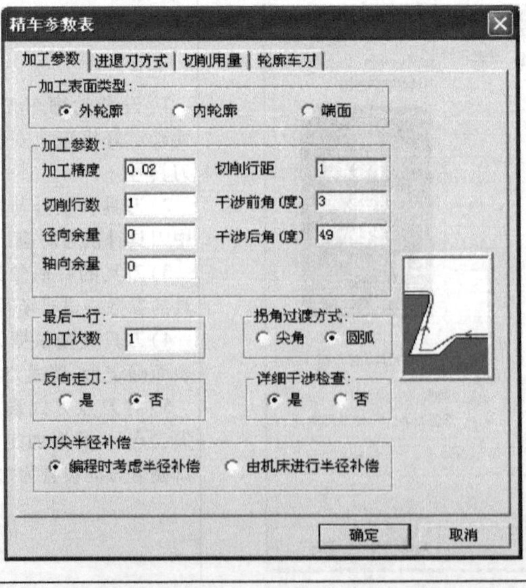
</td><td>在菜单中单击“数控车”→“轮廓精车”，系统弹出“精车参数表”对话框，精加工径向与轴向余量均设置为“0”</td><td></td></tr>
</table>

（续）

步骤	简图	操作要点	探究
5. 设置联轴器主动件右端精车参数	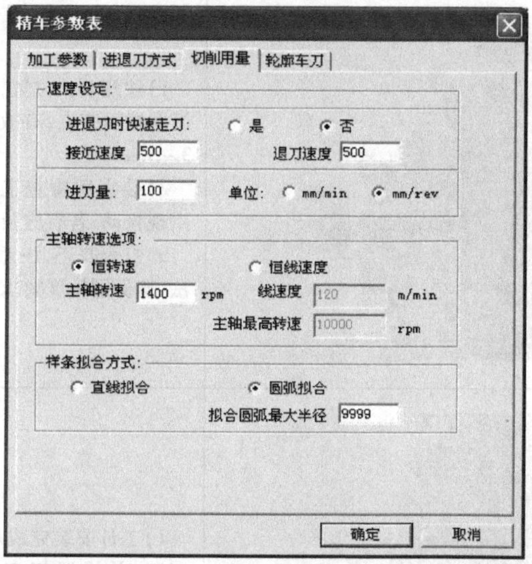	1）设置切削用量参数，设置进退刀时快速走刀为“否”，接近速度与退刀速度均为500mm/min 2）设置主轴转速选项为“恒转速”，转速为1400r/min；样条拟合方式为“圆弧拟合”	
6. 生成联轴器主动件右端刀具轨迹	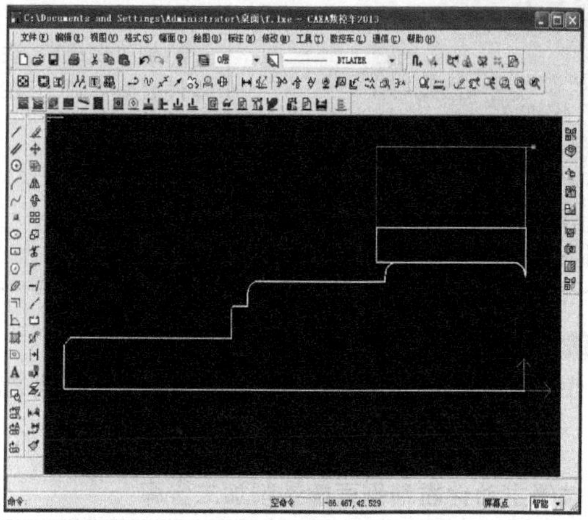	选择联轴器主动件右端生成刀具轨迹，观察刀具轨迹有无过切或错误	
7. 生成联轴器主动件右端加工程序	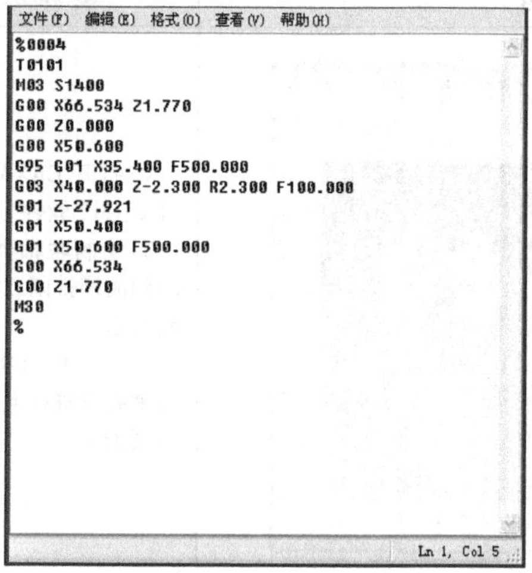 %0004 T0101 M03 S1400 G00 X66.534 Z1.770 G00 Z0.000 G00 X50.600 G95 G01 X35.400 F500.000 G03 X40.000 Z-2.300 R2.300 F100.000 G01 Z-27.921 G01 X50.400 G01 X50.600 F500.000 G00 X66.534 G00 Z1.770 M30 %	1）在确认刀路无误后，在菜单中单击“生成代码”，生成联轴器主动件右端加工程序 2）修改程序头与程序尾，将程序命名为“O0004”，保存程序为“TXT”文件 3）把程序O0004传输到机床	

（续）

步骤	简图	操作要点	探究
8. 工件调头装夹		1)注意装夹位置,选择光滑圆柱面装夹,有效长度为3～5mm 2)装夹后检查工件是否出现松动,若有应及时调整 3)打表找正,注意找正方法,确保同轴度要求	如何打表、找正,其中特别要注意几何公差要求。除此之外,思考如何用夹具保证加工精度
9. 操作机床进行加工		1)工件安装完成后,试切对刀,并设置好刀具补偿参数 2)加工完成后,注意除去零件表面毛刺,为在铣床加工做好准备	

（三）联轴器主动件右端侧面槽铣削加工

按照表4-3中“铣1”要求，操作数控铣床加工联轴器主动件右端侧面槽部分，具体步骤见表4-7。

表4-7 联轴器主动件右端侧面槽铣削加工步骤

步骤	简图	操作要点	探究
1. 绘制联轴器主动件右端侧面槽二维图	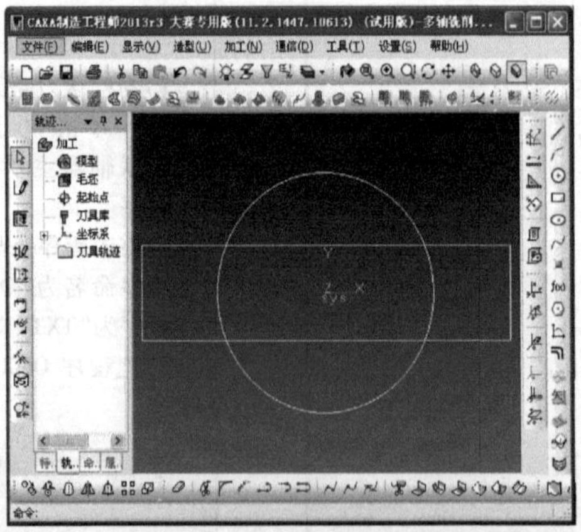	1)打开CAXA制造工程师2013r2软件 2)绘制联轴器主动件右端侧面槽铣削二维图,如左图所示 3)绘图注意将坐标原点与轴心设置在同一坐标下,方便加工	

（续）

步骤	简图	操作要点	探究
	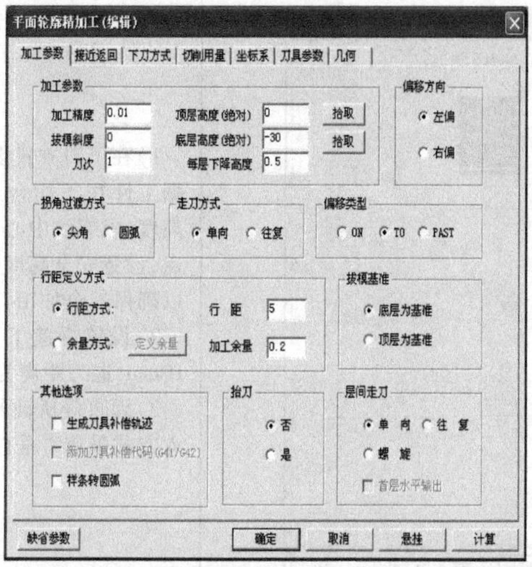	1）对刀时注意以工件螺纹的顶端作为 Z 方向的工件坐标参考点，抬刀时注意刀具高度必须高于工件 Z 方向位置高度 2）设置加工参数，具体如左图所示，留 0.2mm 精加工余量，走刀方式为“单向”，走刀中不抬刀 3）层间走刀方式采取“单向”	
2. 设置联轴器主动件右端侧面槽粗铣参数	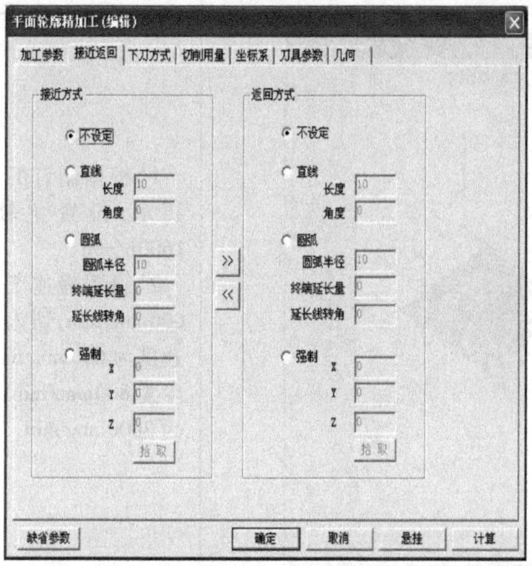	加工参数按“不设定”选项设置	
	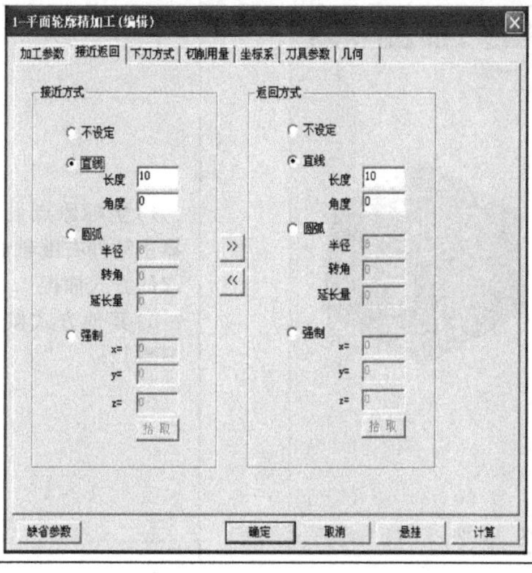	1）接近方式设置为“直线”，长度为 10mm 2）返回方式设置为“直线”，长度为 10mm	

（续）

步骤	简图	操作要点	探究
	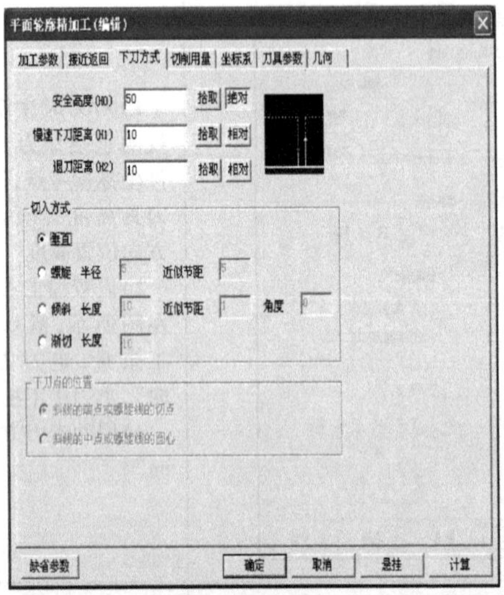	1）在下刀方式设置中，根据工件在工作台上的装夹高度，以螺纹中心顶点为原点，设置安全高度为50mm，以确保安全加工 2）设置慢速下刀距离为10mm，退刀距离为10mm 3）因直接从轴外切入，切入方式采取“垂直”	
2. 设置联轴器主动件右端侧面槽粗铣参数	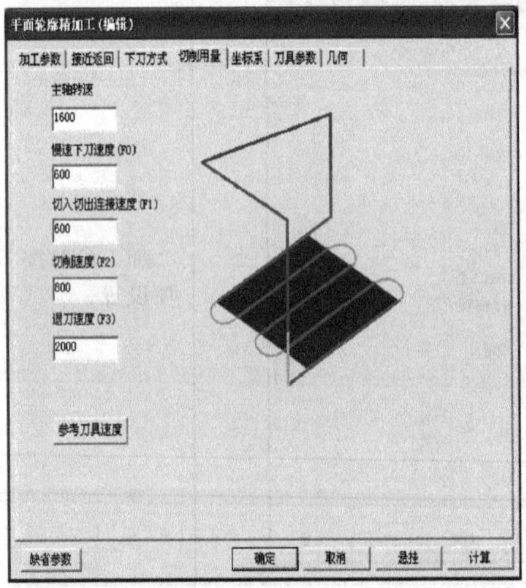	1）根据制订的工艺文件要求，设置主轴转速为1600r/min 2）设置慢速下刀速度为600mm/min，切入切出连接速度为600mm/min，切削速度为800mm/min，退刀速度为2000mm/min	
	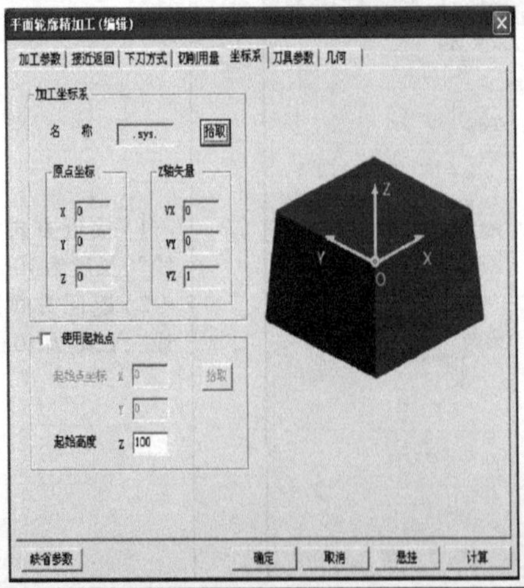	1）坐标原点设置在联轴器主动件右端轴心，通过拾取的方式捕捉 2）其他方式按软件默认参数	

（续）

步骤	简图	操 作 要 点	探究
2. 设置联轴器主动件右端侧面槽粗铣参数	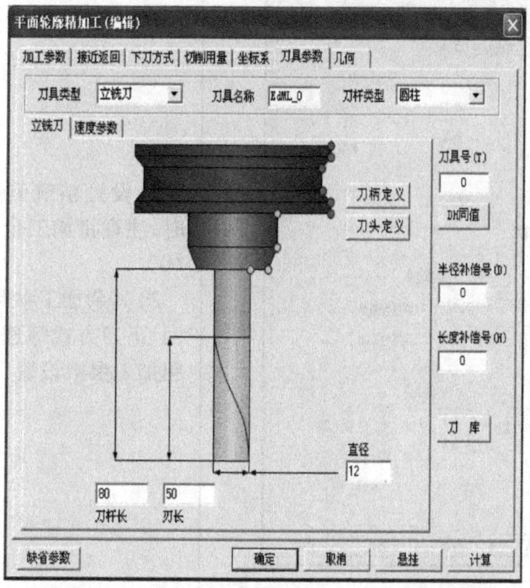	1）刀具参数设置根据所选刀具与安装状态进行设置，刀杆长设置为 80mm，刃长设置为 50mm，刀具直径为 12mm 2）刀具号根据编程要求和刀库的编号进行设置	
3. 生成联轴器主动件右端侧面槽粗铣刀具轨迹	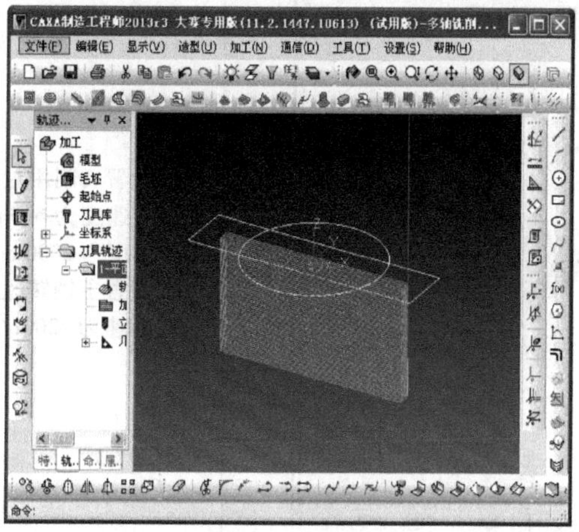	在所有参数设置完成后，在工具栏中单击“生成刀具轨迹”按钮生成侧面槽刀具轨迹	
4. 生成联轴器主动件右端侧面槽粗铣程序	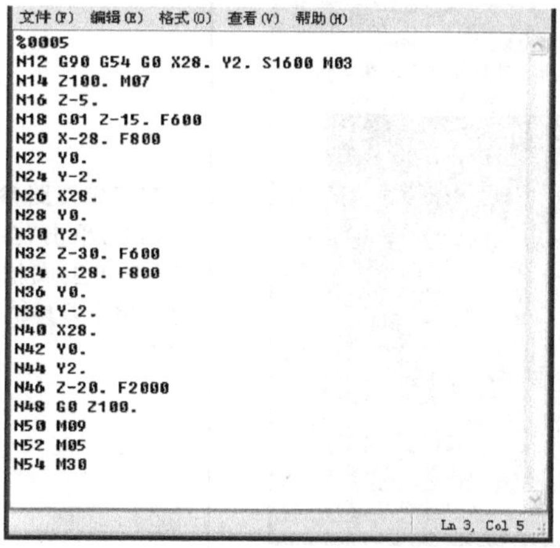 文件(F) 编辑(E) 格式(O) 查看(V) 帮助(H) %0005 N12 G90 G54 G0 X28. Y2. S1600 M03 N14 Z100. M07 N16 Z-5. N18 G01 Z-15. F600 N20 X-28. F800 N22 Y0. N24 Y-2. N26 X28. N28 Y0. N30 Y2. N32 Z-30. F600 N34 X-28. F800 N36 Y0. N38 Y-2. N40 X28. N42 Y0. N44 Y2. N46 Z-20. F2000 N48 G0 Z100. N50 M09 N52 M05 N54 M30 Ln 3, Col 5	1）同时选择平面轮廓加工刀路 2）检查加工参数是否正确，并根据要求修改程序头与程序尾，将程序命名为“O0005”，将程序文件传输到机床	

（续）

步骤	简图	操作要点	探究
5. 设置联轴器主动件右端侧面槽精铣参数	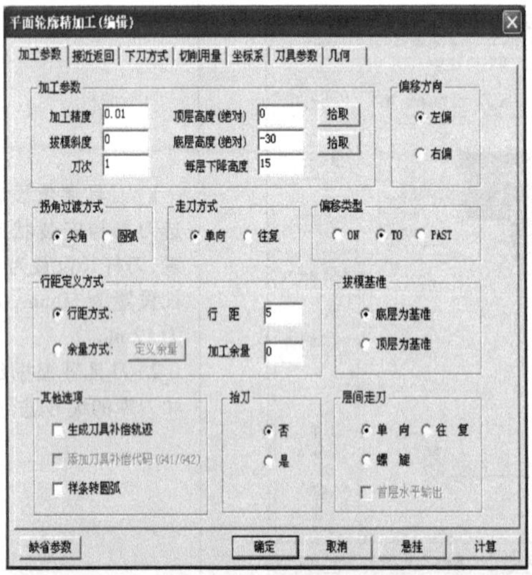	1)设置精铣侧面槽参数时，注意将加工余量设置为“0” 2)其余加工参数、接近返回、下刀方式等选项卡按照粗加工参数设置	
	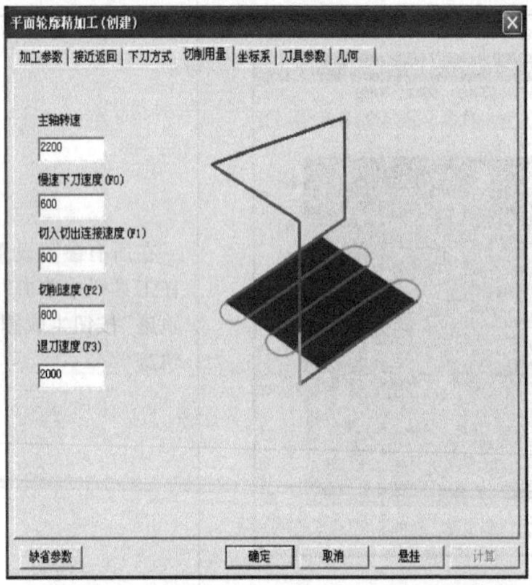	1)设置切削用量参数，慢速下刀速度为600mm/min，退刀速度为2000mm/min 2)设置主轴转速为“恒转速”，转速为2200r/min	
6. 生成联轴器主动件右端侧面槽精铣加工轨迹	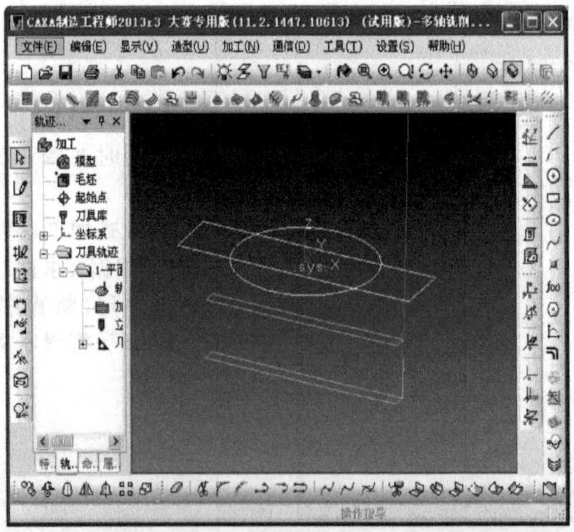	在完成刀路参数设置的基础上，单击“生成刀具轨迹”按钮生成精铣刀具轨迹。检查刀具轨迹，确认无错误	

（续）

步骤	简图	操作要点	探究
7. 生成联轴器主动件右端侧面槽精铣程序	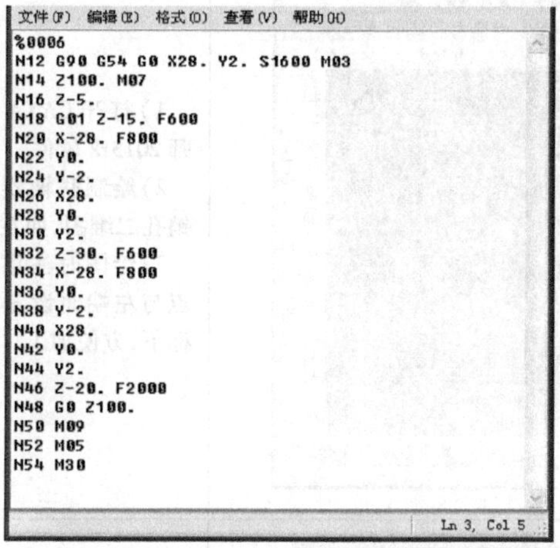	1）设置参数并检查刀具轨迹后，生成侧面槽精铣程序 2）修改程序头与程序尾，将程序命名为“O0006” 3）设置好传输参数和机床参数，把程序传输到机床	
8. 装夹工件		1）工作装夹时，压板紧固自定心卡盘不出现松动 2）装夹时确保工件与两块垫铁紧贴 3）自定心卡盘紧固工件不出现松动	
9. 操作进行铣削加工		1）调用程序O0005和O0006，试切对刀后加工联轴器主动件右端侧面槽 2）加工完毕后注意去除加工部位毛刺，为钻孔加工做好准备	

（四）联轴器主动件插销孔

按照表4-3中“铣2”的要求，操作数控铣床加工联轴器主动件插销孔，具体步骤见表4-8。

表 4-8 联轴器主动件插销孔加工步骤

步骤	简图	操 作 要 点	探究
1. 绘制联轴器主动件插销孔二维图	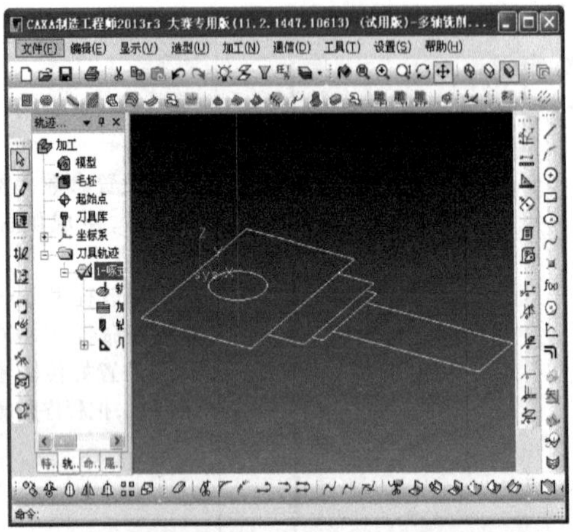	1)打开 CAXA 制造工程师 2013r2 软件 2)绘制联轴器主动件插销孔二维图,如左图所示 3)绘图时注意将坐标原点与左端面设置在同一坐标下,方便加工	
2. 设置联轴器主动件插销孔钻削参数	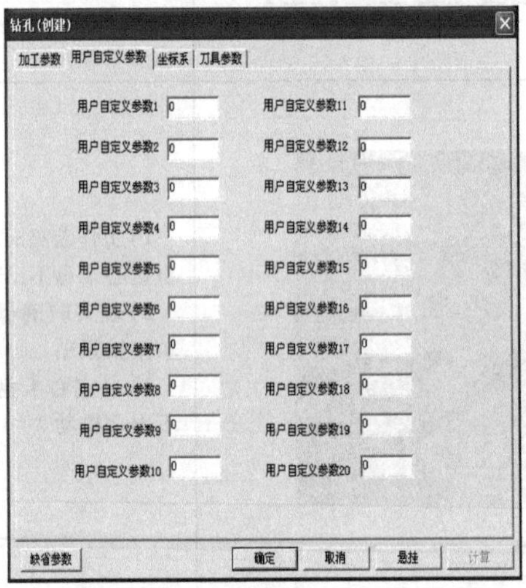	用户自定义参数选项卡默认数值为“0”	
	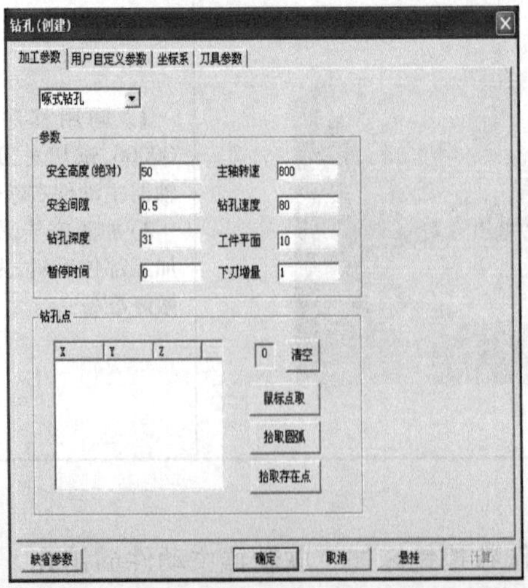	1)设置 ϕ13.8mm 钻头主轴转速为 800r/min 2)设置安全高度为 50mm,安全间隙为 0.5mm 3)设置钻孔速度为 80mm/min	对刀时,高度若没有重置,使用铣刀的Z向高度,会出现什么情况

（续）

<table>
<tr><th>步骤</th><th>简图</th><th>操 作 要 点</th><th>探究</th></tr>
<tr><td rowspan="2">2. 设置联轴器主动件插销孔钻削参数</td><td>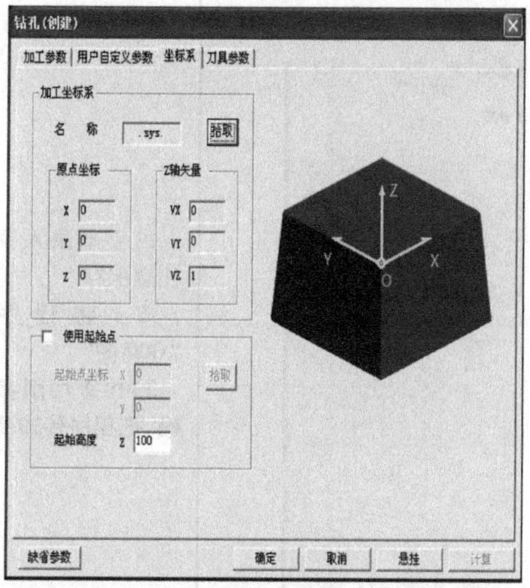
</td><td>起始高度设置为100mm，其中原点坐标(X0,Y0,Z0)为工件坐标值</td><td></td></tr>
<tr><td>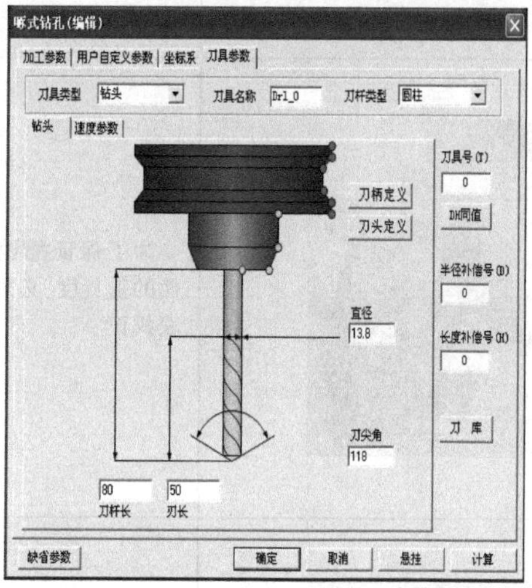
</td><td>注意刀杆长度值必须大于刃长，否则生成程序会出错</td><td></td></tr>
<tr><td>3. 生成插销孔钻孔程序</td><td>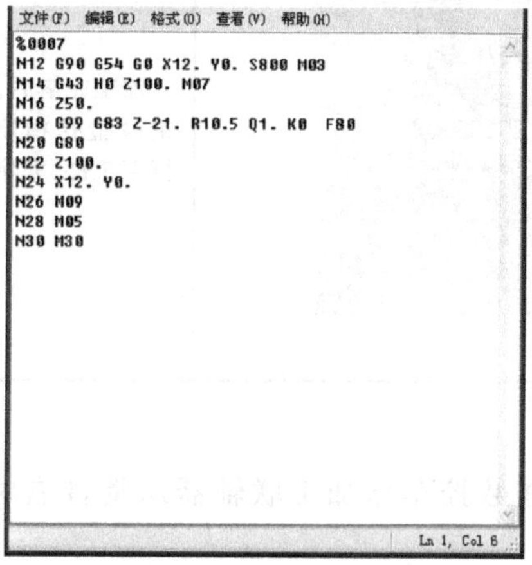
</td><td>1)设置参数并检查刀具轨迹后，生成插销孔钻孔程序
2)修改程序头与程序尾，将程序命名为“O0007”
3)设置好传输参数和机床参数，把程序传输到机床</td><td></td></tr>
</table>

（续）

步骤	简图	操作要点	探究
4. 手动录入插销孔铰孔程序	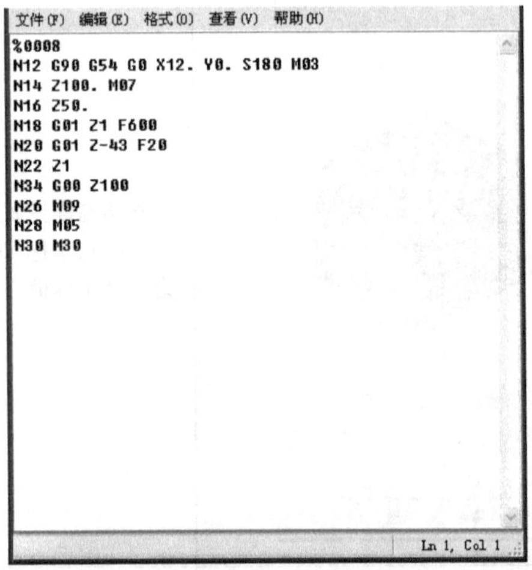 文件(F) 编辑(E) 格式(O) 查看(V) 帮助(H) %0008 N12 G90 G54 G0 X12. Y0. S180 M03 N14 Z100. M07 N16 Z50. N18 G01 Z1 F600 N20 G01 Z-43 F20 N22 Z1 N34 G00 Z100 N26 M09 N28 M05 N30 M30 Ln 1, Col 1	1)手动录入铰孔程序后注意保存 2）将程序命名为“O0008” 3)检查切削参数是否正确,把程序传输到机床	
5. 装夹工件		为了保证插销孔与槽端面的垂直度,必须通过百分表找正	
6. 操作进行孔加工		加工完毕后,注意使用插销检验孔精度是否正确。拆下工件,去除孔表面毛刺	

（五）车削联轴器从动件右端部分

按照表4-3中“车3”的要求，操作数控车床加工联轴器从动件右端部分，具体步骤见表4-9。

表 4-9 联轴器从动件右端部分加工步骤

步骤	简图	操作要点	探究
1. 绘制联轴器从动件右端二维加工图	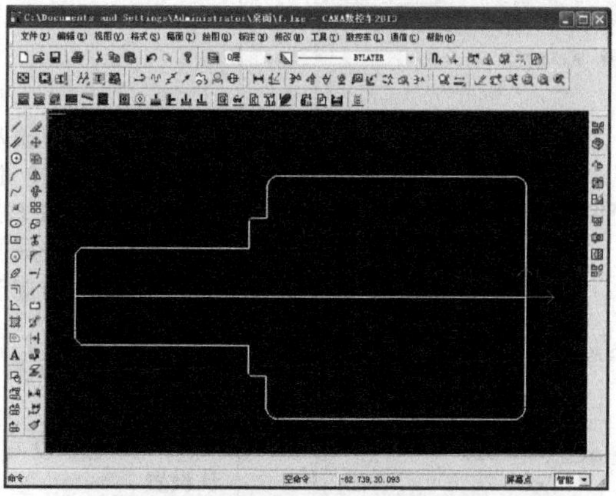	1)编程软件采用 CAXA 数控车 2013 软件 2)绘制零件加工二维图尺寸要准确 3)绘图时注意中心点,并且须作参照线,方便调头加工使用	
2. 设置联轴器从动件右端车削粗加工参数	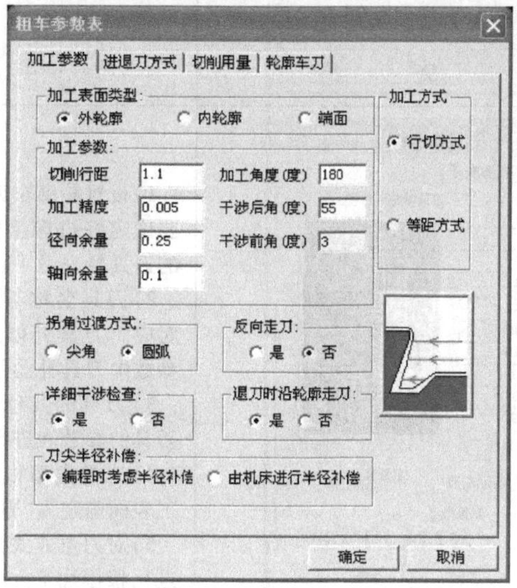	1)选择好加工表面后,进行加工参数的设置 2)加工参数中将加工表面类型设置为“外轮廓”,加工方式设置为“行切方式” 3)为精加工预留加工余量,一般径向余量设置为 0.25mm, 轴向余量为 0.1mm	
	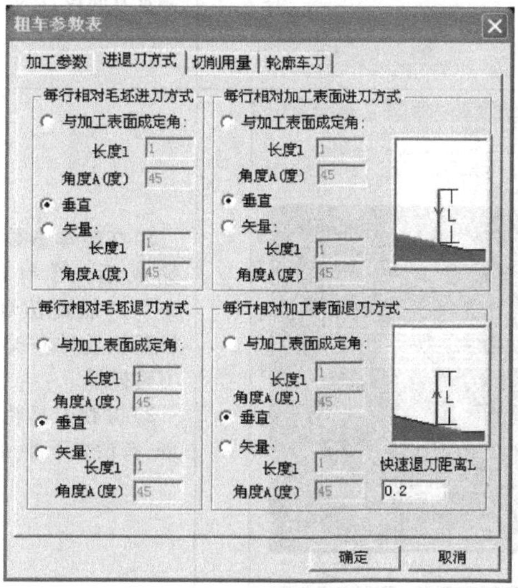	1)每行相对毛坯进退刀方式设置为“垂直” 2)每行相对加工表面进刀方式设置为“垂直” 3)设置快速退刀距离为 0.2mm,以提高加工效率	

（续）

步骤	简图	操作要点	探究
2. 设置联轴器从动件右端车削粗加工参数	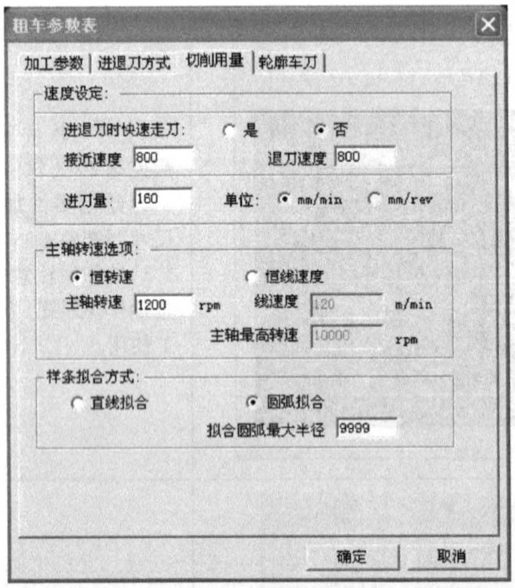	1）为减少定位误差，设置进退刀时快速走刀为“否”，接近速度与退刀速度均为800mm/min 2）切削进刀量设置为160mm/min 3）主轴转速选项设置为“恒转速” 4）样条拟合方式采用默认设置	
	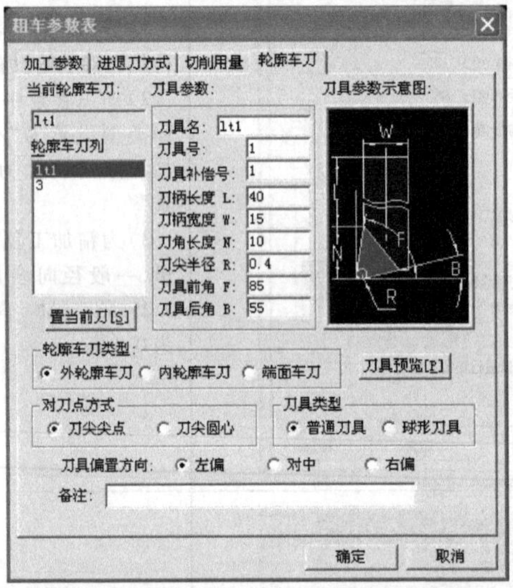	1）设置轮廓车刀时，首先要确定好机床上安装刀具的刀具号 2）刀具名称与刀具号相对应。刀具补偿号与机床参数中刀具补偿号对应 3）刀具的其他参数根据刀具的参数表进行填写 4）刀具类型根据刀具加工表面确定为“普通刀具” 5）对刀点方式为“刀尖尖点”，根据加工方向，刀具的偏置方向设置为“左偏”	
3. 联轴器从动件右端粗车刀路模拟	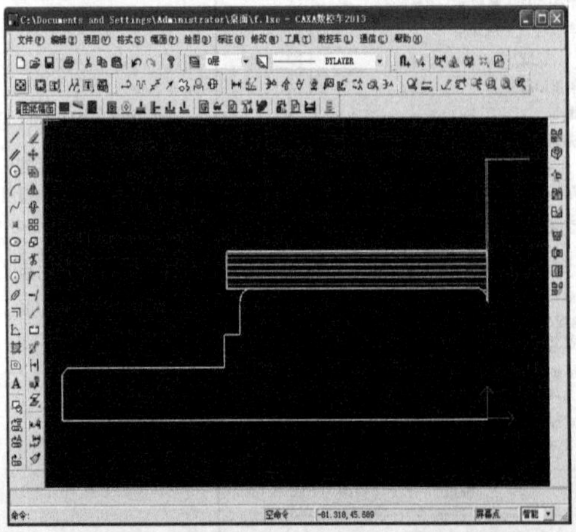	1）在粗车参数全部设置完成后，可单击“数控车”→“轨迹仿真”生成联轴器从动件右端部分粗车刀路模拟 2）检查刀具轨迹是否合理，有没有干涉和错误	

（续）

步骤	简图	操作要点	探究
4. 生成联轴器从动件右端粗车程序	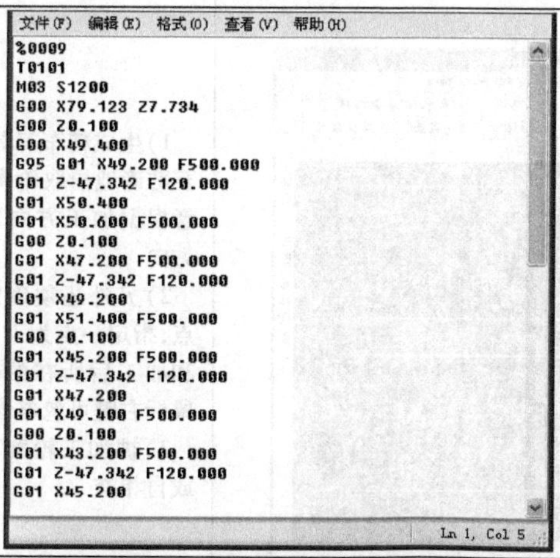	1）在确认刀路无误后，在菜单中单击“生成代码”，生成联轴器从动件右端粗车程序 2）修改程序头与程序尾，将程序命名为“O0009”，保存程序为“TXT”文件 3）设置好传输参数和机床参数，程序传输到机床	
5. 设置联轴器从动件右端精车参数	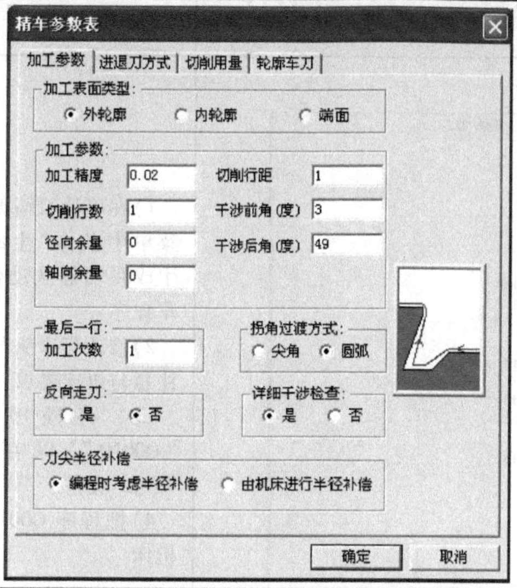	1）设置轮廓精车参数时要确定被加工轮廓，被加工轮廓就是加工结束后的工件表面轮廓，被加工轮廓不能闭合或自相交 2）在菜单中单击“数控车”→“轮廓精车”，系统弹出“精车参数表”对话框	
	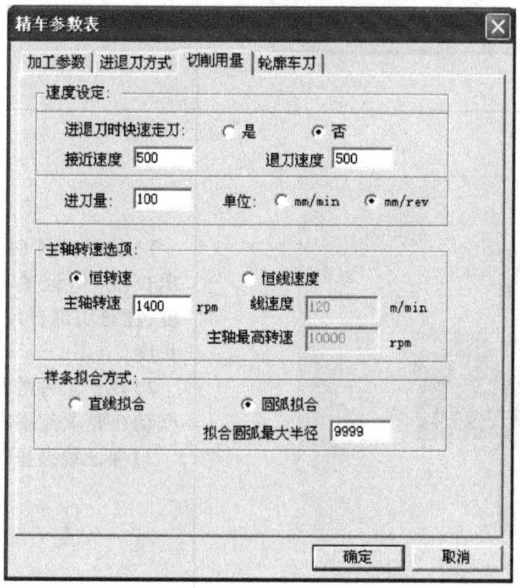	1）设置切削用量参数，设置进退刀时快速走刀为“否”，接近速度与退刀速度均为500mm/min 2）设置主轴转速选项为“恒转速”，主轴转速为1400r/min；样条拟合方式为“圆弧拟合”	

（续）

步骤	简图	操作要点	探究
6. 联轴器从动件右端精车加工模拟	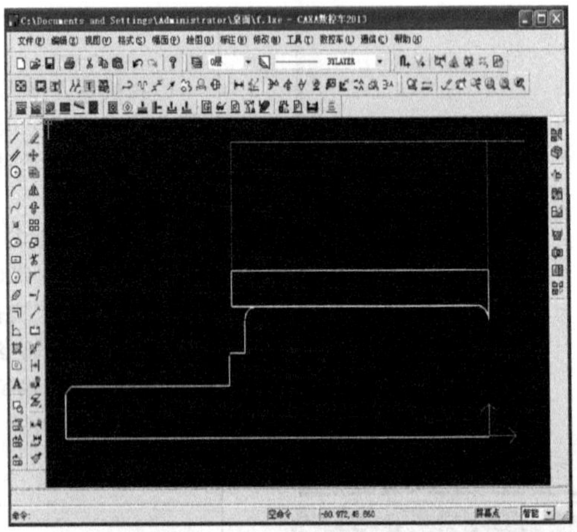	1）生成精车刀具轨迹时，要准确地拾取轮廓线，并注意根据加工方向选定一个方向 2）另外还须确定进退刀点，指定一点为刀具加工前和加工后所在的位置。按鼠标右键可忽略该点输入 3）被加工轮廓不能闭合或自相交	
7. 生成联轴器从动件右端精车程序	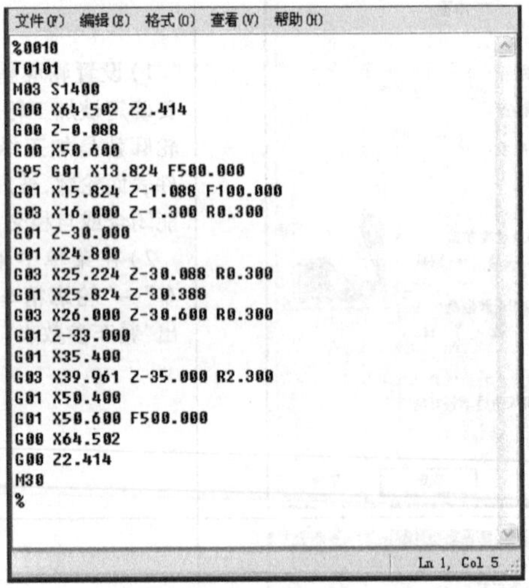 文件(F) 编辑(E) 格式(O) 查看(V) 帮助(H) %0010 T0101 M03 S1400 G00 X64.502 Z2.414 G00 Z-0.088 G00 X50.600 G95 G01 X13.824 F500.000 G01 X15.824 Z-1.088 F100.000 G03 X16.000 Z-1.300 R0.300 G01 Z-30.000 G01 X24.800 G03 X25.224 Z-30.088 R0.300 G01 X25.824 Z-30.388 G03 X26.000 Z-30.600 R0.300 G01 Z-33.000 G01 X35.400 G03 X39.961 Z-35.000 R2.300 G01 X50.400 G01 X50.600 F500.000 G00 X64.502 G00 Z2.414 M30 % Ln 1, Col 5	1）在确认刀路无误后，在菜单中单击“生成代码”，生成联轴器从动件右端精车程序 2）修改程序头与程序尾，注意与机床要求一致 3）将程序命名为“O0010”，保存程序为“TXT”文件 4）把程序O0010传输到机床	
8. 工件装夹		1）装夹工件时要注意伸出长度，保证右端加工长度，注意用钢直尺测量伸出长度 2）找正工件的装夹，确保摆动在要求范围内 3）保证装夹正确、稳固	

（续）

步骤	简图	操作要点	探究
9. 试切对刀	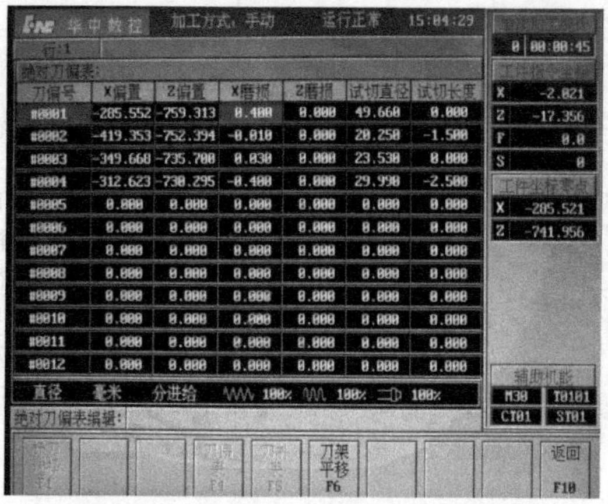	1）按要求安装好外圆车刀，注意刀具号与程序中的刀具号是否一致 2）试切后合理设置刀补，注意粗加工后精加工的余量，刀补要合理，设置要精准	
10. 操作机床进行加工		1）注意检查工件加工尺寸 2）加工完毕后进行锐边倒角处理，准备调头加工	

（六）车削联轴器从动件左端部分

按照表4-3中“车4”的要求，操作数控车床加工联轴器从动件左端部分，具体步骤见表4-10。

表4-10　联轴器从动件左端部分车削加工步骤

步骤	简图	操作要点	探究
1. 绘制联轴器从动件左端部分二维图	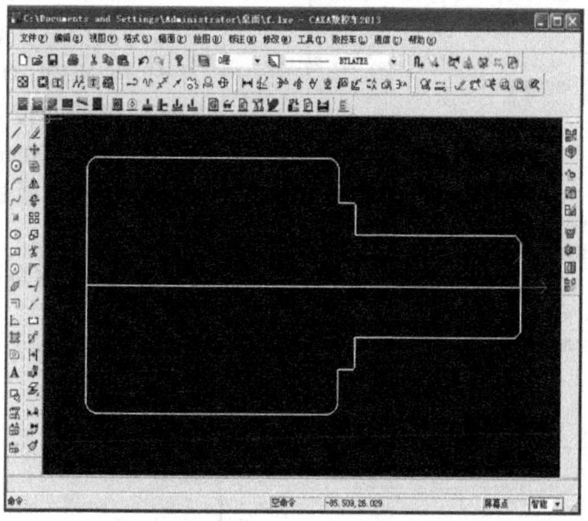	1）将绘制的联轴器从动件二维图以原点为中心进行镜像 2）移动整个图形，将端面右端中心点移动到坐标原点	

（续）

步骤	简图	操作要点	探究
2. 设置联轴器从动件左端部分粗车参数	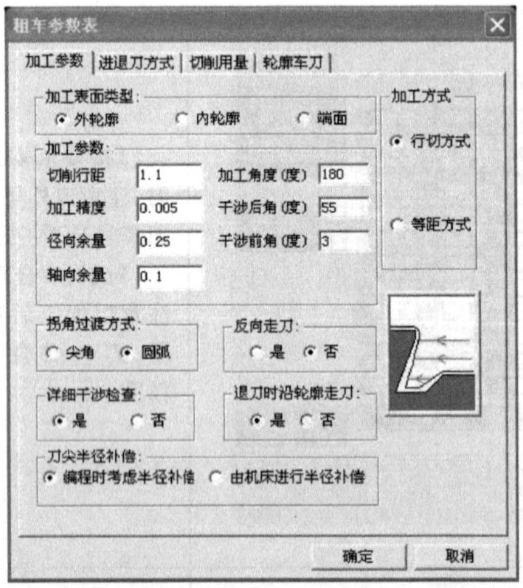	1）选择好加工表面后，进行加工参数的设置 2）加工参数中将加工表面类型设置为“外轮廓”，加工方式设置为“行切方式” 3）为精加工预留加工余量，一般径向余量为0.25mm，轴向余量为0.1mm	
	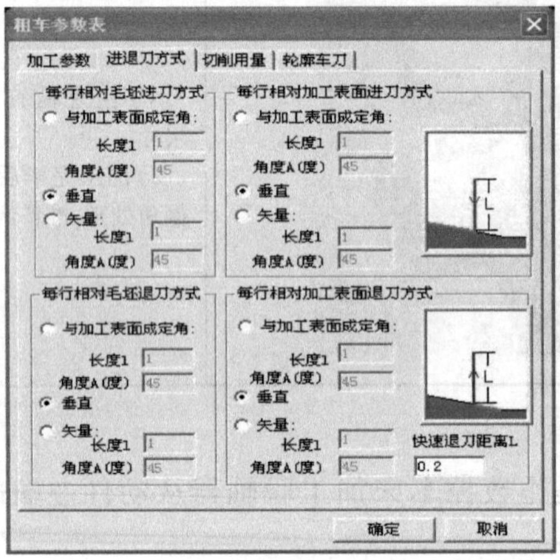	1）每行相对毛坯进退刀方式设置为“垂直” 2）每行相对加工表面进刀方式设置为“垂直” 3）快速退刀距离设置为0.2mm，以提高加工效率	
	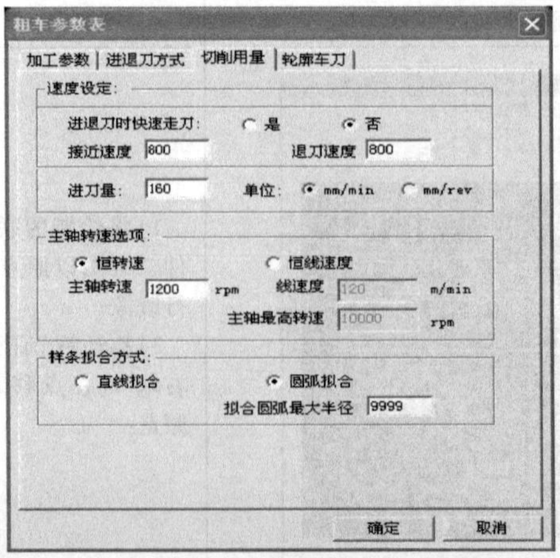	1）为减少定位误差，进退刀时快速走刀设置为“否”，接近速度与退刀速度均设置为800mm/min 2）设置切削进刀量为160mm/min 3）主轴转速选项设置为“恒转速” 4）样条拟合方式采用默认设置	

（续）

步骤	简图	操作要点	探究
2. 设置联轴器从动件左端部分粗车参数	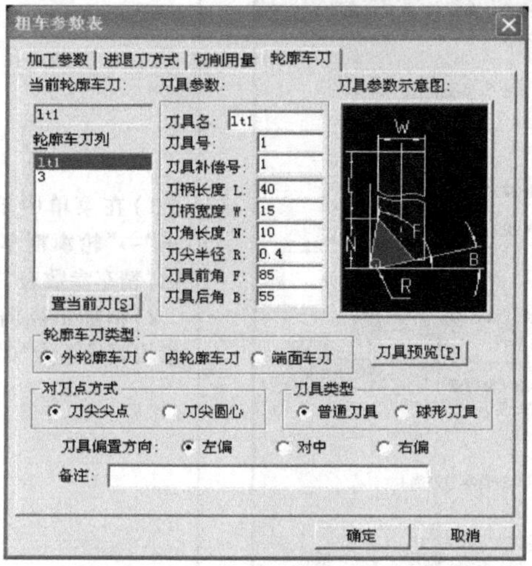	1）设置轮廓车刀时，首先要确定好机床上刀具安装的刀具号，刀具名称与刀具号相对应，刀具补偿号与机床参数中刀具补偿号对应 2）刀具的其他参数根据刀具参数表进行填写 3）刀具类型根据刀具加工表面确定为“普通刀具” 4）对刀点方式设置为“刀尖尖点”，根据加工方向，刀具的偏置方向设置为“左偏”	
3. 生成联轴器从动件左端粗车刀具轨迹	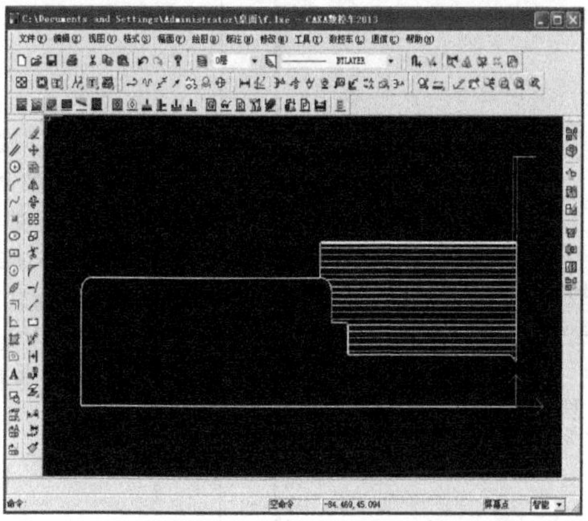	1）在粗车参数全部设置完成后，可单击“数控车”→“轨迹仿真”生成联轴器从动件左端部分粗加工刀路模拟 2）检查刀具轨迹是否合理，有无干涉和错误	
4. 生成联轴器从动件左端粗车程序	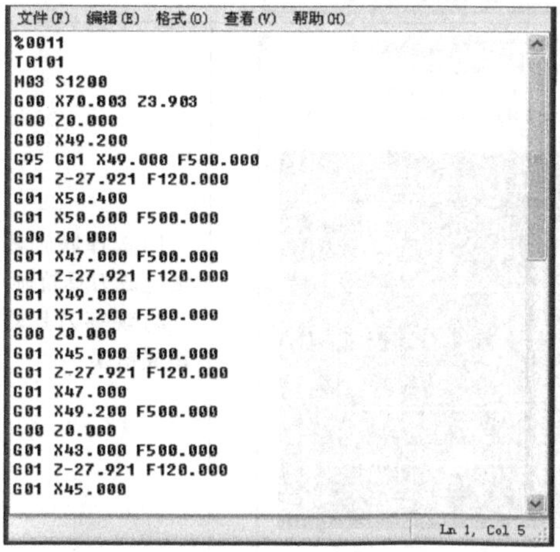文件(F) 编辑(E) 格式(O) 查看(V) 帮助(H) %0011 T0101 M03 S1200 G00 X70.803 Z3.903 G00 Z0.000 G00 X49.200 G95 G01 X49.000 F500.000 G01 Z-27.921 F120.000 G01 X50.400 G01 X50.600 F500.000 G00 Z0.000 G01 X47.000 F500.000 G01 Z-27.921 F120.000 G01 X49.000 G01 X51.200 F500.000 G00 Z0.000 G01 X45.000 F500.000 G01 Z-27.921 F120.000 G01 X47.000 G01 X49.200 F500.000 G00 Z0.000 G01 X43.000 F500.000 G01 Z-27.921 F120.000 G01 X45.000 Ln 1, Col 5	1）在确认刀路无误后，在菜单中单击“生成代码”，生成联轴器从动件左端粗车程序 2）修改程序头与程序尾 3）将程序命名为“O0011”，保存程序为“TXT”文件 4）把程序 O0011 传输到机床	

（续）

步骤	简图	操作要点	探究
5. 设置联轴器从动件左端精车参数	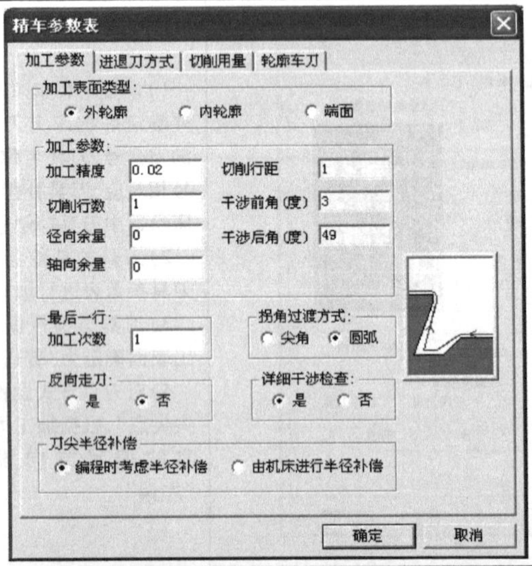	1）在菜单中单击“数控车”→“轮廓精车”，系统弹出“精车参数表”对话框 2）精加工径向与轴向余量均要设置为“0”	
	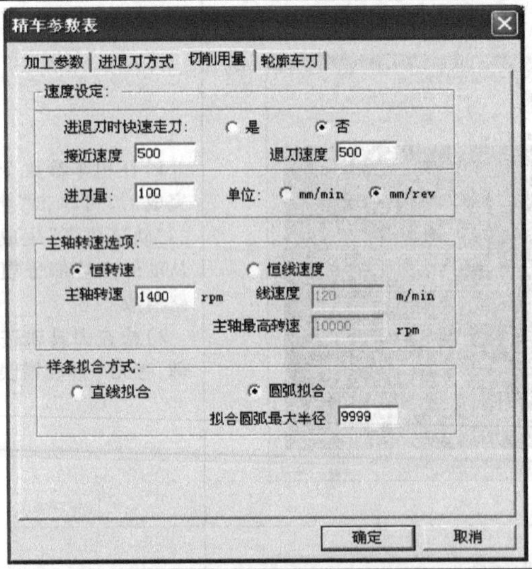	1）设置切削用量参数，设置进退刀时快速走刀为“否”，接近速度与退刀速度均为500mm/min 2）设置主轴转速选项为“恒转速”，主轴转速为1400r/min；样条拟合方式为“圆弧拟合”	
6. 生成联轴器从动件左端刀具轨迹	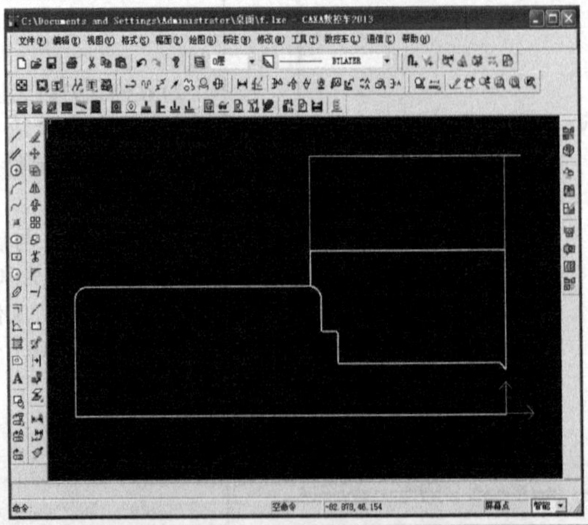	1）选择联轴器从动件左端生成刀具轨迹 2）观察刀具轨迹有无过切或错误	

（续）

<table>
<tr><th>步骤</th><th>简图</th><th>操作要点</th><th>探究</th></tr>
<tr><td>7. 生成联轴器从动件左端加工程序</td><td>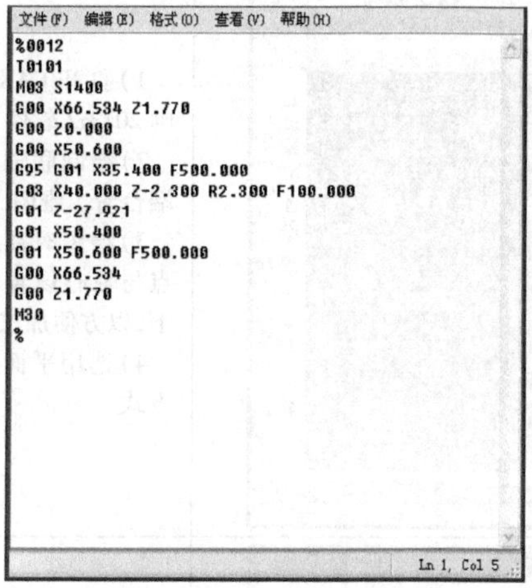
</td><td>1）在确认刀路无误后，在菜单中单击“后置处理”，生成联轴器从动件左端加工程序
2）修改程序头与程序尾
3）将程序命名为“O0012”，保存程序为“TXT”文件
4）把程序 O0012 传输到机床</td><td></td></tr>
<tr><td>8. 工件调头装夹</td><td></td><td>1）注意装夹位置，选择光滑圆柱面有效装夹长度为 3～5mm
2）装夹后检查工件是否出现松动，及时调整
3）打表找正，注意找正方法，确保同轴度要求</td><td>如何打表、找正，其中特别要注意几何公差要求。除此之外，思考如何用夹具保证加工精度</td></tr>
<tr><td>9. 操作机床进行加工</td><td>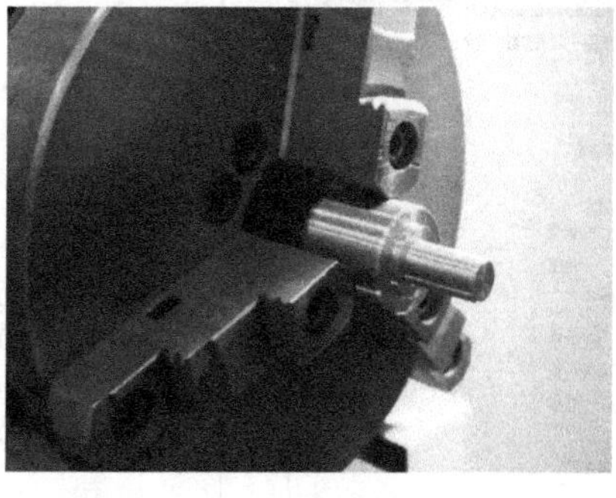</td><td>1）工件装夹完成后，试切对刀，并设置好刀补参数
2）加工完成后，注意除去零件表面毛刺，为在铣床加工做好准备</td><td></td></tr>
</table>

（七）联轴器从动件右端台阶部分铣削加工

按照表 4-3 中“铣 3”要求，操作数控铣床加工联轴器从动件右端台阶部分，具体步骤见表4-11。

表 4-11 联轴器从动件右端台阶部分铣削加工步骤

步骤	简图	操作要点	探究
1. 绘制联轴器从动件右端台阶二维图	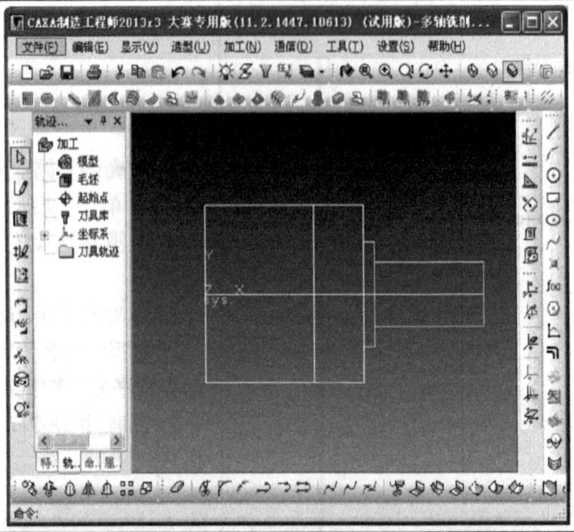	1）打开 CAXA 制造工程师 2013r2 软件 2）绘制联轴器从动件右端台阶二维图，如左图所示 3）绘图时注意将坐标原点与轴心设置在同一坐标下，以方便加工 4）选用平面区域粗加工方式	铣刀进行单边对刀时，输入工件坐标应注意什么问题
2. 设置联轴器从动件右端台阶粗铣参数	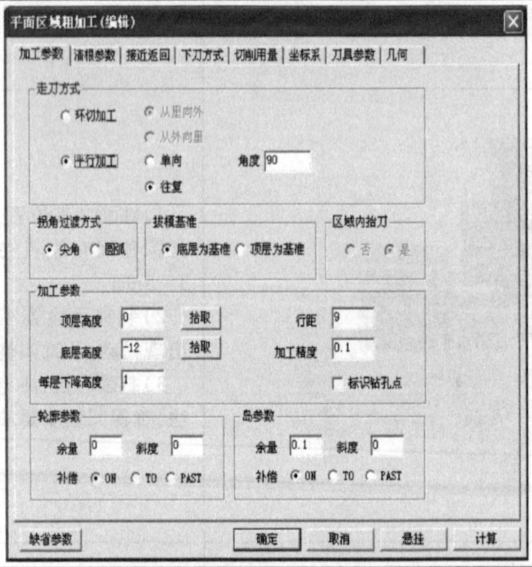	1）走刀方式设置为“平行加工” 2）设置加工参数，具体如左图所示，切削深度为 -12～0mm，每层下降高度为 1mm，走刀为往复走刀，走刀中不抬刀，注意行距设置为 9mm 3）层间走刀采取往复走刀	
	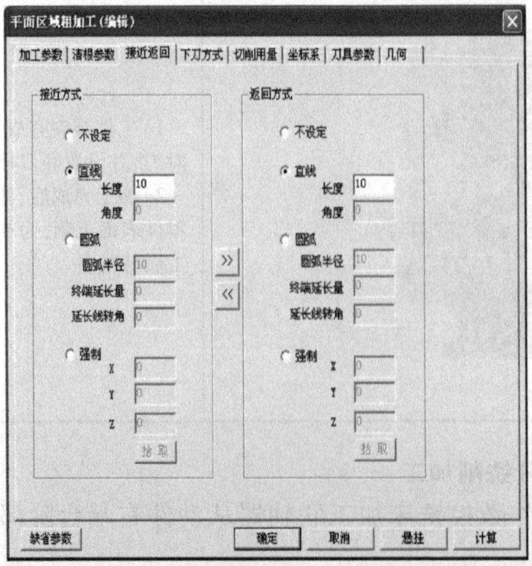	1）设置接近方式为“直线”，长度为 10mm 2）设置返回方式为“直线”，长度为 10mm	

（续）

<table>
<tr><th>步骤</th><th>简图</th><th>操作要点</th><th>探究</th></tr>
<tr><td></td><td>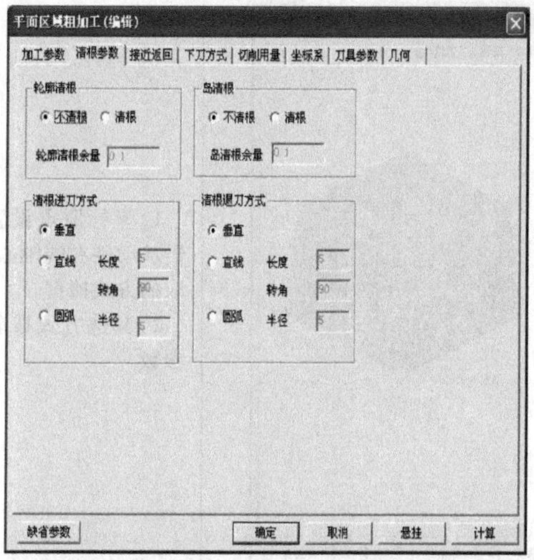
</td><td>清根参数选项卡按默认设置</td><td></td></tr>
<tr><td>2. 设置联轴器从动件右端台阶粗铣参数</td><td>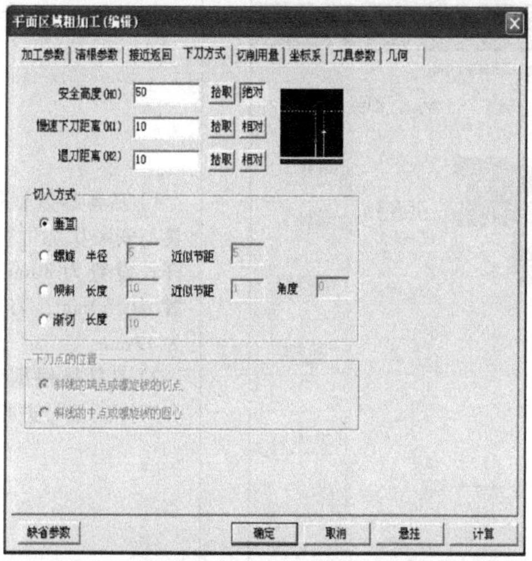
</td><td>1）在设置下刀方式中，根据工件在工作台上的装夹高度，以螺纹中心顶点为原点，设置安全高度为50mm，以确保安全加工
2）设置慢速下刀距离为10mm，退刀距离为10mm
3）因直接从轴外切入，切入方式采取“垂直”</td><td></td></tr>
<tr><td></td><td>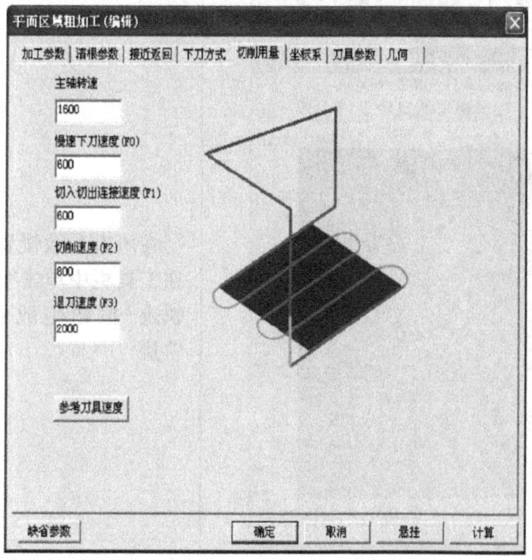
</td><td>1）根据制订的工艺文件要求，设置主轴转速为1600r/min
2）设置慢速下刀速度为600mm/min，切入切出连接速度为600mm/min，切削速度为800mm/min，退刀速度为2000mm/min</td><td></td></tr>
</table>

（续）

步骤	简图	操 作 要 点	探究
2. 设置联轴器从动件右端台阶粗铣参数	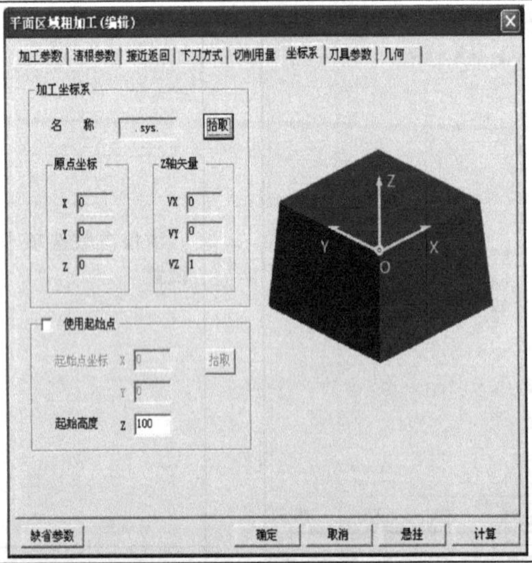	1）坐标原点设置在联轴器从动件右端轴心，通过拾取的方式捕捉 2）其他方式按软件默认参数	
	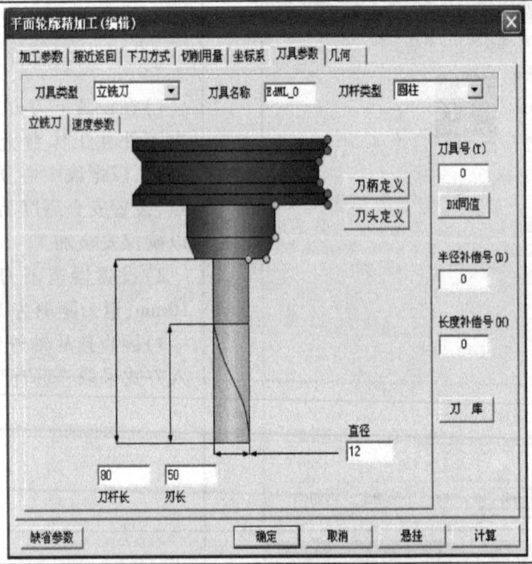	1）刀具参数根据所选刀具与安装状态进行设置，刀杆长设置为 80mm，刃长设置为 50mm，刀具直径为 12mm 2）刀具号根据编程要求和刀库的编号进行设置	
3. 生成联轴器从动件右端台阶刀具轨迹	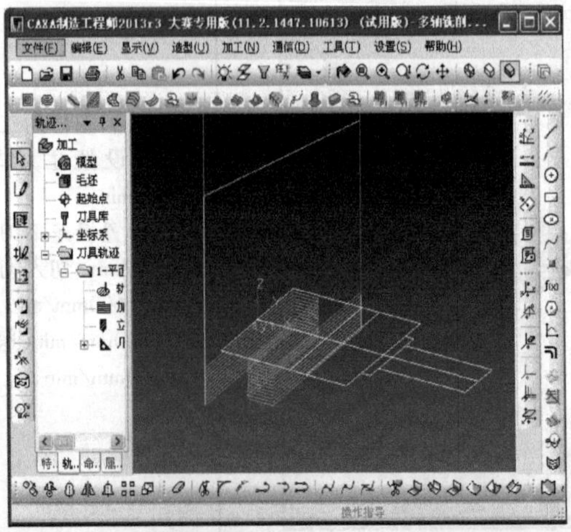	在所有参数设置完成后，在工具栏中单击“生成刀具轨迹”按钮生成台阶刀具轨迹	

（续）

步骤	简图	操作要点	探究
4. 生成联轴器从动件右端台阶粗铣程序	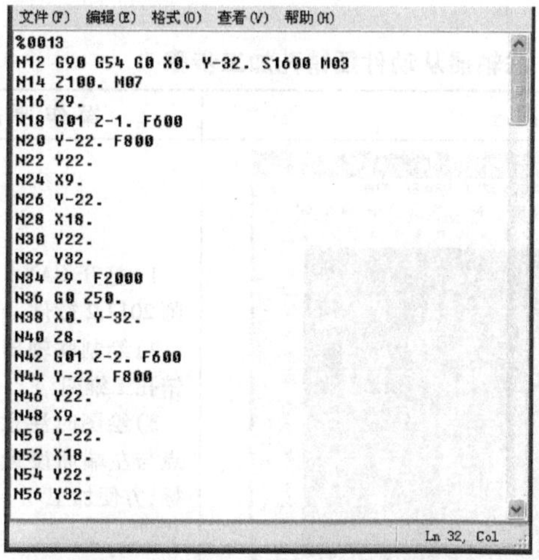 文件(F) 编辑(E) 格式(O) 查看(V) 帮助(H) %0013 N12 G90 G54 G0 X0. Y-32. S1600 M03 N14 Z100. M07 N16 Z9. N18 G01 Z-1. F600 N20 Y-22. F800 N22 Y22. N24 X9. N26 Y-22. N28 X18. N30 Y22. N32 Y32. N34 Z9. F2000 N36 G0 Z50. N38 X0. Y-32. N40 Z8. N42 G01 Z-2. F600 N44 Y-22. F800 N46 Y22. N48 X9. N50 Y-22. N52 X18. N54 Y22. N56 Y32. Ln 32, Col	1）选择平面轮廓加工刀路 2）检查加工参数是否正确，并根据要求修改程序头与程序尾 3）将程序命名为“O0013”，将程序文件传输到机床	
5. 装夹工件		自定心卡盘紧固工件不出现松动，注意对刀时属于单边对刀，设置好工件坐标点	
6. 操作进行铣削加工		1）调用程序 O0013，试切对刀后加工联轴器从动件右端台阶 2）加工完毕后注意去除加工部位毛刺，分度头旋转180°加工另外一处台阶	
7. 操作进行铣削加工		1）重复调用程序 O0013，对联轴器从动件台阶进行加工 2）加工完毕后注意去除加工部位毛刺，为钻孔加工做好准备	

（八）联轴器从动件插销孔的加工

按照表 4-3 中“铣 3”的要求，操作数控铣床加工联轴器从动件插销孔，具体步骤见表4-12。

表 4-12 联轴器从动件插销孔加工步骤

步骤	简图	操作要点	探究
1. 绘制联轴器从动件插销孔二维图	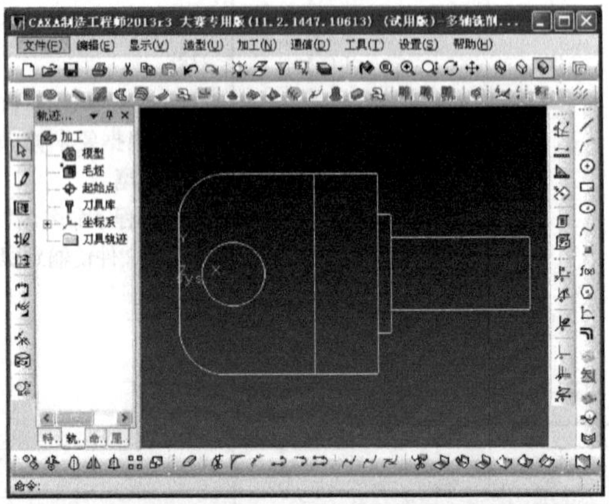	1）打开 CAXA 制造工程师 2013r2 软件 2）绘制联轴器从动件插销孔二维图 3）绘图时注意将坐标原点与左端面设置在同一坐标，方便加工	
2. 设置联轴器从动件插销孔钻孔参数	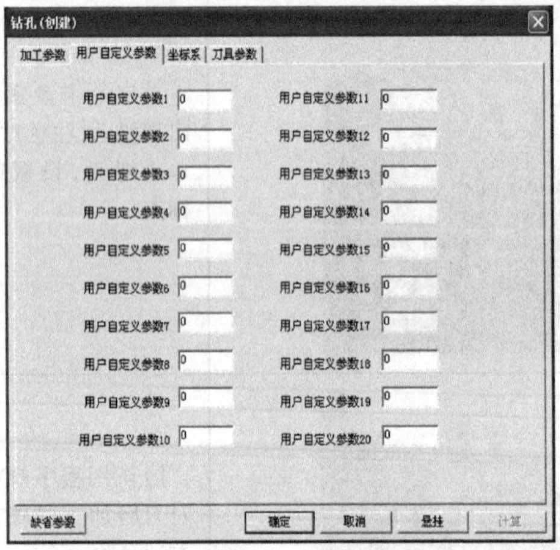	用户自定义参数选项卡默认数值为“0”	
	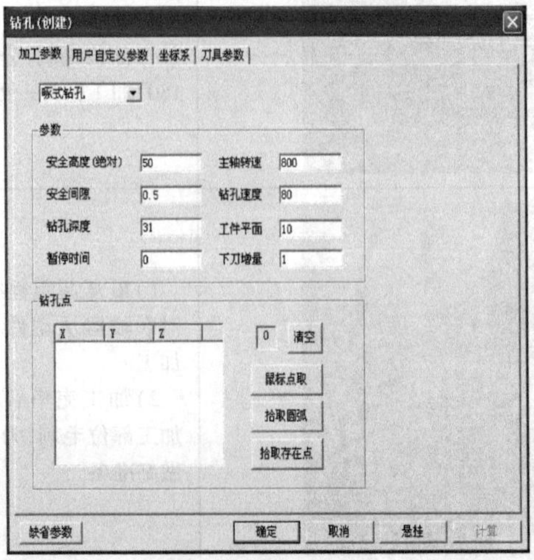	1）设置 $\phi13.8$mm 钻头主轴转速为 800r/min 2）设置安全高度为 50mm，安全间隙为 0.5mm，设置钻孔速度为 80mm/min	对钻头时，高度若没有重置，使用铣刀的 Z 方向高度会出现什么情况

（续）

步骤	简图	操作要点	探究
2. 设置联轴器从动件插销孔钻孔参数	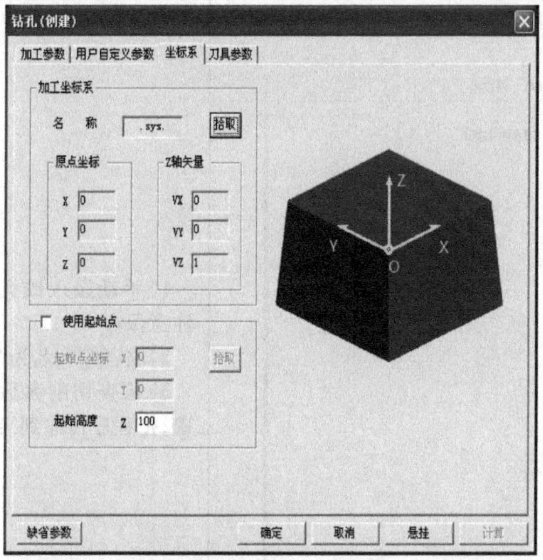	设置起始高度为100mm，其中原点坐标(X0,Y0,Z0)为工件坐标值	
	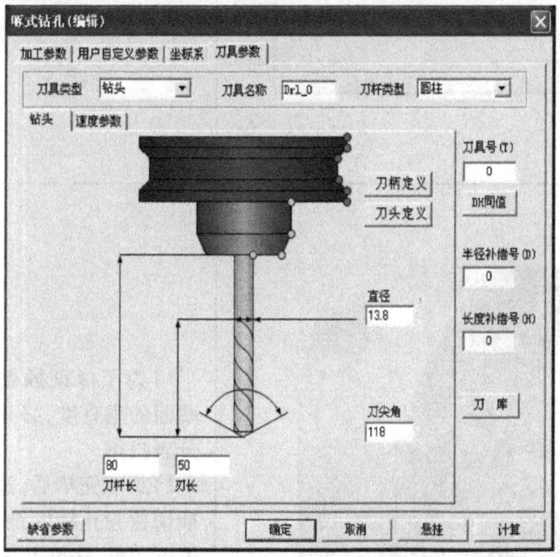	注意刀杆长度值必须大于刃长，否则生成程序会出错	
3. 生成插销孔钻孔程序	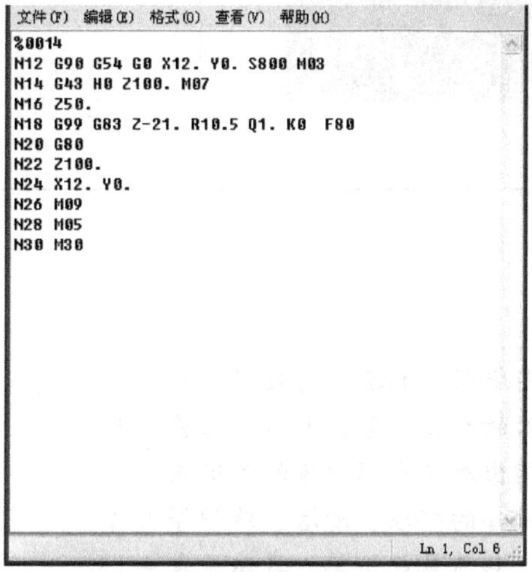	1)设置参数并检查刀具轨迹后，生成插销孔钻孔程序 2)修改程序头与程序尾，将程序命名为“O0014” 3)设置好传输参数和机床参数，把程序传输到机床	

（续）

步骤	简图	操 作 要 点	探究
4. 手动录入插销孔铰孔程序	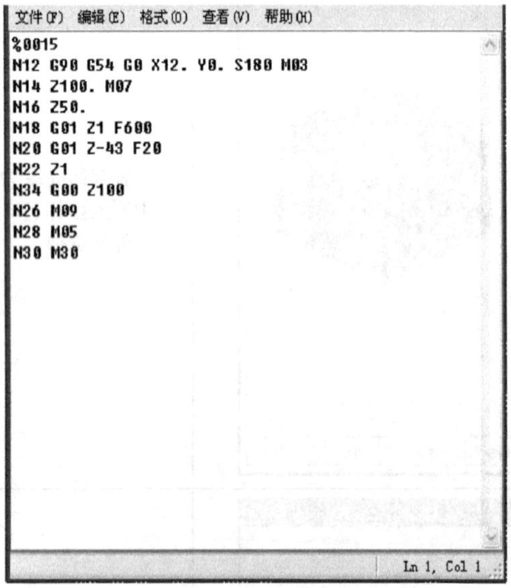 %0015 N12 G90 G54 G0 X12. Y0. S180 M03 N14 Z100. M07 N16 Z50. N18 G01 Z1 F600 N20 G01 Z-43 F20 N22 Z1 N34 G00 Z100 N26 M09 N28 M05 N30 M30	1)手动录入铰孔程序后注意保存 2)将程序命名为“O0015” 3)检查切削参数是否正确，把程序传输到机床	
5. 装夹工件进行孔加工		1)为了保证插销孔与槽端面的垂直度，必须通过百分表找正 2)加工完毕后，注意使用插销检验孔精度是否正确。拆下工件，去除孔表面毛刺	

【任务评价】

完成本项目任务后，应做到：

1） 正确识读联轴器零件图，清楚图中所有的公差与技术要求。

2） 独立或在适当帮助下分析联轴器的加工工艺，并编写工艺卡片。

3） 清楚联轴器的加工过程，并能指出加工中须把握的关键点。

4） 完成加工任务后，做好场地和设备的整理、清洁、维护等工作。

5） 对零件产品进行检测，并填写产品质量评检单，具体见表4-13。

表 4-13 联轴器产品质量评检单

项目名称	项目四 联轴器加工			项目时间	
组别		成员名单			
序号	检查项目	检查内容		学生自检	教师核检
1	加工工艺文件	工艺合理,加工参数合理	10		
2	外圆	$\phi16_{-0.04}^{\ 0}$ mm	5		
3		$\phi26_{-0.04}^{\ 0}$ mm	5		
4		$\phi16_{-0.04}^{\ 0}$ mm	5		
5		$\phi26_{-0.04}^{\ 0}$ mm	5		
6	内孔	$\phi14_{\ 0}^{+0.04}$ mm	5		
7		ϕ14H7	5		
8	成形面	R2mm	5		
9	长度	83mm ±0. 02mm	5		
10		33mm ±0. 02mm	5		
11		12mm ±0. 01mm	5		
12		77mm ±0. 02mm	5		
13		33mm ±0. 02mm	5		
14		12mm ±0. 01mm	5		
15		98mm	5		
16	几何公差	主动件同轴度 0. 02mm	5		
17		从动件同轴度 0. 02mm	5		
18	倒角	超差每处扣 1 分	4		
19	表面粗糙度值	每降一级扣 2 分	6		
检查评价	过程评价(学生填写): 教师评语:				
	评分		日期		
	学生签字		教师签字		

【任务拓展】

1）编写图 4-5 所示换刀座的加工工艺卡片。

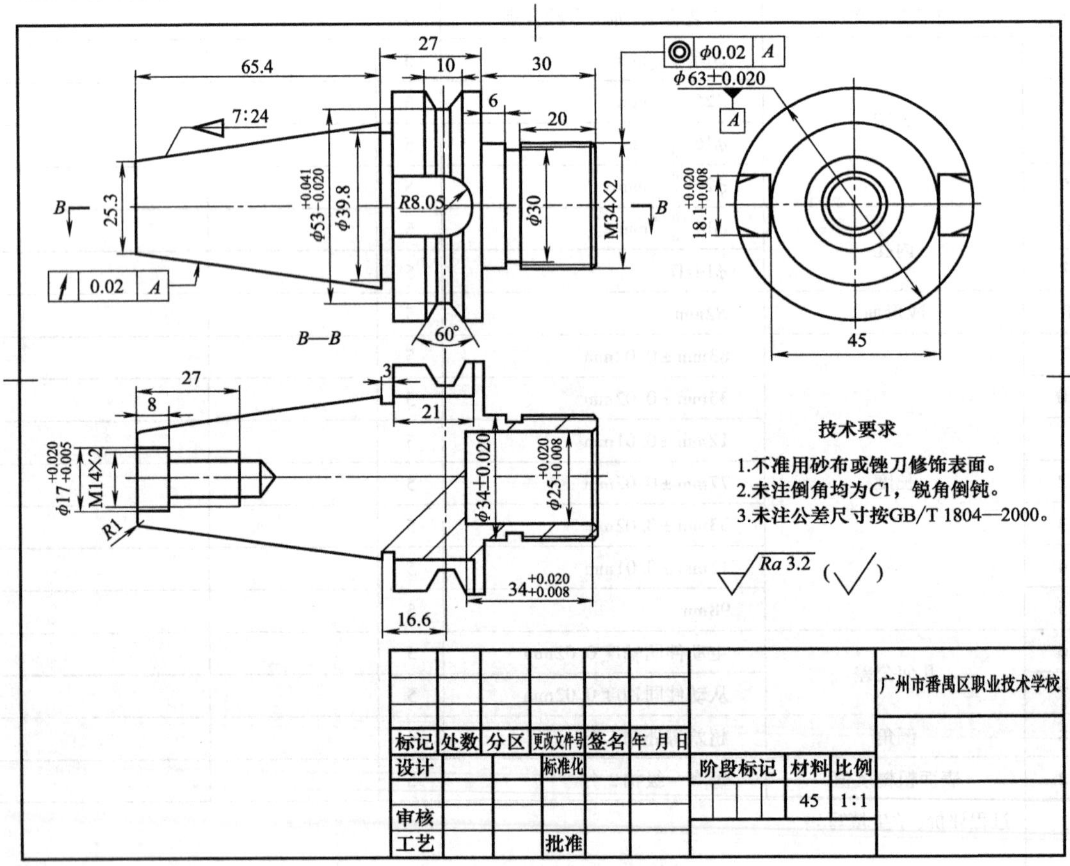

图 4-5 换刀座

2）简述复杂配合件的配合工艺编制要点。

【知识链接】

一、联轴器简介

联轴器是用来联接不同机构中的两根轴（主动轴和从动轴），使之共同旋转以传递转矩的机械零件。在高速重载的动力传动中，有些联轴器还起缓冲、减振和提 高轴系动态性能的作用，如图 4-6 所示。

二、联轴器的分类及特性

常见联轴器的类型及特性见表 4-14。

图 4-6 联轴器

表 4-14 常见联轴器的类型及特性

序号	类型	图 片	特 性
1	弹性联轴器		①一体成形的弹性体 ②零回转间隙,可同步运转 ③弹性作用补偿径向、角向和轴向偏差 ④高扭向刚性和卓越的灵敏度 ⑤顺时针和逆时针方向回转特性完全相同 ⑥免维护、抗油和耐腐蚀 ⑦有铝合金和不锈钢材料供选择 ⑧固定方式主要有顶丝和夹紧两种 ⑨适用于旋转编码器、步进电动机
2	膜片联轴器		①高刚性、高转矩、低惯性 ②采用环形或方形弹性不锈钢片变形 ③大转矩承载,高转矩刚性和卓越的灵敏度 ④零回转间隙,顺时针和逆时针方向回转特性相同 ⑤免维护、超强抗油和耐腐蚀 ⑥双不锈钢膜片可补偿径向、角向、轴向偏差,单膜片则不能补偿径向偏差 ⑦适用于伺服电动机、步进电动机
3	波纹管联轴器		①无齿隙、联接可靠、耐腐蚀及耐高温 ②免维护、超强抗油,波纹管形结构补偿径向、角向和轴向偏差,偏差存在的情况下也可保持等速运动 ③顺时针和逆时针方向回转特性完全相同 ④波纹管材质有磷青铜和不锈钢供选择 ⑤适用于精度和稳定性要求较高的系统 ⑥适用于伺服电动机

（续）

序号	类型	图　　片	特　　性
4	滑块联轴器		①无齿隙联接，用于小转矩的测量传动，结构简单 ②使用方便、容易装夹、节省时间、尺寸范围广、转动惯量小，便于目测检查 ③耐油腐蚀，可电气绝缘，可供不同材料的滑块弹性体选择 ④轴套和中间件之间的滑动能允许大径向和角向偏差；中间件的特殊凸点设计产生支撑的作用，允许较大的角度偏差，不产生弯曲力矩，使轴心负荷降至最低 ⑤适用于普通微型电动机
5	梅花联轴器		①紧凑型、无齿隙，提供三种不同硬度的弹性体 ②可吸收振动，补偿径向和角向偏差 ③结构简单，维修方便，便于检查 ④免维护、耐油，电气绝缘，工作温度为20～60℃ ⑤梅花弹性体有四瓣、六瓣、八瓣和十瓣 ⑥固定方式有顶丝、夹紧、键槽固定 ⑦适用于伺服电动机、步进电动机
6	刚性联轴器		①重量轻、超低惯性和高灵敏度 ②免维护、超强抗油和耐蚀性 ③不允许偏心，使用时应让轴尽量外露 ④主体材质可选铝合金或不锈钢 ⑤固定方式有夹紧、顶丝固定 ⑥适用于伺服电动机、步进电动机
7	万向联轴器		①角向补偿量较大，不同结构形式的万向联轴器两轴线夹角不相同，一般为5°～45° ②使两轴不在同一轴线，存在轴线夹角的情况下能实现所联接的两轴连续回转，并可靠地传递转矩和运动 ③具有较大的角向补偿能力，结构紧凑，传动效率高 ④在实际应用中根据所传递转矩的大小分为重型、中型、轻型和小型

三、万能分度头

万能分度头如图 4-7 所示。在铣削加工中，常会遇到铣四方、六方、齿轮、花键和刻线加工螺旋槽及球面等工作。这时，就需要利用万能分度头来分度。

1. 万能分度头的作用

1）能使工件实现绕自身的轴线周期地转动一定的角度（即进行分度）。

2）利用分度头主轴上的卡盘夹持工件，使被加工工件的轴线相对于铣床工作台在向上 90°和向下 10°的范围内倾斜成需要的角度，以加工各种位置的沟槽、平面等，如铣锥齿轮。

3）与工作台纵向进给运动配合，通过配换交换齿轮，能使工件连续转动，以加工螺旋沟槽、斜齿轮等。

2. 万能分度头的结构

万能分度头内部结构如图 4-8 所示。

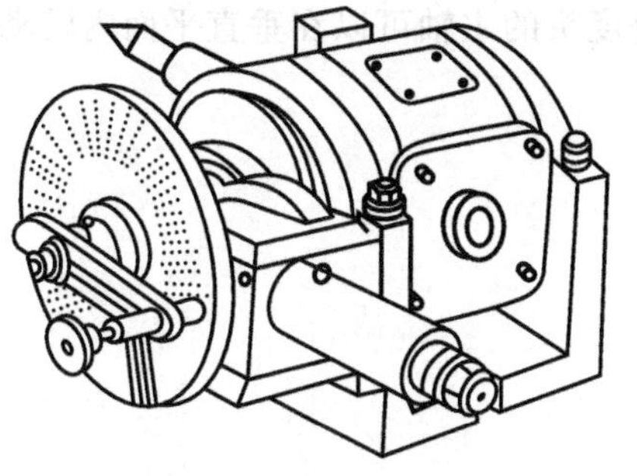

图 4-7 万能分度头

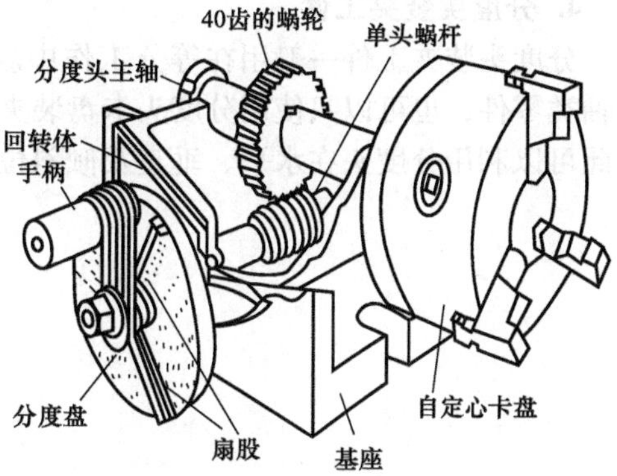

图 4-8 万能分度头内部结构

1）分度头的主轴是空心的，两端均为锥孔，前锥孔可装入顶尖（莫氏 4 号），后锥孔可装入心轴，以便在差动分度时挂轮，把主轴的运动传给侧轴可带动分度盘旋转。主轴前端外部有螺纹，用来安装自定心卡盘。

2）松开壳体上部的两个螺钉，主轴可以随回转体在壳体的环形导轨内转动，因此主轴除安装成水平外，还能扳成倾斜位置。当主轴调整到所需的位置后，应拧紧螺钉。主轴倾斜的角度可以从刻度上看出。

3）在壳体下面固定有两个定位块，以便与铣床工作台面的 T 形槽相配合，用来保证主轴轴线准确地平行于工作台的纵向进给方向。手柄用于紧固或松开主轴，分度时松开，分度后紧固。

4）以防在铣削时主轴松动。另一手柄是控制蜗杆的手柄，它可以使蜗杆和蜗轮啮合或脱开（即分度头内部的传动切断或结合），在切断传动时，可用手转动分度头主轴。万能分度头外形蜗轮与蜗杆之间的间隙可用螺母调整。

3. 分度头的计算

分度头中蜗杆和蜗轮的传动比 i = 蜗杆的头数/蜗轮的齿数 = 1/40，也就是说，当手柄通过一对直齿轮（传动比为 1:1）带动蜗杆转动一周时，蜗轮只能带动主轴转过 1/40 周。

若工件在整个圆周上的分度数目 z 为已知，则每分一个等分就要求分度头主轴转 $1/z$ 圈。这时分度手柄所需转的圈数 n 即可由下列比例关系推得

$$1:40 = 1/z:n$$

即

$$n = 40/z$$

式中 n——手柄转数；

z——工件的等分数；

40——分度头定数。

简单分度法：铣削 $z=9$ 的齿轮，$n=40/9$，即每铣一齿，手柄需要转过 40/9 圈。分度手柄的准确转数是借助分度盘来确定的。分度盘正、反两面有许多孔数不同的孔圈。例如，“环球”牌 F11125 型分度盘各圈孔数如下：

第一面：24、25、28、30、34、37、38、39、41、42、43

第二面：46、47、49、51、53、54、57、58、59、62、66

当 $n=40/9$ 圈时，先将分度盘固定，再将分度手柄的定位销调整到孔数为 9 的倍数的孔圈上，若在孔数为 54 的孔圈上，此时手柄转过 4 圈后，再沿孔数为 54 的孔圈转过 24 个孔距即可，即

$$n=40/9=4+4/9=4+24/54(\text{圈})$$

4. 分度头装夹工件

分度头装夹工件一般用在等分工作中。既可以用分度头卡盘（或顶尖）与尾架顶尖一起装夹轴类零件，也可以只使用分度头卡盘装夹工件。又由于分度头的主轴可以在垂直平面内转动，因此可以利用分度头在水平、垂直及倾斜位置装夹工件。

项目五　手动气阀综合零件加工

【项目任务】

各学习小组加工图 5-1 ~ 图 5-7 所示手动气阀各零件两套，然后进行装配。手动气阀用于改变气体通路断面和流动方向，具有导流、截止、调节、节流、止回、分流或溢流卸压等功能。手动气阀材料为铝合金，具体尺寸、技术要求见各任务零件图。各小组加工时请根据零件的结构特征、技术要求，合理设计加工工艺。

本项目教学时数为 56 学时。

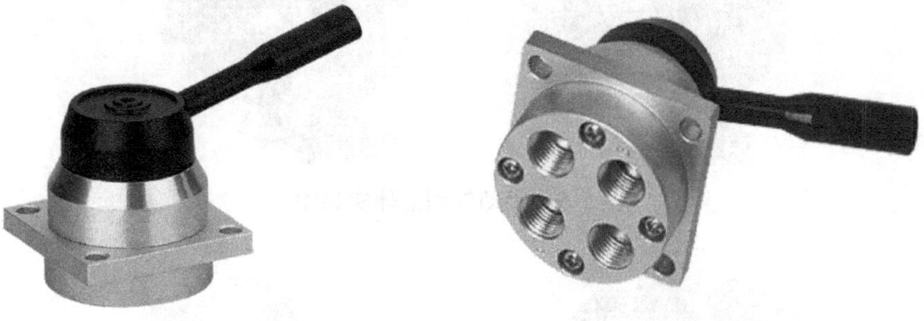

图 5-1　手动气阀组装实物图

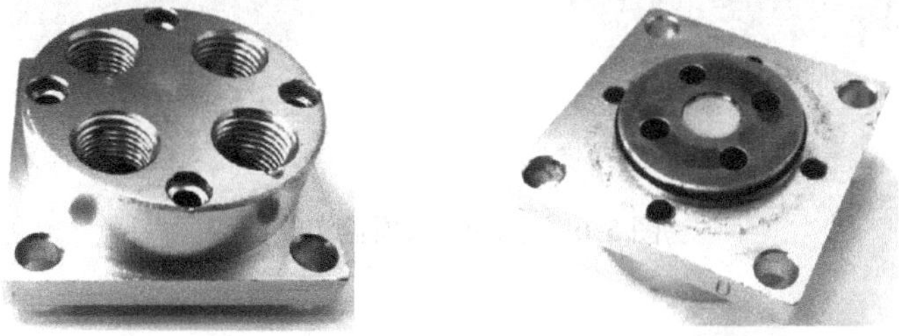

图 5-2　手动气阀法兰底座实物图

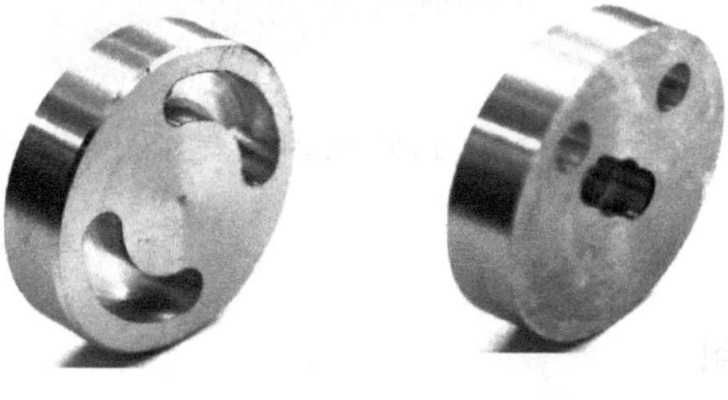

图 5-3　手动气阀拨动盘实物图

图 5-4 手动气阀阀芯实物图

图 5-5 手动气阀缸体实物图

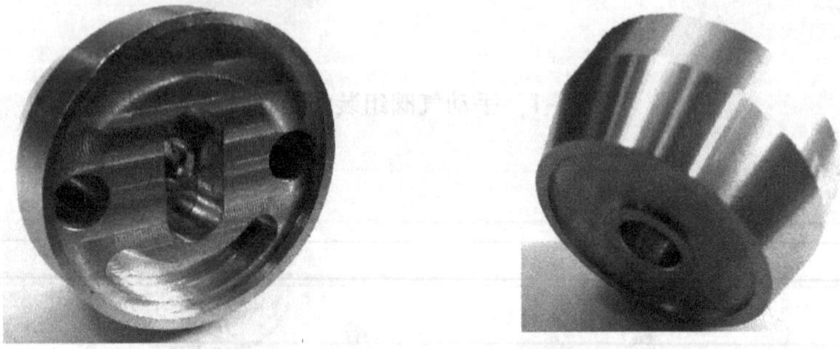

图 5-6 手动气阀顶盖实物图

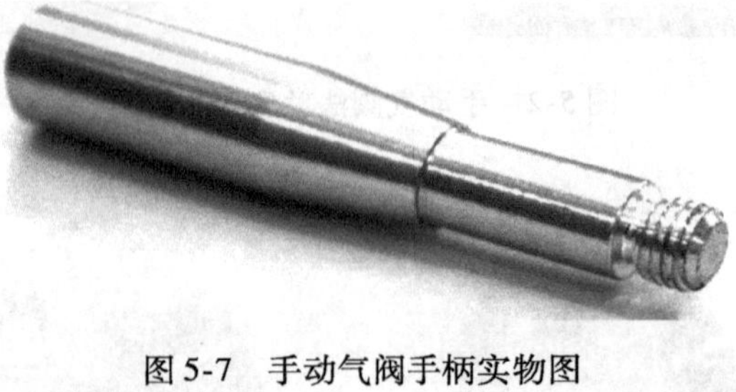

图 5-7 手动气阀手柄实物图

【任务实施】

一、组建学习小组

根据项目任务要求，结合组员的个性特点组建学习小组，并参照企业生产小组的形式，对小组成员进行任务分工，组内岗位包括生产组长，工艺编制员、数控车床操作员、数控铣床操作员、质量检测员，具体岗位分工见表5-1。

表5-1 学习小组岗位分工表

工作岗位	姓名	岗位任务	备注
生产组长		1)统筹安排生产加工任务,协调、调度各组员按进度加工生产 2)贯彻实施安全生产 3)做好现场管理,落实“7S”制度	生产安排
工艺编制员		1)组织进行产品的加工工艺分析,合理分配工序 2)制订工艺规程和编写工艺卡片 3)协助解决加工过程中出现的工艺问题 4)管理加工工艺文件	
数控车床操作员		1)负责按工艺文件要求,操作数控车床进行零件车削工序 2)按品质管理的检测频度对产品进行质量检验 3)调整、控制车削加工部分的产品质量	
数控铣床操作员		1)负责按工艺文件要求,操作数控铣床进行零件铣削工序 2)按品质管理的检测频度对产品进行质量检验 3)调整、控制铣削加工部分的产品质量	
质量检测员		1)负责按产品技术要求对产品质量进行检验和入库 2)提出品质管理的建议和意见 3)说明产品生产中质量控制点和经常出现的质量问题	

二、设备、工具、量具、辅具

根据任务的加工要求，实施本任务具体需要准备的设备、工具、量具、辅具见表5-2。

表5-2 加工设备、工具、量具、辅具一览表

序号	名称	简图	型号/规格	数量	备注
1	数控车床	参考项目一类型参数	CAK6140	1台	
2	数控铣床	参考项目一类型参数	VMC850	1台	
3	编程计算机	参考项目一类型参数	通用型	2台	配机床通信
4	外圆车刀	参考项目一类型参数	刀杆25mm×25mm	1把	硬质合金
5	切槽刀	参考项目一类型参数	2mm	1把	硬质合金
6	立铣刀	参考项目一类型参数	ϕ10mm 四刃	1把	白钢
7	自定心卡盘	参考项目一类型参数	通孔直径大于80mm	1个	铣削装夹用
8	机用虎钳	参考项目一类型参数	开口大于100mm	1个	铣削装夹用
9	游标卡尺	参考项目一类型参数	150mm	1把	
10	钢直尺	参考项目一类型参数	200mm	1把	测量毛坯用
11	千分尺	参考项目一类型参数	25~75mm	2把	
12	千分表座	参考项目一类型参数	0.001mm	1套	找正用
13	铣刀柄	参考项目一类型参数	BT40	1个	

（续）

序号	名称	简图	型号/规格	数量	备注
14	钻头		根据需要选用合适规格	若干	钻孔
15	丝锥	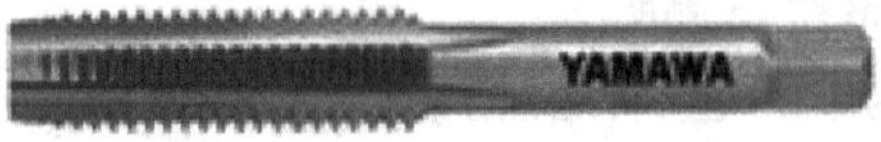	M14×1.5	1把	攻螺纹
16	寻边器	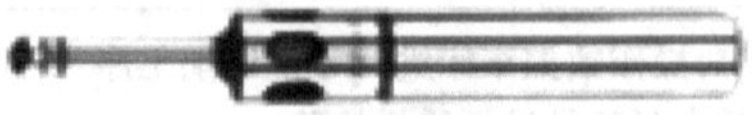		1把	对刀
17	倒角刀	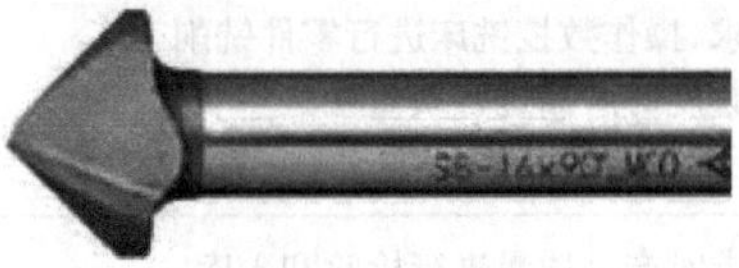		1把	倒角
18	丝锥扳手			1把	

任务一　法兰底座加工

【任务描述】

法兰底座是手动气阀开关的一个零件，在手动气阀开关中起固定和通气的作用，不同的通气孔有改变通气路径的功能。各学习小组根据图5-8所示的图样要求完成法兰底座的加工。各小组加工时请根据零件的结构特征、技术要求，合理设计加工工艺。

本任务教学时数为6学时。

【学习目标】

通过本任务的学习，学生应：

1）能对法兰底座进行正确的工艺分析，会编写工艺卡片。

2）会对车铣复合加工类零件进行正确装夹，在装夹过程中掌握零件找正的方法与技巧。

3）懂得在数控铣床上进行各种规格孔的加工，懂得攻螺纹的方法和技巧。

4）熟悉企业生产现场管理与劳动组织模式，熟悉车铣复合加工零件的工艺编排，培养精益求精的工作态度和“品质为先”的质量观。

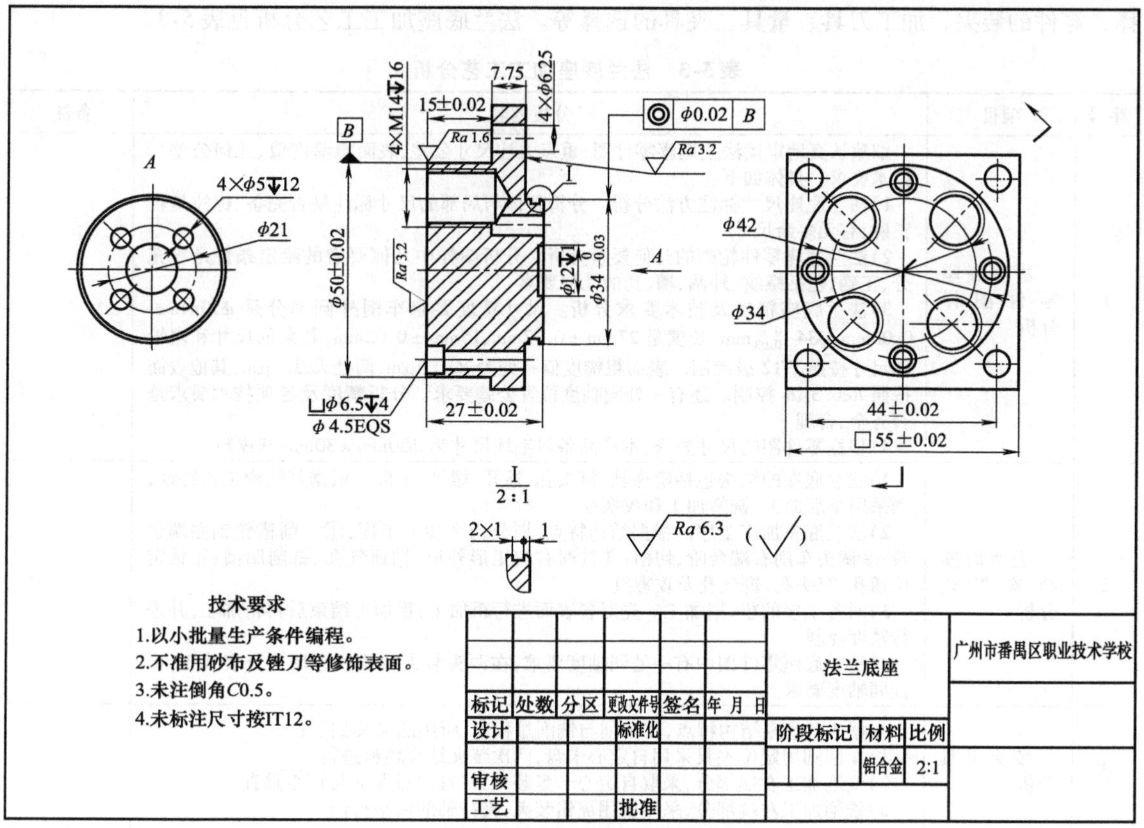

图 5-8　法兰底座零件图

【任务知识与技能分析】

法兰底座所用材料为铝合金，备料毛坯尺寸为 φ80mm × 30mm。加工要用到车削加工与铣削加工工序，属于车铣复合加工类零件，加工工艺编写至关重要，直接影响到是否能顺利完成加工任务。实施本任务，涉及的主要知识与技能包括：

1）零件加工属中小批量生产，生产工艺要注意考虑批量的大小。其中关键的是各工序与工步编排的合理性、科学性、便捷性。

2）零件材料为铝合金，需要熟悉铝合金的力学性能，以便合理选择切削刀具和切削用量。

3）尺寸公差的保证。手动气阀开关法兰底座的加工包括五处尺寸公差要求，精度要求比较高，最小的精度要求为 0.02mm，对刀具、机床、检测工具要求较高，在合理选择切削用量的前提下，注重过程检测，确保加工质量。

4）位置公差的保证。手动气阀开关法兰底座零件图中有一处同轴度位置公差要求。因此，不但在工艺设计时要考虑，在二次装夹时保证重要定位也非常重要。

5）零件加工中涉及多次装夹，每一道工序所用夹具的选择很重要，装夹与找正也非常关键，应避免因二次装夹导致加工误差，从而产生废品。

【任务实施】

一、加工工艺分析

法兰底座加工工艺分析包括分析零件图样中的尺寸标注，零件的结构工艺性，零件毛坯的选择，零件的装夹，加工刀具、量具、夹具的选择等。法兰底座加工工艺分析见表5-3。

表5-3　法兰底座加工工艺分析

序号	项目	分析内容	备注
1	法兰底座零件图样分析	细致认真地审读法兰底座零件图，重点关注尺寸公差、表面粗糙度值、几何公差与技术要求。具体如下： 1）法兰底座尺寸标注方法分析。分析整体与局部的尺寸标注是否完备、标注是否正确、有无多余尺寸 2）法兰底座零件轮廓的几何要素分析。分析图样中几何要素的给定条件是否充分、正确，包括螺纹、外圆、槽、孔的几何要素 3）法兰底座精度及技术要求分析。尺寸精度要求车削外圆部分是 ϕ50mm ± 0.02mm、$\phi 34_{-0.03}^{0}$mm，长度是27mm ± 0.02mm、15mm ± 0.02mm，其余的尺寸和内轮廓尺寸按照IT12级控制。表面粗糙度值一处为 *Ra*1.6μm、两处 *Ra*3.2μm，其他表面按照 *Ra*6.3μm 控制。还有一处同轴度位置公差要求。分析精度及各项技术要求是否齐全、合理 4）根据零件图的尺寸要求，本产品备料毛坯尺寸为 ϕ80mm × 30mm 圆棒料	
2	法兰底座结构工艺分析	1）法兰底座的结构包括阶梯轴、沉头孔、通孔、螺纹、矩形。根据其结构工艺特性，须采用车削加工、铣削加工和攻螺纹 2）法兰底座加工工序。根据结构特点，划分四个加工工序：①车削槽轮轴左端台阶；②调头车削右端台阶、切槽；③铣削右端矩形外形、钻通气孔、铣削凹槽；④钻定位通孔、沉头孔、进气孔及攻螺纹 3）对各工序的粗、精加工。先对各表面进行粗加工，粗加工结束后再精加工，并进行精度控制 4）法兰底座零件图中有一处同轴度要求，在调头装夹时要注意用百分表找正，保证同轴度要求	
3	装夹夹具分析	根据法兰底座结构特点，在车削与铣削过程中，所用的夹具如下： 1）车削圆周定位夹具采用自定心卡盘，两次装夹结合坯料进行 2）铣削加工右端部分，采取自定心卡盘装夹，并且注意保证与轴心垂直 3）铣削加工左端部分，采用机用虎钳装夹，夹持轴的两平行面	
4	加工刀具分析	根据法兰底座的轮廓几何要素，在车削与铣削过程中，所用的刀具如下： 1）外圆车削部分选用外圆车刀，刀具材料一般采用硬质合金 2）切槽加工部分，根据槽宽选用2mm切槽刀，刀具材料一般采用硬质合金 3）铣削加工部分，根据铣削量与槽宽，选用 ϕ10mm 白钢立铣刀 4）钻孔部分选用相对应的钻头，螺纹采用丝锥进行攻螺纹	
5	切削用量分析	切削用量的选择，包括背吃刀量、主轴转速和进给速度三项。法兰盘材料为铝合金，刀具材料均为硬质合金，切削具体要求如下： 1）确定背吃刀量 a_p(mm)，须考虑机床、刀具、装夹的刚性，车削一般最好一次切净余量，以提高生产率，根据产品实际情况，粗加工一般不超过2mm，同时为了保证加工精度和表面粗糙度值，一般都留有一定的精加工余量，精车余量为0.1～0.5mm 2）主轴转速 n(r/min)，主轴转速应根据零件上被加工部位的直径，并按零件和刀具的材料及加工性质等条件所允许的切削速度 v_c(m/min)来确定 3）确定进给速度 v_f(mm/min)，进给速度的大小直接影响表面粗糙度值和车削效率，因此进给速度的确定应在保证表面质量的前提下，选择较高的进给速度	
6	产品质量检测分析	法兰底座的检测包括外圆、长度、槽、孔等内容，其中加工过程还须有辅助检测工具，具体准备的检测工具包括：①游标卡尺；②千分尺；③钢直尺；④螺纹塞规；⑤深度游标卡尺；⑥百分表	

想一想：

1）铝合金的切削用量跟钢材料的切削用量有什么异同？

2）孔的加工关键是什么？

二、编制工艺卡

编制工艺卡（表5-4）时需查找《机床参数表》《机床使用说明书》《切削用量手册》《刀具手册》《机械加工工艺手册》等工艺文件资料。

表 5-4 法兰底座加工工艺卡

广州市番禺区职业技术学校	零件名称	法兰底座	加工工艺卡		产品型号			FZJ-BXXW-05	
	毛坯类型	φ80mm×30mm 圆棒料	材料	铝合金	工艺卡号	FLDZ01		第 1 页	共 4 页
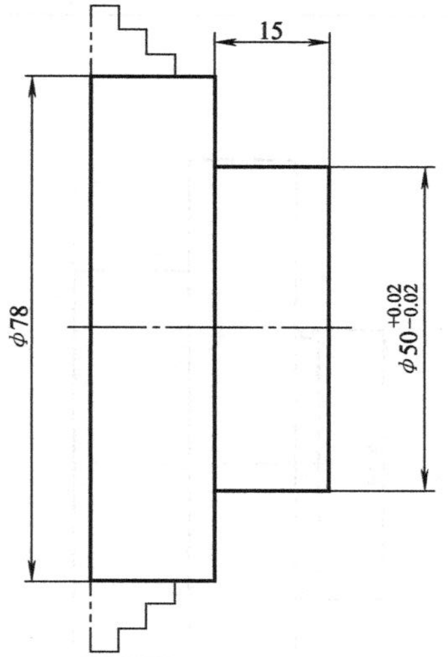	工序号	工步	加工内容	刀具	工艺装备	切削用量			
							n/(r/min)	a_p/mm	v_f/(mm/min)
	车 1	1	1)车左端面 2)单边留余量 0.5mm,粗车 φ50mm × 15mm、φ78mm 外圆、倒角及肩面 3)精车 φ50mm×15mm、φ78mm 外圆、倒角及肩面至要求	外圆车刀(硬质合金)	自定心卡盘(夹毛坯外圆,右端面定位)	粗加工	1000	1.0	150
						精加工	1300	0.2	100

				编制		批准	
				日期		日期	
标记	处 数	更改文件号	签字				

（续）

广州市番禺区职业技术学校	零件名称	法兰底座	加工工艺卡		产品型号		FZJ-BXXW-05	
	毛坯类型	ϕ80mm×30mm 圆棒料	材料	铝合金	工艺卡号	FLDZ01	第2页	共4页

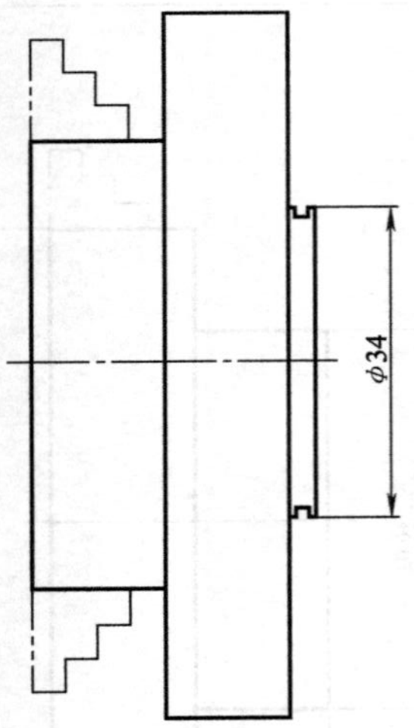

工序号	工步	加工内容	刀具	工艺装备	切削用量			
						n/(r/min)	a_p/mm	v_f/(mm/min)
车2	1	调头装夹、找正		自定心卡盘（夹ϕ78mm 外圆，左端面定位）				
	2	1）车右端面，控制总长 2）单边留余量0.5mm，粗车 ϕ34mm 外圆、倒角及肩面 3）精车 ϕ34mm、外圆、倒角及肩面至要求	外圆车刀（硬质合金）		粗加工	1000	1.0	150
					精加工	1300	0.2	100
	3	切2mm×1mm 的定位槽				800	2	70

			编制		批准	
			日期		日期	
标记	处数	更改文件号	签字			

（续）

广州市番禺区职业技术学校	零件名称	法兰底座	加工工艺卡		产品型号		FZJ-BXXW-05	
	毛坯类型	φ80mm×30mm 圆棒料	材料	铝合金	工艺卡号	FLDZ01	第3页	共4页

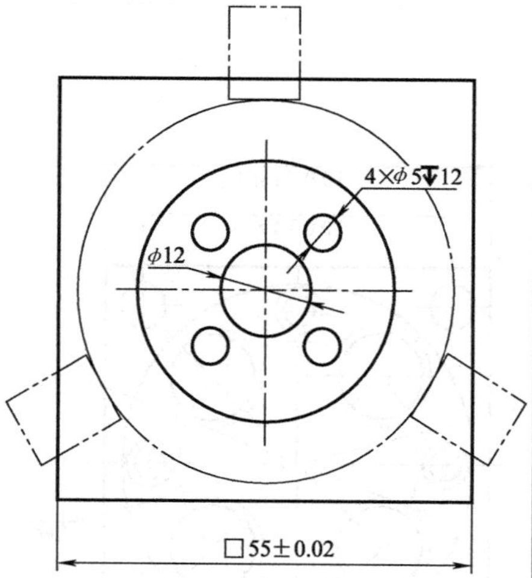

工序号	工步	加工内容	刀具	工艺装备	切削用量			
						n/（r/min）	a_p/mm	v_f/（mm/min）
铣1	1	夹持 φ50mm 外圆，固定在工作台上，端面定位，分中		自定心卡盘（夹φ50mm 外圆，端面定位）				
	2	粗铣方 55mm、单边留 0.5mm 余量 2）粗铣方 55mm	φ10mm 白钢立铣刀		粗加工	2500	1	800
	3	铣 φ12mm 深 1mm 的台阶	φ10mm 白钢立铣刀		精加工	3000		1000
						3000		800
	4	钻 4×φ5mm 通气孔，孔深 12mm	φ4.9mm 钻头			1500		250

				编制		批准
				日期		日期
标记	处数	更改文件号	签字			

（续）

广州市番禺区职业技术学校	零件名称	法兰底座	加 工 工 艺 卡		产品型号		FZJ-BXXW-05	
	毛坯类型	ϕ80mm×30mm 圆棒料	材料	铝合金	工艺卡号	FLDZ01	第 4 页	共 4 页

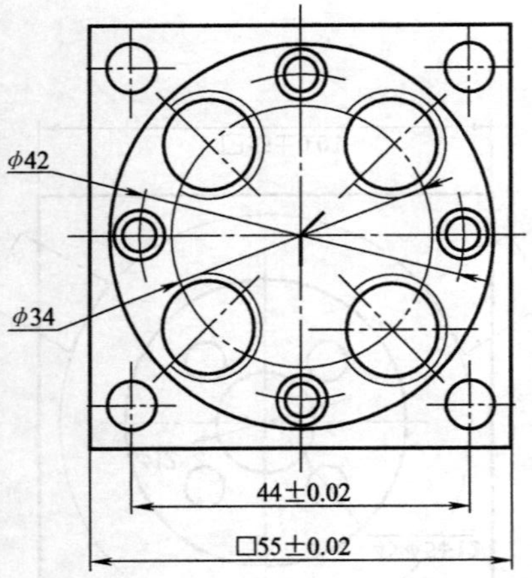

工序号	工步	加工内容	刀具	工艺装备	切削用量			
						n/（r/min）	a_p/mm	v_f/（mm/min）
铣 2	1	夹持 55mm×55mm 矩形，固定在工作台上		机用虎钳（夹 55mm×55mm 矩形）				
	2	钻 4×M14 底孔，孔深 18mm；钻 4×ϕ6.25mm 通孔、保证孔距 44mm；钻 4×ϕ4.5mm 通孔；ϕ4.5mm 通孔上锪孔 ϕ6.5mm，深 4mm	钻头			1500		250
	3	M14 孔口倒角 C1.5，其余孔口及锐边倒角 C0.5	倒角刀			400		50
	4	手攻 M14 螺纹	丝锥					

				编制		批准	
				日期		日期	
标记	处 数	更改文件号	签字				

三、设备、工具、量具、辅具的准备

根据任务的加工要求从前面的设备、工具、量具、辅具清单中选择本任务所需要的物料。

四、操作加工

（一）车削法兰底座左端部分

按照表 5-4 中“车 1”的要求，操作数控车床加工法兰底座左端部分，具体步骤见表 5-5。

表 5-5　法兰底座左端部分车削加工步骤

步骤	简图	操作要点	探究
1. 绘制加工二维图	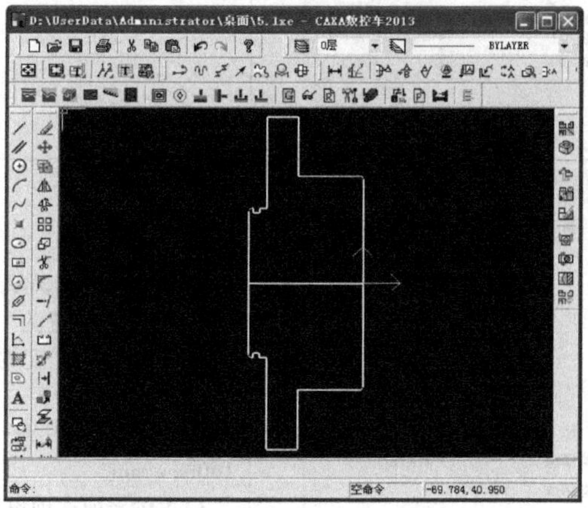	1）编程软件采用 CAXA 数控车 2013 软件 2）绘制零件加工二维图，尺寸要准确 3）绘图时注意中心点，并且须做参照线，方便调头加工使用	
2. 设置法兰底座左端粗车参数	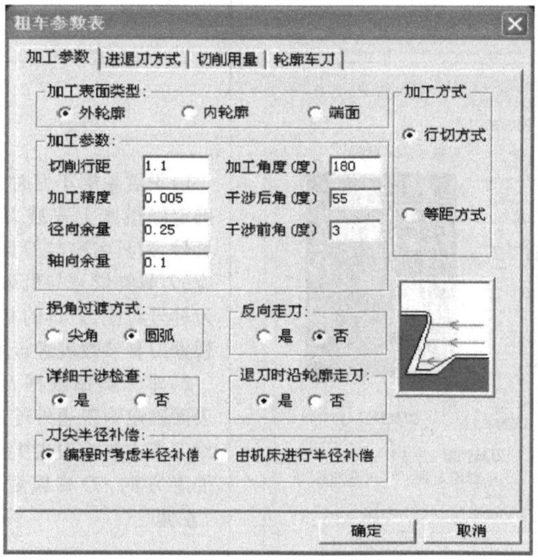	1）选择好加工表面后，进行加工参数的设置 2）加工参数中将加工表面类型设置为“外轮廓”，加工方式设置为“行切方式” 3）为精加工预留加工余量，一般径向余量为 0.25mm，轴向余量为 0.1mm	

（续）

步骤	简图	操作要点	探究
	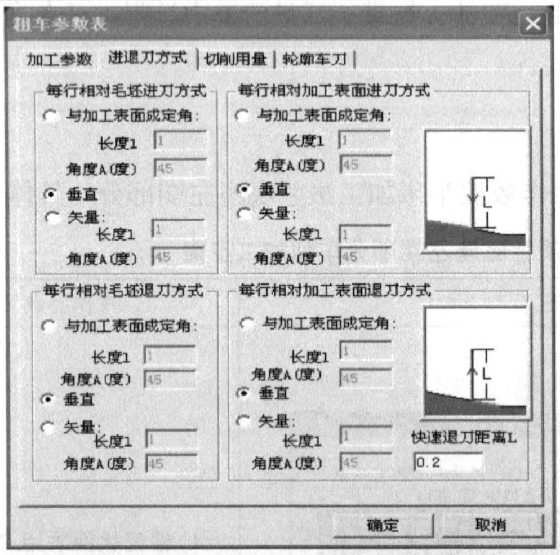	1)设置每行相对毛坯进退刀方式为“垂直” 2)设置每行相对加工表面进退刀方式为“垂直” 3)快速退刀距离设置为0.2mm，以提高加工效率	
2. 设置法兰底座左端粗车参数	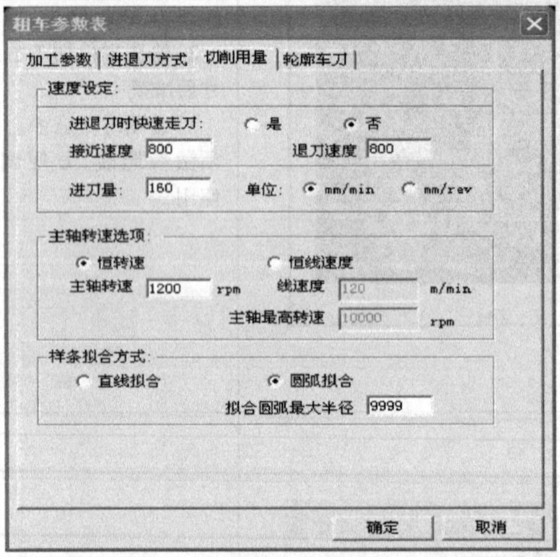	1)为减少定位误差，进退刀时快速走刀设置为“否”，接近速度与退刀速度均设置为800mm/min 2)切削进刀量设置为160mm/min 3)主轴转速选项设置为“恒转速” 4)样条拟合方式采用默认设置	
	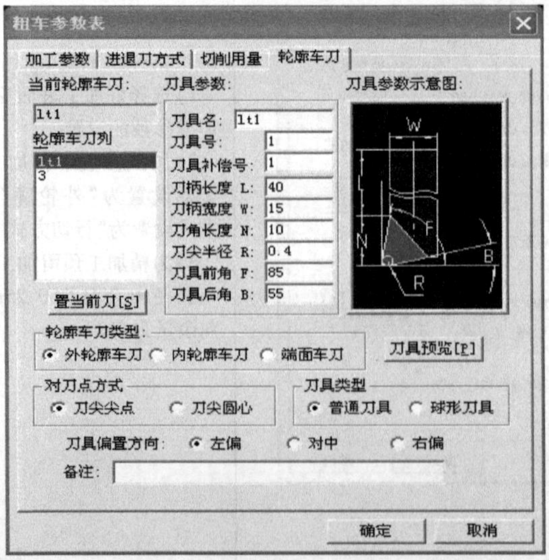	1)设置轮廓车刀时，首先要确定好机床上安装刀具的刀具号，刀具名称与刀具号相对应，刀具补偿号与机床参数中刀补号对应，刀具的其他参数根据刀具参数表进行填写 2)车刀类型根据刀具加工表面确定为普通外轮廓车刀，对刀点方式为刀尖尖点，根据加工方向，刀具偏置方向为“左偏”	

（续）

步骤	简图	操作要点	探究
3. 法兰底座左端粗车刀路模拟	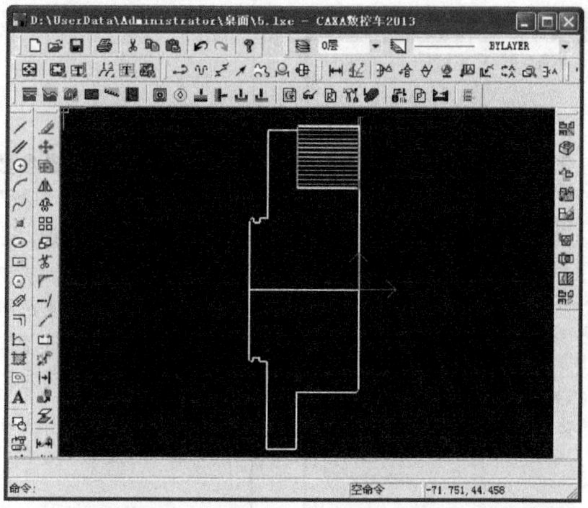	1）在粗车参数全部设置完成后，可在数控车菜单中单击“轨迹仿真”生成法兰底座左端粗车刀路模拟 2）检查刀具轨迹是否合理，有没有干涉和错误	
4. 生成法兰底座左端粗车程序	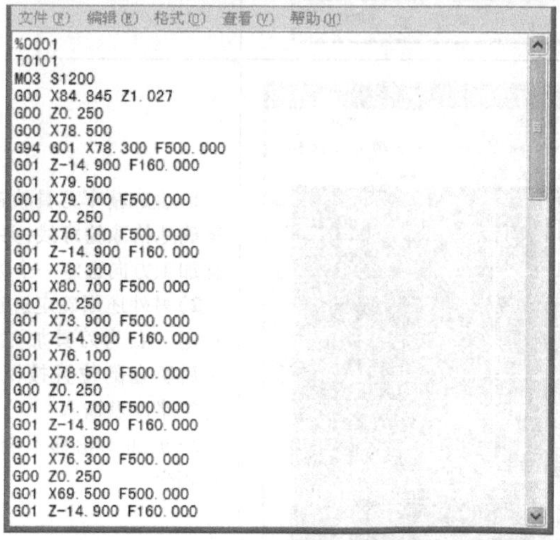文件(F)　编辑(E)　格式(O)　查看(V)　帮助(H) %0001 T0101 M03 S1200 G00 X84.845 Z1.027 G00 Z0.250 G00 X78.500 G94 G01 X78.300 F500.000 G01 Z-14.900 F160.000 G01 X79.500 G01 X79.700 F500.000 G00 Z0.250 G01 X76.100 F500.000 G01 Z-14.900 F160.000 G01 X78.300 G01 X80.700 F500.000 G00 Z0.250 G01 X73.900 F500.000 G01 Z-14.900 F160.000 G01 X76.100 G01 X78.500 F500.000 G00 Z0.250 G01 X71.700 F500.000 G01 Z-14.900 F160.000 G01 X73.900 G01 X76.300 F500.000 G00 Z0.250 G01 X69.500 F500.000 G01 Z-14.900 F160.000	1）在确认刀路无误后，在菜单中单击“生成代码”，生成法兰底座左端粗车程序 2）修改程序头与程序尾，将程序命名为“O0001”，保存程序为“TXT”文件 3）设置好传输参数和机床参数，把程序传输到机床	
5. 设置法兰底座左端精车参数	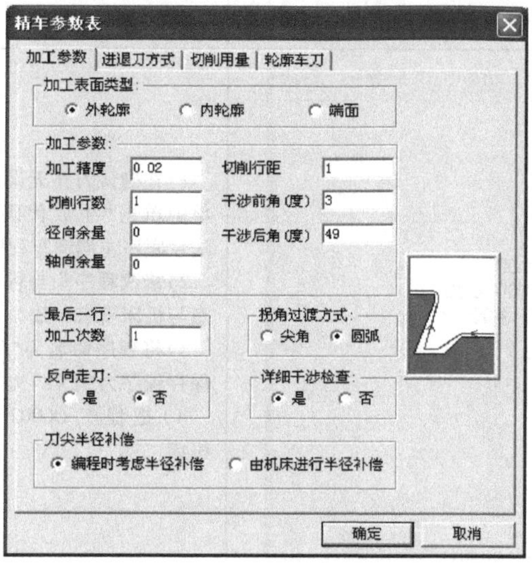	1）设置轮廓精车时要确定被加工轮廓，被加工轮廓就是加工结束后的工件表面轮廓，被加工轮廓不能闭合或自相交 2）在菜单中单击“数控车”→“轮廓精车”，系统弹出“精车参数表”对话框	精加工预留加工余量为零，否则会出现什么后果

（续）

步骤	简图	操作要点	探究
5. 设置法兰底座左端精车参数	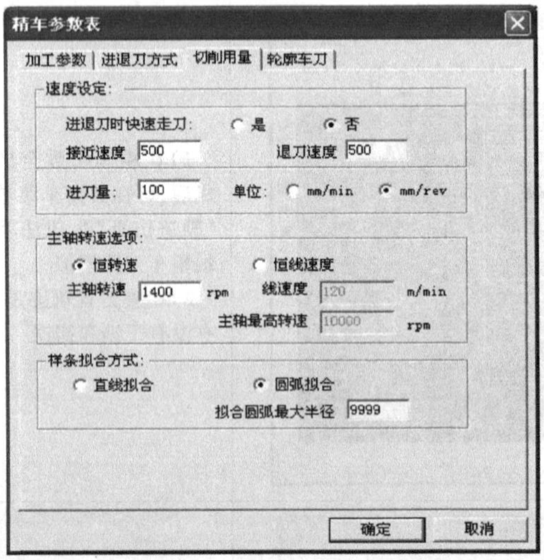	1)设置切削用量参数，进退刀时快速走刀为“否”，接近速度与退刀速度均为500mm/min 2)设置主轴转速选项为“恒转速”，主轴转速为1400r/min；样条拟合方式为“圆弧拟合”	
6. 生成法兰底座左端精车刀具轨迹	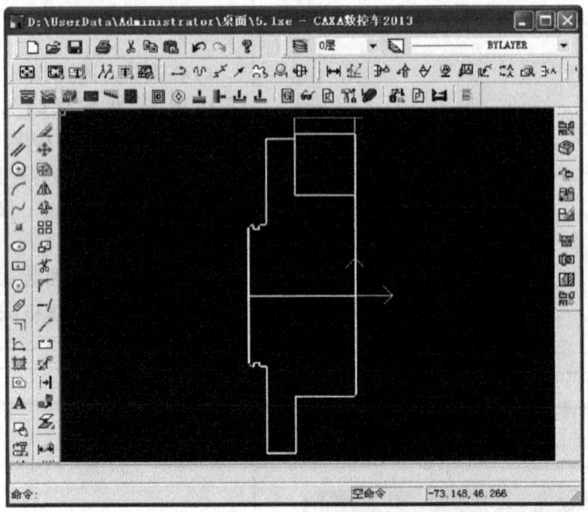	1)生成精车刀具轨迹时，要准确地拾取轮廓线，并注意根据加工方向选定一个方向 2)另外还须确定进退刀点，指定一点为刀具加工前和加工后所在的位置按鼠标右键可忽略该点输入 3)被加工轮廓不能闭合或自相交	
7. 生成法兰底座左端精车程序	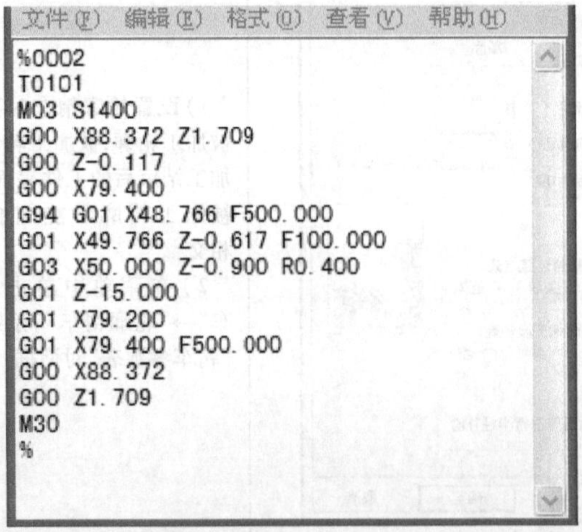 文件(F) 编辑(E) 格式(O) 查看(V) 帮助(H) %0002 T0101 M03 S1400 G00 X88.372 Z1.709 G00 Z-0.117 G00 X79.400 G94 G01 X48.766 F500.000 G01 X49.766 Z-0.617 F100.000 G03 X50.000 Z-0.900 R0.400 G01 Z-15.000 G01 X79.200 G01 X79.400 F500.000 G00 X88.372 G00 Z1.709 M30 %	1)在确认刀路无误后，在菜单中单击“生成代码”，生成法兰底座左端精车程序 2)修改程序头与程序尾，注意与机床要求一致 3)将程序命名为“O0002”，保存程序为“TXT”文件 4)把程序O0002传输到机床	

（续）

步骤	简图	操作要点	探究
8. 工件装夹		1）装夹工件时要注意伸出长度，保证右端加工长度，注意用钢直尺测量伸出长度 2）找正工件的装夹，确保摆动在要求范围内 3）保证装夹正确、稳固	铝合金材料的装夹与钢材料的装夹有什么不同
9. 操作机床进行加工		描述尺寸控制的方法，如何正确测量与精加工，包括去毛刺、测两个关键深度（半精加工一次，再复核一次）、两个外圆（刀补该如何修整）	

（二）车削法兰底座右端部分

按照表 5-4 中“车 2”的要求，操作数控车床加工法兰底座右端部分，具体步骤见表 5-6。

表 5-6　法兰底座右端部分车削加工步骤

步骤	简图	操作要点	探究
1. 绘制二维图	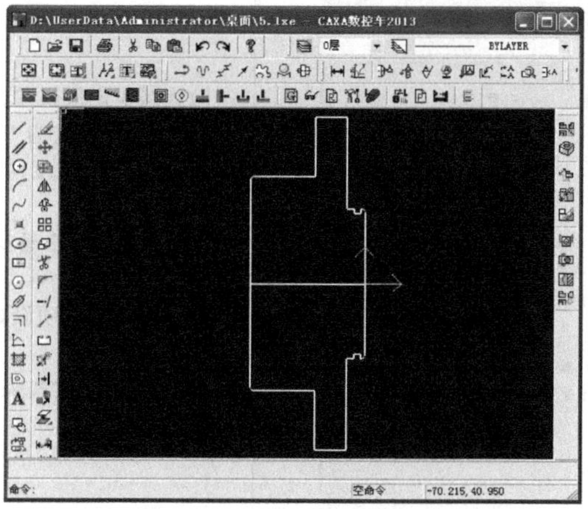	1）将绘制的法兰底座二维图以原点为中心进行镜像 2）移动整个图形，将法兰底座右端中心点移动到坐标原点	

（续）

<table>
<tr><th>步骤</th><th>简图</th><th>操作要点</th><th>探究</th></tr>
<tr><td rowspan="3">2. 设置法兰底座右端粗车参数</td><td>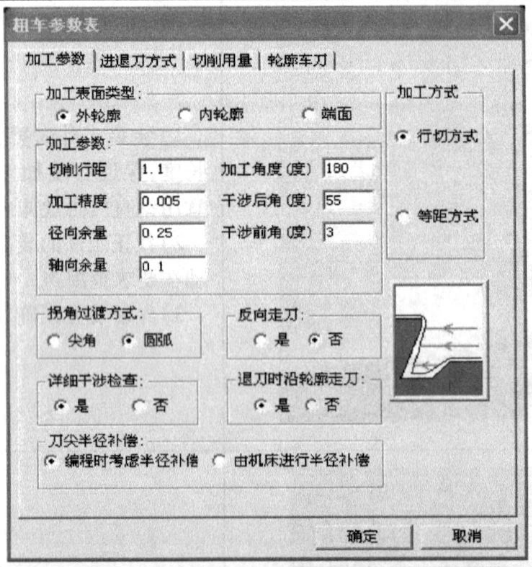
</td><td>1)选择好加工表面后，进行加工参数的设置
2)将加工表面类型设置为“外轮廓”，加工方式设置为“行切方式”
3)为精加工预留加工余量，一般径向余量为0.25mm，轴向余量为0.1mm</td><td></td></tr>
<tr><td>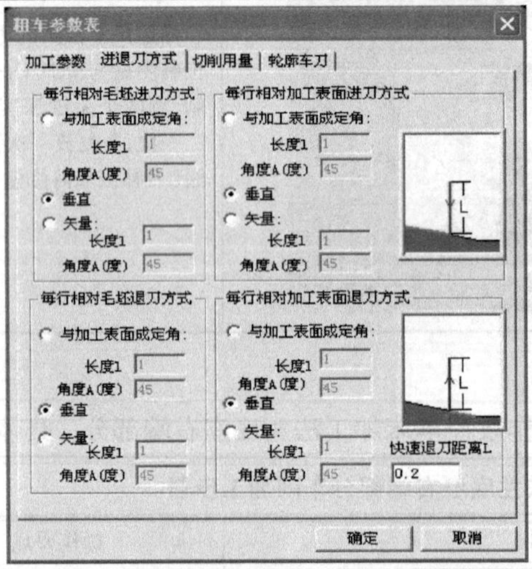
</td><td>1)每行相对毛坯进退刀方式设置为“垂直”
2)每行相对加工表面进退刀方式设置为“垂直”
3)快速退刀距离设置为0.2mm，以提高加工效率</td><td></td></tr>
<tr><td>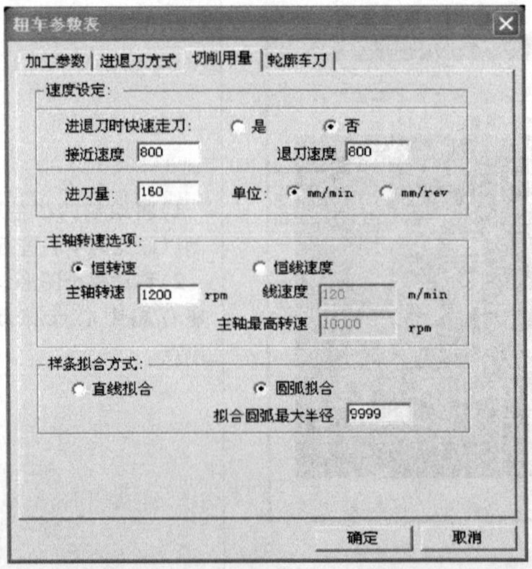
</td><td>1)为减少定位误差，进退刀时快速走刀设置为“否”，接近速度与退刀速度均设置为800mm/min
2)切削进刀量设置为160mm/min
3)主轴转速选项设置为“恒转速”
4)样条拟合方式采用默认设置</td><td></td></tr>
</table>

（续）

<table>
<tr><th>步骤</th><th>简图</th><th>操作要点</th><th>探究</th></tr>
<tr><td>2. 设置法兰底座右端粗车参数</td><td>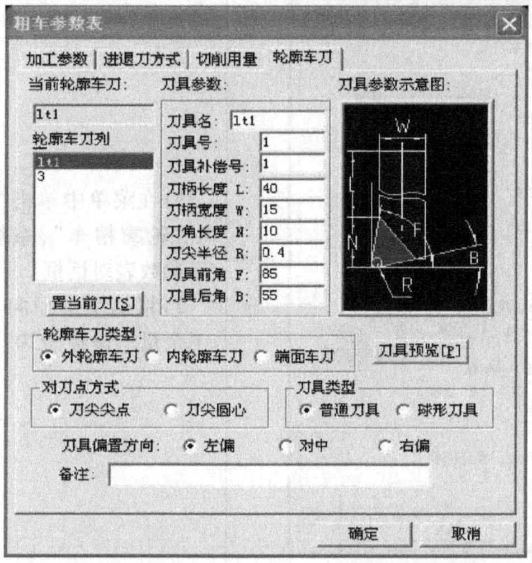
</td><td>1)设置轮廓车刀时,首先要确定好机床上安装刀具的刀具号,刀具名称与刀具号相对应,刀具补偿号与机床参数中刀补号对应,刀具的其他参数根据刀具参数表进行填写
2)车刀类型根据刀具加工表面确定为普通外轮廓车刀
3)对刀点方式为刀尖尖点,根据加工方向,刀具偏置方向为“左偏”</td><td>注意左端与右端加工所用刀具号是否一致</td></tr>
<tr><td>3. 生成法兰底座右端粗车刀具轨迹</td><td>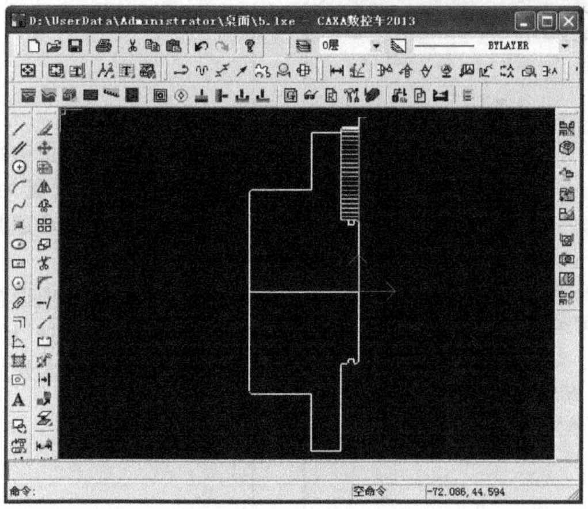
</td><td>1)在粗车参数全部设置完成后,可在数控车菜单中单击“轨迹仿真”生成法兰底座右端粗车刀路模拟
2)检查刀具轨迹是否合理,有没有干涉和错误</td><td>刀具轨迹能否直接在图样中编辑修改</td></tr>
<tr><td>4. 生成法兰底座右端粗车程序</td><td>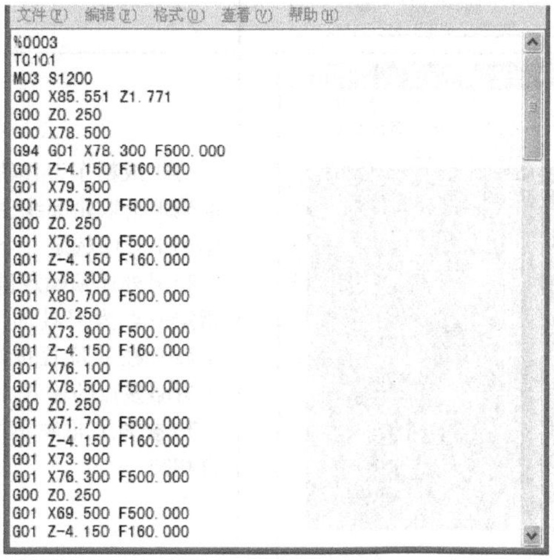
文件(F) 编辑(E) 格式(O) 查看(V) 帮助(H)
%0003
T0101
M03 S1200
G00 X85.551 Z1.771
G00 Z0.250
G00 X78.500
G94 G01 X78.300 F500.000
G01 Z-4.150 F160.000
G01 X79.500
G01 X79.700 F500.000
G00 Z0.250
G01 X76.100 F500.000
G01 Z-4.150 F160.000
G01 X78.300
G01 X80.700 F500.000
G00 Z0.250
G01 X73.900 F500.000
G01 Z-4.150 F160.000
G01 X76.100
G01 X78.500 F500.000
G00 Z0.250
G01 X71.700 F500.000
G01 Z-4.150 F160.000
G01 X73.900
G01 X76.300 F500.000
G00 Z0.250
G01 X69.500 F500.000
G01 Z-4.150 F160.000</td><td>1)在确认刀路无误后,在菜单中单击“生成代码”,生成法兰底座右端粗车程序
2)修改程序头与程序尾,将程序命名为“O0003”,保存程序为“TXT”文件
3)把程序 O0003 传输到机床</td><td></td></tr>
</table>

（续）

<table>
<tr><th>步骤</th><th>简图</th><th>操作要点</th><th>探究</th></tr>
<tr><td rowspan="2">5. 设置法兰底座右端精车参数</td><td>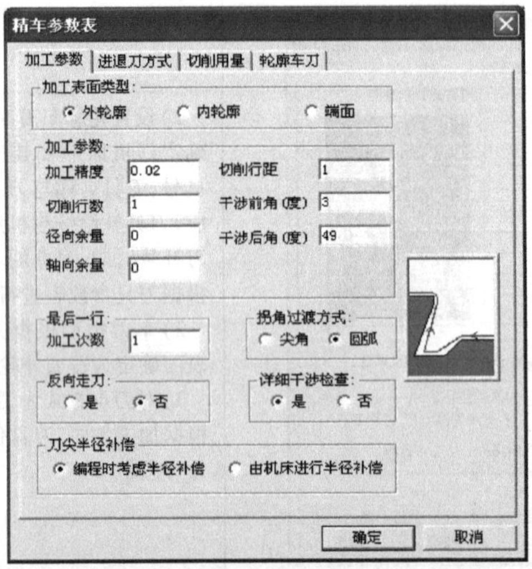</td><td>1)在菜单中单击“数控车”→“轮廓精车”，系统弹出精车参数表对话框
2)精加工中径向与轴向加工余量均设置为“0”</td><td>注意比较精车参数与粗车参数的区别</td></tr>
<tr><td>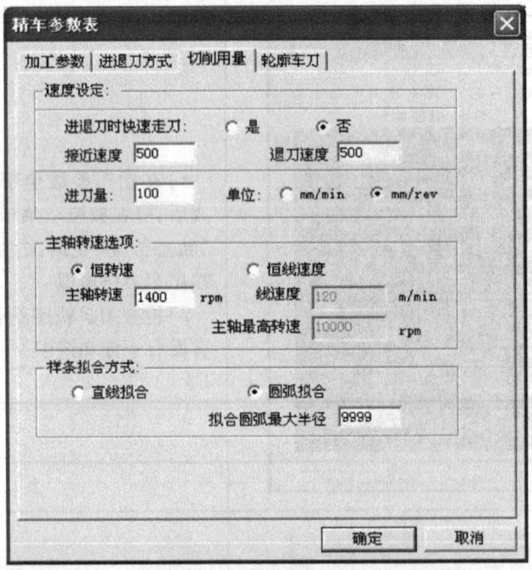</td><td>1)设置切削用量参数，进退刀时快速走刀设置为“否”，接近速度与退刀速度均为500mm/min
2)主轴转速选项设置为“恒转速”，主轴转速为1400r/min；样条拟合方式为“圆弧拟合”</td><td></td></tr>
<tr><td>6. 生产法兰底座右端精车刀具轨迹</td><td>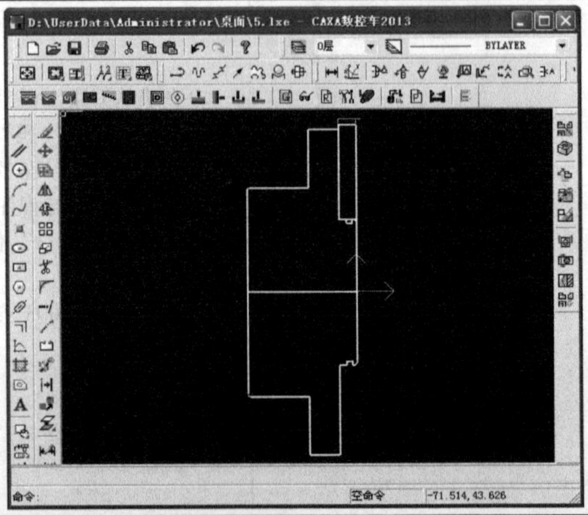</td><td>1)生成精车刀具轨迹时，要准确地拾取轮廓线，并注意根据加工方向选定一个方向
2)另外还须确定进退刀点，指定一点为刀具加工前和加工后所在的位置按鼠标右键可忽略该点的输入
3)被加工轮廓不能闭合或自相交</td><td>思考精加工前切槽比较好还是精加工后切槽比较好</td></tr>
</table>

（续）

步骤	简图	操作要点	探究
7. 生成法兰底座右端精车加工程序	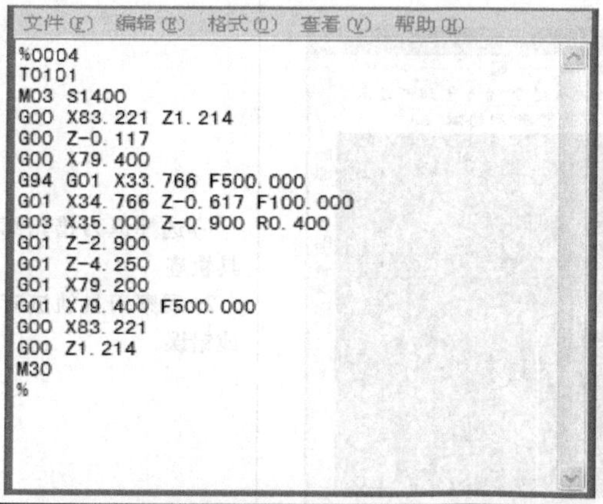 文件(F)　编辑(E)　格式(O)　查看(V)　帮助(H) %0004 T0101 M03 S1400 G00 X83.221 Z1.214 G00 Z-0.117 G00 X79.400 G94 G01 X33.766 F500.000 G01 X34.766 Z-0.617 F100.000 G03 X35.000 Z-0.900 R0.400 G01 Z-2.900 G01 Z-4.250 G01 X79.200 G01 X79.400 F500.000 G00 X83.221 G00 Z1.214 M30 %	1）在确认刀路无误后，在菜单中单击“后置处理”，生成法兰底座右端精车程序 2）修改程序头与程序尾，将程序命名为“O0004”，保存程序为“TXT”文件 3）把程序O0004传输到机床	
8. 设置法兰底座右端定位槽切槽参数	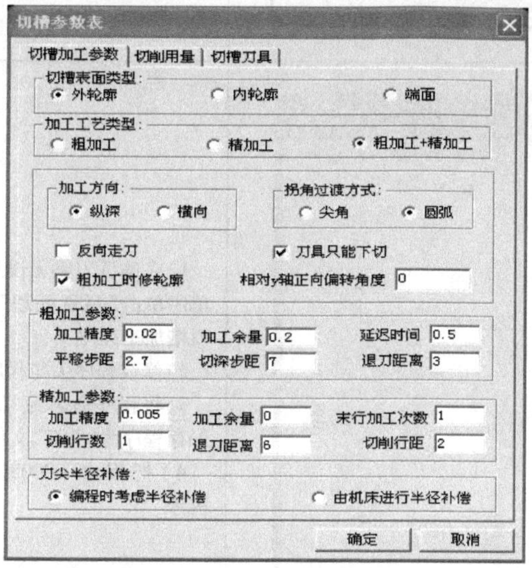	1）切槽时要注意区分内沟槽与外沟槽 2）根据槽的尺寸与表面精度要求，切槽加工工艺类型一般选择“粗加工＋精加工” 3）根据槽宽与刀宽，加工方向选为“纵深” 4）在精加工参数中，要预留精加工余量0.2mm 5）刀尖半径补偿选择“编程时考虑半径补偿”	切槽精加工参数中，切削行距是什么含义
	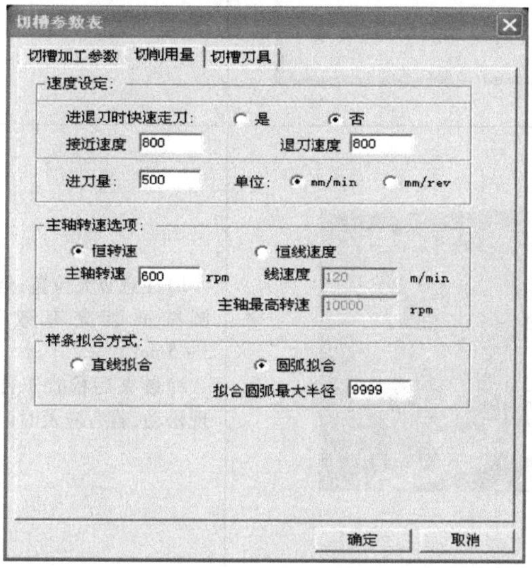	1）切槽时切削用量按工艺文件要求选择，接近速度为800m/min，进刀量为500mm/min 2）主轴转速选项设置为600r/min	切削时切削用量选择的原则是什么

（续）

步骤	简图	操作要点	探究
9. 生成法兰底座右端退刀槽刀具轨迹	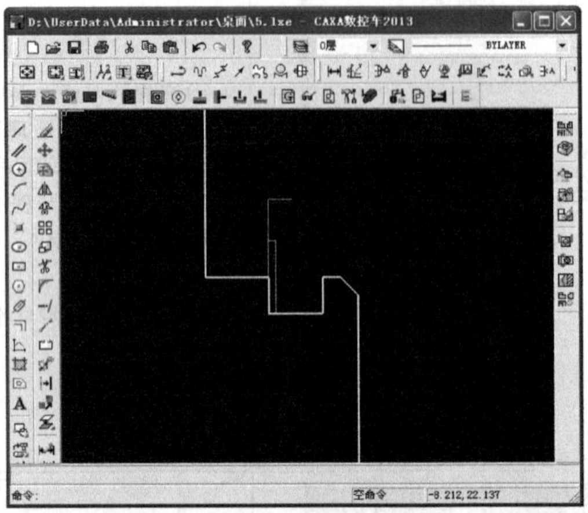	1）选择退刀槽轮廓生成刀具轨迹 2）观察刀具轨迹有无过切或错误	
10. 生成法兰底座右端退刀槽轴加工程序	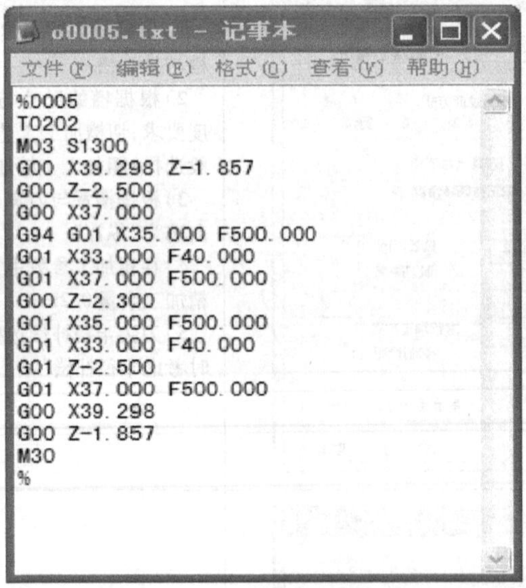 o0005.txt - 记事本 文件(F) 编辑(E) 格式(O) 查看(V) 帮助(H) %0005 T0202 M03 S1300 G00 X39.298 Z-1.857 G00 Z-2.500 G00 X37.000 G94 G01 X35.000 F500.000 G01 X33.000 F40.000 G01 X37.000 F500.000 G00 Z-2.300 G01 X35.000 F500.000 G01 X33.000 F40.000 G01 Z-2.500 G01 X37.000 F500.000 G00 X39.298 G00 Z-1.857 M30 %	1）在确认刀路无误后，在菜单中单击“后置处理”生成退刀槽加工程序 2）修改程序头与程序尾 3）将程序命名为“O0005”，保存程序为“TXT”文件 4）把程序O0005传输到机床	
11. 工件调头装夹		1）注意装夹位置，选择光滑圆柱面装夹有效长度为3～5mm 2）装夹后检查工件是否出现松动，若有应及时调整	装夹接触面过长，会出现什么情况

（续）

步骤	简图	操作要点	探究
12. 操作机床进行加工		1）工件装夹完成后，试切对刀，并设置好刀补参数 2）分步调用程序 O0003、O0004、O0005 进行加工 3）加工完成后，注意除去零件表面毛刺，为在铣床上加工做好准备	能否一次调用多个程序

（三）铣削法兰底座右端部分

按照表5-4中“铣1”的要求，操作数控铣床或加工中心加工法兰底座右端部分，具体步骤见表5-7。

表5-7 法兰底座右端部分铣削加工步骤

步骤	简图	操作要点	探究
1. 绘制法兰底座右端二维图	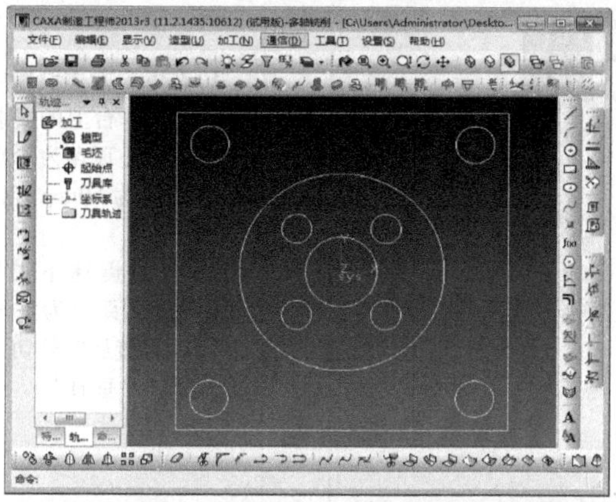	1）打开 CAXA 制造工程师 2013r2 软件 2）绘制法兰底座右端铣削二维图，如左图所示 3）绘图时注意将坐标原点与轴心设置在同一坐标下，方便加工	绘制法兰底座二维图时有哪些细节要注意
2. 设置法兰底座右端方形粗铣参数	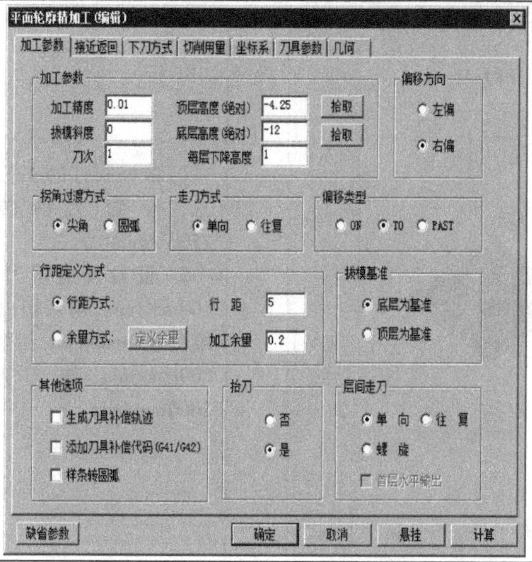	1）对刀时注意以工件顶端作为Z方向的工件坐标参考点，抬刀时注意刀具高度必须高于工件Z位置高度 2）设置加工参数，具体如左图所示，留0.2mm精加工余量，走刀方式为“单向”，走刀中不抬刀 3）层间走刀采取“单向”方式	对刀时能不能采用试切对刀，如果不能，有什么方法

（续）

步骤	简图	操作要点	探究
	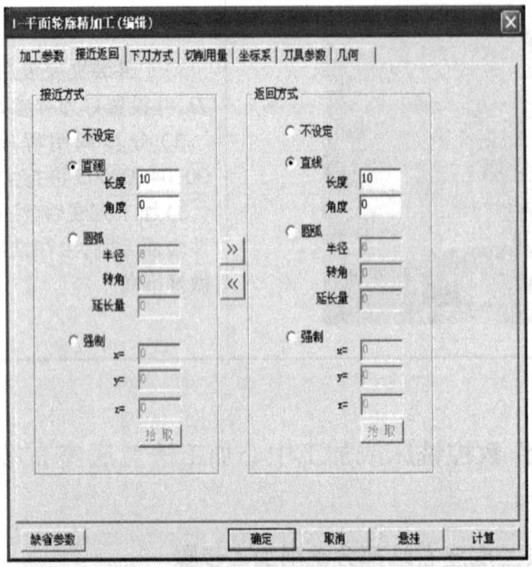	1）设置接近方式为“直线”，长度为10mm 2）设置返回方式为“直线”，长度为10mm	若不延长切入和切出点，刀具下刀会不会撞到毛坯
2. 设置法兰底座右端方形粗铣参数	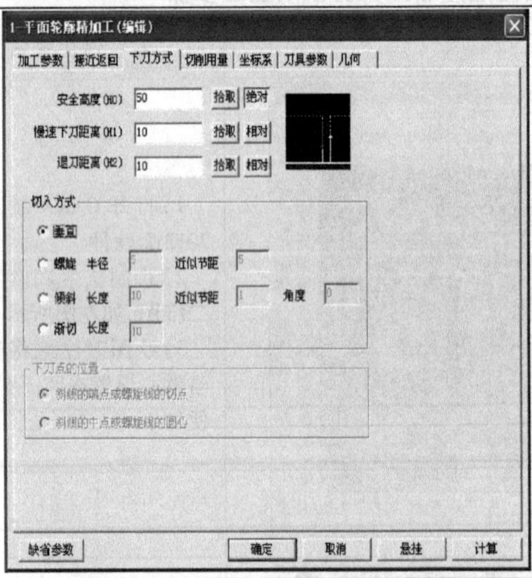	1）在下刀方式设置中，根据工件在工作台上的安装高度，以螺纹中心顶点为原点，设置安全高度为50mm，以确保安全加工 2）设置慢速下刀距离为10mm，退刀距离为10mm 3）因直接从轴外切入，切入方式采取“垂直”	安全高度有何意义，是不是越大越好
	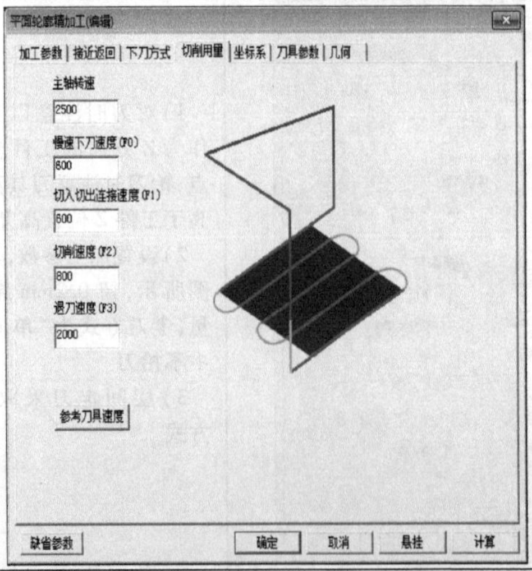	1）根据制订的工艺文件要求，设置主轴转速为2500r/min 2）设置慢速下刀速度为600mm/min，切入切出连接速度为600mm/min，切削速度为800mm/min，退刀速度为2000mm/min	

（续）

步骤	简图	操作要点	探究
2. 设置法兰底座右端方形粗铣参数	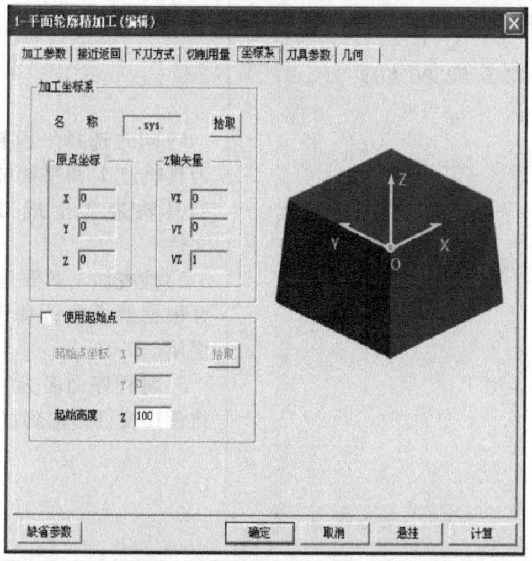	1）坐标原点设置在法兰底座右端顶端轴心，通过拾取的方式捕捉到 2）其他方式按软件默认参数	坐标原点的设置对加工哪些尺寸影响较大
	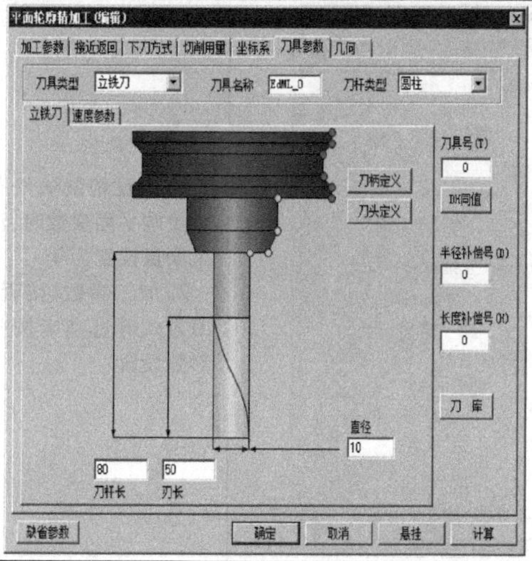	1）刀具参数根据所选刀具与安装状态进行设置，刀杆长设置为 80mm，刃长设置为 50mm，刀具直径为 10mm 2）刀具号根据编程要求与刀库的编号进行设置	为什么要设置刀具参数，设置不好有什么影响
3. 生产法兰底座右端粗铣刀具轨迹	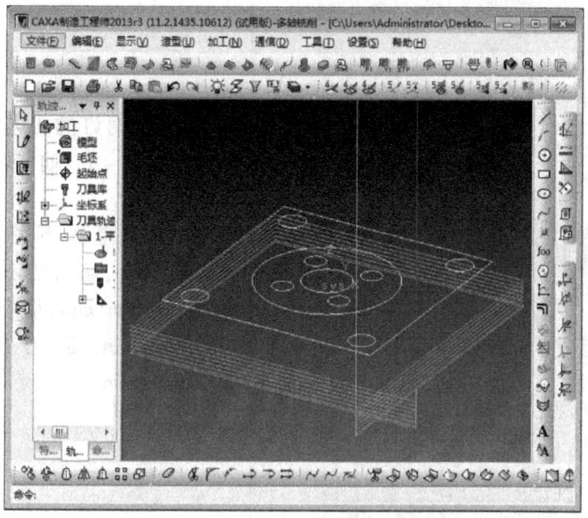	在所有参数设置完成后，在工具栏中单击“生成刀具轨迹”按钮生成右侧刀具轨迹	

（续）

<table>
<tr><th>步骤</th><th>简图</th><th>操作要点</th><th>探究</th></tr>
<tr><td>4. 生成法兰底座右端粗铣程序</td><td>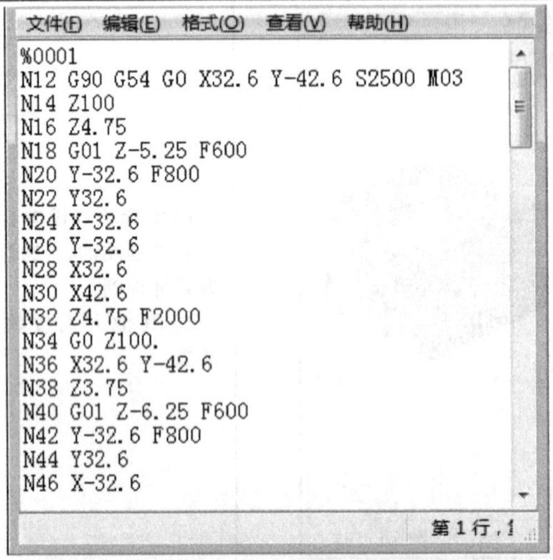
</td><td>1）同时选择平面轮廓加工刀具轨迹1和平面轮廓加工刀具轨迹2生成刀具轨迹文件
2）检查加工参数是否正确，并根据要求修改程序头与程序尾
3）将程序命名为“O0001”，将程序文件传输到机床</td><td>程序上传需要注意哪些问题</td></tr>
<tr><td rowspan="2">5. 设置法兰底座右端精铣参数</td><td>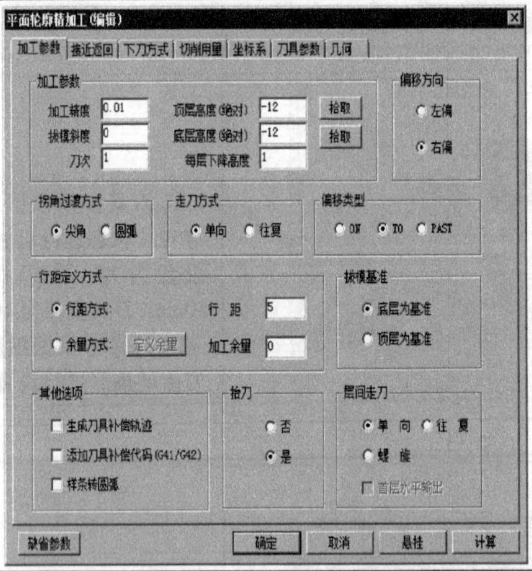
</td><td>1）设置精铣法兰底座右端轴身两平面参数时，注意将加工余量设置为0
2）加工参数、接近返回、下刀方式等选项卡按照粗加工参数设置</td><td>精铣参数与粗铣参数有何不同</td></tr>
<tr><td>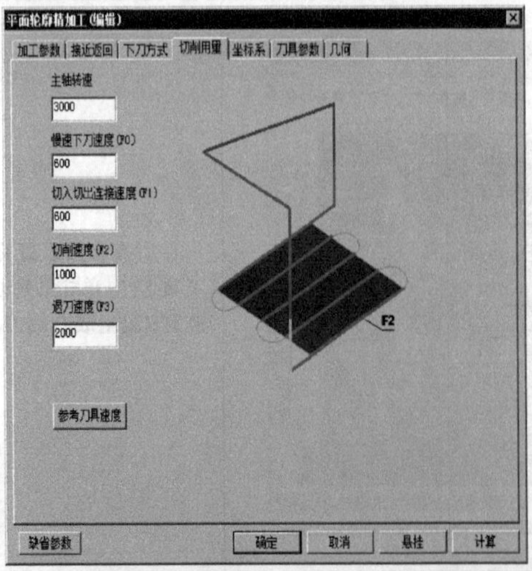
</td><td>1）根据制订的工艺文件要求，设置主轴转速为3000r/min
2）设置慢速下刀速度为600mm/min，切入切出连接速度为600mm/min，切削速度为1000mm/min，退刀速度为2000mm/min</td><td></td></tr>
</table>

（续）

步骤	简图	操作要点	探究
6. 生成法兰底座右端精铣刀具轨迹	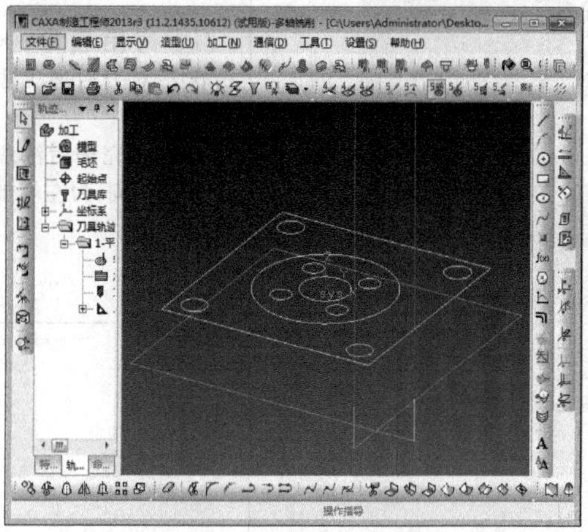	1）在完成刀路参数设置的基础上，单击“生成刀具轨迹”按钮生成精铣刀具轨迹 2）检查刀具轨迹，确认无错误	
7. 生成法兰底座右端精铣程序	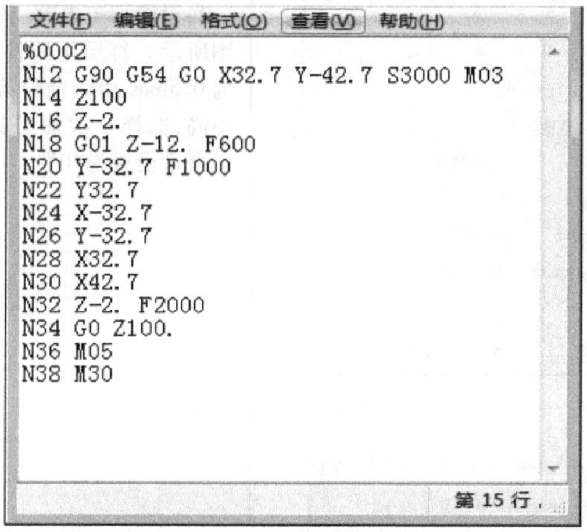 文件(F) 编辑(E) 格式(O) 查看(V) 帮助(H) %0002 N12 G90 G54 G0 X32.7 Y-42.7 S3000 M03 N14 Z100 N16 Z-2. N18 G01 Z-12. F600 N20 Y-32.7 F1000 N22 Y32.7 N24 X-32.7 N26 Y-32.7 N28 X32.7 N30 X42.7 N32 Z-2. F2000 N34 G0 Z100. N36 M05 N38 M30 第 15 行，	1）设置参数并检查刀具轨迹后，生成法兰底座右端精铣程序 2）修改程序头与程序尾，将程序命名为“O0002” 3）设置好传输参数和机床参数，把程序传输到机床	
8. 装夹工件		工件装夹时，压板紧固自定心卡盘不出现松动 2）装夹时确保工件与两块垫铁紧贴 3）自定心卡盘紧固工件不出现松动	如何确保安装轴线与Z轴同轴

（续）

步骤	简图	操作要点	探究
9. 操作机床进行铣削加工		1）调用程序 O0001 和 O0002，对刀后加工法兰底座右端矩形 2）加工完毕后注意去除加工部位毛刺，为左端加工做好准备	加工中控制尺寸的方法有哪些
10. 铣削凹槽加工参数	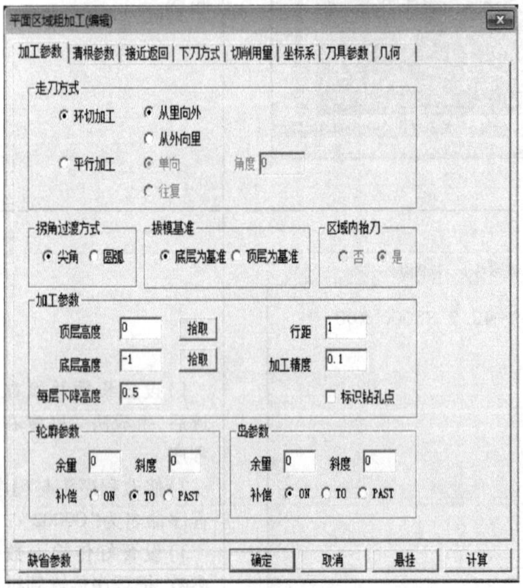	1）注意走刀方式选择"环切加工"→"从里向外" 2）设置加工参数，具体如左图所示。每层下降高度设置为 0.5mm，由于台阶精度要求不高，选择一次加工完成，加工余量设置为"0"	
	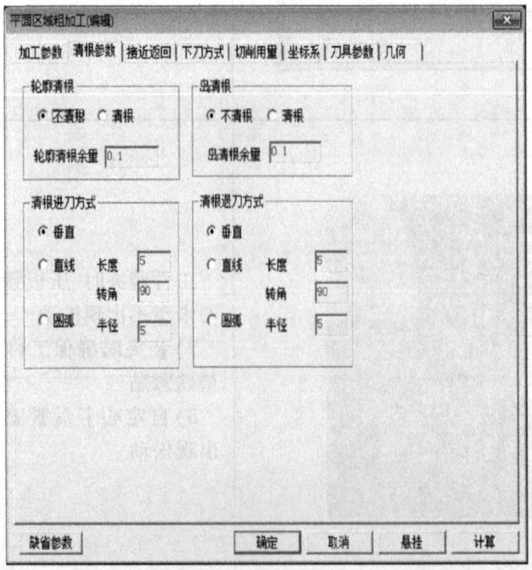	清根参数按默认选项设置	

（续）

步骤	简图	操作要点	探究
	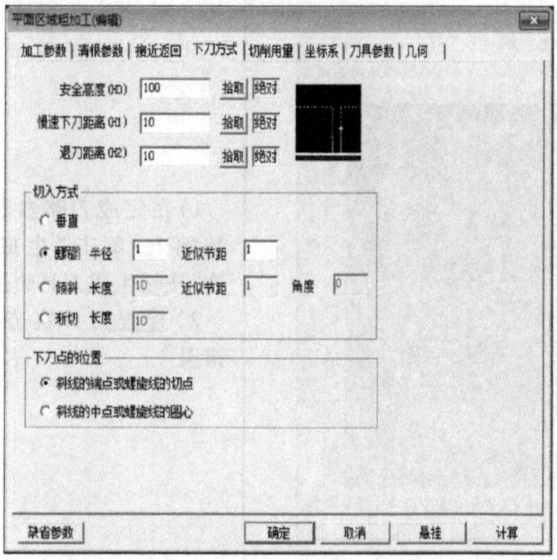	1）在下刀方式设置中，根据工件在工作台上的装夹高度，以螺纹中心顶点为原点，设置安全高度为100mm，以确保安全加工 2）设置慢速下刀距离为10mm，退刀距离为10mm	切入时选择螺旋、倾斜、渐切方式有什么区别
10. 铣削凹槽加工参数	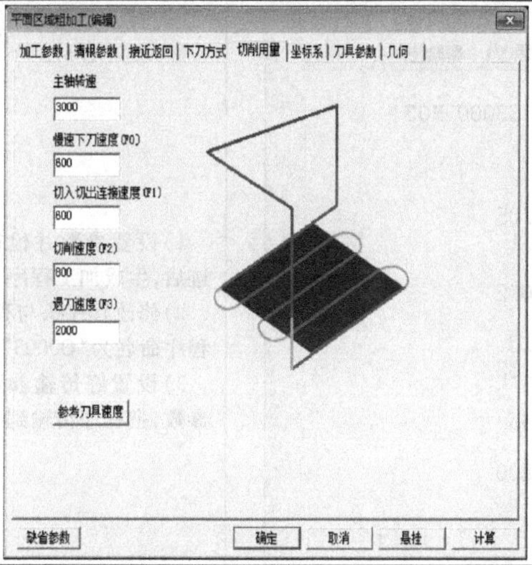	1）根据制订的工艺文件要求，设置主轴转速为300r/min 2）设置慢速下刀速度为600mm/min，切入切出连接速度为600mm/min，切削速度为800mm/min，退刀速度为2000mm/min	
	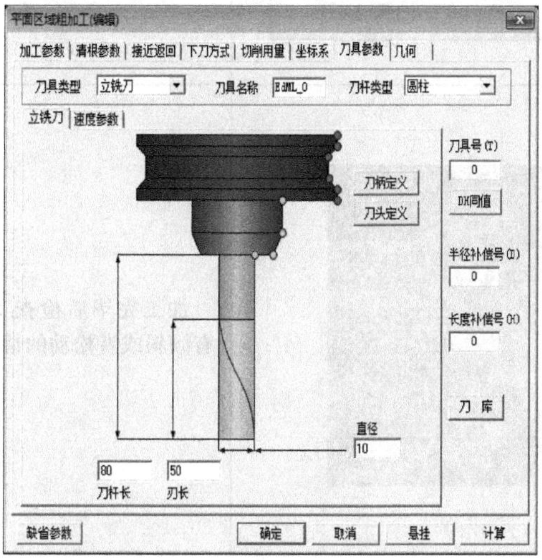	1）刀具参数根据所选刀具与安装状态进行设置，刀杆长设置为80mm，刃长设置为50mm，刀具直径为10mm 2）刀具号根据编程要求与刀库的编号进行设置	

（续）

<table>
<tr><th>步骤</th><th>简图</th><th>操作要点</th><th>探究</th></tr>
<tr><td>11. 生成凹槽模拟刀路</td><td>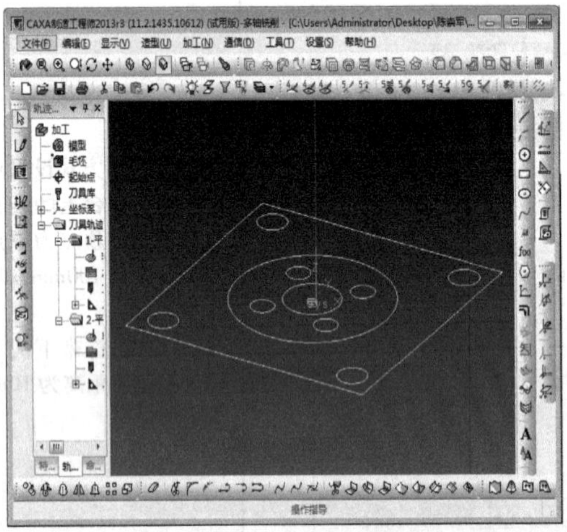</td><td>1)在完成刀路参数设置的基础上，单击“生成刀具轨迹”按钮生成刀具轨迹
2)检查刀具轨迹，确认无错误</td><td></td></tr>
<tr><td>12. 生成台阶加工程序</td><td>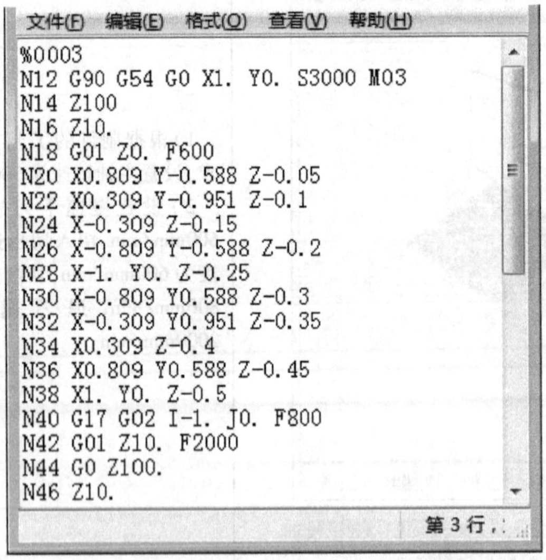
文件(F) 编辑(E) 格式(O) 查看(V) 帮助(H)
%0003
N12 G90 G54 G0 X1. Y0. S3000 M03
N14 Z100
N16 Z10.
N18 G01 Z0. F600
N20 X0.809 Y-0.588 Z-0.05
N22 X0.309 Y-0.951 Z-0.1
N24 X-0.309 Z-0.15
N26 X-0.809 Y-0.588 Z-0.2
N28 X-1. Y0. Z-0.25
N30 X-0.809 Y0.588 Z-0.3
N32 X-0.309 Y0.951 Z-0.35
N34 X0.309 Z-0.4
N36 X0.809 Y0.588 Z-0.45
N38 X1. Y0. Z-0.5
N40 G17 G02 I-1. J0. F800
N42 G01 Z10. F2000
N44 G0 Z100.
N46 Z10.
第 3 行，</td><td>1)设置参数并检查刀具轨迹后，生成加工程序
2)修改程序头与程序尾，将程序命名为“O0003”
3)设置好传输参数和机床参数，把程序传输到机床</td><td></td></tr>
<tr><td>13. 加工工件</td><td></td><td>加工完毕后检查工件是否有倾斜或者松动的情况</td><td></td></tr>
</table>

（续）

步骤	简图	操作要点	探究
14. 设置钻孔参数	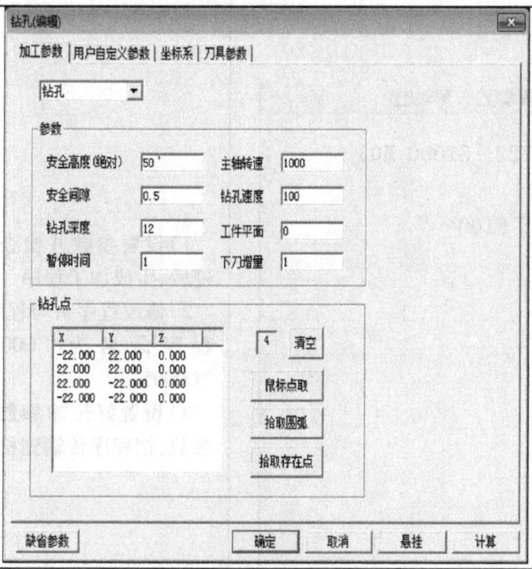	1）设置安全高度为50mm，工作平面为“0”，钻孔深度为12mm 2）主轴转速为1000r/min，钻孔速度为100mm/min 3）按照顺序选择4个孔圆心坐标作为加工下刀点	钻头的对刀平面应该选择哪个平面
	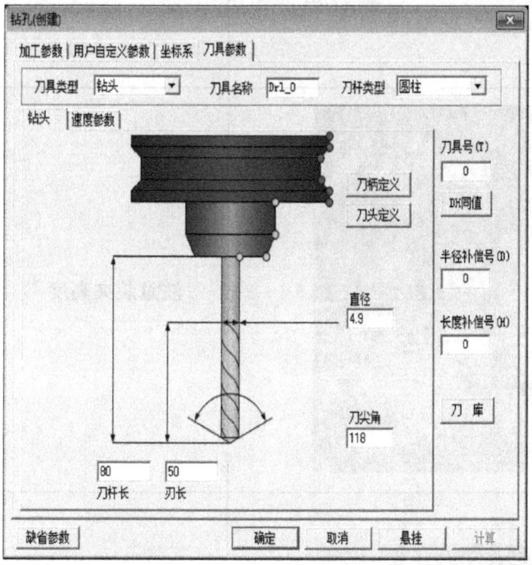	注意刀杆长度值必须大于刃长，否则生成程序会出错	
15. 生成钻孔模拟刀路	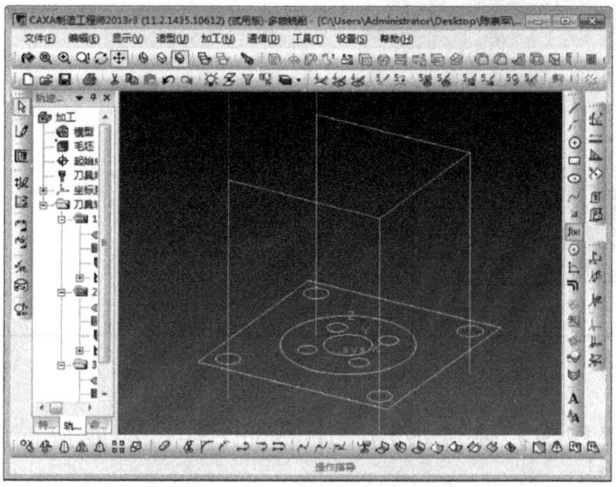	1）在完成刀路参数设置的基础上，单击“生成刀具轨迹”按钮生成刀具轨迹 2）检查刀具轨迹，确认无错误	钻孔加工要注意哪些问题

（续）

步骤	简图	操作要点	探究
16. 生成钻孔加工程序	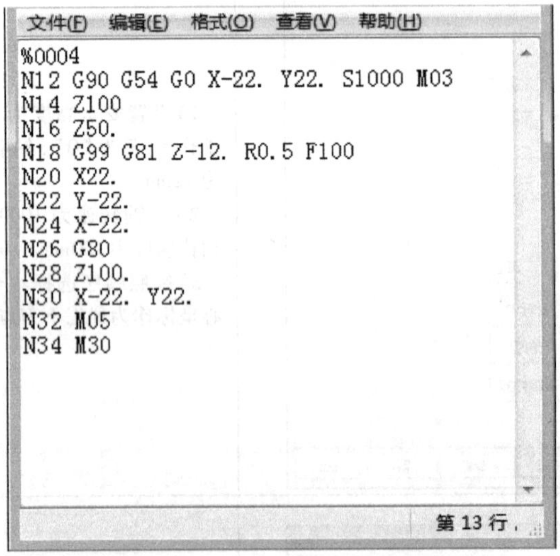 文件(F) 编辑(E) 格式(O) 查看(V) 帮助(H) %0004 N12 G90 G54 G0 X-22. Y22. S1000 M03 N14 Z100 N16 Z50. N18 G99 G81 Z-12. R0.5 F100 N20 X22. N22 Y-22. N24 X-22. N26 G80 N28 Z100. N30 X-22. Y22. N32 M05 N34 M30 第 13 行，	1）设置参数并检查刀具轨迹后，生成加工程序 2）修改程序头与程序尾，将程序命名为“O0004”和“O0005” 3）设置好传输参数和机床参数，把程序传输到机床	
17. 装夹工件		注意装夹高度	
18. 加工工件		加工完毕后去除孔周边毛刺	

（四）法兰底座反面部分钻孔

按照表 5-4 中”铣 2“的要求，操作数控铣床或加工中心加工法兰底座反面部分，具体步骤见表 5-8 所示。

表 5-8　法兰底座反面部分钻孔加工步骤

步骤	简图	操作要点	探究
1. 绘制法兰底座反面部分二维图	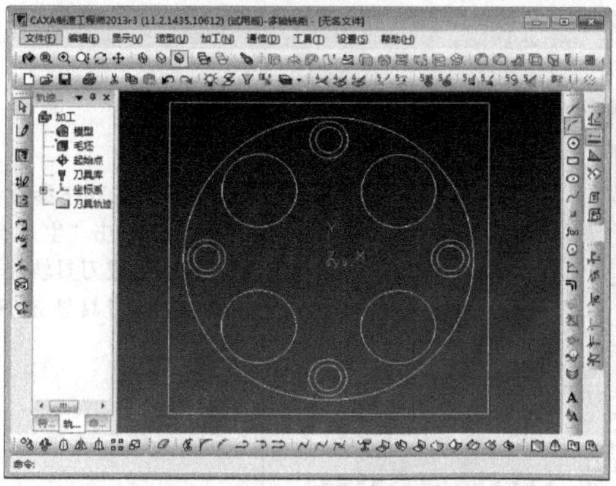	1）操作 CAXA 制造工程师 2013r2 软件绘制法兰底座反面二维图 2）注意将坐标原点设置在左端轴心	
2. 设置钻孔参数	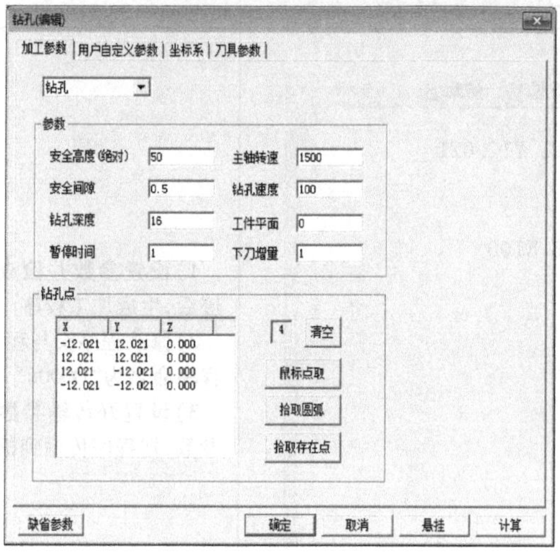	1）设置安全高度为 50mm，工件平面设置为“0”，钻孔深度为“16mm” 2）设置主轴转速为 1500r/min，钻孔速度为 100mm/min 3）按照顺序选择 4 个孔圆心坐标作为加工下刀点	如何准确快速地拾取轮廓曲线
	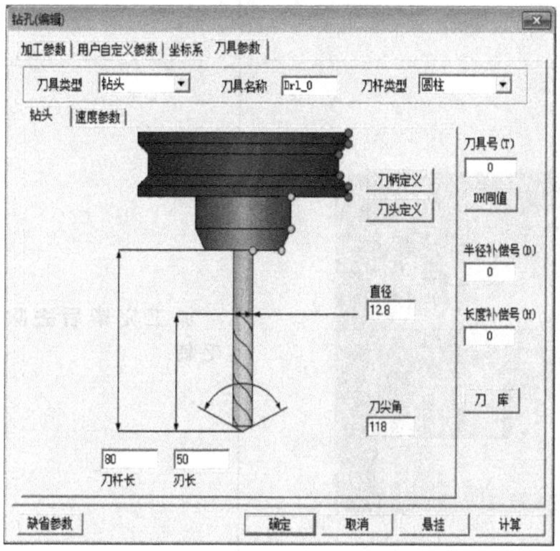	注意刀杆长度值必须大于刃长，否则生成程序会出错	

（续）

步骤	简图	操作要点	探究
3. 生成钻孔模拟刀路	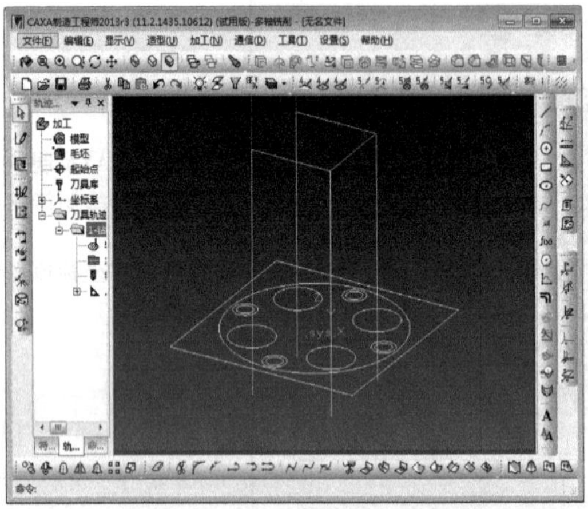	1）在完成刀路参数设置的基础上，单击“生成刀具轨迹”按钮生成刀具轨迹 2）检查刀具轨迹，确认无错误	
4. 生成钻孔加工程序	 文件(F) 编辑(E) 格式(O) 查看(V) 帮助(H) %0006 N10 G90 G54 G0 X-12.021 Y12.021 N12 S1500 M03 N14 Z100 N16 Z50. N18 G99 G81 Z-16. R0.5 F100 N20 X12.021 N22 Y-12.021 N24 X-12.021 N26 G80 N28 Z100. N30 X-12.021 Y12.021 N32 M09 N34 M05 N36 M30 第3行，	1）设置参数并检查刀具轨迹后，生成加工程序 2）修改程序头与程序尾，将程序命名为“O0006” 3）设置好传输参数和机床参数，把程序传输到机床	
5. 装夹加工		加工完毕后去除孔周边毛刺	

（续）

<table>
<tr><th>步骤</th><th>简图</th><th>操作要点</th><th>探究</th></tr>
<tr><td rowspan="2">6. 设置通孔钻削参数</td><td>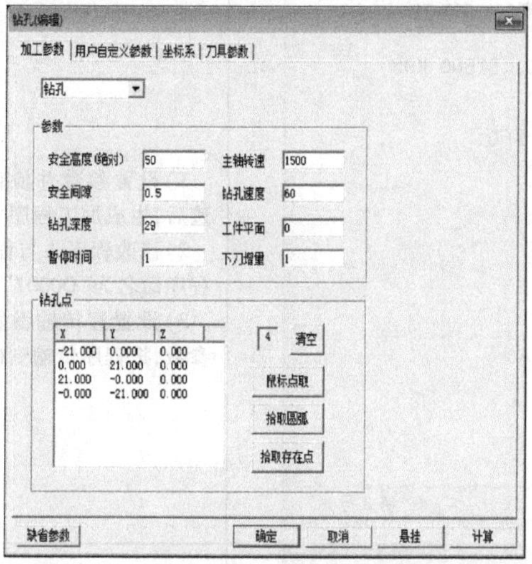</td><td>1）设置安全高度为50mm，工件平面选择“0”，钻孔深度为通孔（29mm）
2）设置主轴转速为1500r/min，钻孔速度为60mm/min
3）按照顺序选择4个孔圆心坐标作为加工下刀点</td><td></td></tr>
<tr><td>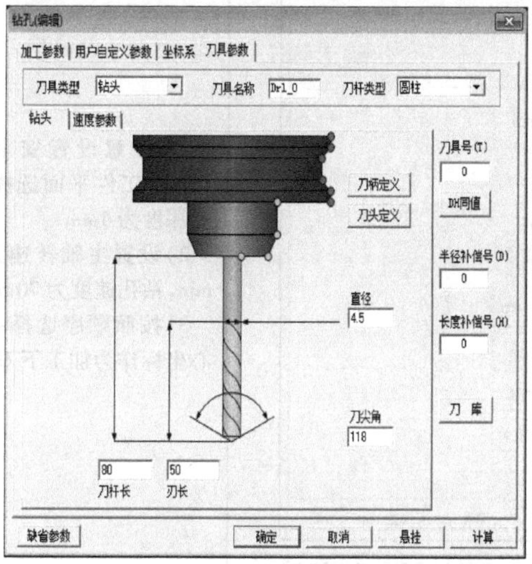</td><td>注意刀杆长度值必须大于刃长，否则生成程序会出错。钻头的对刀点输入机床坐标确保正确</td><td></td></tr>
<tr><td>7. 生成钻孔模拟刀路</td><td>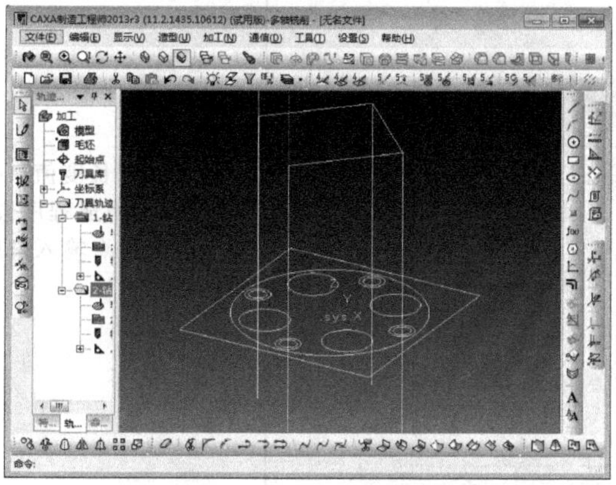</td><td>1）在完成刀路参数设置的基础上，单击“生成刀具轨迹”按钮生成刀具轨迹
2）检查刀具轨迹，确认无错误</td><td></td></tr>
</table>

（续）

步骤	简图	操作要点	探究
8. 生成钻孔程序	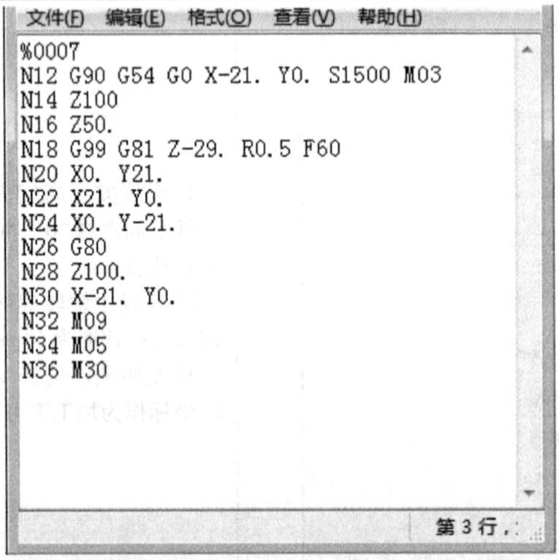 文件(F) 编辑(E) 格式(O) 查看(V) 帮助(H) %0007 N12 G90 G54 G0 X-21. Y0. S1500 M03 N14 Z100 N16 Z50. N18 G99 G81 Z-29. R0.5 F60 N20 X0. Y21. N22 X21. Y0. N24 X0. Y-21. N26 G80 N28 Z100. N30 X-21. Y0. N32 M09 N34 M05 N36 M30 第 3 行，	1）设置参数并检查刀具轨迹后，生成加工程序 2）修改程序头与程序尾，将程序命名为“O0007” 3）设置好传输参数和机床参数，把程序传输到机床	
9. 钻孔参数设置	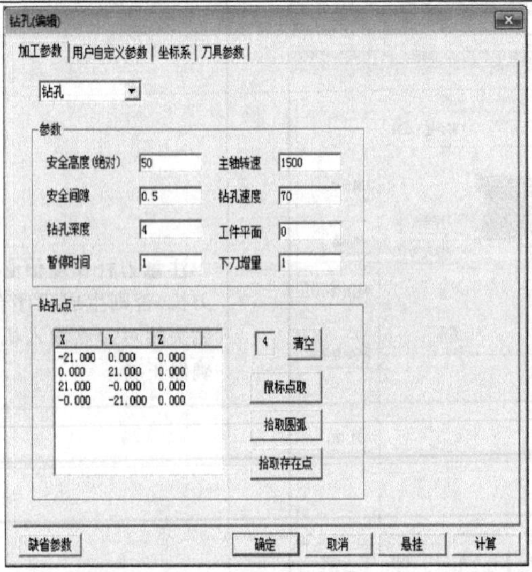	1）注意设置安全高度为50mm，工件平面选择“0”，钻孔深度为4mm 2）设置主轴转速为1500r/min，钻孔速度为70mm/min 3）按照顺序选择4个孔圆心坐标作为加工下刀点	
	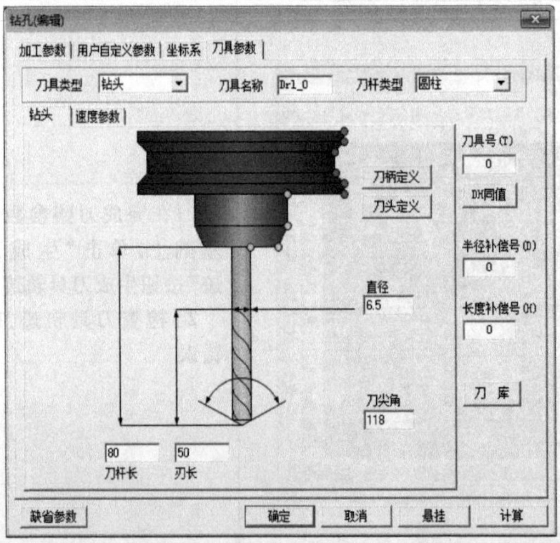	注意刀杆长度值必须大于刃长，否则生成程序会出错。钻头的对刀点输入机床坐标确保正确	

（续）

步骤	简图	操作要点	探究
10. 生成钻孔模拟刀路	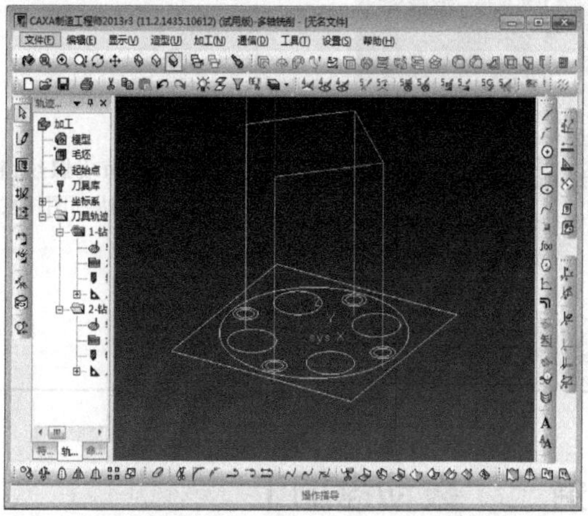	1）在完成刀路参数设置的基础上，单击“生成刀具轨迹”按钮生成刀具轨迹 2）检查刀具轨迹，确认无错误	
11. 生成钻孔加工程序	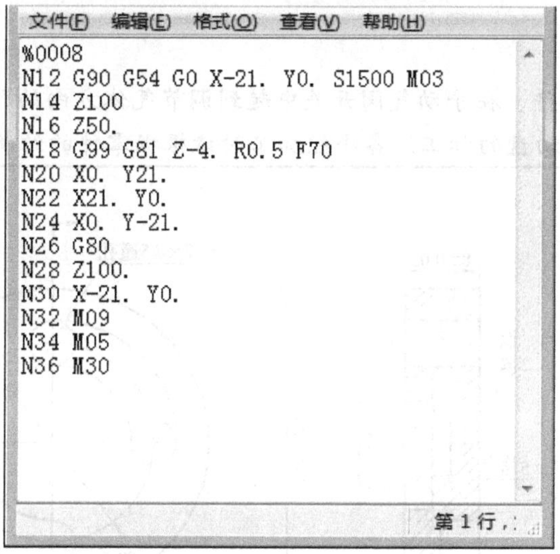 文件(F)　编辑(E)　格式(O)　查看(V)　帮助(H) %0008 N12 G90 G54 G0 X-21. Y0. S1500 M03 N14 Z100 N16 Z50. N18 G99 G81 Z-4. R0.5 F70 N20 X0. Y21. N22 X21. Y0. N24 X0. Y-21. N26 G80 N28 Z100. N30 X-21. Y0. N32 M09 N34 M05 N36 M30 第 1 行，	1）设置参数并检查刀具轨迹后，生成加工程序 2）修改程序头与程序尾，将程序命名为“O0008” 3）设置好传输参数和机床参数，把程序传输到机床	
12. 装夹加工		1）调用程序 O0007、O0008 加工相应的孔 2）加工完毕后注意去除加工部位毛刺	

（续）

步骤	简图	操作要点	探究
13. 倒角、手动攻螺纹		倒角，手动攻螺纹，检测孔的尺寸是否达到图样要求	攻螺纹有哪些注意事项

任务二　拨动盘加工

【任务描述】

拨动盘是手动气阀开关的一个零件，在手动气阀开关中起到调节气体方向的作用。各学习小组根据图5-9所示图样的要求完成拨动盘的加工。各小组加工时请根据零件的结构特征、技术要

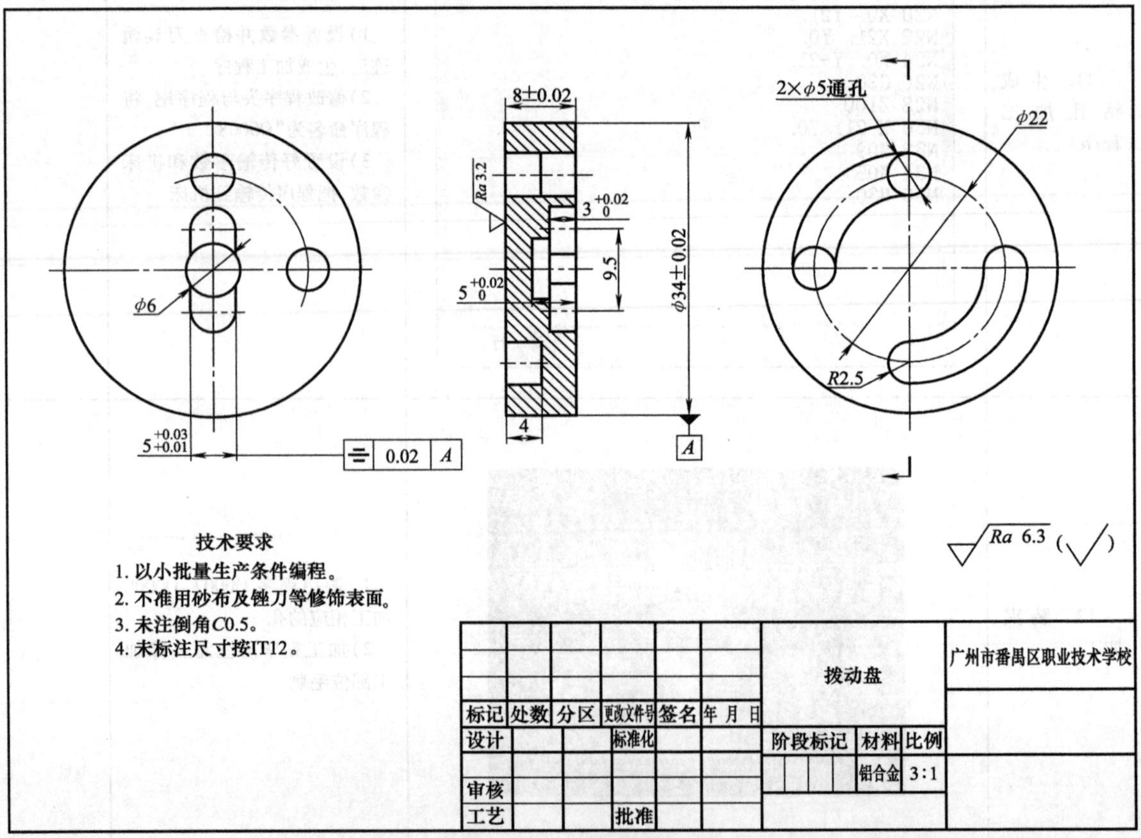

图5-9　拨动盘零件图

求，合理设计加工工艺。

本任务教学时数为 5 学时。

【学习目标】

通过本任务的学习，学生应：

1）能对拨动盘进行正确的工艺分析，会编写工艺卡片。

2）会对车铣复合加工类零件进行正确装夹，在装夹过程中掌握零件找正的方法与技巧。

3）熟悉企业生产现场管理与劳动组织模式，熟悉车铣复合加工类零件的工艺编排，培养精益求精的工作态度和“品质为先”的质量观。

【任务知识与技能分析】

拨动盘所用材料为铝合金，备料毛坯尺寸为 ϕ40mm 的圆棒料。加工要用到车削加工与铣削加工工序，属于车铣复合加工类零件，加工工艺的编写至关重要，直接影响到能否顺利完成加工任务。实施本任务涉及的主要知识与技能包括：

1）零件加工属中小批量生产，生产工艺要注意考虑批量的大小。其中的关键是各工序与工步编排的合理性、科学性、便捷性。

2）尺寸公差的保证。拨动盘的加工包括六处尺寸公差要求，精度要求比较高，最小的精度要求为 0.01mm，对刀具、机床、检测工具要求较高，在合理选择切削用量的前提下，注重过程检测，确保加工质量。

3）位置公差的保证。拨动盘零件图中有一处对称度公差要求，因此在工艺设计和二次装夹时保证重要定位也非常重要。

【任务实施】

一、加工工艺分析

加工工艺是指导操作者将产品逐步生产成交货状态的指导性文件。拨动盘加工工艺分析包括分析零件图样中的尺寸标注，零件的结构工艺性，零件毛坯的选择，零件的装夹，加工刀具、量具、夹具的选择等。加工工艺编制质量的好坏直接影响到产品的生产成本和生产率，在生产中的作用是非常重要且不可或缺的。拨动盘加工工艺分析见表 5-8。

表 5-9 拨动盘加工工艺分析

序号	项目	分析内容	备注
1	拨动盘零件图样分析	细致认真地审读拨动盘零件图，重点关注尺寸公差、表面粗糙度值、几何公差与技术要求。具体如下： 1）拨动盘尺寸标注方法分析。分析整体与局部的尺寸标注是否完备，标注是否正确，有无多余尺寸 2）拨动盘零件轮廓的几何要素分析。分析图样中几何要素的给定条件是否充分、正确，包括键槽、外圆、孔的几何要素 3）拨动盘精度及技术要求分析。尺寸精度要求车削外圆部分是 ϕ34mm ± 0.02mm，长度是 8mm + 0.02mm，要求键槽深度 $3^{+0.02}_{0}$ mm，键槽宽 $5^{+0.03}_{+0.01}$ mm，其余的尺寸按照 IT12 级控制。表面粗糙度值一处 Ra3.2μm，其他表面按照 Ra6.3μm 控制。还有一处对称度位置公差要求。分析精度及各项技术要求是否齐全、合理 4）根据零件图的尺寸要求，本产品备料毛坯尺寸为 ϕ40mm 圆棒料	

（续）

序号	项目	分析内容	备注
2	拨动盘结构工艺分析	1）拨动盘的结构包括外圆、通孔、键槽等。根据其结构工艺特性，须采用车削加工、铣削加工和钻孔 2）拨动盘加工工序。根据结构特点，划分三个加工工序：①车削外圆、切断；②铣削左端通孔、键槽、不通孔；③铣削右端圆弧键 3）对各工序的粗、精加工。先对各表面进行粗加工，粗加工结束后再精加工，并进行精度控制 4）拨动盘零件图中有一处对称度要求，在加工过程中要注意	
3	装夹夹具分析	根据拨动盘结构特点，在车削与铣削过程中，所用的夹具如下： 1）车削圆周定位夹具采用自定心卡盘，装夹结合坯料进行 2）铣削加工左、右端部分，采用自定心卡盘装夹，并且注意保证与轴心垂直	
4	加工刀具分析	根据拨动盘的轮廓几何要素，在车削与铣削过程中，所用的刀具如下： 1）外圆车削部分选用外圆车刀，刀具材料一般采用硬质合金 2）切断加工部分，选用3mm切槽刀，刀具材料一般采用硬质合金 3）铣削加工部分，根据铣削量与槽宽，选用ϕ4mm白钢立铣刀 4）钻孔部分选用相对应的钻头	
5	切削用量分析	切削用量的选择，包括背吃刀量、主轴转速和进给速度三项。拨动盘材料为铝合金，刀具材料均用硬质合金，切削具体要求如下： 1）确定背吃刀量a_p(mm)，须考虑机床、刀具、装夹的刚性，车削一般最好一次切净余量，以提高生产率。根据产品实际情况，拨动盘粗加工一般不超过2mm，同时为了保证加工精度和表面粗糙度值，一般都留有一定的精加工余量，精车余量为0.1～0.5mm 2）主轴转速n(r/min)，主轴转速应根据零件上被加工部位的直径，并按零件和刀具的材料及加工性质等条件所允许的切削速度v_c(m/min)来确定 3）确定进给速度v_f(mm/min)，进给速度的大小直接影响表面粗糙度值和车削效率，因此进给速度的确定应在保证表面质量的前提下，选择较高的进给速度	
6	产品质量检测分析	拨动盘的检测包括外圆、长度、槽、孔等内容，其中加工过程还须有辅助检测工具，具体准备的检测工具包括：①游标卡尺；②千分尺；③钢直尺；④深度游标卡尺；⑤百分表	

想一想：对零件产品加工工艺进行分析，对称度要求如何保证？

二、编制工艺卡

编制工艺卡（表5-10）时需查找《机床参数表》《机床使用说明书》《切削用量手册》《刀具手册》《机械加工工艺手册》等工艺文件资料。

表 5-10　拨动盘加工工艺卡

广州市番禺区职业技术学校	零件名称	拨动盘	加工工艺卡		产品型号			FZJ-BXXW-05	
	毛坯类型	ϕ40mm 棒料	材料	铝合金	工艺卡号	BDP001		第 1 页	共 3 页
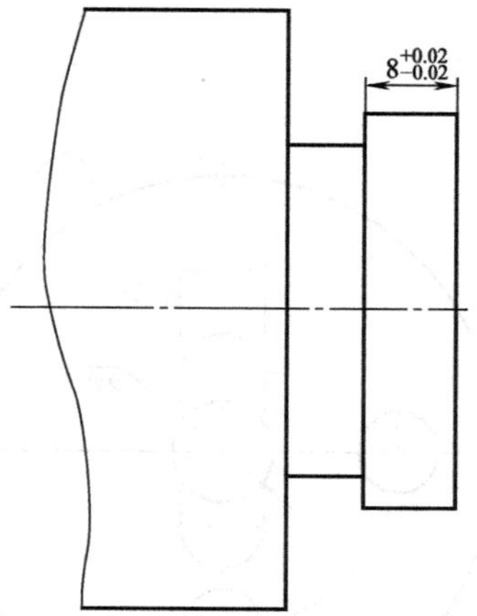	工序号	工步	加工内容	刀具	工艺装备	切削用量			
							n/(r/min)	a_p/mm	v_f/(mm/min)
	车 1	1	1）车平端面 2）单边留余量 0.5mm，粗车 ϕ34mm × 8mm 外圆倒角 3）精车 ϕ34mm × 8mm、外圆倒角至要求	外圆车刀（硬质合金）	自定心卡盘（夹毛坯外圆，右端面定位）	粗加工	1000	1.0	150
						精加工	1300	0.2	100
		2	切断	切槽刀（硬质合金）			800	3	70

				编制		批准	
标记	处数	更改文件号	签字	日期		日期	

（续）

广州市番禺区职业技术学校	零件名称	拨动盘	加工工艺卡		产品型号		FZJ-BXXW-05		
	毛坯类型	φ34mm×8mm 棒料	材料	铝合金	工艺卡号	BDP002		第 2 页	共 3 页
	工序号	工步	加工内容	刀具	工艺装备	切削用量			
							n/(r/min)	a_p/mm	v_f/(mm/min)
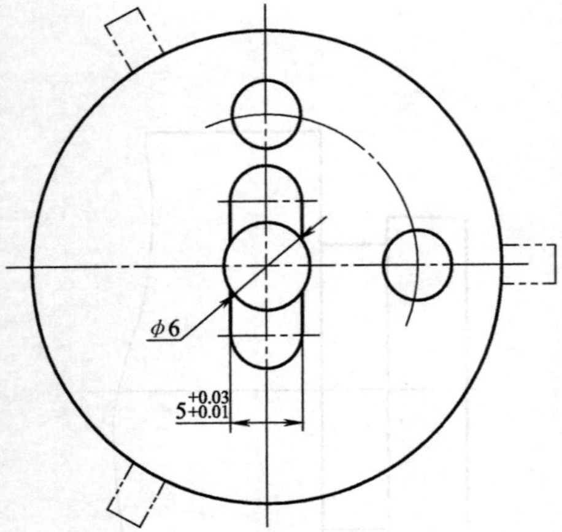 	铣 1	1	装夹、找正		自定心卡盘（夹 φ34mm 外圆，左端面定位）				
		2	1）钻 φ6mm×$5^{+0.02}_{0}$mm 孔 2）钻 2×φ5mm 通孔，保证圆弧中心圆为 φ22mm	钻头			1500		250
		3	铣 9.5mm×$5^{+0.03}_{+0.01}$mm 槽，槽深 $3^{+0.02}_{0}$mm，保证对称度误差不超过 0.02mm	φ4mm 白钢立铣刀		粗加工	3000	0.5	800
						精加工	3500		1000

				编制		批准	
				日期		日期	
标记	处数	更改文件号	签字				

（续）

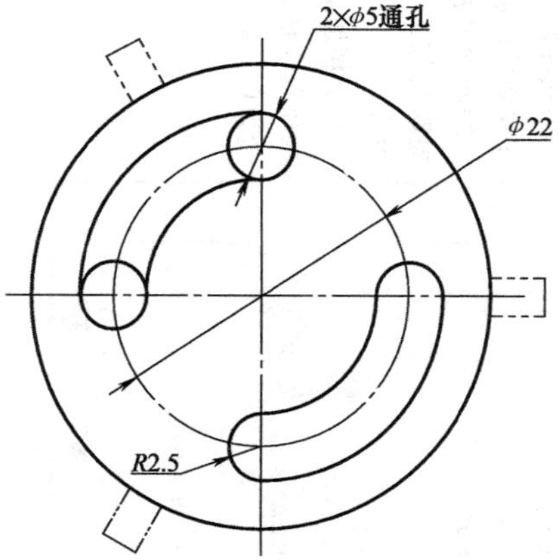

广州市番禺区职业技术学校	零件名称	拨动盘	加工工艺卡		产品型号			FZJ-BXXW-05	
	毛坯类型	ϕ34mm×8mm棒料	材料	铝合金	工艺卡号	BDP003		第3页	共3页
	工序号	工步	加工内容	刀具	工艺装备	切削用量			
							n/(r/min)	a_p/mm	v_f/(mm/min)
	铣2	1	调头装夹、找正		自定心卡盘（夹ϕ34mm外圆，端面定位）				
		2	铣两处圆弧槽，保证圆弧槽中心圆为ϕ22mm	ϕ4mm白钢立铣刀		粗加工	3000	0.5	800
						精加工	3500		1000

				编制		批准	
				日期		日期	
标记	处数	更改文件号	签字				

三、设备、工具、量具、辅具的准备

根据任务的加工要求从前面的设备、工具、量具、辅具清单中选择本任务所需要的物料。

四、操作加工

（一）车削拨动盘

按照表5-10中“车1”的要求，操作数控车床加工拨动盘，具体步骤见表5-11。

表5-11 拨动盘车削加工步骤

步骤	简图	操作要点	探究
1. 绘制拨动盘加工二维图	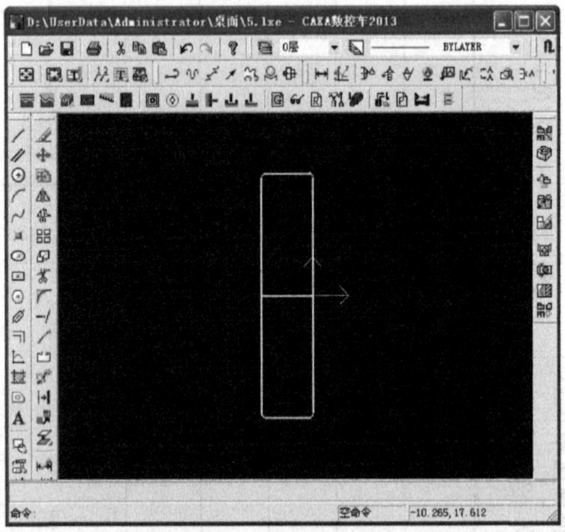	1）编程软件采用CAXA数控车2013软件 2）绘制零件加工二维图的尺寸要准确	
2. 设置拨动盘粗车参数	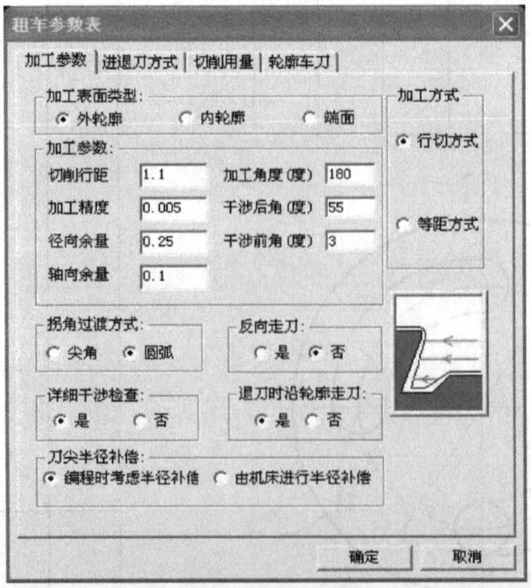	1）选择好加工表面后，进行加工参数的设置 2）将加工表面类型设置为“外轮廓”，加工方式设置为“行切方式” 3）为精加工预留加工余量，一般径向余量为0.25mm，轴向余量为0.1mm	

（续）

步骤	简图	操作要点	探究
	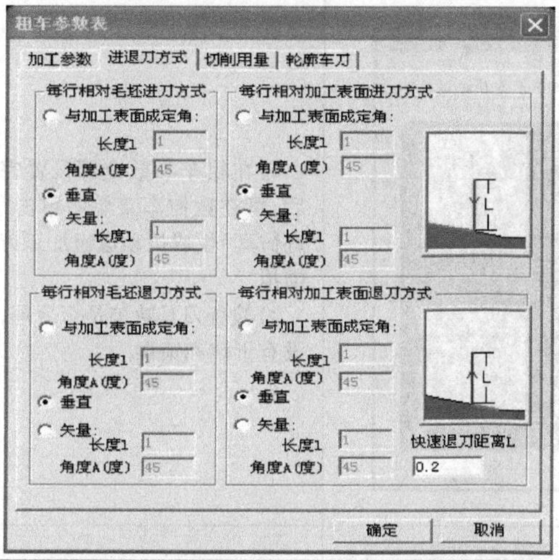	1)每行相对毛坯进退刀方式设置为“垂直” 2)每行相对加工表面进退刀方式设置为“垂直” 3)快速退刀距离设置为0.2mm，以提高加工效率	
2. 设置拨动盘粗车参数	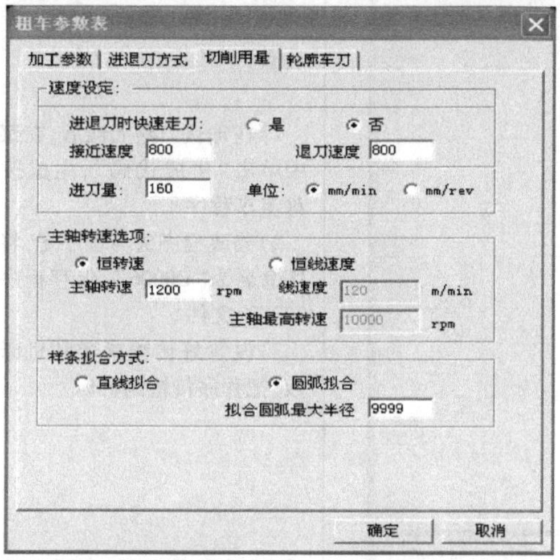	1)为减少定位误差，进退刀时快速走刀设置为“否”，接近速度与退刀速度均设置为800mm/min 2)切削进刀量设置为160mm/min 3)主轴转速选项设置为“恒转速” 4)样条拟合方式采用默认方式	
	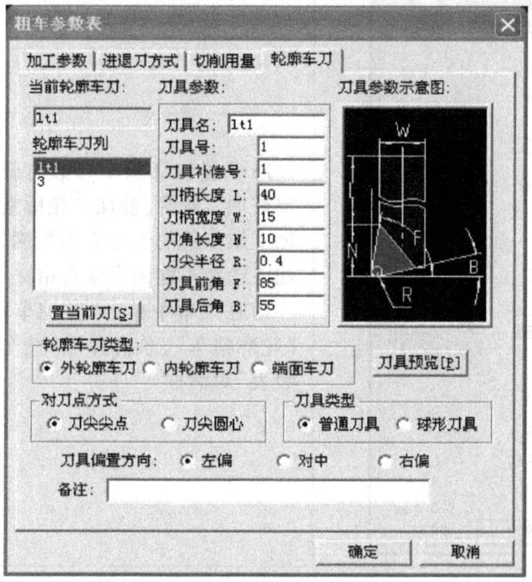	1)设置轮廓车刀时，首先要确定好机床上安装刀具的刀具号，刀具名称与刀具号相对应，刀具补偿号与机床参数中刀补号对应，刀具的其他参数根据刀具参数表进行填写 2)车刀类型根据刀具加工表面确定为普通外轮廓车刀，对刀点方式为刀尖尖点，根据加工方向，刀具偏置方向为“向左偏”	

（续）

步骤	简图	操作要点	探究
3. 拨动盘粗车刀路模拟	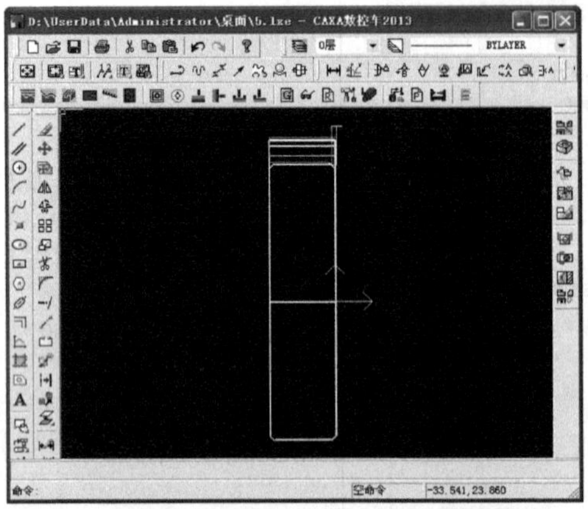	1)在粗车参数全部设置完成后，可在数控车菜单中单击“轨迹仿真”生成拨动盘粗加工刀路模拟 2)检查刀具轨迹是否合理，有没有干涉和错误	
4. 生成拨动盘粗车程序	%0006 T0101 M03 S1200 G00 X43.300 Z0.830 G00 Z0.250 G00 X38.500 G94 G01 X38.300 F500.000 G01 Z-7.900 F160.000 G01 X39.500 G01 X39.700 F500.000 G00 Z0.250 G01 X36.100 F500.000 G01 Z-7.900 F160.000 G01 X38.300 G01 X40.700 F500.000 G00 Z0.250 G01 X33.900 F500.000 G01 Z-0.393 F160.000 G01 X34.207 Z-0.546 G03 X34.500 Z-0.900 R0.500 G01 Z-7.900	1)在确认刀路无误后，在菜单中单击“生成代码”，生成拨动盘粗车程序 2)修改程序头与程序尾，将程序命名为“O0006”，保存程序为“TXT”文件 3)设置好传输参数和机床参数，把程序传输到机床	
5. 设置拨动盘精车参数	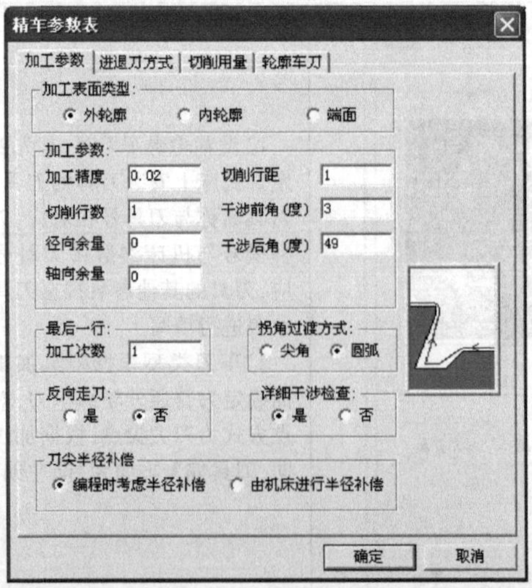	1)设置轮廓精车参数时要确定被加工轮廓，被加工轮廓就是加工结束后的工件表面轮廓，被加工轮廓不能闭合或自相交 2)在菜单中单击“数控车”→“轮廓精车”，系统弹出“精车参数表”对话框	精加工留加工余量为零，否则会出现什么后果

（续）

<table>
<tr><th>步骤</th><th>简图</th><th>操作要点</th><th>探究</th></tr>
<tr><td>5. 设置拨动盘精车参数</td><td>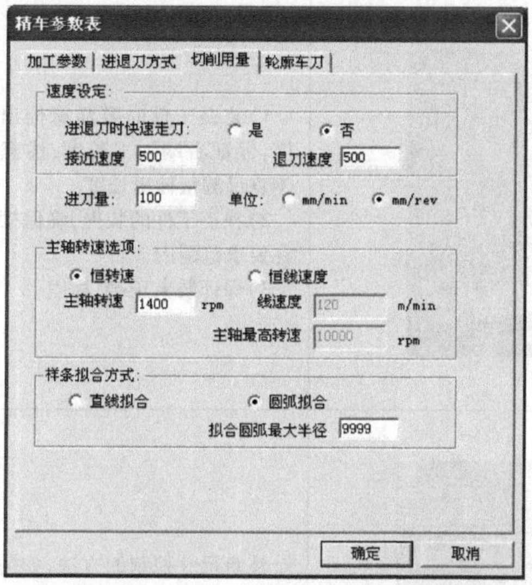
</td><td>1)设置切削用量参数，设置进退刀时快速走刀为“否”，接近速度与退刀速度均为500mm/min
2)设置主轴转速选项为“恒转速”，主轴转速为1400r/min；样条拟合方式为“圆弧拟合”</td><td></td></tr>
<tr><td>6. 生成拨动盘精车刀具轨迹</td><td>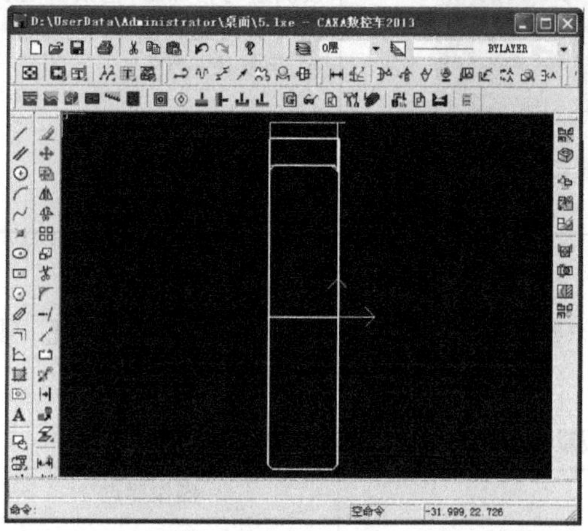
</td><td>1)生成精车刀具轨迹时，要准确地拾取轮廓线，并注意根据加工方向选定一个方向
2)另外还须确定进退刀点，指定一点为刀具加工前和加工后所在的位置。按鼠标右键可忽略该点输入
3)被加工轮廓不能闭合或自相交</td><td></td></tr>
<tr><td>7. 生成拨动盘精车程序</td><td>
</td><td>1)在确认刀路无误后，在菜单中单击“生成代码”，生成拨动盘精车程序
2)修改程序头与程序尾，注意与机床要求一致
3)将程序命名为“O0007”，保存程序为“TXT”文件，把程序O0007传输到机床</td><td></td></tr>
</table>

（续）

步骤	简图	操作要点	探究
8. 工件装夹		1）装夹工件时要注意伸出长度，保证右端加工长度，注意用钢直尺测量伸出长度 2）找正工件的装夹，确保摆动在要求范围内 3）保证装夹正确、稳固	
9. 操作机床进行加工		注意尺寸控制的方法，如何正确测量与精加工，包括去毛刺，测两个关键长度尺寸（半精一次，再复核一次）	

（二）拨动盘正面部分钻孔

按照表5-10中“铣1”的要求，操作数控铣床或加工中心钻拨动盘正面孔，具体步骤见表5-12。

表5-12　拨动盘正面部分钻孔加工步骤

步骤	简图	操作要点	探究
1. 绘制拨动盘正面钻孔二维图	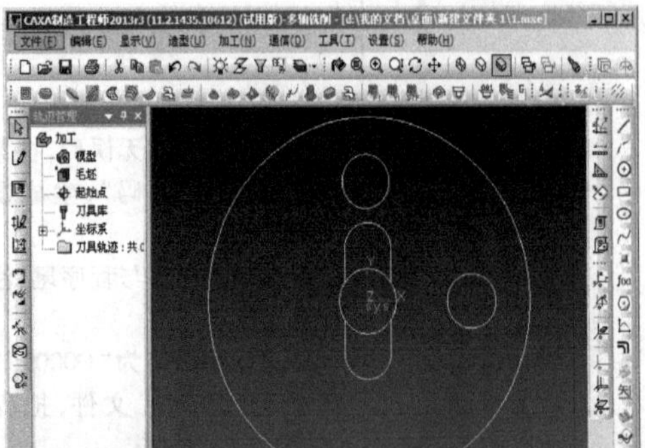	1）打开CAXA制造工程师2013r2软件 2）绘制拨动盘正面钻孔二维图，如左图所示	

（续）

<table>
<tr><th>步骤</th><th>简图</th><th>操作要点</th><th>探究</th></tr>
<tr><td rowspan="2">2. 设置钻孔参数</td><td>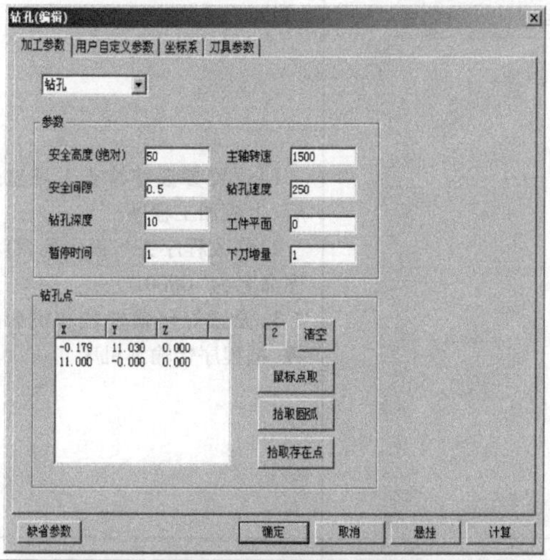
</td><td>1）设置安全高度为50mm，工件平面选择“0”，钻孔深度为10mm
2）设置主轴转速为1500r/min，钻孔速度为250mm/min
3）按照顺序选择两个孔圆心坐标作为加工下刀点</td><td>加工参数中顶层高度与底层高度的具体含义是什么</td></tr>
<tr><td>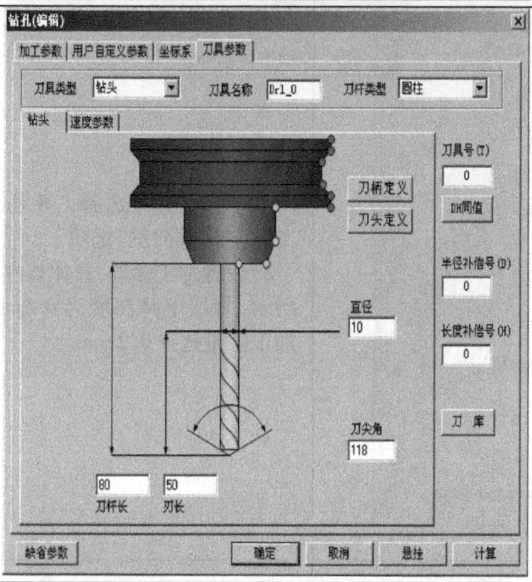
</td><td>1）刀具参数的选择根据所选刀具与安装状态进行设置，刀杆长设置为80mm，刃长设置为50mm，刀具直径为10mm
2）刀具号根据编程要求与刀库的编号进行设置</td><td>直线与圆弧接近有何区别</td></tr>
<tr><td>3. 生成钻孔模拟刀路</td><td>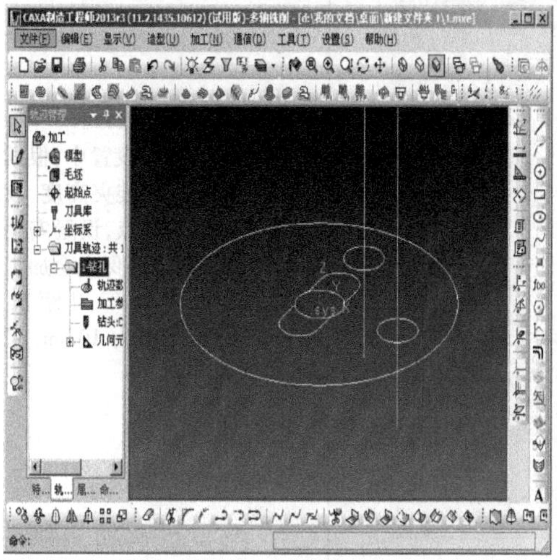
</td><td>1）在完成刀路参数设置的基础上，单击“生成刀具轨迹”按钮生成刀具轨迹
2）检查刀具轨迹，确认无错误</td><td></td></tr>
</table>

（续）

步骤	简图	操作要点	探究
4. 生成钻孔程序	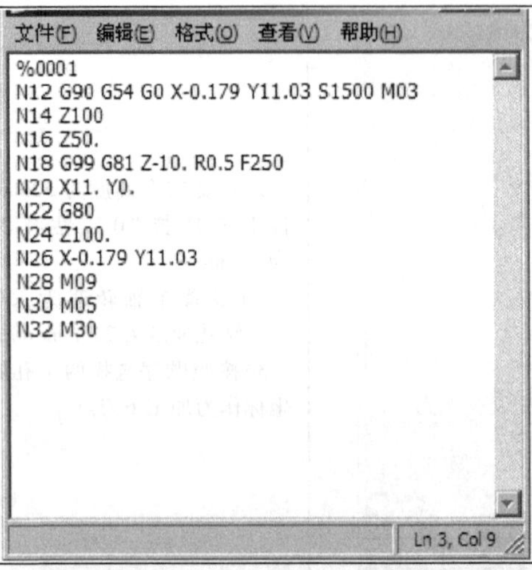 文件(F) 编辑(E) 格式(O) 查看(V) 帮助(H) %0001 N12 G90 G54 G0 X-0.179 Y11.03 S1500 M03 N14 Z100 N16 Z50. N18 G99 G81 Z-10. R0.5 F250 N20 X11. Y0. N22 G80 N24 Z100. N26 X-0.179 Y11.03 N28 M09 N30 M05 N32 M30 Ln 3, Col 9	1）设置参数并检查刀具轨迹后，生成加工程序 2）修改程序头与程序尾，将程序命名为“O0001” 3）设置好传输参数和机床参数，把程序传输到机床	
5. 设置圆形台阶粗加工参数	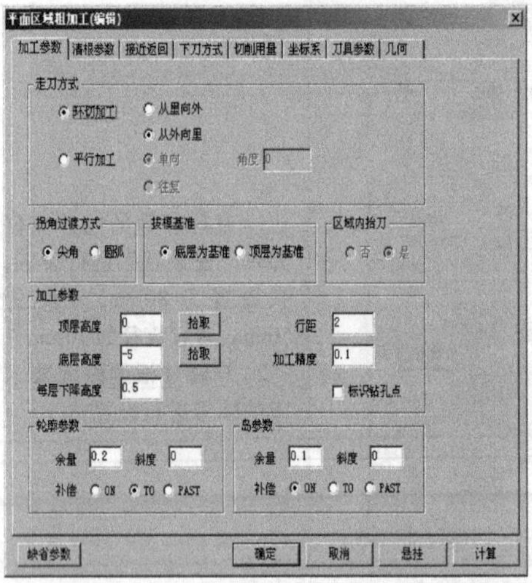	1）走刀方式选择“环切加工”→“从外向里”选项 2）设置加工参数，具体如左图所示，每层下降高度为0.5mm，加工余量选择0.2mm	
	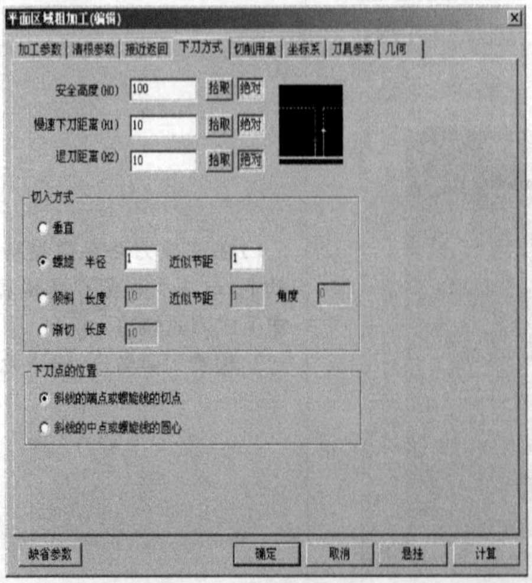	1）在下刀方式设置中，根据工件在工作台上的装夹高度，以螺纹中心顶点为原点，设置安全高度为100mm，以确保安全加工 2）设置慢速下刀距离为10mm，退刀距离为10mm，采取螺旋切入方式	

（续）

步骤	简图	操作要点	探究
5. 设置圆形台阶粗加工参数	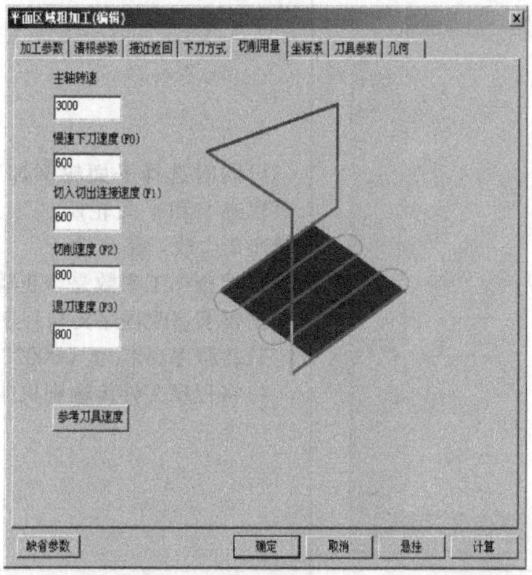	1)根据制订的工艺文件要求，设置主轴转速为3000r/min 2)设置慢速下刀速度为600mm/min，切入切出连接速度为600mm/min，切削速度为800mm/min，退刀速度为800mm/min	
	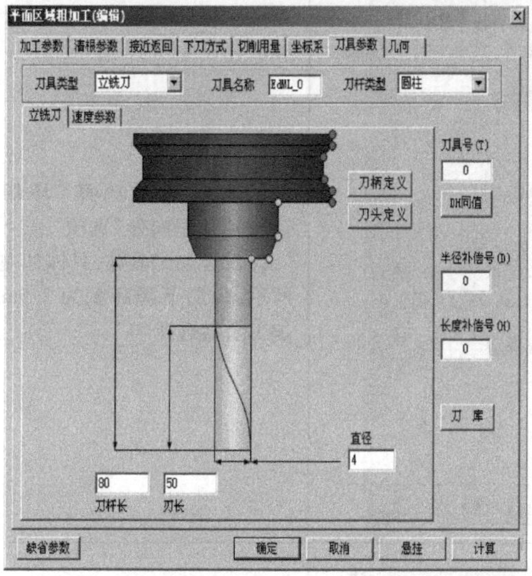	1)刀具参数根据所选刀具与安装状态进行设置，刀杆长设置为80mm，刃长设置为50mm，刀具直径为4mm 2)刀具号根据编程要求与刀库的编号进行设置	
6. 生成圆形台阶模拟刀路	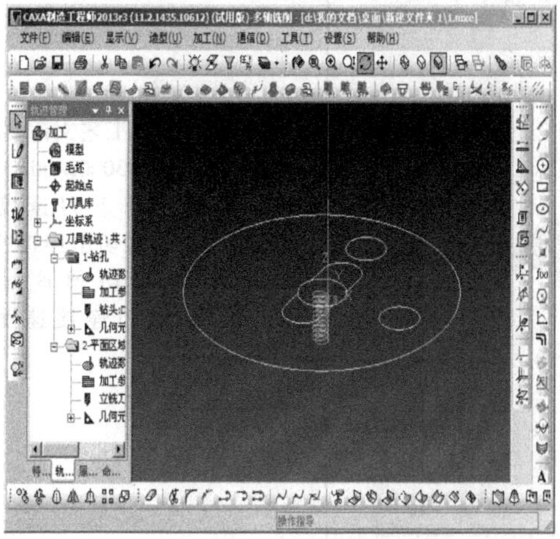	1)在完成刀路参数设置的基础上，单击“生成刀具轨迹”按钮生成刀具轨迹 2)检查刀具轨迹，确认无错误	

（续）

步骤	简图	操作要点	探究
7. 生成圆形台阶加工程序	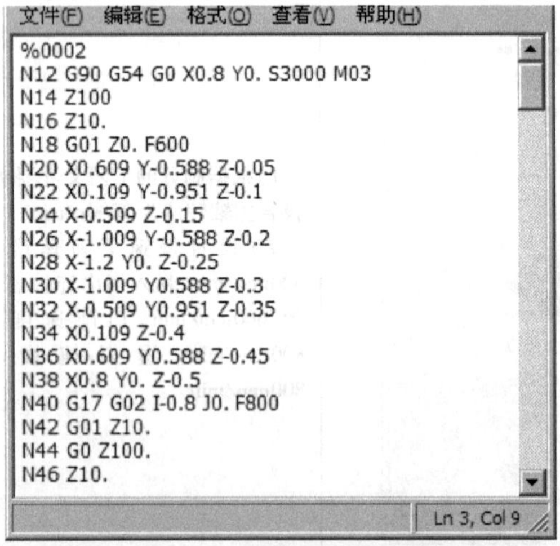 文件(F) 编辑(E) 格式(O) 查看(V) 帮助(H) %0002 N12 G90 G54 G0 X0.8 Y0. S3000 M03 N14 Z100 N16 Z10. N18 G01 Z0. F600 N20 X0.609 Y-0.588 Z-0.05 N22 X0.109 Y-0.951 Z-0.1 N24 X-0.509 Z-0.15 N26 X-1.009 Y-0.588 Z-0.2 N28 X-1.2 Y0. Z-0.25 N30 X-1.009 Y0.588 Z-0.3 N32 X-0.509 Y0.951 Z-0.35 N34 X0.109 Z-0.4 N36 X0.609 Y0.588 Z-0.45 N38 X0.8 Y0. Z-0.5 N40 G17 G02 I-0.8 J0. F800 N42 G01 Z10. N44 G0 Z100. N46 Z10. Ln 3, Col 9	1)同时选择平面轮廓加工刀具轨迹 1 和平面轮廓加工刀具轨迹 2 生成刀路文件 2)检查加工参数是否正确，并根据要求修改程序头与程序尾 3)将程序命名为“O0002” 4)将程序文件传输到机床	
8. 设置精加工参数	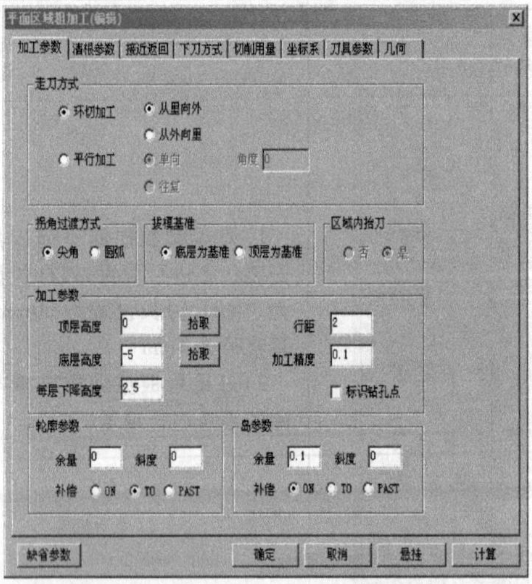	1）走刀方式选择“环切加工”→“从里向外”选项 2）设置加工参数，具体如左图所示，每层下降高度为 2.5mm，加工余量选择“0”	
	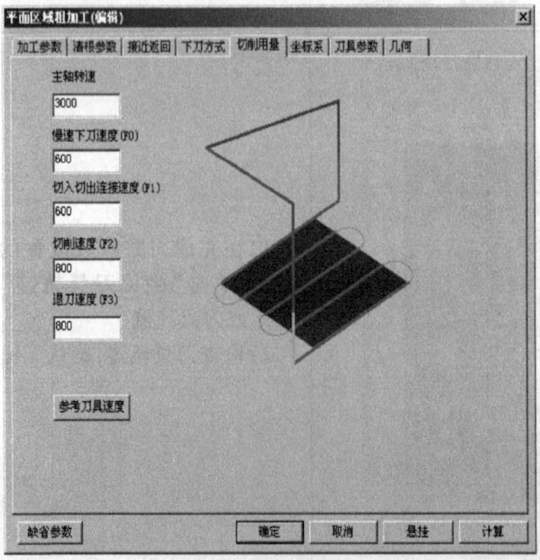	1)根据制订的工艺文件要求，设置主轴转速为 3000r/min 2）设置慢速下刀速度为 600mm/min，切入切出连接速度为 600mm/min，切削速度为 800mm/min，退刀连接速度为 800mm/min	

（续）

<table>
<tr><th>步骤</th><th>简图</th><th>操作要点</th><th>探究</th></tr>
<tr><td>9. 生成圆形台阶精加工模拟刀路</td><td>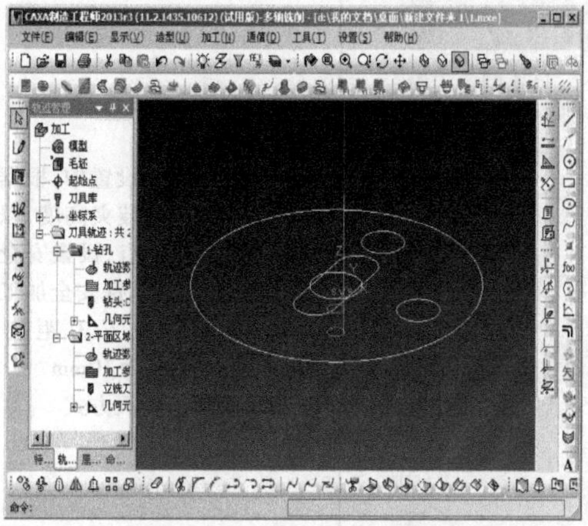
</td><td>1)在完成刀路参数设置的基础上,单击“生成刀具轨”按钮生成刀具轨迹
2)检查刀具轨迹,确认无错误</td><td></td></tr>
<tr><td>10. 生成圆形台阶精加工程序</td><td>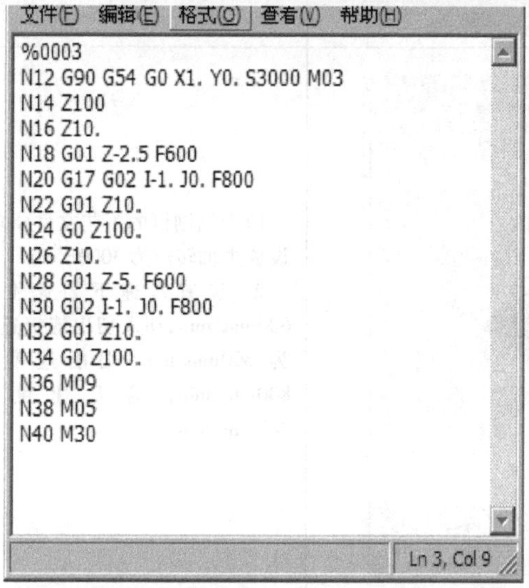
</td><td>1)同时选择平面轮廓加工刀具轨迹 1 和平面轮廓加工刀具轨迹 2 生成刀路文件
2)检查加工参数是否正确,并根据要求修改程序头与程序尾
3)将程序命名为“O0003”
4)将程序文件传输到机床</td><td></td></tr>
<tr><td>11. 设置槽粗加工参数</td><td>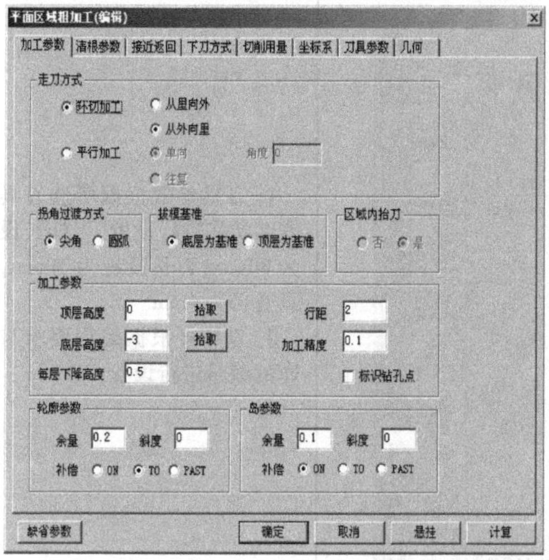
</td><td>1)走刀方式选择“环切加工”→“从外向里”选项
2)设置加工参数,具体如左图所示,每层下降高度为 0.5mm,加工余量选择 0.2mm</td><td></td></tr>
</table>

（续）

<table>
<tr><th>步骤</th><th>简图</th><th>操作要点</th><th>探究</th></tr>
<tr><td rowspan="3">11. 设置槽粗加工参数</td><td>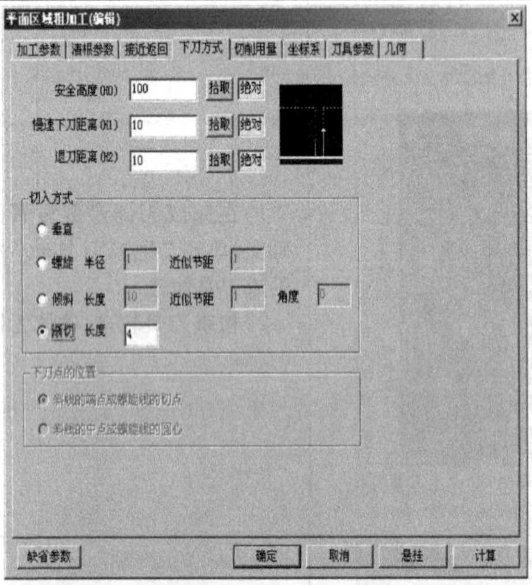
</td><td>1）在下刀方式设置中，根据工件在工作台上的装夹高度，以螺纹中心顶点为原点，设置安全高度为100mm，以确保安全加工
2）设置慢速下刀距离为10mm，退刀距离为10mm
3）采取渐切切入方式</td><td></td></tr>
<tr><td>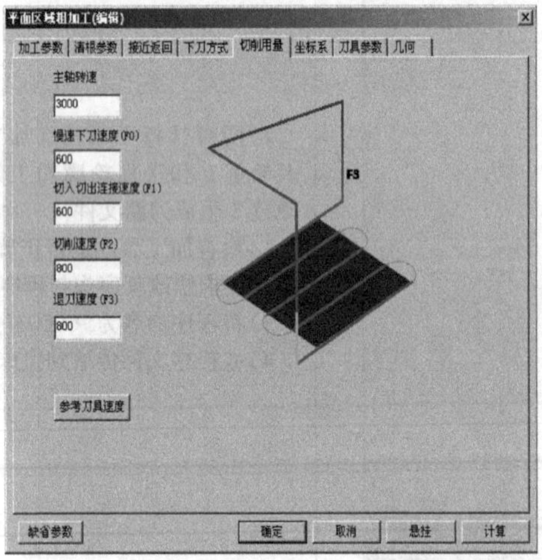
</td><td>1）根据制订的工艺文件要求，设置主轴转速为3000r/min
2）设置慢速下刀速度为600mm/min，切入切出连接速度为600mm/min，切削速度为800mm/min，退刀速度为800mm/min</td><td></td></tr>
<tr><td>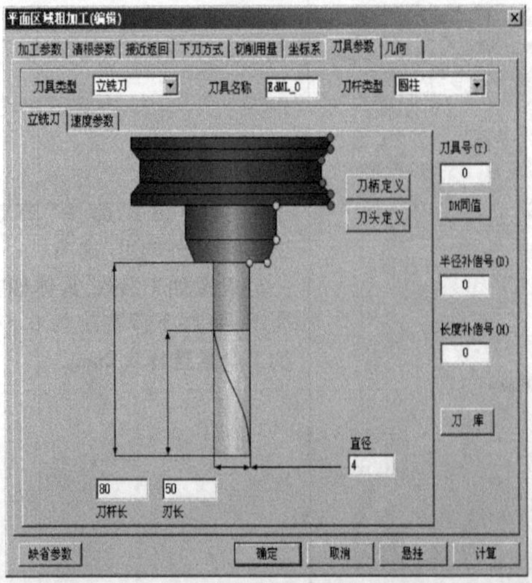
</td><td>1）刀具参数根据所选刀具与安装状态进行设置，刀杆长设置为80mm，刃长设置为50mm，刀具直径为4mm
2）刀具号根据编程要求与刀库的编号进行设置</td><td></td></tr>
</table>

（续）

步骤	简图	操作要点	探究
12. 生成槽粗加工模拟刀路	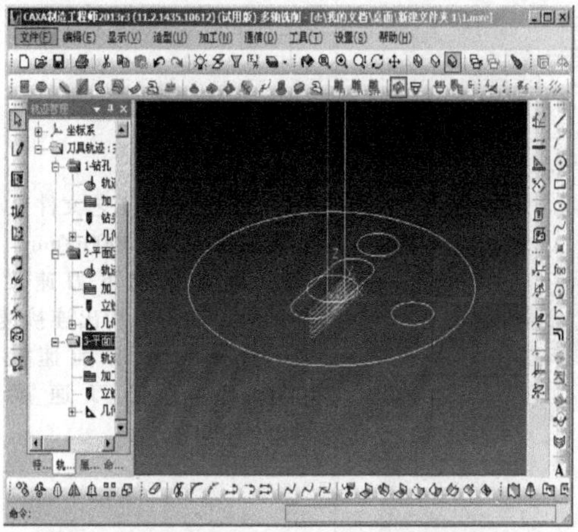	1）在完成刀路参数设置的基础上，单击“生成刀具轨迹”按钮生成刀具轨迹 2）检查刀具轨迹，确认无错误	
13. 生成槽粗加工程序	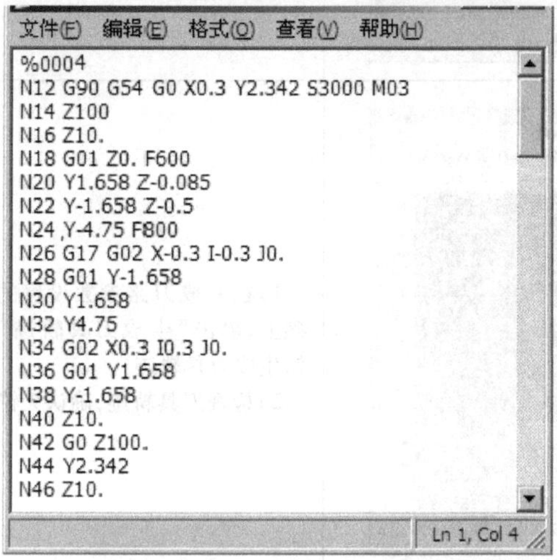 文件(F) 编辑(E) 格式(O) 查看(V) 帮助(H) %0004 N12 G90 G54 G0 X0.3 Y2.342 S3000 M03 N14 Z100 N16 Z10. N18 G01 Z0. F600 N20 Y1.658 Z-0.085 N22 Y-1.658 Z-0.5 N24 Y-4.75 F800 N26 G17 G02 X-0.3 I-0.3 J0. N28 G01 Y-1.658 N30 Y1.658 N32 Y4.75 N34 G02 X0.3 I0.3 J0. N36 G01 Y1.658 N38 Y-1.658 N40 Z10. N42 G0 Z100. N44 Y2.342 N46 Z10. Ln 1, Col 4	1）选择轮廓加工刀路生成刀路文件 2）检查加工参数是否正确，并根据要求修改程序头与程序尾 3）将程序命名为“O0004” 4）将程序文件传输到机床	
14. 设置槽精加工参数	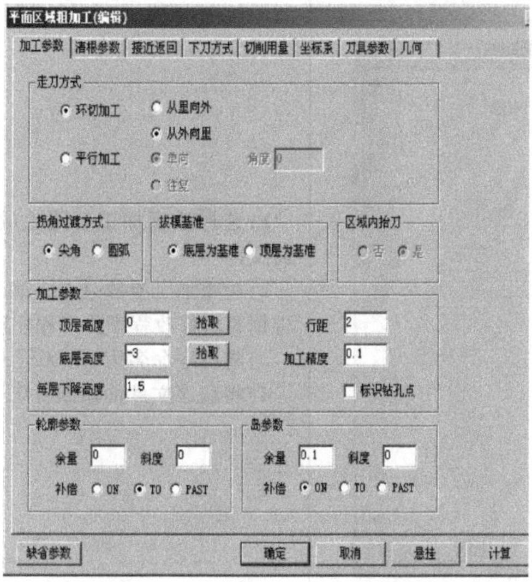	1）走刀方式选择“环切加工”→“从外向里”选项 2）设置加工参数，具体如左图所示，每层下降高度为1.5mm，加工余量选择“0”	

（续）

步骤	简图	操作要点	探究
14. 设置槽精加工参数	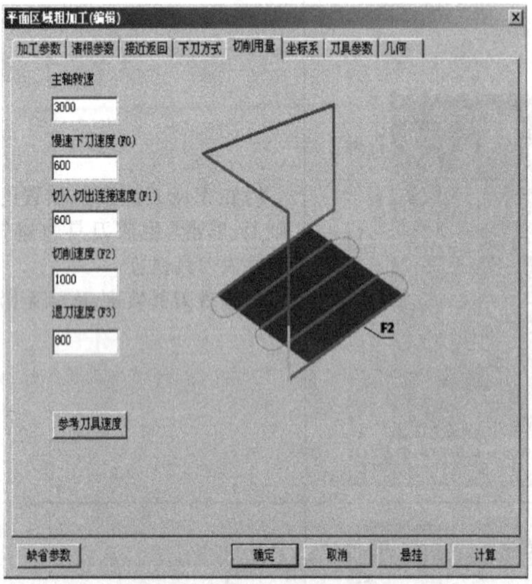	1)根据制订的工艺文件要求，设置主轴转速为3000r/min 2)设置慢速下刀速度为600mm/min，切入切出连接速度为600mm/min，切削速度为1000mm/min，退刀速度为800mm/min	
15. 生成槽精加工模拟刀路	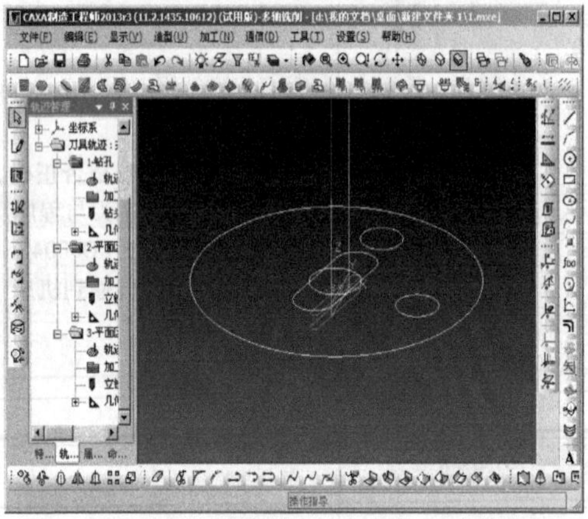	1)在完成刀路参数设置的基础上，单击“生成刀具轨迹”按钮生成刀具轨迹 2)检查刀具轨迹，确认无错误	
16. 生成槽精加工程序	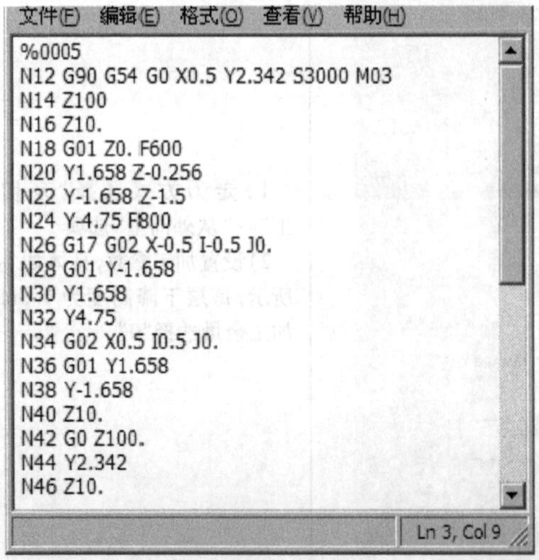	1)选择轮廓加工刀路生成刀路文件 2)检查加工参数是否正确，并根据要求修改程序头与程序尾 3)将程序命名为“O0005” 4)将程序文件传输到机床	

（续）

步骤	简图	操作要点	探究
17. 装夹零件进行加工		1）调用程序 O0002、O0003、O0004、O0005，试切对刀后加工轮廓 2）加工完毕后清理工件表面毛刺，把工具摆放整齐并清理机床 3）检测工件尺寸，填写质量评检单	

（三）铣削拨动盘圆弧槽部分

按照表5-10中“铣2”的要求，操作数控铣床或加工中心加工拨动盘圆弧槽部分，具体步骤见表5-13所示。

表5-13　拨动盘圆弧槽部分铣削加工步骤

步骤	简图	操作要点	探究
1. 绘制拨动盘圆弧槽铣削加工二维图	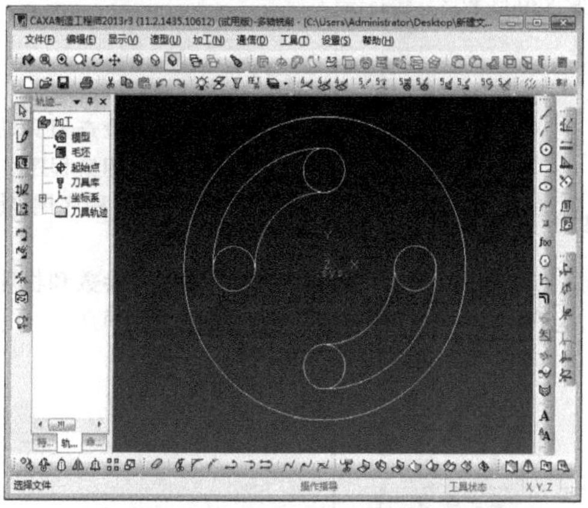	1）操作 CAXA 制造工程师 2013r2 软件绘制圆弧槽外轮廓二维图 2）注意将坐标原点设置在圆心	
2. 设置拨动盘圆弧槽粗铣参数	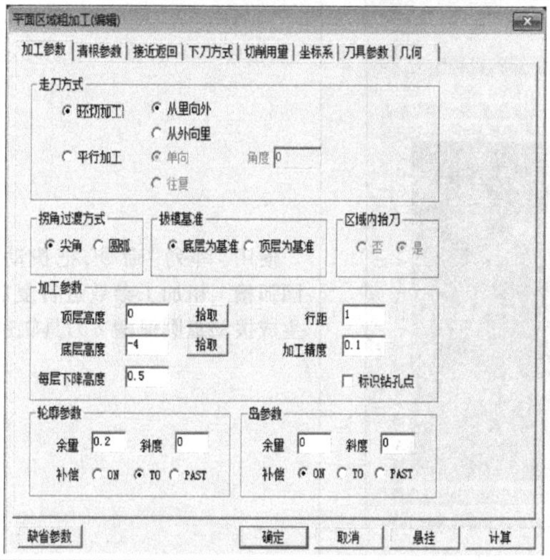	1）走刀方式选择“环切加工”→“从里向外”选项 2）设置加工参数，具体如左图所示，每层下降高度为 0.5mm，加工余量选择 0.2mm	如何准确、快速地拾取轮廓曲线

（续）

步骤	简图	操作要点	探究
3. 生成拨动盘圆弧槽 1 粗铣刀具轨迹	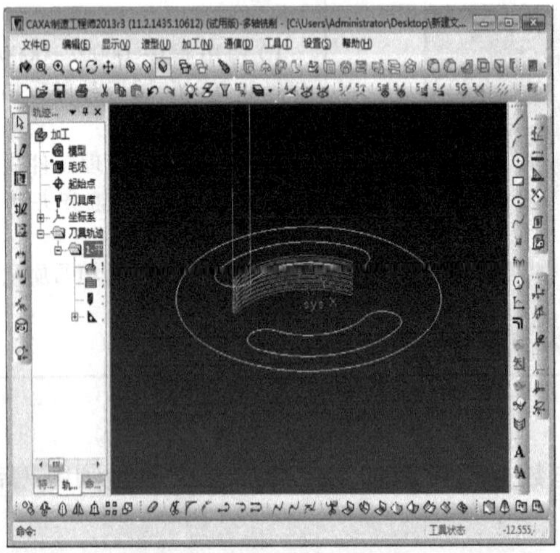	1)在所有参数设置完成后，在工具栏中单击“生成刀具轨迹”按钮生成拨动盘圆弧槽刀具轨迹 2)仔细检查刀具轨迹有无错误与偏离之处，发现问题及时修正	发现刀具轨迹有错误，如何修正
4. 生成拨动盘圆弧槽 1 粗铣程序	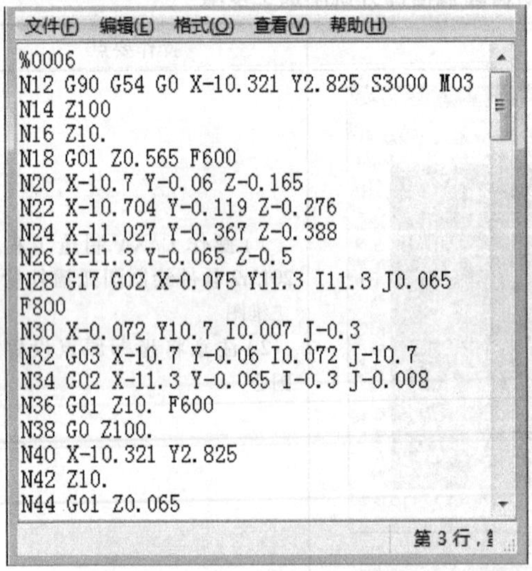 文件(F) 编辑(E) 格式(O) 查看(V) 帮助(H) %0006 N12 G90 G54 G0 X-10.321 Y2.825 S3000 M03 N14 Z100 N16 Z10. N18 G01 Z0.565 F600 N20 X-10.7 Y-0.06 Z-0.165 N22 X-10.704 Y-0.119 Z-0.276 N24 X-11.027 Y-0.367 Z-0.388 N26 X-11.3 Y-0.065 Z-0.5 N28 G17 G02 X-0.075 Y11.3 I11.3 J0.065 F800 N30 X-0.072 Y10.7 I0.007 J-0.3 N32 G03 X-10.7 Y-0.06 I0.072 J-10.7 N34 G02 X-11.3 Y-0.065 I-0.3 J-0.008 N36 G01 Z10. F600 N38 G0 Z100. N40 X-10.321 Y2.825 N42 Z10. N44 G01 Z0.065 第 3 行，	1)设置参数并检查刀具轨迹后，生成圆弧槽 1 粗铣程序 2)修改程序头与程序尾，将程序命名为“O0006” 3)设置好传输参数和机床参数，把程序传输到机床	
5. 生成拨动盘圆弧槽 2 粗铣刀具轨迹	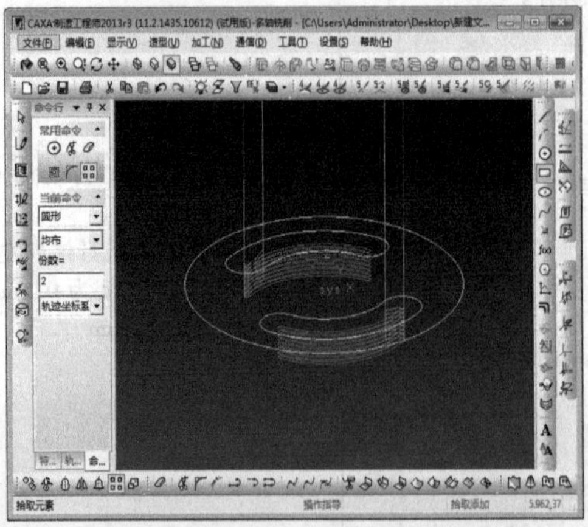	使用“阵列”命令，把拨动盘圆弧槽 1 粗加工参数进行复制，生成拨动盘圆弧槽 2 刀具轨迹	

（续）

步骤	简图	操作要点	探究
6. 生成拨动盘圆弧槽2粗铣程序	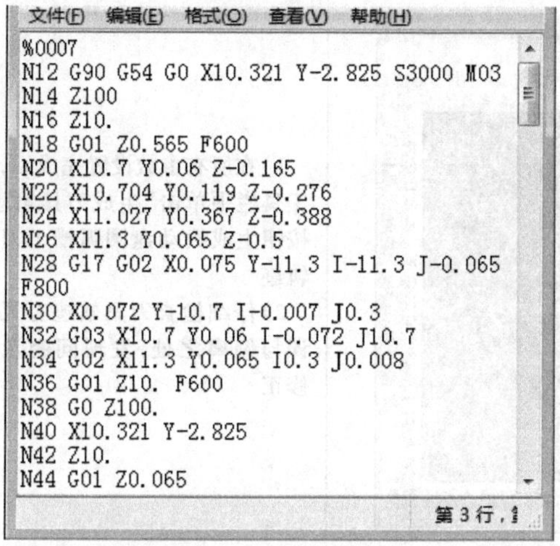 文件(F) 编辑(E) 格式(O) 查看(V) 帮助(H) %0007 N12 G90 G54 G0 X10.321 Y-2.825 S3000 M03 N14 Z100 N16 Z10. N18 G01 Z0.565 F600 N20 X10.7 Y0.06 Z-0.165 N22 X10.704 Y0.119 Z-0.276 N24 X11.027 Y0.367 Z-0.388 N26 X11.3 Y0.065 Z-0.5 N28 G17 G02 X0.075 Y-11.3 I-11.3 J-0.065 F800 N30 X0.072 Y-10.7 I-0.007 J0.3 N32 G03 X10.7 Y0.06 I-0.072 J10.7 N34 G02 X11.3 Y0.065 I0.3 J0.008 N36 G01 Z10. F600 N38 G0 Z100. N40 X10.321 Y-2.825 N42 Z10. N44 G01 Z0.065 第3行，1	1)设置参数并检查刀具轨迹后，生成圆弧槽2粗铣程序 2)修改程序头与程序尾，将程序命名为“O0007” 3)设置好传输参数和机床参数，把程序传输到机床	
7. 设置拨动盘圆弧槽1精加工参数	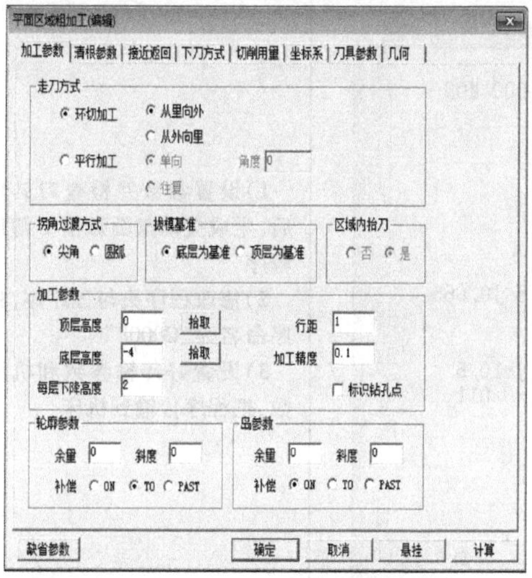	1)走刀方式选择“环切加工”→“从里向外”选项 2)设置加工参数，具体如左图所示，每层下降高度为2mm，加工余量选择“0”	
	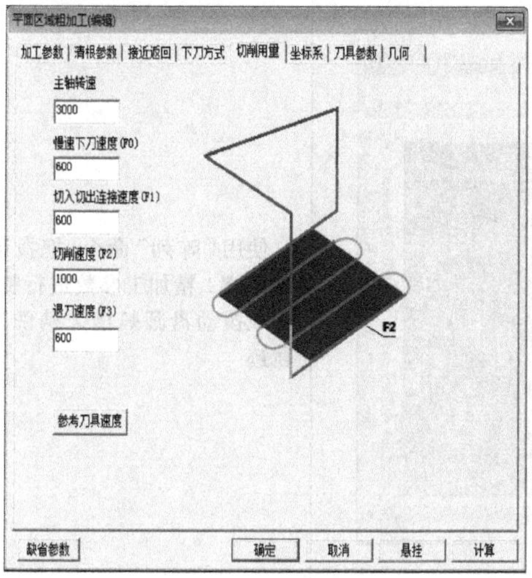	1)根据制订的工艺文件要求，设置主轴转速为3000r/min 2)设置慢速下刀速度为600mm/min，切入切出连接速度为600mm/min，切削速度为1000mm/min，退刀速度为600mm/min	

（续）

步骤	简图	操作要点	探究
8. 生成拨动盘圆弧槽1精加工模拟刀路	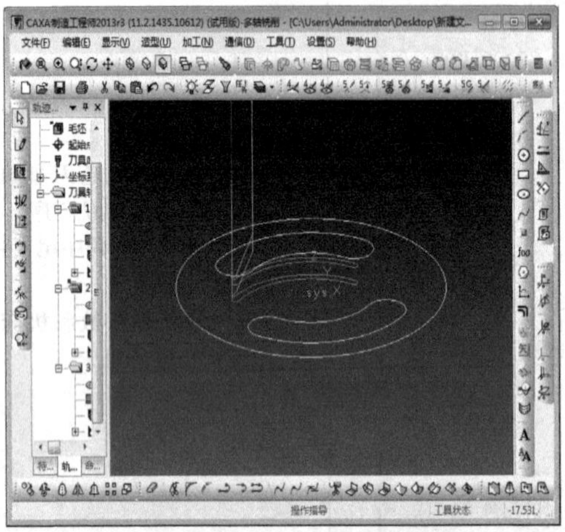	1）在所有参数设置完成后，在工具栏中单击“生成刀具轨迹”按钮生成拨动盘圆弧槽1刀具轨迹 2）仔细检查刀具轨迹有无错误与偏离之处，发现问题及时修正	
9. 生成拨动盘圆弧槽1精加工程序	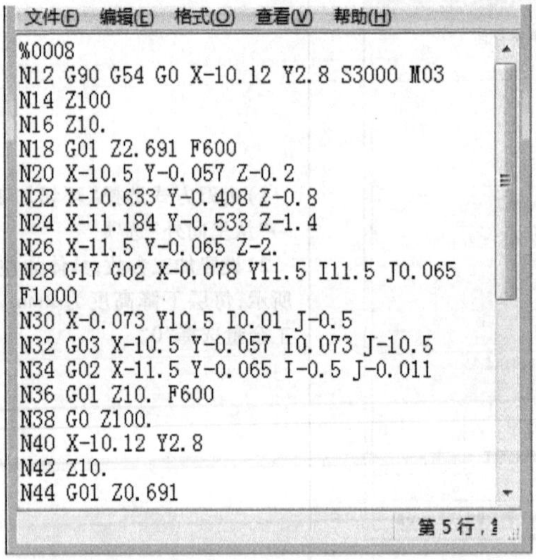 文件(F) 编辑(E) 格式(O) 查看(V) 帮助(H) %0008 N12 G90 G54 G0 X-10.12 Y2.8 S3000 M03 N14 Z100 N16 Z10. N18 G01 Z2.691 F600 N20 X-10.5 Y-0.057 Z-0.2 N22 X-10.633 Y-0.408 Z-0.8 N24 X-11.184 Y-0.533 Z-1.4 N26 X-11.5 Y-0.065 Z-2. N28 G17 G02 X-0.078 Y11.5 I11.5 J0.065 F1000 N30 X-0.073 Y10.5 I0.01 J-0.5 N32 G03 X-10.5 Y-0.057 I0.073 J-10.5 N34 G02 X-11.5 Y-0.065 I-0.5 J-0.011 N36 G01 Z10. F600 N38 G0 Z100. N40 X-10.12 Y2.8 N42 Z10. N44 G01 Z0.691 第5行，1	1）设置参数并检查刀具轨迹后，生成拨动盘圆弧槽1精加工程序 2）修改程序头与程序尾，将程序命名为“O0008” 3）设置好传输参数和机床参数，把程序传输到机床	
10. 生成拨动盘圆弧槽2精铣刀具轨迹	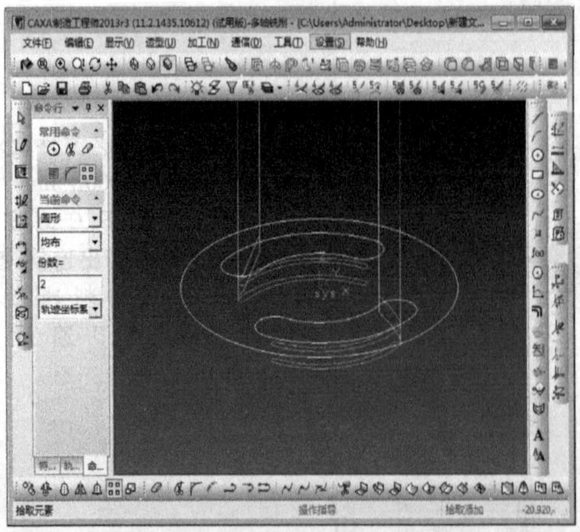	使用“阵列”命令，把拨动盘圆弧槽1精加工参数进行复制，生成拨动盘圆弧槽2精铣刀具轨迹	

（续）

步骤	简图	操作要点	探究
11. 生成拨动盘圆弧槽2精铣加工程序	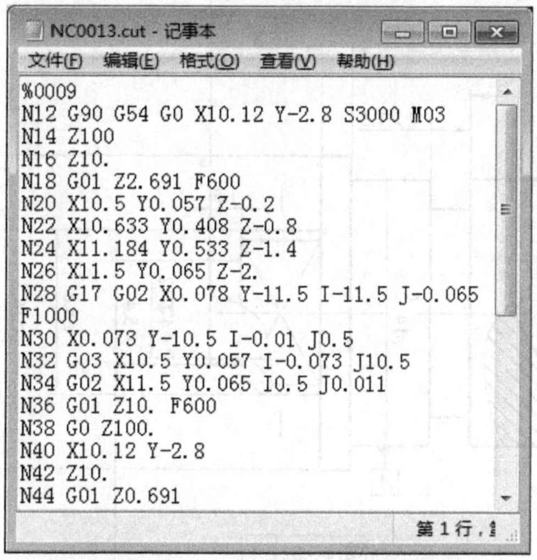%0009 N12 G90 G54 G0 X10.12 Y-2.8 S3000 M03 N14 Z100 N16 Z10. N18 G01 Z2.691 F600 N20 X10.5 Y0.057 Z-0.2 N22 X10.633 Y0.408 Z-0.8 N24 X11.184 Y0.533 Z-1.4 N26 X11.5 Y0.065 Z-2. N28 G17 G02 X0.078 Y-11.5 I-11.5 J-0.065 F1000 N30 X0.073 Y-10.5 I-0.01 J0.5 N32 G03 X10.5 Y0.057 I-0.073 J10.5 N34 G02 X11.5 Y0.065 I0.5 J0.011 N36 G01 Z10. F600 N38 G0 Z100. N40 X10.12 Y-2.8 N42 Z10. N44 G01 Z0.691 	1）设置参数并检查刀具轨迹后，生成圆弧槽2精铣程序 2）修改程序头与程序尾，将程序命名为“O0009” 3）设置好传输参数和机床参数，把程序传输到机床	
12. 装夹零件进行加工		1）调用程序O0006、O0007、O0008、O0009，试切对刀后加工轮廓 2）加工完毕后清理工件表面毛刺，把工具摆放整齐并清理机床 3）检测工件尺寸，填写质量评检单	如何装夹工件

任务三　阀芯加工

【任务描述】

阀芯是手动气阀开关的一个零件，在手动气阀开关中带动拨动盘转动，从而起到调节气体方向、大小的作用。各学习小组根据图5-10所示图样的要求完成阀芯的加工。各小组加工时请根据零件的结构特征、技术要求，合理设计加工工艺。

本任务教学时数为5学时。

【学习目标】

通过本任务的学习，学生应：

1）能对阀芯进行正确的工艺分析，会编写工艺卡片。

2）会对车铣复合加工类零件进行正确装夹，在装夹过程中掌握零件找正的方法与技巧。

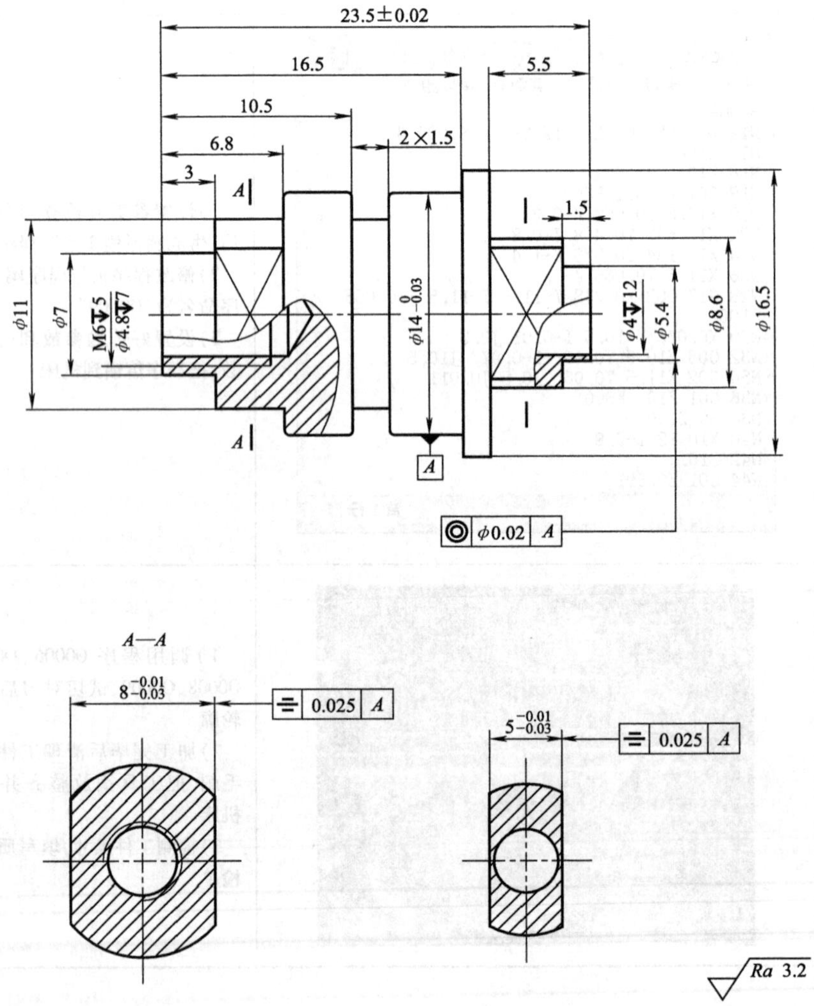

技术要求

1. 以小批量生产条件编程。
2. 不准用砂布及锉刀等修饰表面。
3. 未注倒角C0.5。
4. 未标注尺寸按IT12。

						阀 芯			广州市番禺区职业技术学校
标记	处数	分区	更改文件号	签名	年 月 日				
设计			标准化			阶段标记	材料	比例	
							铝合金	2:1	
审核									
工艺			批准						

图 5-10 阀芯零件图

【任务知识与技能分析】

阀芯所用材料为铝合金，备料毛坯尺寸为 ϕ20mm 棒料。加工要用到车削加工与铣削加工工序，属于车铣复合加工类零件，加工工艺编写至关重要，直接影响到是否能顺利完成加工任务。实施本任务涉及的主要知识与技能包括：

1）零件加工属于中小批量生产，生产工艺要注意考虑批量的大小。其中关键是各工序与工步编排的合理性、科学性、便捷性。

2）尺寸公差的保证。阀芯的加工包括4处尺寸公差要求，精度要求比较高，最小的要求为0.02mm，对刀具、机床、检测工具要求较高，在合理选择切削用量的前提下，注重过程检测，确保加工质量。

3）位置公差的保证。阀芯零件图中有一处同轴度位置公差和两处对称度位置公差要求，因此，在工艺设计和二次装夹时保证重要定位也非常重要。

【任务实施】

一、加工工艺分析

加工工艺是指导操作者将产品逐步生产成交货状态的指导性文件。阀芯加工工艺分析包括分析零件图样中的尺寸标注，零件的结构工艺性，零件毛坯的选择，零件的装夹，加工刀具、量具、夹具的选择等。加工工艺编制质量的好坏直接影响到产品的生产成本和生产率，在生产中的作用是非常重要且不可或缺的。阀芯加工工艺分析见表5-14。

表5-14　阀芯加工工艺分析

序号	项目	分析内容	备注
1	阀芯零件图样分析	细致认真地审读阀芯零件图，重点关注尺寸公差、表面粗糙度值、几何公差与技术要求。具体如下： 1）阀芯尺寸标注方法分析。分析整体与局部的尺寸标注是否完备，标注是否正确，有无多余尺寸 2）阀芯零件轮廓的几何要素分析。分析图样中几何要素的给定条件是否充分、正确，包括外圆、螺纹、槽、凸台、孔的几何要素 3）阀芯精度及技术要求分析。尺寸精度要求车削外圆部分是 $\phi14_{-0.03}^{\ 0}$mm，长度是23.5mm ±0.02mm，键宽为 $8_{-0.03}^{-0.01}$mm 和 $5_{-0.03}^{-0.01}$mm，其余尺寸按照IT12级控制。表面粗糙度值按照 $Ra3.2\mu m$ 控制。还有一处同轴度和两处对称度位置公差要求。分析精度及各项技术要求是否齐全、合理 4）根据零件图的尺寸要求，本产品备料毛坯尺寸为 ϕ20mm 圆棒料	
2	阀芯结构工艺分析	1）阀芯的结构包括阶梯轴、孔、螺纹和扁位。根据其结构工艺特性，须采用车削加工、铣削加工和攻螺纹 2）阀芯加工工序。根据结构特点，划分为四个加工工序：①车削阀芯左端台阶、钻孔、切槽、倒角、攻螺纹、切断；②调头车削右端台阶、钻孔；③铣削右端扁位面；④铣削左端扁位面 3）对各工序的粗、精加工，先对各表面进行粗加工，粗加工结束后再精加工，并进行精度控制 4）阀芯零件图中有一处同轴度要求，在调头装夹时要注意用百分表找正，保证同轴度要求	

（续）

序号	项目	分析内容	备注
3	装夹夹具分析	根据阀芯结构特点，在车削与铣削过程中，所用的夹具如下： 1）车削圆周定位夹具采用自定心卡盘，两次装夹结合坯料进行 2）铣削加工右端部分，采用自定心卡盘装夹，并且注意保证与轴心垂直	
4	加工刀具分析	根据阀芯的轮廓几何要素，在车削与铣削过程中，所用的刀具如下： 1）外圆车削部分选用外圆车刀，刀具材料一般采用硬质合金 2）切槽加工部分，根据槽宽选用2mm切槽刀，刀具材料一般采用硬质合金 3）铣削加工部分，根据铣削量与槽宽，选用ϕ10mm白钢立铣刀 4）钻孔部分选用相对应的钻头	
5	切削用量分析	切削用量的选择，包括背吃刀量、主轴转速和进给速度三项。阀芯材料为铝合金，刀具材料均用硬质合金，切削具体要求如下： 1）确定背吃刀量a_p(mm)，须考虑机床、刀具、装夹的刚性，车削一般最好一次切净余量，以提高生产率，根据产品实际情况，阀芯粗加工一般不超过2mm，同时为了保证加工精度和表面粗糙度值，一般都留有一定的精加工余量，精车余量为0.1～0.5mm 2）主轴转速n(r/min)，主轴转速应根据零件上被加工部位的直径，并按零件和刀具的材料及加工性质等条件所允许的切削速度v_c(m/min)来确定 3）确定进给速度v_f(mm/min)，进给速度的大小直接影响表面粗糙度值和车削效率，因此应在保证表面质量的前提下，选择较高的进给速度	
6	产品质量检测分析	阀芯的检测包括外圆、长度、槽、孔等内容，其中加工过程还须有辅助检测工具，具体准备的检测工具包括：①游标卡尺；②千分尺；③钢直尺；④螺纹塞规；⑤深度游标卡尺；⑥百分表	

想一想：

1）表5-14从图样、结构、装夹、刀具、切削用量、产品质量检测六个方面进行加工工艺分析，是否全面、具体、合理？

2）零件产品加工工艺分析，最需要把握的关键有哪些？试着列举。

3）孔加工的关键是什么？

二、编制工艺卡

编制工艺卡（表5-15）时需查找《机床参数表》《机床使用说明书》《切削用量手册》《刀具手册》《机械加工工艺手册》等工艺文件资料。

表 5-15　阀芯加工工艺卡

广州市番禺区职业技术学校

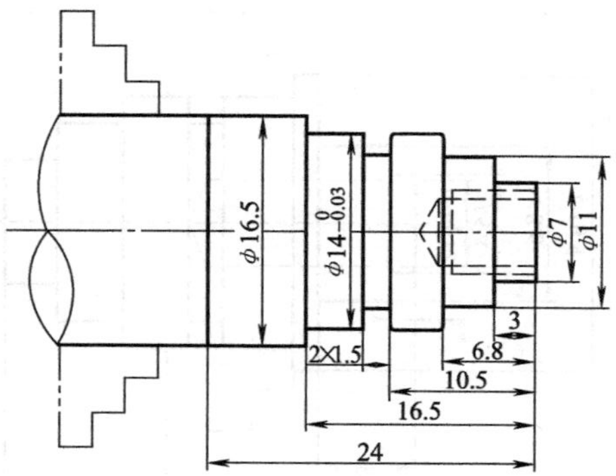

零件名称	阀芯	加工工艺卡			产品型号		FZJ-BXXW-05	
毛坯类型	ϕ20mm 棒料	材料	铝合金	工艺卡号	FX001		第 1 页	共 4 页
工序号	工步	加工内容	刀具	工艺装备	切削用量			
						n/(r/min)	a_p/mm	v_f/(mm/min)
车 1	1	1)车左端面,粗车 ϕ7mm、ϕ11mm、ϕ14mm、ϕ16.5mm 外圆、倒角,要求留余量 ϕ0.5mm	外圆车刀(硬质合金)	自定心卡盘(夹毛坯外圆,右端面定位)	粗加工	1000	1.0	150
		2)精车 ϕ7mm、ϕ11mm、ϕ14mm、ϕ16.5mm 外圆,倒角至尺寸精度要求			精加工	1300	0.2	00
	2	钻 ϕ5mm(M6 底孔)深 7mm	钻头			1000		
	3	手动攻 M6 螺纹孔	丝锥					
	4	切 2mm × 1.5mm 槽	切槽刀			800	2	70
	5	切断至 24mm	切断刀			800	3	70

				编制		批准		
标记	处数	更改文件号	签字	日期		日期		

（续）

广州市番禺区职业技术学校	零件名称	阀芯	加工工艺卡		产品型号		FZJ-BXXW-05	
	毛坯类型	ϕ20mm 棒料	材料	铝合金	工艺卡号	FX002	第 2 页	共 4 页

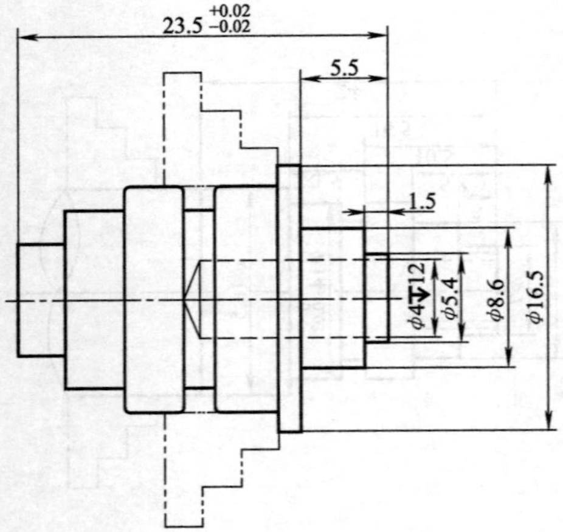

工序号	工步	加工内容	刀具	工艺装备	切削用量			
						n/（r/min）	a_p/mm	v_f/（mm/min）
车 2	1	调头装夹、找正		自定心卡盘（夹 ϕ14mm 外圆，左端面定位）				
	2	1）车右端面，控制总长 2）粗车 ϕ8.6mm × 5.5mm、ϕ5.4mm × 1.5mm 外圆，倒角 C0.5，留余量 0.5mm 3）精车 ϕ8.6mm × 5.5mm、ϕ5.4mm × 1.5mm 外圆，倒角 C0.5，至尺寸要求	外圆车刀（硬质合金）		粗加工	1000	1.0	150
					精加工	1300	0.2	100
	3	钻 ϕ4mm 孔，深 12mm				1000		

				编制		批准	
标记	处数	更改文件号	签字	日期		日期	

（续）

广州市番禺区职业技术学校

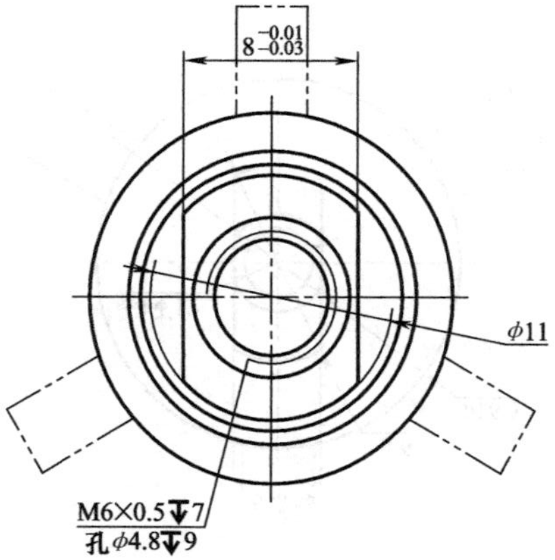

零件名称	阀芯	加工工艺卡		产品型号			FZJ-BXXW-05	
毛坯类型	ϕ20mm 棒料	材料	铝合金	工艺卡号	FX003		第 3 页	共 4 页
工序号	工步	加工内容	刀具	工艺装备	切削用量			
						$n/$ (r/min)	$a_p/$ mm	$v_f/$ (mm/min)
铣 1	1	夹持 ϕ14mm 外圆，三爪固定在工作台上，端面定位，分中		自定心卡盘（夹 ϕ14mm 外圆，端面定位）				
	2	1）粗铣扁位 8mm，单边留 0.5mm 余量 2）精铣扁位 8mm	ϕ10mm 白钢立铣刀		粗加工	2500	1	800
					精加工	3000		1000

标记	处数	更改文件号	签字	编制		批准	
				日期		日期	

（续）

广州市番禺区职业技术学校	零件名称	阀芯	加工工艺卡			产品型号			FZJ-BXXW-05	
	毛坯类型	ϕ20mm 棒料	材料	铝合金		工艺卡号	FX004		第 4 页	共 4 页
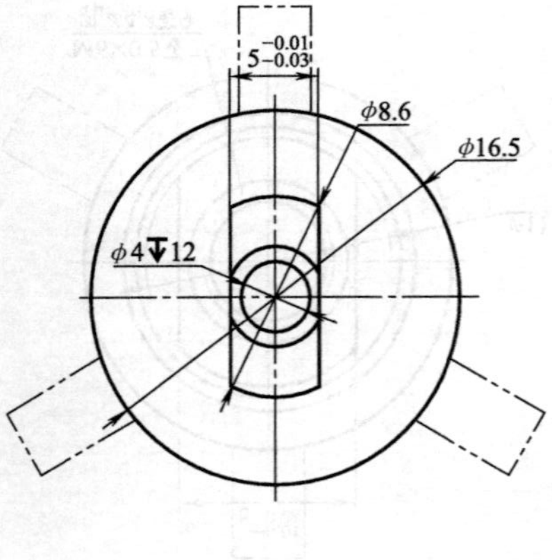	工序号	工步	加工内容	刀具	工艺装备	切削用量				
							n/(r/min)	a_p/mm	v_f/(mm/min)	
	铣 2	1	夹持扁位 8mm 处，固定在工作台上		机用虎钳					
		2	1）粗铣扁位 5mm，单边留 0.5mm 余量	ϕ10mm 白钢立铣刀		粗加工	2500	1	800	
			2）精铣扁位 5mm			精加工	3000		1000	

标记	处数	更改文件号	签字	编制		批准	
				日期		日期	

三、设备、工具、量具、辅具的准备

根据任务的加工要求从前面的设备、工具、量具、辅具清单中选择本任务所需要的物料。

四、操作加工

(一) 车削阀芯左端部分

按照表5-15中“车1”的要求，操作数控车床加工阀芯左端部分，具体步骤见表5-16。

表5-16　阀芯左端部分车削加工步骤

步骤	简图	操作要点	探究
1. 绘制阀芯零件加工二维图	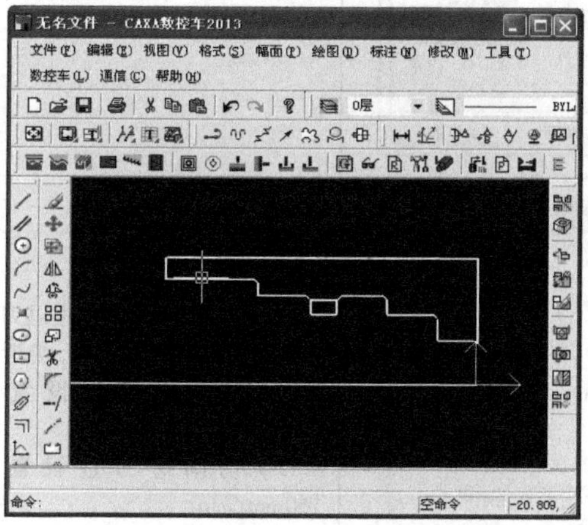	1)编程软件采用CAXA数控车2013软件 2)绘制零件加工二维图,尺寸要准确 3)绘图时注意中心点,并且须做参照线,方便调头加工使用	
2. 设置阀芯左端粗车参数	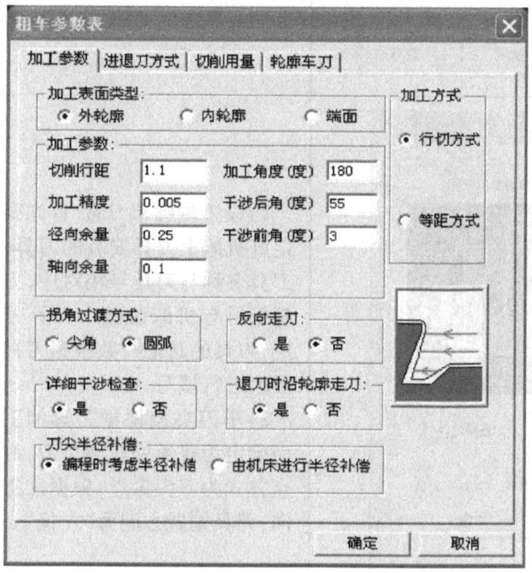	1)选择好加工表面后,进行加工参数的设置 2)将加工表面类型设置为“外轮廓”,加工方式设置为“行切方式” 3)为精加工预留加工余量,一般径向余量为0.25mm,轴向余量为0.1mm	

（续）

<table>
<tr><th>步骤</th><th>简图</th><th>操作要点</th><th>探究</th></tr>
<tr><td rowspan="3">2. 设置阀芯左端粗车参数</td><td>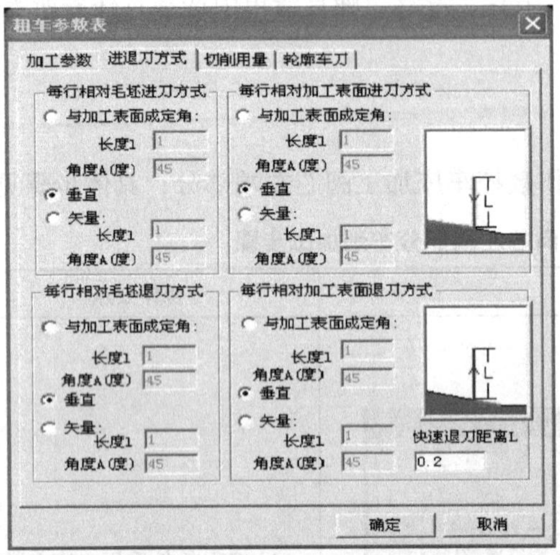
</td><td>1）每行相对毛坯进退刀方式设置为“垂直”
2）每行相对加工表面进退刀方式设置为“垂直”
3）快速退刀距离设置为0.2mm，以提高加工效率</td><td></td></tr>
<tr><td>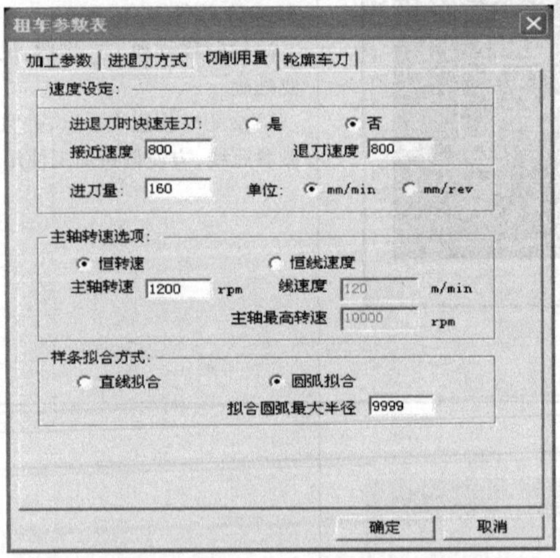
</td><td>1）为减少定位误差，进退刀时快速走刀设置为“否”，接近速度与退刀速度均设置为800mm/min
2）切削进刀量设置为160mm/min
3）主轴转速选项设置为“恒转速”
4）样条拟合方式采用默认设置</td><td></td></tr>
<tr><td>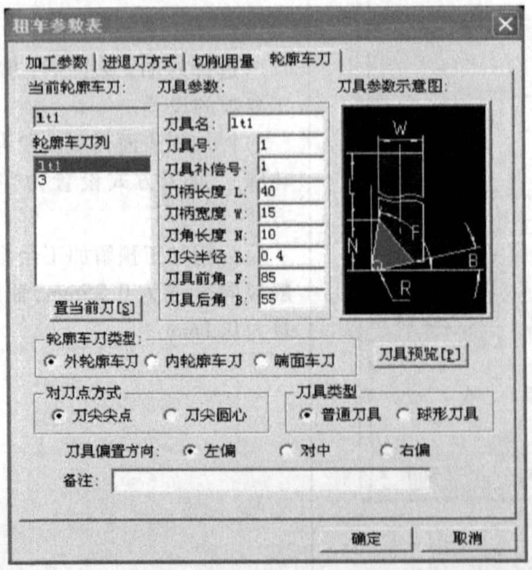
</td><td>1）设置轮廓车刀时，首先要确定好机床上刀具安装的刀具号，刀具名称与刀具号相对应，刀具补偿号与机床参数中刀补号对应，刀具的其他参数根据刀具参数表进行填写
2）车刀类型根据刀具加工表面确定为普通外轮廓车刀，对刀点方式为刀尖尖点，根据加工方向，刀具偏置方向为“左偏”</td><td></td></tr>
</table>

（续）

步骤	简图	操作要点	探究
3. 阀芯左端粗车刀路模拟	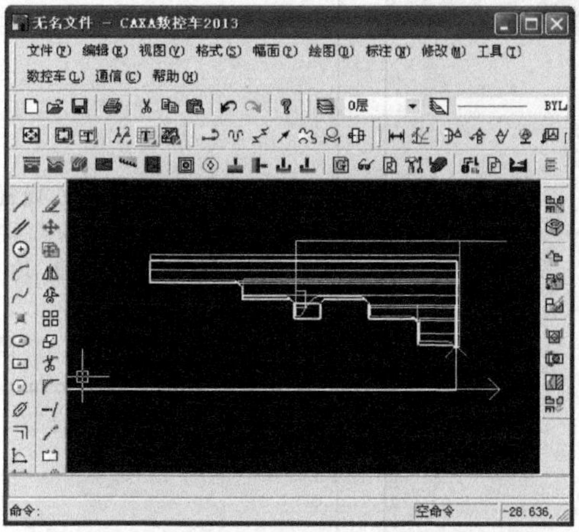	1)在粗车参数全部设置完成后,可在数控车菜单中单击“轨迹仿真”生成阀芯左端部分粗车刀路模拟 2)检查刀具轨迹是否合理,有没有干涉和错误	
4. 生成阀芯左端粗车程序	 %0001 T0101 M03 S1200 G00 X23.137 Z3.886 G00 Z0.250 G00 X18.900 G95 G01 X18.500 F800.000 G01 Z-23.400 F1200.000 G01 X20.900 F800.000 G00 Z0.250 G01 X16.500 F800.000 G01 Z-16.743 F1200.000 G01 X16.707 Z-16.846 G03 X17.000 Z-17.200 R0.500 G01 Z-23.400 G01 X18.500 G01 X20.900 F800.000 G00 Z0.250 G01 X14.700 F800.000 G01 Z-16.400 F1200.000 G01 X15.400 G03 X16.107 Z-16.546 R0.500 G01 X16.500 Z-16.743 G01 X16.900 F800.000 G00 Z0.250 G01 X12.700 F800.000 G01 Z-6.700 F1200.000 G01 X12.900 G03 X13.607 Z-6.846 R0.500	1)在确认刀路无误后,在菜单中单击“生成代码”,生成阀芯左端粗车程序 2)修改程序头与程序尾,将程序命名为“O0001”,保存程序为“TXT”文件 3)设置好传输参数和机床参数,把程序传输到机床	
5. 设置阀芯左端精车参数	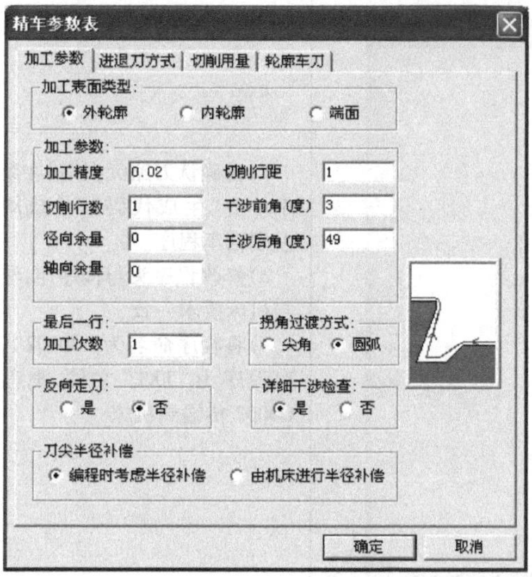	1)设置轮廓精车参数时要确定被加工轮廓,被加工轮廓就是加工结束后的工件表面轮廓,被加工轮廓不能闭合或自相交 2)在菜单中单击“数控车”→“轮廓精车”,系统弹出“精车参数表”对话框	精加工留加工余量为零,否则会出现什么后果

（续）

<table>
<tr><th>步骤</th><th>简图</th><th>操作要点</th><th>探究</th></tr>
<tr><td>5. 设置阀芯左端精车参数</td><td>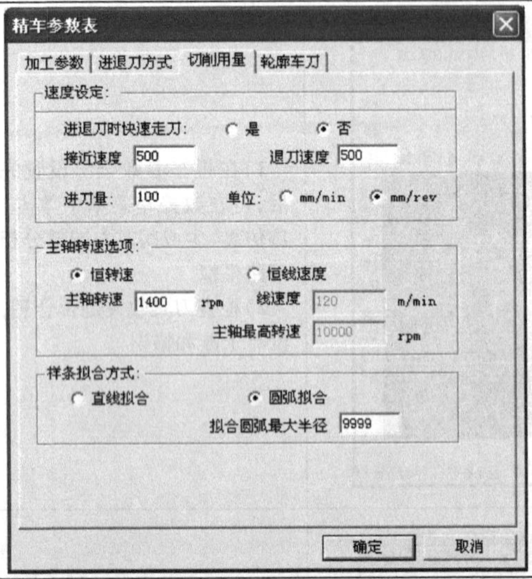
</td><td>1）设置切削用量参数，设置进退刀时快速走刀为“否”，接近速度与退刀速度均为500mm/min
2）主轴转速选项设置为“恒转速”，主轴转速为1400r/min，样条拟合方式为“圆弧拟合”</td><td></td></tr>
<tr><td>6. 生成阀芯左端精车刀具轨迹</td><td>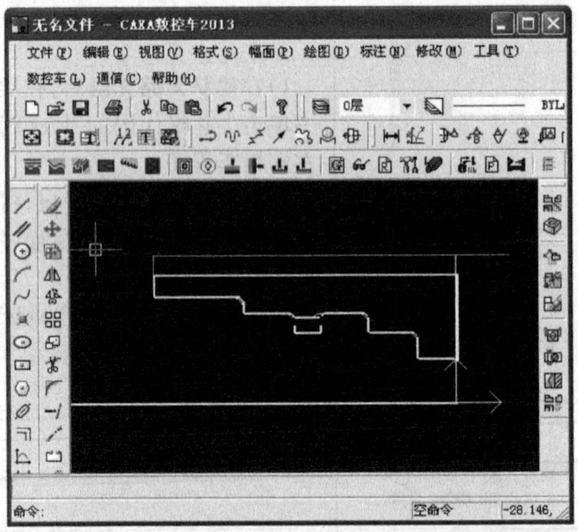
</td><td>1）生成精车刀具轨迹时，要准确地拾取轮廓线，并注意根据加工方向选定一个方向
2）另外还须确定进退刀点，指定一点为刀具加工前和加工后所在的位置。按鼠标右键可忽略该点输入
3）被加工轮廓不能闭合或自相交</td><td></td></tr>
<tr><td>7. 生成阀芯左端精车程序</td><td>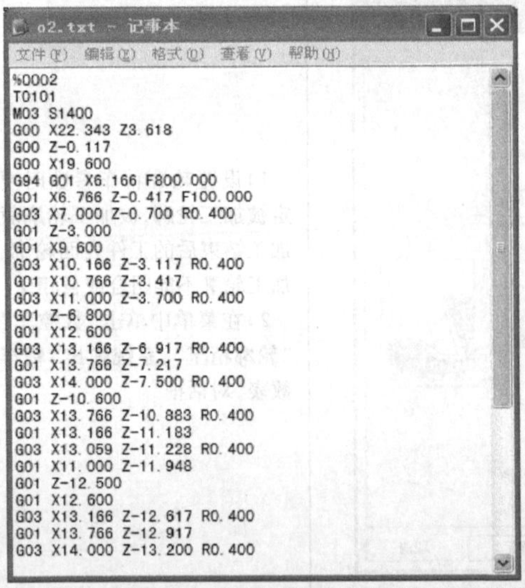
</td><td>1）在确认刀路无误后，在菜单中单击“生成代码”，生成阀芯左端精车程序
2）修改程序头与程序尾，注意与机床要求一致
3）将程序命名为“O0002”，保存程序为“TXT”文件，把程序O0002传输到机床</td><td></td></tr>
</table>

（续）

<table>
<tr><th>步骤</th><th>简图</th><th>操作要点</th><th>探究</th></tr>
<tr><td rowspan="2">8. 设置阀芯左端槽切槽参数</td><td>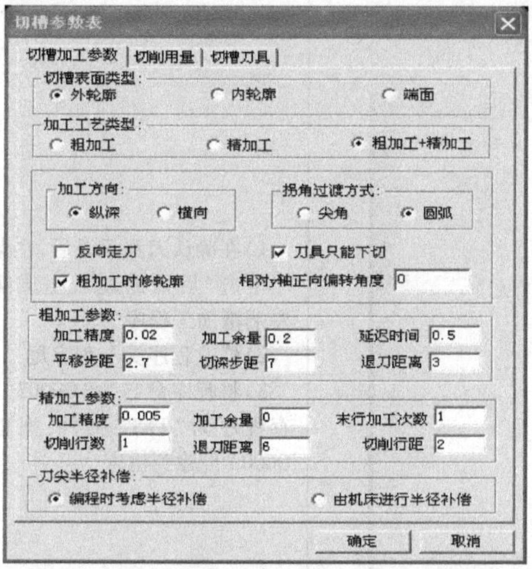
</td><td>1）切槽时要注意区分内沟槽与外沟槽
2）根据槽的尺寸与表面精度要求，切槽加工工艺类型一般选择“粗加工＋精加工”
3）根据槽宽与刀宽，加工方向选为“纵深”
4）在粗加工参数中，要预留加工余量0.2mm
5）刀尖半径补偿选择“编程时考虑半径补偿”</td><td></td></tr>
<tr><td>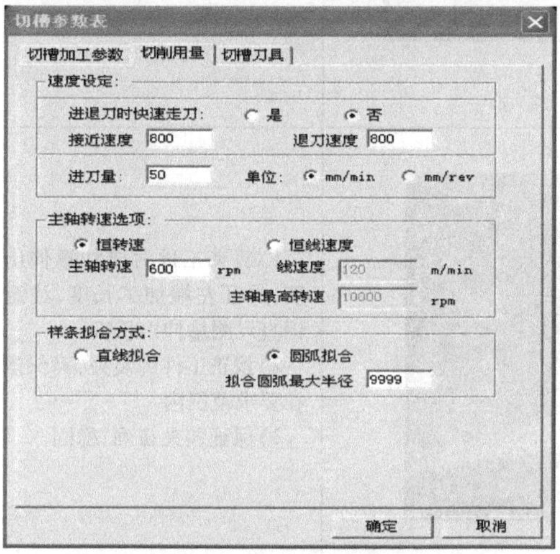
</td><td>1）切槽时切削用量按工艺文件要求选择：设置接近速度为800m/min，进刀量为50mm/min
2）主轴转速选项设置为600r/min</td><td></td></tr>
<tr><td>9. 生成阀芯左端槽刀具轨迹</td><td>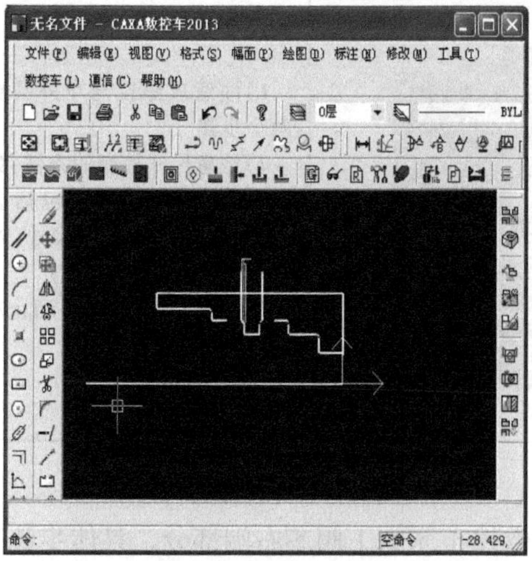
</td><td>1）选择槽轮廓生成刀具轨迹
2）观察刀具轨迹有无过切或错误</td><td></td></tr>
</table>

（续）

步骤	简图	操作要点	探究
10. 生成阀芯左端槽加工程序	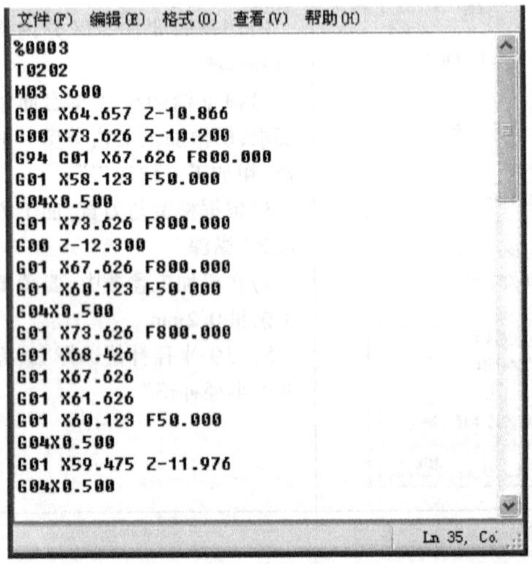 文件(F) 编辑(E) 格式(O) 查看(V) 帮助(H) %0003 T0202 M03 S600 G00 X64.657 Z-10.866 G00 X73.626 Z-10.200 G94 G01 X67.626 F800.000 G01 X58.123 F50.000 G04X0.500 G01 X73.626 F800.000 G00 Z-12.300 G01 X67.626 F800.000 G01 X60.123 F50.000 G04X0.500 G01 X73.626 F800.000 G01 X68.426 G01 X67.626 G01 X61.626 G01 X60.123 F50.000 G04X0.500 G01 X59.475 Z-11.976 G04X0.500 Ln 35, Co	1)在确认刀路无误后，在菜单中单击“后置处理”，生成阀芯左端槽加工程序 2)修改程序头与程序尾 3)将程序命名为“O0003”，保存程序为“TXT”文件，把程序O0003传输到机床	
11. 工件装夹		1)装夹工件时要注意伸出长度，保证左端加工长度，注意用钢直尺测量伸出长度 2)找正工件的装夹，确保摆动在要求范围内 3)保证装夹正确、稳固	工件装夹达不到要求会出现什么加工后果
12. 操作机床进行加工		1)注意攻螺纹与车外圆要分两个步骤 2)注意尺寸控制的方法，如何正确测量与精加工，包括去毛刺，测两个关键长度尺寸(半精加工一次，再复核一次) 3)螺纹加工的测量(通止规的松紧度、控制方法)	

(二) 车削阀芯右端部分

按照表5-15中“车2”的要求，操作数控车床加工阀芯右端部分，具体步骤见表5-17。

表 5-17　阀芯右端部分车削加工步骤

步骤	简图	操作要点	探究
1. 绘制二维图	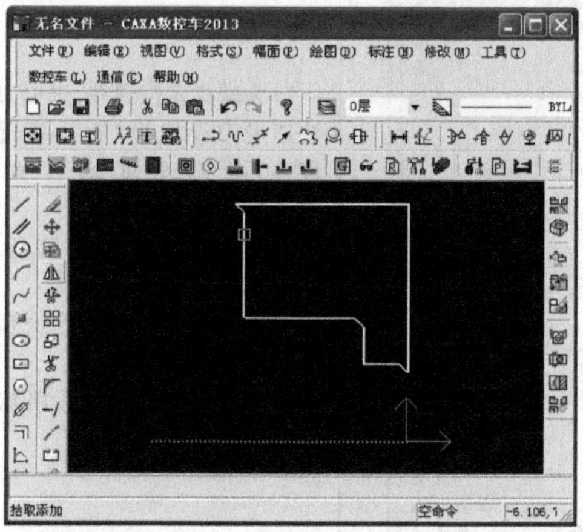	绘制阀芯右端二维图	
2. 设置阀芯右端粗车参数	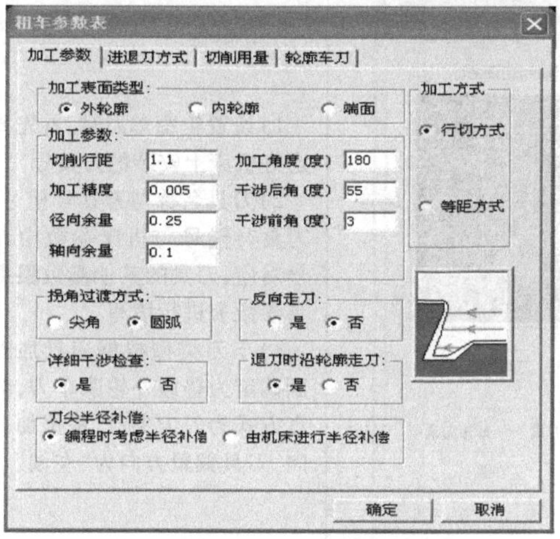	1)选择好加工表面后，进行加工参数的设置 2)将加工表面类型设置为“外轮廓”，加工方式设置为“行切方式” 3)为精加工预留加工余量，一般径向余量为 0.25mm，轴向余量为 0.1mm	
	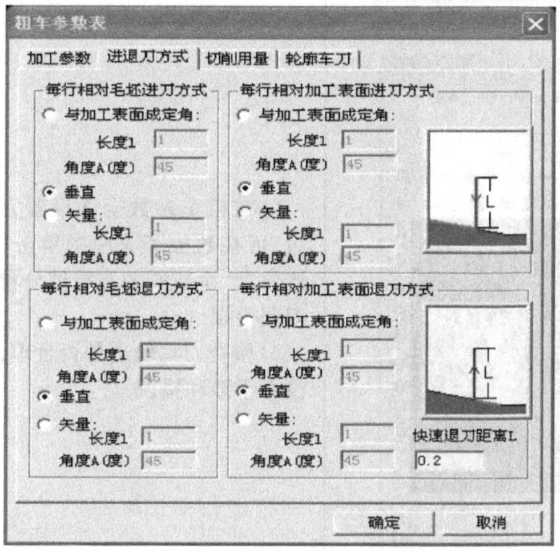	1)每行相对毛坯进退刀方式设置为“垂直” 2)每行相对加工表面进退刀方式设置为“垂直” 3)快速退刀距离设置为 0.2mm，以提高加工效率	

（续）

步骤	简图	操作要点	探究
2. 设置阀芯右端粗车参数	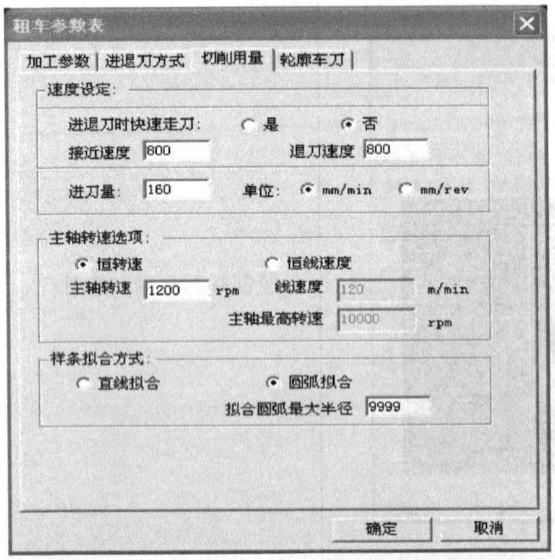	1）为减少定位误差，进退刀时快速走刀设置为“否”，接近速度与退刀速度均设置为800mm/min 2）切削进刀量设置为160mm/min 3）主轴转速选项设置为“恒转速” 4）样条拟合方式采用默认设置	
	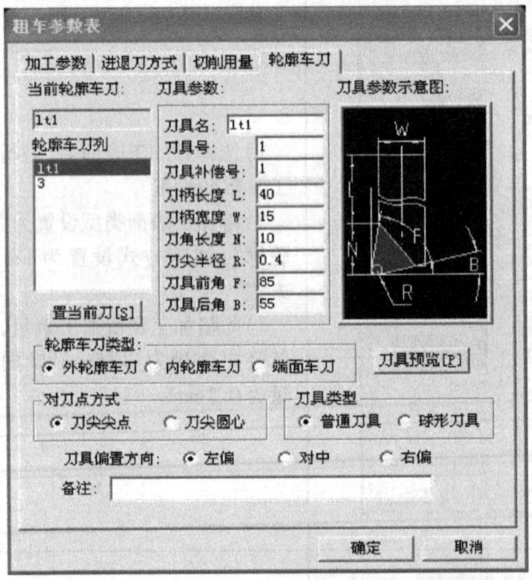	1）设置轮廓车刀时，首先要确定好机床上安装的刀具号 2）刀具名称与刀具号相对应，刀具补偿号与机床参数中刀补号对应，刀具的其他参数根据刀具参数表进行填写 3）车刀类型根据刀具加工表面确定为普通外轮廓车刀，对刀点方式为刀尖尖点，根据加工方向，刀具偏置方向为“左偏”	
3. 阀芯右端粗车刀路模拟	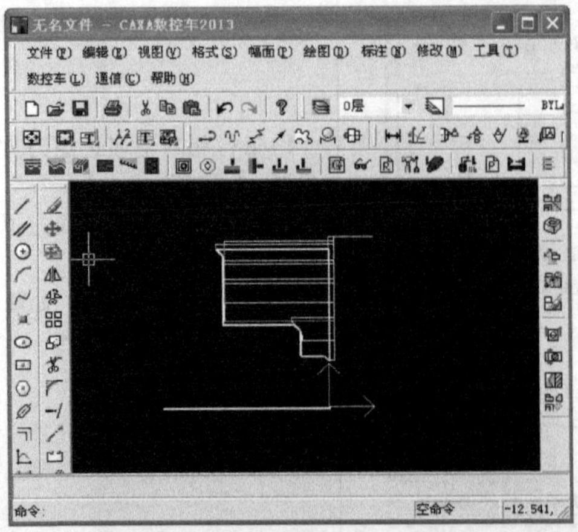	1）在粗车参数全部设置完成后，可在数控车菜单中单击“轨迹仿真”生成阀芯右端部分精车刀路模拟 2）检查刀具轨迹是否合理，有没有干涉和错误	

（续）

步骤	简图	操作要点	探究
4. 生成阀芯右端粗车程序	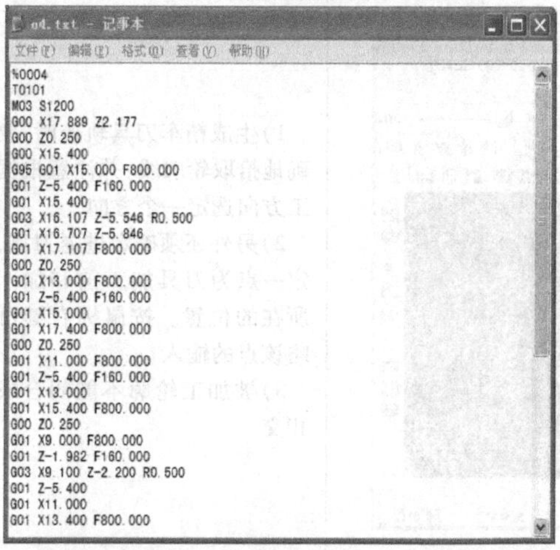 	1）在确认刀路无误后，在菜单中单击“生成代码”，生成阀芯右端粗车程序 2）修改程序头与程序尾 3）将程序命名为“O0004”，保存程序为“TXT”文件，把程序O0004传输到机床	
5. 设置阀芯右端精车参数	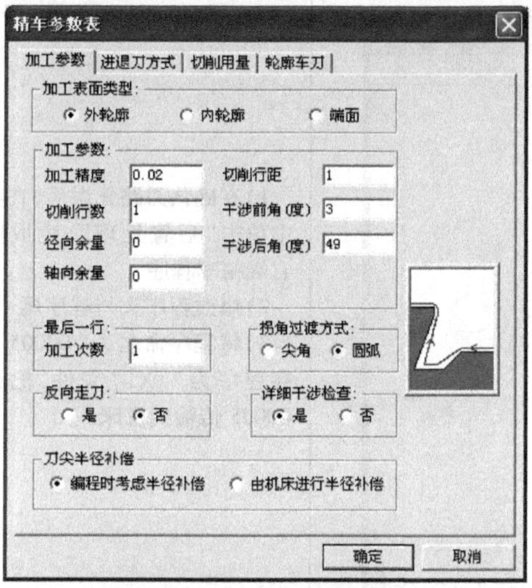 	1）在菜单中单击“数控车”→“轮廓精车”，系统弹出“精车参数表”对话框 2）精加工中径向与轴向加工余量均设置为“0”	注意比较精车参数与粗车参数的区别
	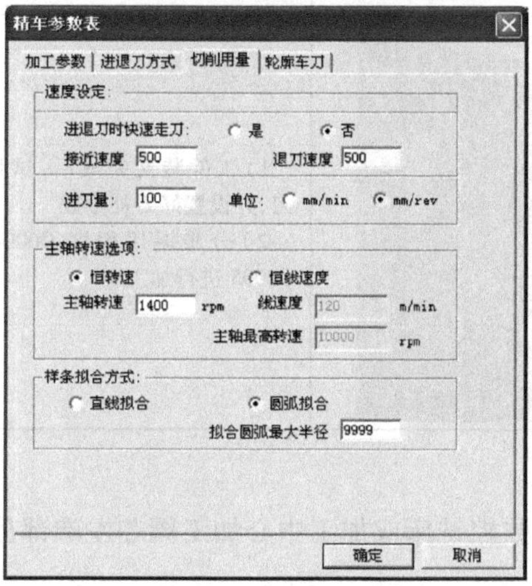 	1）设置切削用量参数，进退刀时快速走入为“否”，接近速度与退刀速度均为500mm/min 2）设置主轴转速选项为“恒转速”，主轴转速为1400r/min，样条拟合方式为“圆弧拟合”	精加工表面要求较高时，可考虑采用“恒线速度”，但机床要支持

（续）

步骤	简图	操作要点	探究
6. 生产阀芯右端精车刀具轨迹	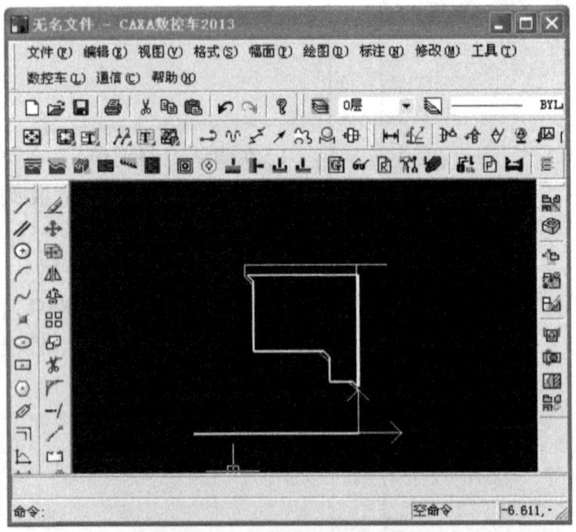	1)生成精车刀具轨迹时，要准确地拾取轮廓线，并注意根据加工方向选定一个方向 2)另外还须确定进退刀点，指定一点为刀具加工前和加工后所在的位置。按鼠标右键可忽略该点的输入 3)被加工轮廓不能闭合或自相交	思考精加工前切槽比较好还是精加工后切槽比较好
7. 生成阀芯右端精车加工程序	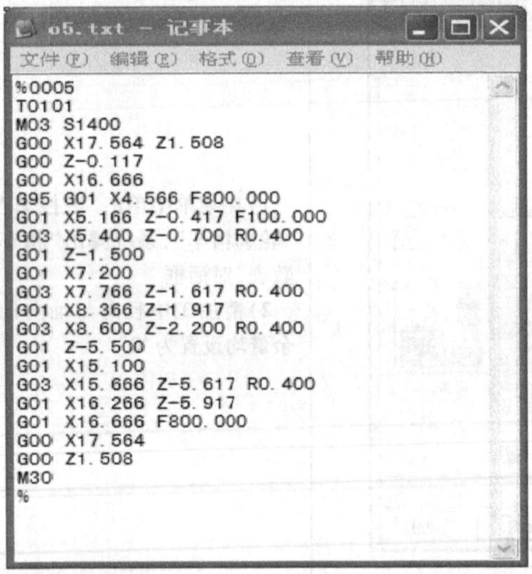 o5.txt - 记事本 文件(F) 编辑(E) 格式(O) 查看(V) 帮助(H) %0005 T0101 M03 S1400 G00 X17.564 Z1.508 G00 Z-0.117 G00 X16.666 G95 G01 X4.566 F800.000 G01 X5.166 Z-0.417 F100.000 G03 X5.400 Z-0.700 R0.400 G01 Z-1.500 G01 X7.200 G03 X7.766 Z-1.617 R0.400 G01 X8.366 Z-1.917 G03 X8.600 Z-2.200 R0.400 G01 Z-5.500 G01 X15.100 G03 X15.666 Z-5.617 R0.400 G01 X16.266 Z-5.917 G01 X16.666 F800.000 G00 X17.564 G00 Z1.508 M30 %	1)在确认刀路无误后，在菜单中单击“后置处理”，生成阀芯右端精车程序 2)修改程序头与程序尾 3)将程序命名为“O0005”，保存程序为“TXT”文件，把程序O0005传输到机床	
8. 操作机床进行加工		1)工件装夹完成后，试切对刀，并设置好刀补参数 2)分步调用程序O0004和O0005进行加工	能否一次调用多个程序

（三）铣削阀芯左端部分

按照表5-15中“铣1”的要求，操作数控铣床或加工中心加工阀芯左端部分，具体步骤见表5-18。

表 5-18　阀芯左端部分铣削加工步骤

<table>
<tr><th>步骤</th><th>简图</th><th>操作要点</th><th>探究</th></tr>
<tr><td>1. 绘制阀芯左端铣削二维图</td><td>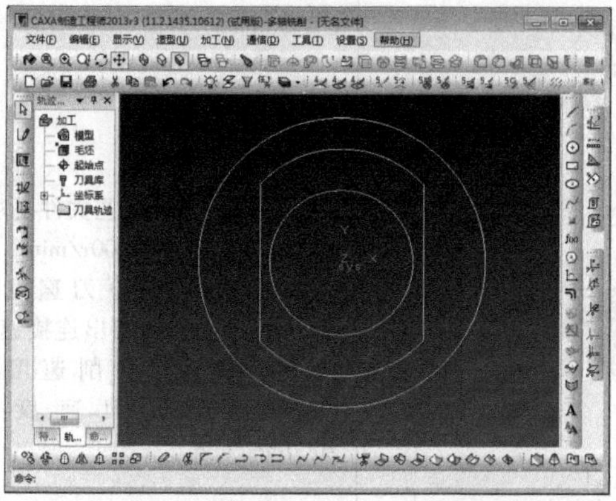
</td><td>1）打开 CAXA 制造工程师 2013r2 软件
2）绘制阀芯左端轴身两侧面铣削二维图，如图左所示</td><td></td></tr>
<tr><td rowspan="2">2. 设置阀芯左端1粗铣参数</td><td>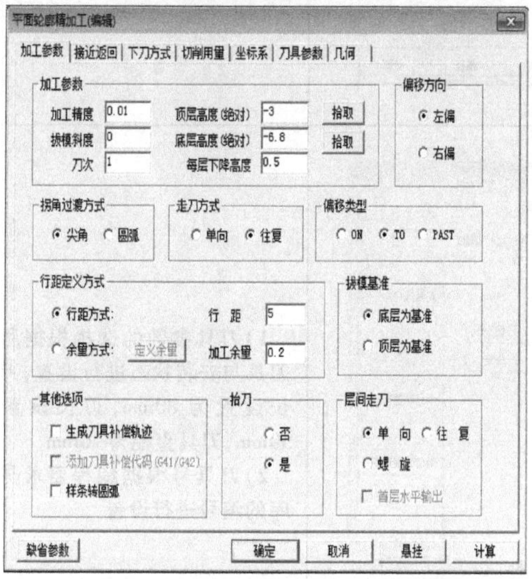
</td><td>设置深度时注意加工深度从 -3mm 至 -6.8mm，每层下降高度为 0.5mm，由于凸台精度要求为 -0.03 ~ -0.01mm，精加工余量单边留 0.2mm</td><td></td></tr>
<tr><td>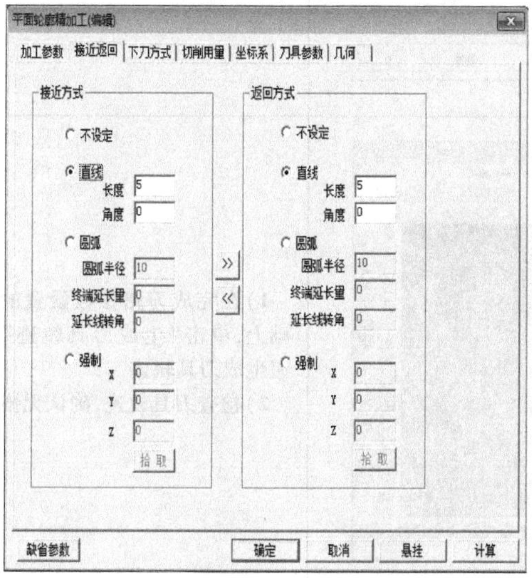
</td><td>接近方式和返回方式设置延长 5mm，避免刀具直接碰到工件</td><td></td></tr>
</table>

（续）

步骤	简图	操作要点	探究
2. 设置阀芯左端1粗铣参数	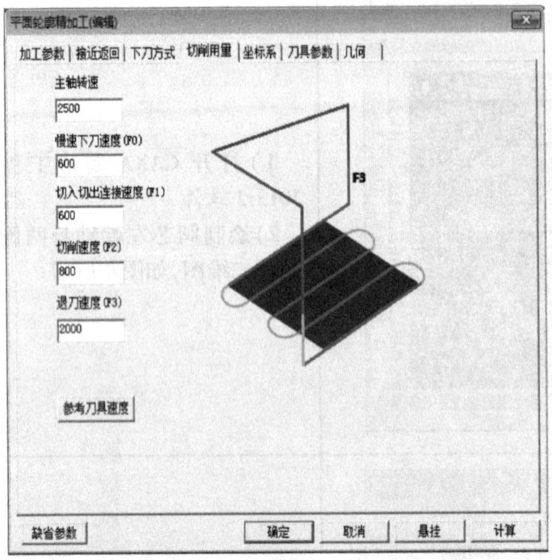	1）根据制订的工艺文件要求，设置主轴转速为2500r/min 2）设置慢速下刀速度为600mm/min，切入切出连接速度为600mm/min，切削速度为800mm/min，退刀速度为2000mm/min	
	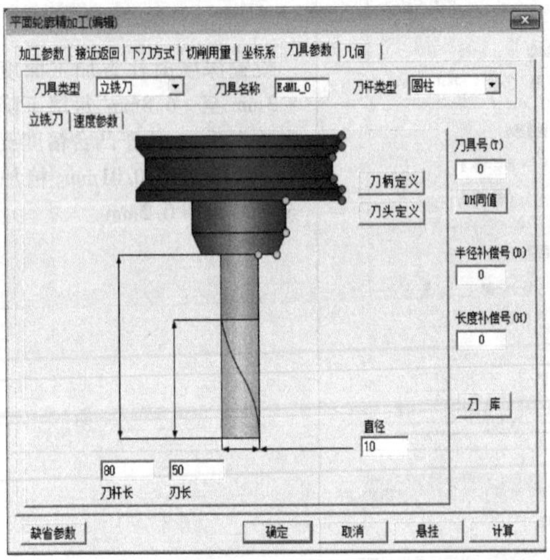	1）刀具参数的选择根据所选刀具与安装状态进行设置，刀杆长设置为80mm，刃长设置为50mm，刀具直径为10mm 2）刀具号根据编程要求与刀库的编号进行设置	
3. 生成阀芯左端1粗加工模拟刀路	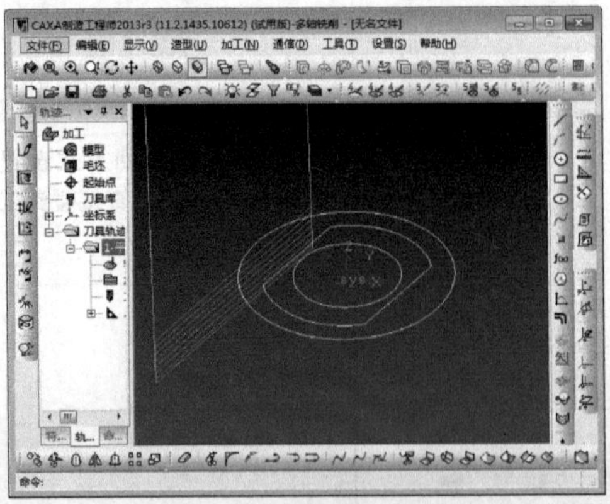	1）在完成刀路参数设置的基础上，单击“生成刀具轨迹”按钮生成刀具轨迹 2）检查刀具轨迹，确认无错误	

（续）

步骤	简图	操作要点	探究
4. 生成阀芯左端1粗加工程序	 文件(F) 编辑(E) 格式(O) 查看(V) 帮助(H) %0001 N12 G90 G54 G0 X-9.161 Y-8.816 S2500 M03 N14 Z100 N16 Z10. N18 G01 Z-3.5 F600 N20 Y-3.816 F800 N22 Y3.816 N24 Y8.816 N26 Z10. F2000 N28 G0 Z100. N30 Y-8.816 N32 Z10. N34 G01 Z-4. F600 N36 Y-3.816 F800 N38 Y3.816 N40 Y8.816 N42 Z10. F2000 N44 G0 Z100. N46 Y-8.816 第3行，	1）同时选择轮廓加工刀路生成刀路文件 2）检查加工参数是否正确，并根据要求修改程序头与程序尾 3）将程序命名为“O0001”，将程序文件传输到机床	
5. 生成阀芯左端2粗加工模拟刀路	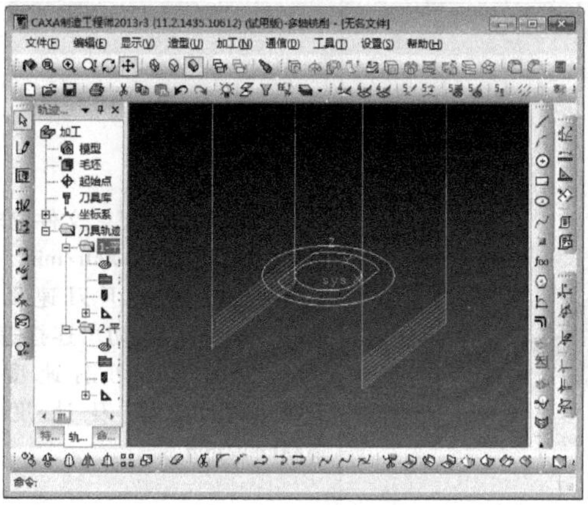	使用“镜像”命令，把阀芯左端1粗加工参数进行复制，生成阀芯左端2粗加工模拟刀路	
6. 生成阀芯左端2粗加工程序	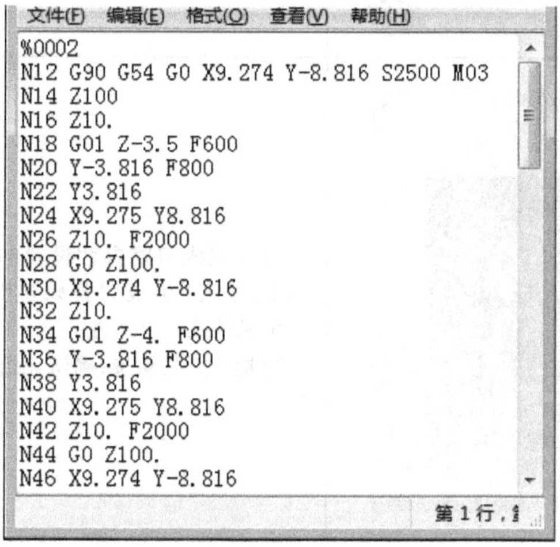 文件(F) 编辑(E) 格式(O) 查看(V) 帮助(H) %0002 N12 G90 G54 G0 X9.274 Y-8.816 S2500 M03 N14 Z100 N16 Z10. N18 G01 Z-3.5 F600 N20 Y-3.816 F800 N22 Y3.816 N24 X9.275 Y8.816 N26 Z10. F2000 N28 G0 Z100. N30 X9.274 Y-8.816 N32 Z10. N34 G01 Z-4. F600 N36 Y-3.816 F800 N38 Y3.816 N40 X9.275 Y8.816 N42 Z10. F2000 N44 G0 Z100. N46 X9.274 Y-8.816 第1行，	1）选择轮廓加工刀路生成刀路文件 2）检查加工参数是否正确，并根据要求修改程序头与程序尾 3）将程序命名为“O0002”，将程序文件传输到机床	

（续）

步骤	简图	操作要点	探究
7. 设置阀芯左端2精加工参数	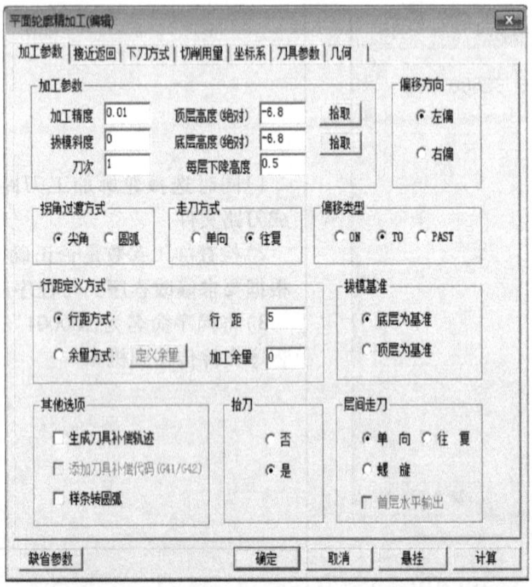	1)设置精铣轴身两平面参数时，注意将加工余量设置为“0” 2)加工参数、接近返回、下刀方式等选项卡按照粗加工参数设置	
	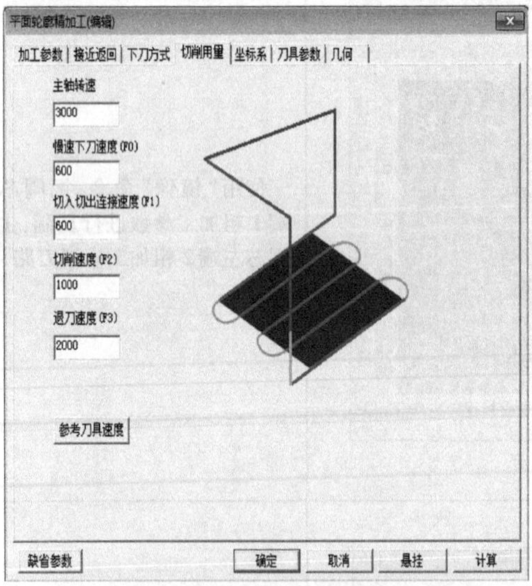	1)根据制订的工艺文件要求，设置主轴转速为3000r/min 2)设置慢速下刀速度为600mm/min，切入切出连接速度为600mm/min，切削速度为1000mm/min，退刀速度为2000mm/min	
8. 生成阀芯左端2精加工模拟刀路	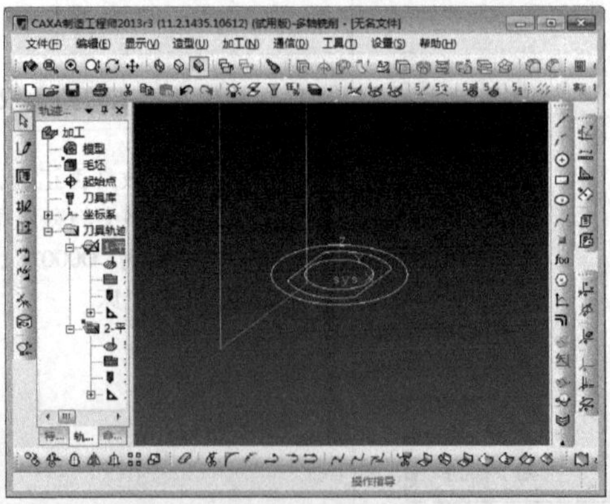	1)在完成刀路参数设置的基础上，单击“生成刀具轨迹”按钮生成精铣刀具轨迹 2)检查刀具轨迹，确认无错误	

（续）

步骤	简图	操作要点	探究
9. 生成阀芯左端2精加工程序	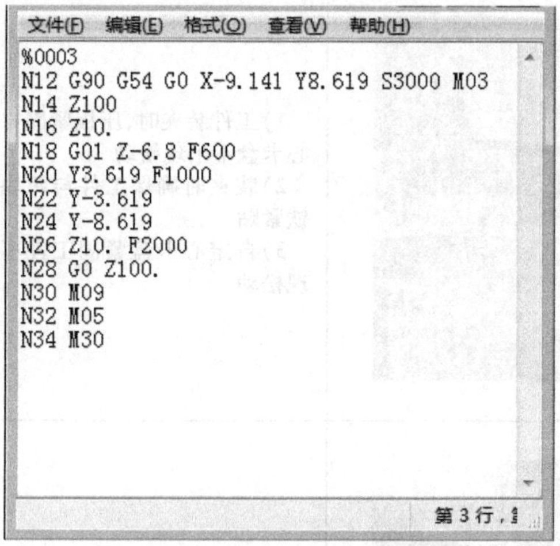 %0003 N12 G90 G54 G0 X-9.141 Y8.619 S3000 M03 N14 Z100 N16 Z10. N18 G01 Z-6.8 F600 N20 Y3.619 F1000 N22 Y-3.619 N24 Y-8.619 N26 Z10. F2000 N28 G0 Z100. N30 M09 N32 M05 N34 M30	1）选择轮廓加工刀路生成刀路文件 2）检查加工参数是否正确，并根据要求修改程序头与程序尾 3）将程序命名为“O0003”，将程序文件传输到机床	
10. 生成阀芯左端2精加工模拟刀路	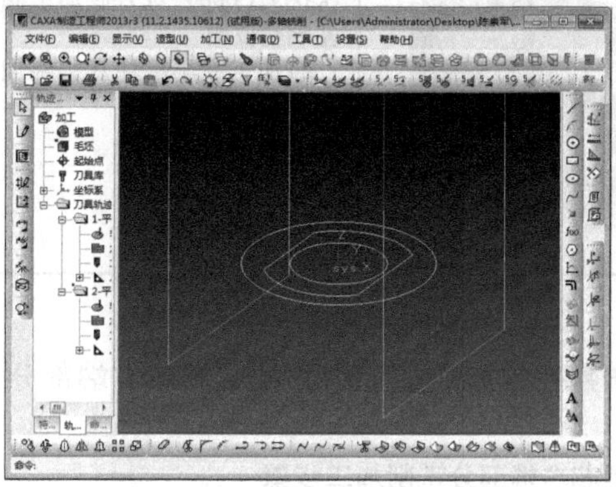	使用“镜像”命令，把阀芯左端1精加工参数进行复制，生成阀芯左端2精加工模拟刀路	
11. 生成阀芯左端2精加工程序	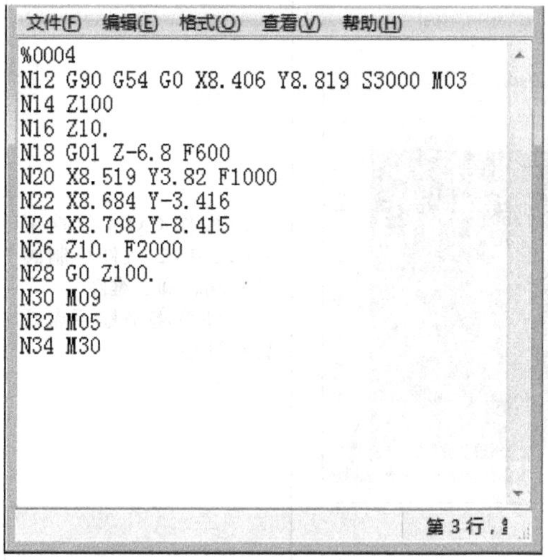 %0004 N12 G90 G54 G0 X8.406 Y8.819 S3000 M03 N14 Z100 N16 Z10. N18 G01 Z-6.8 F600 N20 X8.519 Y3.82 F1000 N22 X8.684 Y-3.416 N24 X8.798 Y-8.415 N26 Z10. F2000 N28 G0 Z100. N30 M09 N32 M05 N34 M30	1）选择轮廓加工刀路生成刀路文件 2）检查加工参数是否正确，并根据要求修改程序头与程序尾 3）将程序命名为“O0004”，将程序文件传输到机床	

（续）

步骤	简图	操作要点	探究
12. 装夹工件		1）工件装夹时，压板紧固自定心卡盘不出现松动 2）装夹时确保工件与两块垫铁紧贴 3）自定心卡盘紧固工件不出现松动	装夹要注意哪些事项
13. 操作机床进行加工		1）调用程序 O0001、O0002、O0003、O0004，对刀后加工阀芯左端扁位面 2）加工完毕后注意去除加工部位毛刺	

（四）铣削阀芯右端部分

按照表5-15中“铣2”的要求，操作数控铣床或加工中心加工阀芯右端部分，具体步骤见表5-19。

表5-19　阀芯右端部分铣削加工步骤

步骤	简图	操作要点	探究
1. 绘制阀芯右端轮廓二维图	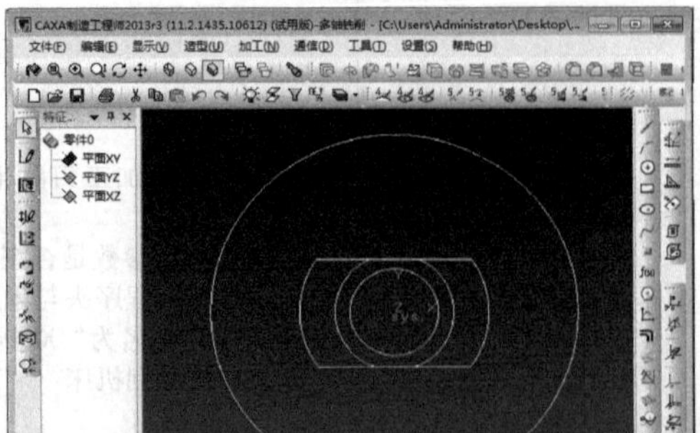	1）操作CAXA制造工程师2013r2软件绘制阀芯右端轮廓二维图 2）注意将坐标原点设置在轴心	

（续）

<table>
<tr><th>步骤</th><th>简图</th><th>操作要点</th><th>探究</th></tr>
<tr><td></td><td>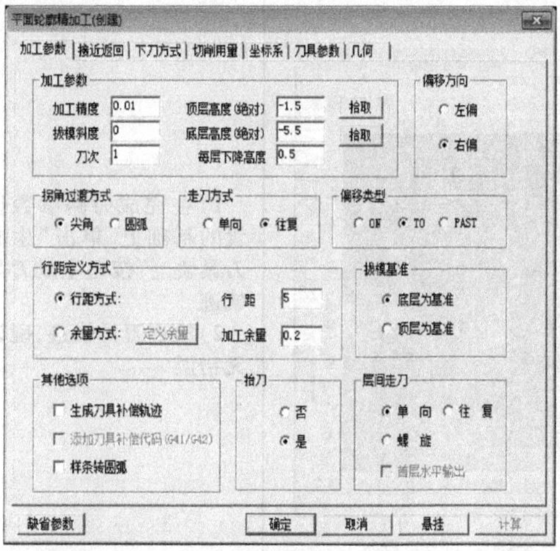</td><td>1）对刀时注意以工件顶端作为Z方向的工件坐标参考点，抬刀时注意刀具高度必须高于工件Z方向位置高度
2）设置加工参数，具体如左图所示，留0.2mm精加工余量，往复走刀，走刀中不抬刀
3）层间走刀采取“单向”</td><td></td></tr>
<tr><td>2. 设置阀芯右端1粗加工参数</td><td>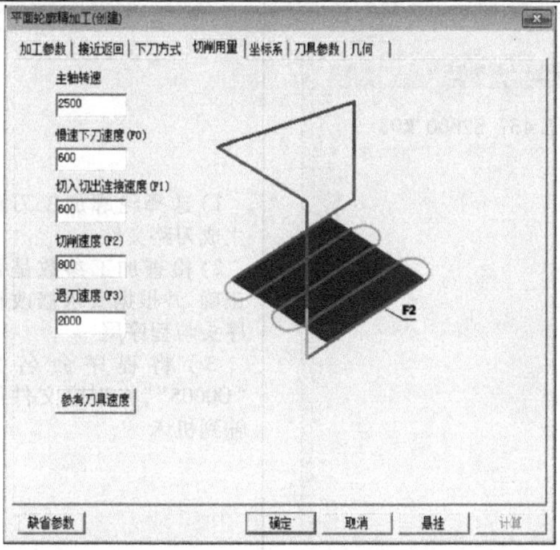</td><td>1）根据制订的工艺文件要求，设置主轴转速为2500r/min
2）设置慢速下刀速度为600mm/min，切入切出连接速度为600mm/min，切削速度为800mm/min，退刀速度为2000mm/min</td><td></td></tr>
<tr><td></td><td>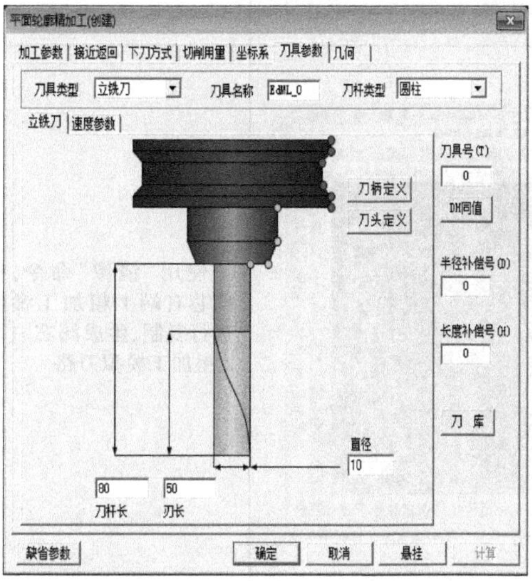</td><td>1）刀具参数的选择根据所选刀具与安装状态进行设置，刀杆长设置为80mm，刃长设置为50mm，刀具直径置为10mm
2）刀具号根据编程要求与刀库的编号进行设置</td><td></td></tr>
</table>

（续）

步骤	简图	操作要点	探究
3. 生成阀芯右端1粗加工模拟刀路	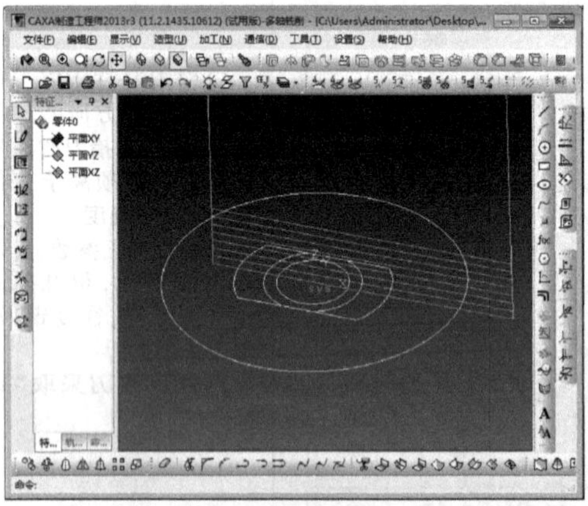	1)在完成刀路参数设置的基础上,单击“生成刀具轨迹”按钮生成刀具轨迹 2)检查刀具轨迹,确认无错误	
4. 生成阀芯右端1粗加工程序	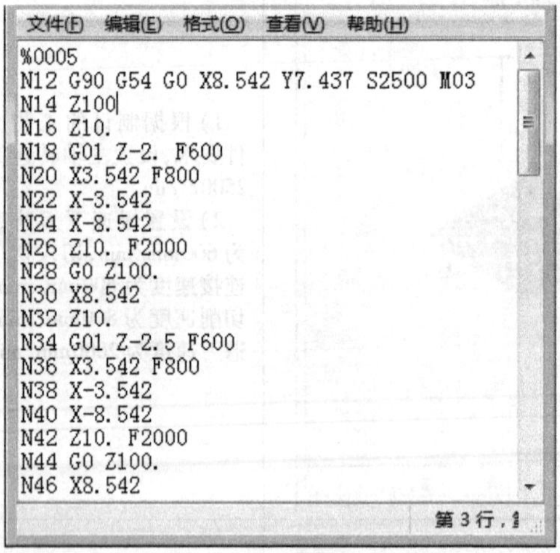 文件(F) 编辑(E) 格式(O) 查看(V) 帮助(H) %0005 N12 G90 G54 G0 X8.542 Y7.437 S2500 M03 N14 Z100 N16 Z10. N18 G01 Z-2. F600 N20 X3.542 F800 N22 X-3.542 N24 X-8.542 N26 Z10. F2000 N28 G0 Z100. N30 X8.542 N32 Z10. N34 G01 Z-2.5 F600 N36 X3.542 F800 N38 X-3.542 N40 X-8.542 N42 Z10. F2000 N44 G0 Z100. N46 X8.542 第3行,	1)选择轮廓加工刀路生成刀路文件 2)检查加工参数是否正确,并根据要求修改程序头与程序尾 3)将程序命名为“O0005”,将程序文件传输到机床	
5. 生成阀芯右端2粗加工模拟刀路	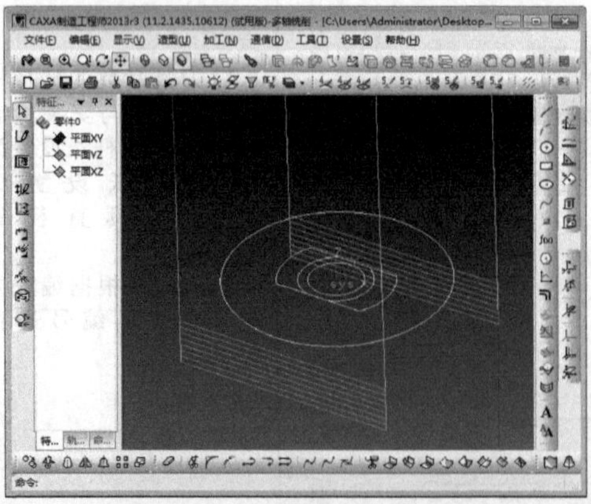	使用“镜像”命令,把阀芯右端1粗加工参数进行复制,生成阀芯右端2粗加工模拟刀路	

（续）

步骤	简图	操作要点	探究
6. 生成阀芯右端 2 粗加工程序	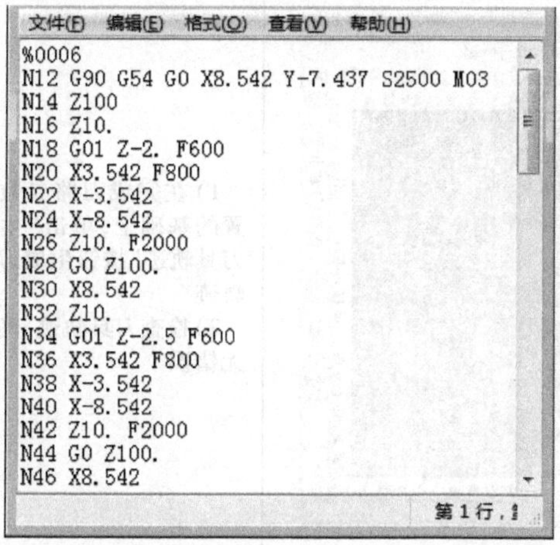	1）选择轮廓加工刀路生成刀路文件 2）检查加工参数是否正确，并根据要求修改程序头与程序尾 3）将程序命名为“O0006”，将程序文件传输到机床	
7. 设置阀芯右端 2 精加工参数	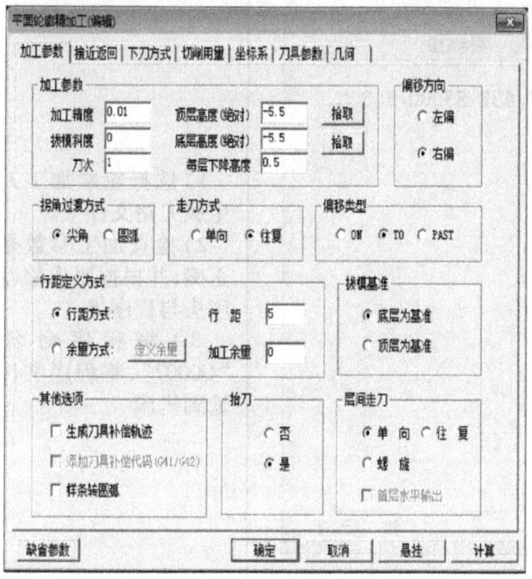	1）设置精铣阀芯右端轴身两平面参数时，注意将加工余量设置为“0” 2）加工参数、接近返回、下刀方式等选项卡按照粗加工参数设置	
	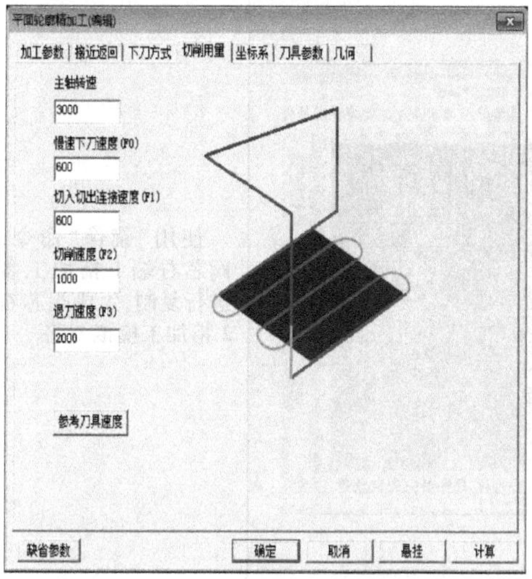	1）根据制订的工艺文件要求，设置主轴转速为 3000r/min 2）设置慢速下刀速度为 600mm/min，切入切出连接速度为 600mm/min，切削速度为 1000mm/min，退刀速度为 2000mm/min	

（续）

步骤	简图	操作要点	探究
8. 生成阀芯右端 2 精加工模拟刀路	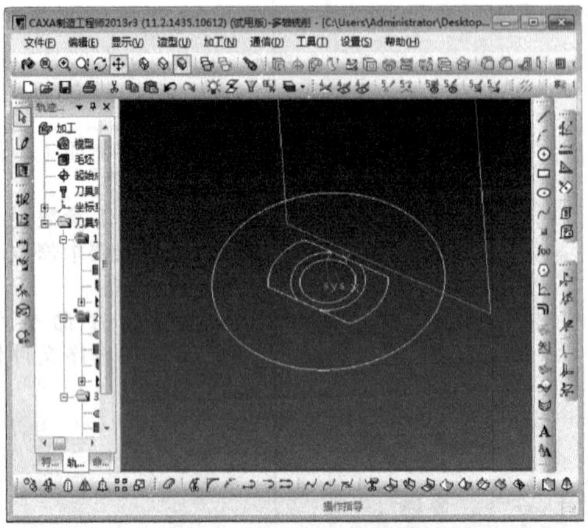	1）在完成刀路参数设置的基础上，单击“生成刀具轨迹”按钮生成刀具轨迹 2）检查刀具轨迹，确认无错误	
9. 生成阀芯右端 2 精加工程序	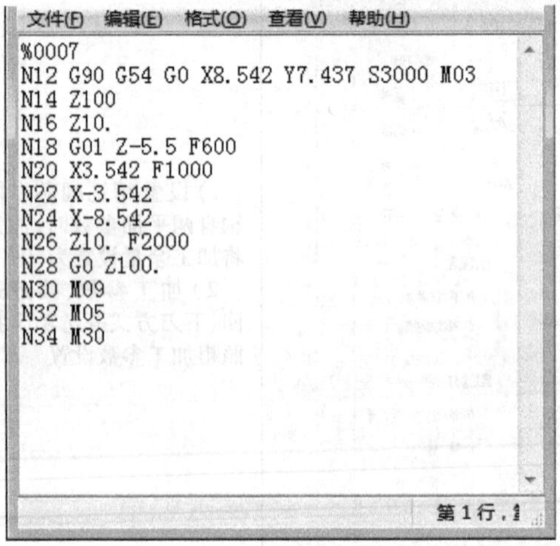 文件(F) 编辑(E) 格式(O) 查看(V) 帮助(H) %0007 N12 G90 G54 G0 X8.542 Y7.437 S3000 M03 N14 Z100 N16 Z10. N18 G01 Z-5.5 F600 N20 X3.542 F1000 N22 X-3.542 N24 X-8.542 N26 Z10. F2000 N28 G0 Z100. N30 M09 N32 M05 N34 M30 第 1 行.	1）选择轮廓加工刀路生成刀路文件 2）检查加工参数是否正确，并根据要求修改程序头与程序尾 3）将程序命名为“O0007”，将程序文件传输到机床	
10. 生成阀芯右端 2 精加工模拟刀路	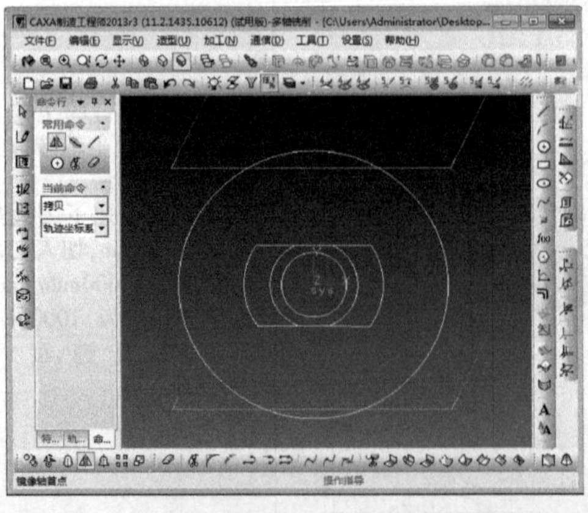	使用“镜像”命令，把阀芯右端 1 精加工参数进行复制，生成阀芯右端 2 精加工模拟刀路	

（续）

步骤	简图	操作要点	探究
11. 生成阀芯右端2精加工程序	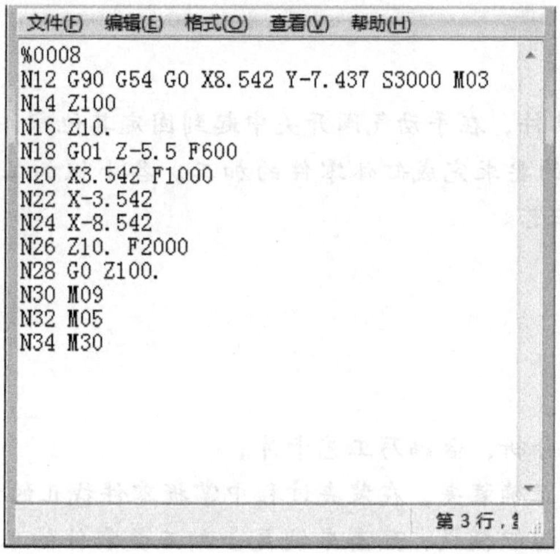 文件(F) 编辑(E) 格式(O) 查看(V) 帮助(H) %0008 N12 G90 G54 G0 X8.542 Y-7.437 S3000 M03 N14 Z100 N16 Z10. N18 G01 Z-5.5 F600 N20 X3.542 F1000 N22 X-3.542 N24 X-8.542 N26 Z10. F2000 N28 G0 Z100. N30 M09 N32 M05 N34 M30 第3行，	1）选择轮廓加工刀路生成刀路文件 2）检查加工参数是否正确，并根据要求修改程序头与程序尾 3）将程序命名为“O0008”，将程序文件传输到机床	
12. 装夹工件		1）装夹工件时，压板紧固自定心卡盘不出现松动 2）装夹时确保工件与两块垫铁紧贴 3）自定心卡盘紧固工件不出现松动	
13. 操作机床进行加工		1）调用程序O0005、O0006、O0007、O0008，对刀后加工阀芯右端扁位面 2）加工完毕后注意去除加工部位毛刺	

任务四　缸体加工

【任务描述】

缸体零件是手动气阀开关的一个零件，在手动气阀开关中起到固定其他零件和封闭气体的作用。各学习小组根据图5-11所示图样的要求完成缸体零件的加工。各小组加工时请根据零件的结构特征、技术要求，合理设计加工工艺。

本任务教学时数为6学时。

【学习目标】

通过本任务的学习，学生应：

1）能对缸体零件进行正确的工艺分析，会编写工艺卡片。

2）会对车铣复合加工类零件进行正确装夹，在装夹过程中掌握零件找正的方法与技巧。

3）熟悉企业生产现场管理与劳动组织模式，熟悉车铣复合加工类零件的工艺编排，培养精益求精的工作态度和“品质为先”的质量观。

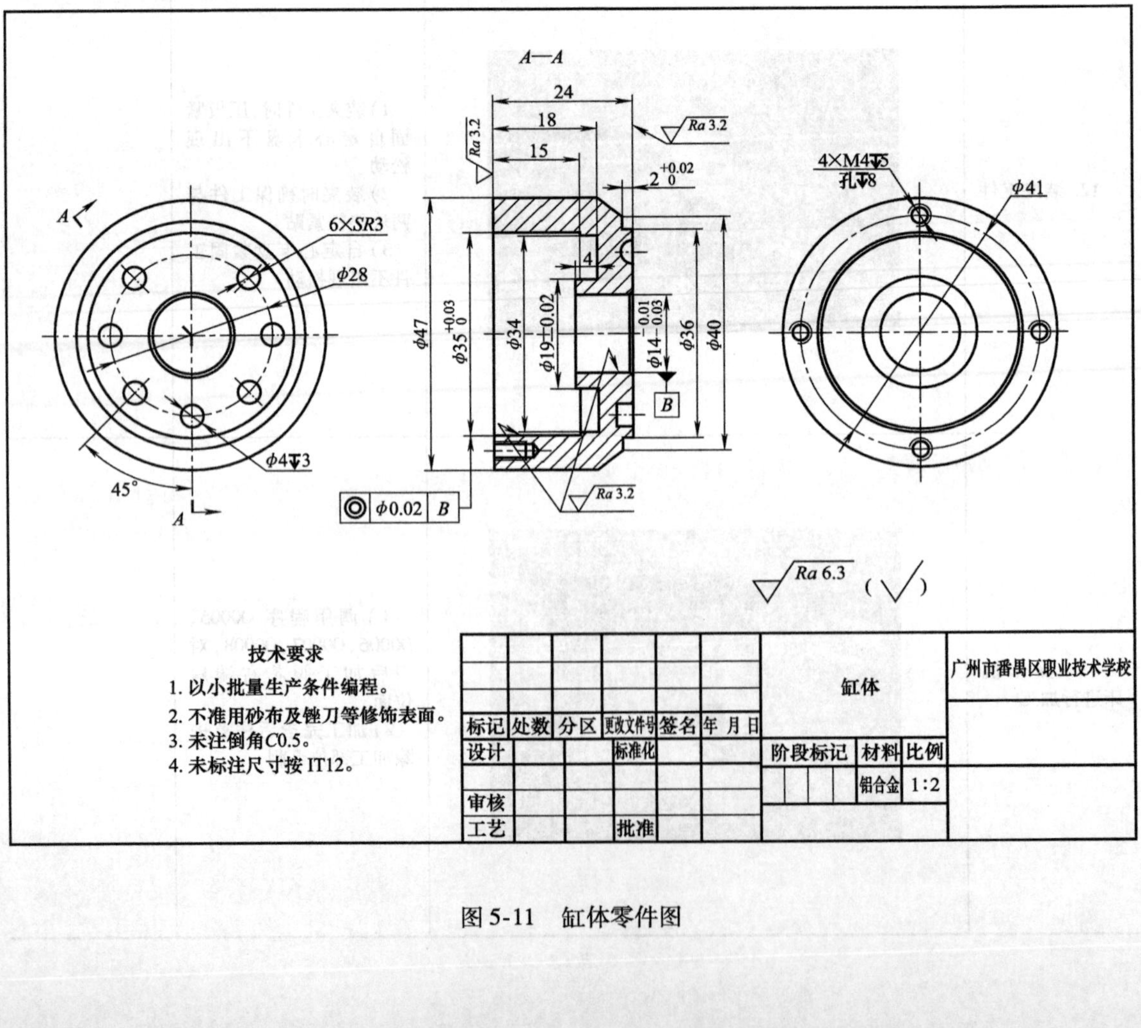

图5-11　缸体零件图

【任务知识与技能分析】

缸体零件所用材料为铝合金，备料毛坯尺寸为 ϕ50mm×27mm。加工要用到车削加工与铣削加工工序，属于车铣复合加工类零件，加工工艺编写至关重要，直接影响到是否能顺利完成加工任务。实施本任务涉及的主要知识与技能包括：

1）零件加工属于中小批量生产，生产工艺要注意考虑批量的大小。其中关键的是各工序与工步编排的合理性、科学性、便捷性。

2）尺寸公差的保证。缸体零件加工包括八处尺寸公差要求，精度要求比较高，最小的要求为0.01mm，对刀具、机床、检测工具要求较高，在合理选择切削用量的前提下，注重过程检测，确保加工质量。

3）位置公差的保证。缸体零件图中有一处同轴度位置公差要求。因此，在工艺设计和二次装夹时保证重要定位也非常重要。

4）零件加工中涉及多次装夹，每一道工序所用夹具的选择很重要，装夹与找正也非常关键，应避免因二次装夹导致加工误差，从而产生废品。

【任务实施】

一、加工工艺分析

加工工艺是指导操作者将产品逐步生产成交货状态的指导性文件。缸体加工工艺分析包括分析零件图样中的尺寸标注，零件的结构工艺性，零件毛坯的选择，零件的装夹，加工刀具、量具、夹具的选择等。加工工艺编制质量的好坏直接影响到产品的生产成本和生产率，在生产中的作用非常重要且不可或缺。缸体加工工艺分析见表5-20。

表5-20　缸体加工工艺分析

序号	项目	分析内容	备注
1	缸体零件图样分析	细致认真地审读缸体零件图，重点关注尺寸公差、表面粗糙度值、几何公差与技术要求。具体如下： 1）缸体尺寸标注方法分析。分析整体与局部的尺寸标注是否完备，标注是否正确，有无多余尺寸 2）缸体零件轮廓的几何要素分析。分析图样中几何要素的给定条件是否充分、正确，包括外圆、凹槽、孔、螺纹等几何要素 3）缸体精度及技术要求分析。尺寸精度要求车削外圆部分是 ϕ47mm ±0.02mm、ϕ36mm ±0.02mm，长度是24mm ±0.02mm、$2^{+0.02}_{0}$mm，内孔是 $\phi35^{+0.03}_{0}$mm、ϕ19mm ±0.02mm、$\phi14^{-0.01}_{-0.03}$mm，其余的尺寸按照IT12级控制。表面粗糙度值有4处为 Ra3.2μm，其他表面按照 Ra6.3μm 控制。还有一处同轴度位置公差要求。分析精度及各项技术要求是否齐全、合理	
2	缸体结构工艺分析	1）缸体的结构包括阶梯轴、凹槽、通孔和螺纹。根据其结构工艺特性，须采用车削加工、铣削加工和攻螺纹 2）缸体加工工序。根据结构特点，划分为四个加工工序：①车削缸体左端外圆、内孔、倒角；②调头车削右端外圆、锥面、内孔、倒角；③铣削右端排孔；④加工左端，钻定位孔及攻螺纹 3）对各工序的粗、精加工。先对各表面进行粗加工，粗加工结束后再精加工，并进行精度控制 4）缸体零件图中有一处同轴度要求，在调头装夹时要注意用百分表找正，保证同轴度要求	

（续）

序号	项目	分析内容	备注
3	装夹夹具分析	根据缸体结构特点，在车削与铣削过程中，所用的夹具如下： 1）车削圆周定位夹具采用自定心卡盘 2）铣削加工部分，采用自定心卡盘装夹，并且注意保证与轴心垂直	
4	加工刀具分析	根据缸体的轮廓几何要素，在车削与铣削过程中，所用的刀具如下： 1）外圆车削部分选用外圆车刀，刀具材料一般采用硬质合金 2）内轮廓加工部分，根据孔的大小选用合适的内孔刀，刀具材料一般采用硬质合金 3）铣削加工部分，根据槽宽选用 ϕ10mm 白钢立铣刀 4）钻孔部分选用相对应的钻头，采用丝锥进行攻螺纹	
5	切削用量分析	切削用量的选择，包括背吃刀量、主轴转速和进给速度三项。缸体材料为铝合金，刀具材料均用硬质合金，切削具体要求如下： 1）确定背吃刀量 a_p（mm），须考虑机床、刀具、装夹的刚性，车削一般最好一次切净余量，以提高生产率。根据产品实际情况，缸体粗加工一般不超过2mm，同时为了保证加工精度和表面粗糙度值，一般都留有一定的精加工余量，精车余量为0.1～0.5mm 2）主轴转速 n（r/min），主轴转速应根据零件上被加工部位的直径，并按零件和刀具的材料及加工性质等条件所允许的切削速度 v_c（m/min）来确定 3）确定进给速度 v_f（mm/min），进给速度的大小直接影响表面粗糙度值和车削效率，应在保证表面质量的前提下，选择较高的进给速度	
6	产品质量检测分析	缸体的检测包括外圆、长度、槽、孔等内容，其中加工过程还须有辅助检测工具，具体准备的检测工具包括： ①游标卡尺；②千分尺；③钢直尺；④螺纹塞规；⑤深度游标卡尺；⑥百分表	

想一想：

1）表5-20从图样、结构、装夹、刀具、切削用量、产品质量检测六个方面进行加工工艺分析，是否全面、具体、合理？

2）零件产品加工工艺分析，主要把握的关键有哪些？试着列举？

3）孔加工的关键是什么？

二、编制工艺卡

编制工艺卡（表5-21）时需查找《机床参数表》《机床使用说明书》《切削用量手册》《刀具手册》《机械加工工艺手册》等工艺文件资料。

表 5-21 缸体加工工艺卡

广州市番禺区职业技术学校	零件名称	缸体	加工工艺卡		产品型号		FZJ-BXXW-05	
	毛坯类型	φ50mm×27mm 棒料	材料	铝合金	工艺卡号	GT001	第 1 页	共 4 页

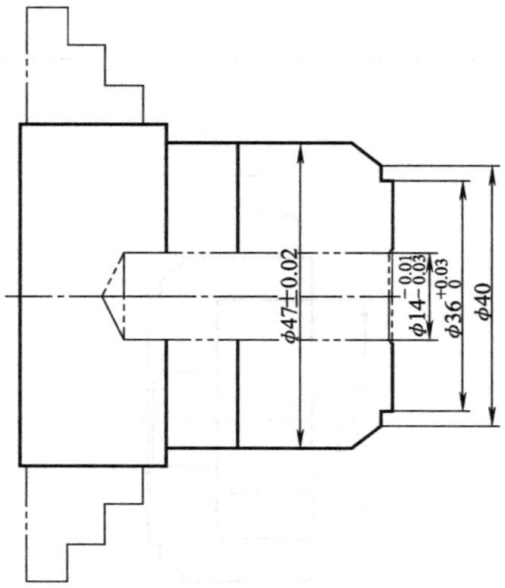

工序号	工步	加工内容	刀具	工艺装备	切削用量	n/(r/min)	a_p/mm	v_f/(mm/min)
车 1	1	1)车左端面 2)单边留余量 0.5mm,粗车 φ47mm×18mm 外圆倒角 3)精车 φ47mm×18mm 外圆倒角至要求	外圆车刀(硬质合金)	自定心卡盘(夹毛坯外圆,右端面定位)	粗加工	1000	1.0	150
					精加工	1300	0.2	100
	2	中心钻钻中心孔,用 φ14mm 钻头钻通孔,粗、精加工 φ35mm×15mm 外圆 φ14mm 通孔及倒角至尺寸要求	钻头、内孔车刀		精加工	800	0.7	130
					精加工	1000	0.5	150

				编制		批准	
				日期		日期	
标记	处数	更改文件号	签字				

（续）

广州市番禺区职业技术学校	零件名称	缸体		加工工艺卡		产品型号		FZJ-BXXW-05	
	毛坯类型	ϕ50mm×27mm 棒料		材料	铝合金	工艺卡号	GT002	第 2 页	共 4 页
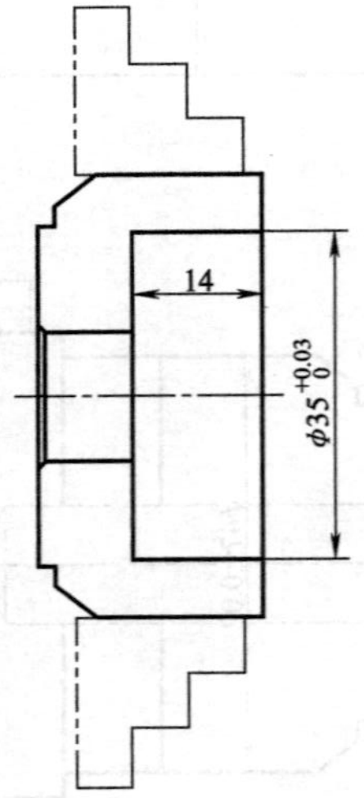	工序号	工步	加工内容	刀具	工艺装备	切削用量			
							n/（r/min）	a_p/mm	v_f/（mm/min）
	车 2	1	调头装夹、找正		自定心卡盘				
		2	1）车右端面，控制总长 2）单边留余量 0.5mm，粗车 ϕ36mm 外圆、倒角、肩面及锥面 3）精车 ϕ36mm 外圆、倒角、肩面及锥面至要求	外圆车刀（硬质合金）		粗加工	1000	1.0	150
						精加工	1300	0.2	100
			编制		批准				
			日期		日期				
标记	处数	更改文件号	签字						

（续）

广州市番禺区职业技术学校	零件名称	缸体	加工工艺卡		产品型号		FZJ-BXXW-05		
	毛坯类型	ϕ50mm×27mm 棒料	材料	铝合金	工艺卡号	GT003	第 3 页	共 4 页	
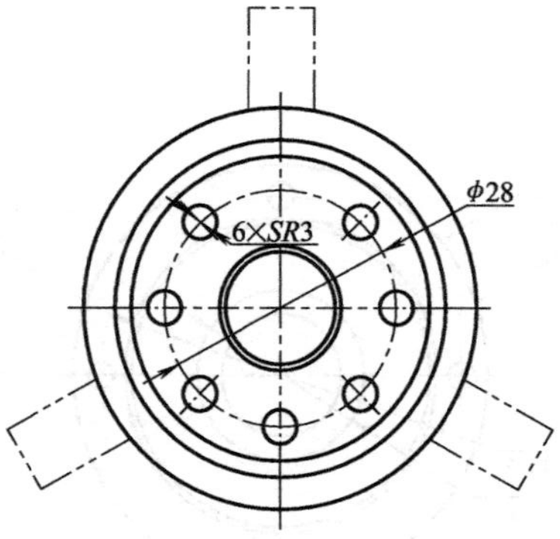	工序号	工步	加工内容	刀具	工艺装备	切削用量			
						n/（r/min）	a_p/mm	v_f/（mm/min）	
	铣 1	1	夹持 ϕ47mm 外圆，三爪固定在工作台上，端面定位，分中		自定心卡盘				
		2	1）钻 ϕ4mm × 3mm 孔 2）钻铣 6 × SR3mm 圆弧 3）孔口倒角	钻头		1500		250	

标记	处数	更改文件号	签字	编制		批准	
				日期		日期	

（续）

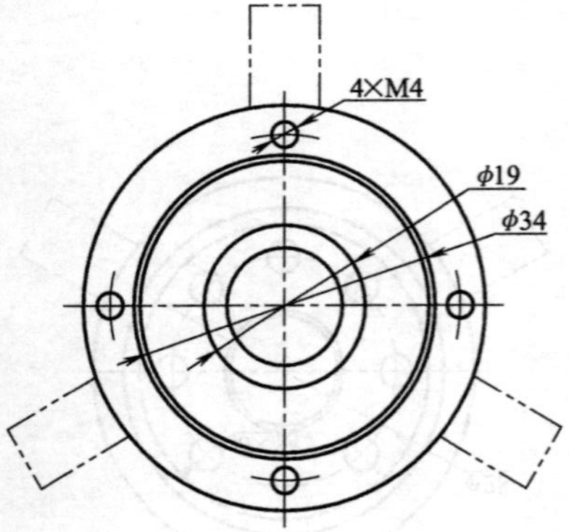

广州市番禺区职业技术学校								
零件名称	缸体		加工工艺卡		产品型号		FZJ-BXXW-05	
毛坯类型	ϕ50mm×27mm 棒料	材料	铝合金	工艺卡号	GT004		第 4 页	共 4 页
工序号	工步	加工内容	刀具	工艺装备	切削用量			
						n/(r/min)	a_p/mm	v_f/(mm/min)
铣 2	1	三爪夹外圆，右端面定位		自定心卡盘				
	2	铣 ϕ34mm、ϕ19mm ±0.02mm 环槽	ϕ10mm 白钢立铣刀		粗加工	2500	0.7	800
	3	1）钻 4×M4 定位孔带倒角 2）钻 4×ϕ3.3mm（M4 底孔），孔深 8mm	钻头		精加工	300		1000
	4	手攻 4×M4 螺纹孔	丝锥			1500		250

				编制		批准	
				日期		日期	
标记	处数	更改文件号	签字				

三、设备、工具、量具、辅具的准备

根据任务的加工要求从前面的设备、工具、量具、辅具清单中选择本任务所需要的物料。

四、操作加工

加工操作过程参考任务一、任务二、任务三完成零件的加工。

任务五 顶盖加工

【任务描述】

顶盖零件是手动气阀开关的一个零件，在手动气阀开关中起到固定其他零件、密封和转动的作用。各学习小组根据图5-12所示图样的要求完成顶盖零件的加工。各小组加工时请根据零件的结构特征、技术要求，合理设计加工工艺。

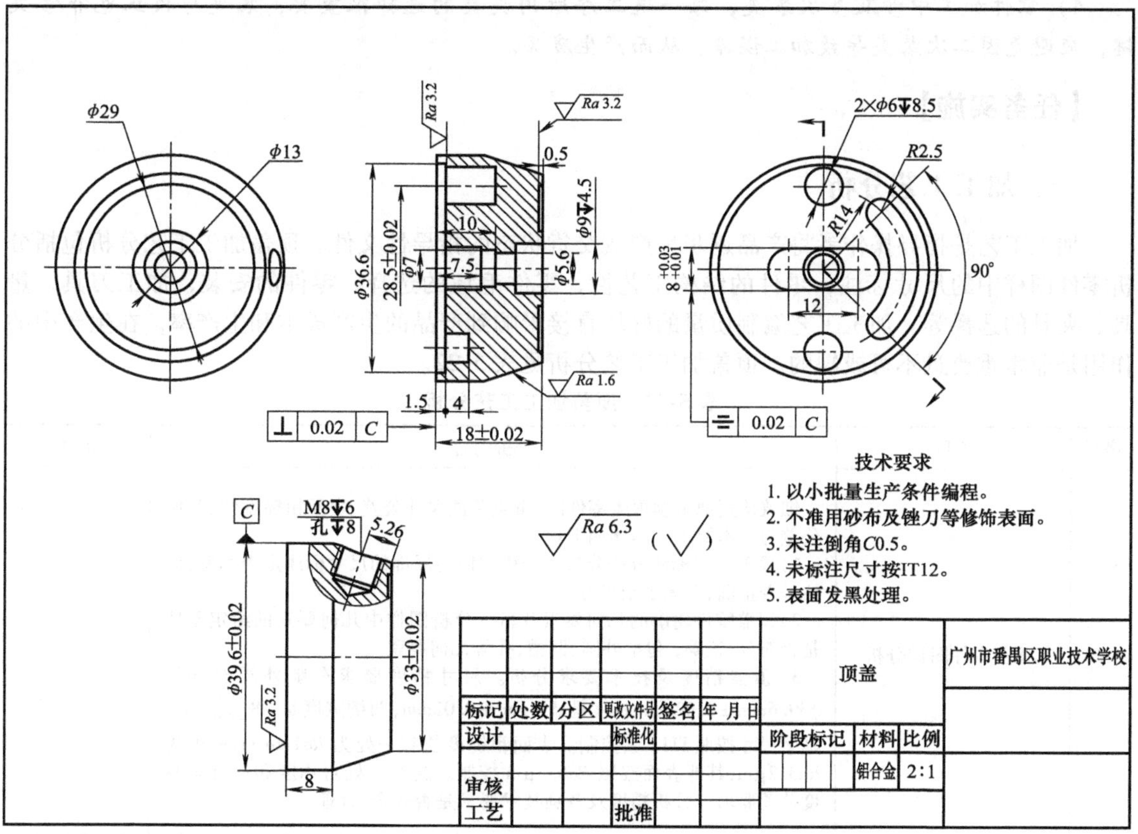

图5-12 顶盖零件图

本任务教学时数为6学时。

【学习目标】

通过本任务的学习，学生应：

1）能对顶盖零件进行正确的工艺分析，会编写工艺卡片。

2）会对车铣复合加工类零件进行正确装夹，在装夹过程中掌握零件找正的方法与技巧。

3）懂得万能分度头的调节与使用方法。

【任务知识与技能分析】

顶盖零件所用材料为铝合金，备料毛坯尺寸为 ϕ40mm 棒料。加工要用到车削加工与铣削加工工序，属于车铣复合加工类零件。加工工艺的编写至关重要，直接影响到是否能顺利完成加工任务。实施本任务涉及的主要知识与技能包括：

1）零件加工属于中小批量生产，生产工艺要注意考虑批量的大小。其中关键的是各工序与工步编排的合理性、科学性、便捷性。

2）尺寸公差的保证。顶盖零件加工有七处尺寸公差要求，精度要求比较高，最小的要求为 0.01mm，对刀具、机床、检测工具要求较高，在合理选择切削用量的前提下，注重过程检测，确保加工质量。

3）位置公差的保证。顶盖零件图中有一处对称度位置公差和一处垂直度位置公差要求。

4）零件加工中涉及多次装夹，每一道工序所用夹具的选择很重要，装夹与找正也非常关键，应避免因二次装夹导致加工误差，从而产生废品。

【任务实施】

一、加工工艺分析

加工工艺是指导操作者将产品逐步生产成交货状态的指导性文件。顶盖加工工艺分析包括分析零件图样中的尺寸标注，零件的结构工艺性，零件毛坯的选择，零件的安装，加工刀具、量具、夹具的选择等。加工工艺编制质量的好坏直接影响到产品的生产成本和生产率，在生产中的作用是非常重要且不可或缺的。顶盖加工工艺分析见表 5-22。

表 5-22 顶盖加工工艺分析

序号	项目	分析内容	备注
1	顶盖零件图样分析	细致认真地审读顶盖零件图，重点关注尺寸公差、表面粗糙度值、几何公差与技术要求。具体如下： 1）顶盖尺寸标注方法分析。分析整体与局部的尺寸标注是否完备，标注是否正确，有无多余尺寸 2）顶盖零件轮廓的几何要素分析。分析图样中几何要素的给定条件是否充分、正确，包括外圆、凹槽、孔等几何要素 3）顶盖精度及技术要求分析。尺寸精度要求车削外圆部分是 $\phi39.6\text{mm}\pm0.02\text{mm}$，长度是 $\phi18\text{mm}\pm0.02\text{mm}$，凹槽宽度是 $\phi8^{+0.03}_{+0.01}\text{mm}$，其余尺寸按照 IT12 级控制。表面粗糙度值有一处为 $Ra1.6\mu\text{m}$、两处为 $Ra3.2\mu\text{m}$，其他表面按照 $Ra6.3\mu\text{m}$ 控制。还有一处对称度和一处垂直度公差要求。分析精度及各项技术要求是否齐全、合理	
2	顶盖结构工艺分析	1）顶盖的结构包括外圆、锥面、通孔、槽等。根据其结构工艺特性，须采用车削加工、铣削加工和攻螺纹 2）顶盖加工工序。根据结构特点，划分为四个加工工序：①车削顶盖锥面、外圆、倒角、钻孔、切断；②铣削右端槽、不通孔、键槽；③铣削左端凹槽；④钻定位孔及攻螺纹 3）对各工序的粗、精加工。先对各表面进行粗加工，粗加工结束后再精加工，并进行精度控制	

（续）

序号	项目	分析内容	备注
3	装夹夹具分析	根据顶盖结构特点，在车削与铣削过程中，所用的夹具如下： 1）车削圆周定位夹具采用自定心卡盘 2）铣削加工部分，采用自定心卡盘装夹，并且注意保证与轴心垂直 3）加工螺纹部分采用万能分度头	
4	加工刀具分析	根据顶盖的轮廓几何要素，在车削与铣削过程中，所用的刀具如下： 1）外圆车削部分选用外圆车刀，刀具材料一般采用硬质合金 2）切断加工部分，选用3mm切槽刀，刀具材料一般采用硬质合金 3）铣削加工部分，根据铣削量与槽宽，选用ϕ4mm白钢立铣刀 4）钻孔部分选用相对应的钻头，采用丝锥攻螺纹	
5	切削用量分析	切削用量的选择，包括背吃刀量、主轴转速和进给速度三项。顶盖材料为铝合金，刀具材料均用硬质合金，切削具体要求如下： 1）确定背吃刀量a_p(mm)，须考虑机床、刀具、装夹的刚性，车削一般最好一次切净余量，以提高生产率，根据产品实际情况，顶盖粗加工一般不超过2mm，同时为了保证加工精度和表面粗糙度值，一般都留有一定的精加工余量，精车余量为0.1～0.5mm 2）主轴转速n(r/min)，主轴转速应根据零件上被加工部位的直径，并按零件和刀具的材料及加工性质等条件所允许的切削速度v_c(m/min)来确定 3）确定进给速度v_f(mm/min)，进给速度的大小直接影响表面粗糙度值和车削效率，因此应在保证表面质量的前提下，选择较高的进给速度	
6	产品质量检测分析	顶盖的检测包括外圆、长度、槽、孔等内容，其中加工过程还须有辅助检测工具，具体准备的检测工具包括：①游标卡尺；②千分尺；③钢直尺；④螺纹塞规；⑤深度游标卡尺；⑥百分表	

想一想：

1）表5-22从图样、结构、装夹、刀具、切削用量、产品质量检测六个方面进行加工工艺分析，是否全面、具体、合理？

2）孔加工的关键是什么？

二、编制工艺卡

编制工艺卡（表5-33）时需查找《机床参数表》《机床使用说明书》《切削用量手册》《刀具手册》《机械加工工艺手册》等工艺文件资料。

表 5-23 顶盖加工工艺卡

广州市番禺区职业技术学校

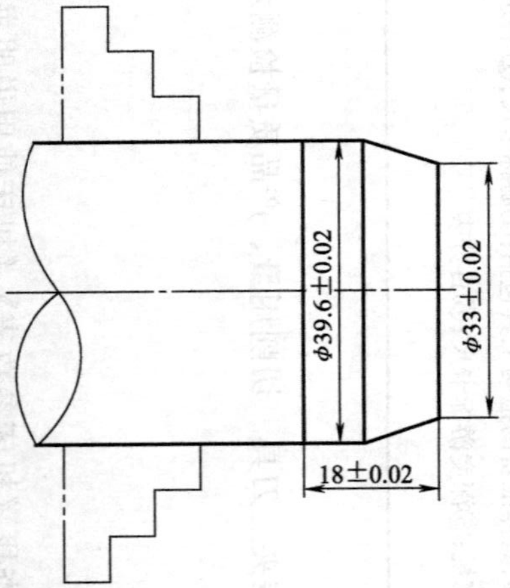

零件名称	顶盖		加工工艺卡		产品型号			FZJ-BXXW-05	
毛坯类型	φ40mm 棒料		材料	铝合金	工艺卡号	DG001		第 1 页	共 4 页
工序号	工步	加工内容		刀具	工艺装备	切削用量			
							n/(r/min)	a_p/mm	v_f/(mm/min)
车 1	1	1)车右端面 2)单边留余量 0.5mm，粗车锥面、φ39.6mm × 8mm 外圆及倒角 3)精车锥面、φ39.6mm×8mm 外圆、倒角至要求		外圆车刀(硬质合金)	自定心卡盘(夹毛坯外圆，右端面定位)	粗加工	1000	1.0	150
						精加工	1300	0.2	100
	2	钻中心孔，钻 φ5.6mm 孔、深 20mm		钻头			1000		
	3	切断		切槽刀			500		50

标记	处数	更改文件号	签字	编制		批准	
				日期		日期	

（续）

广州市番禺区职业技术学校	零件名称	顶盖		加工工艺卡	产品型号		FZJ-BXXW-05	
	毛坯类型	ϕ40mm 棒料	材料	铝合金	工艺卡号	DG002	第 2 页	共 4 页

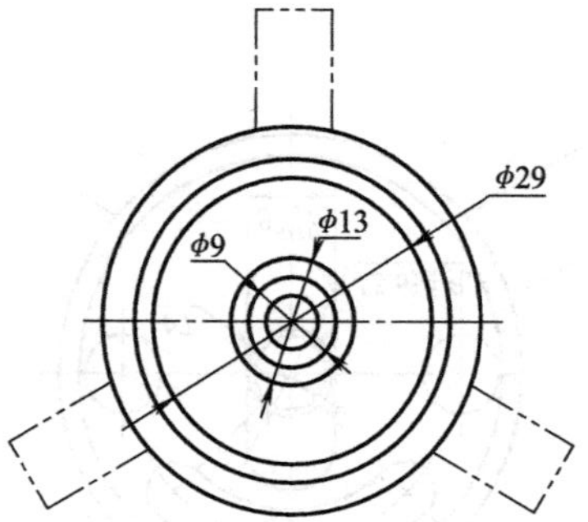

工序号	工步	加工内容	刀具	工艺装备	切削用量			
						n/(r/min)	a_p/mm	v_f/(mm/min)
铣 1	1	自定心卡盘夹 ϕ39.6mm 外圆，找正		自定心卡盘				
	2	1）铣削 ϕ29mm 外圆、ϕ13mm×0.5mm 环形槽 2）铣削 ϕ9mm 深 4.5mm 孔	ϕ4mm 立铣刀		粗加工	2500	0.6	800
					精加工	3000		1000

				编制		批准	
				日期		日期	
标记	处数	更改文件号	签字				

（续）

广州市番禺区职业技术学校	零件名称	顶盖	加工工艺卡		产品型号		FZJ-BXXW-05	
	毛坯类型	ϕ40mm 棒料	材料	铝合金	工艺卡号	DG003	第 3 页	共 4 页

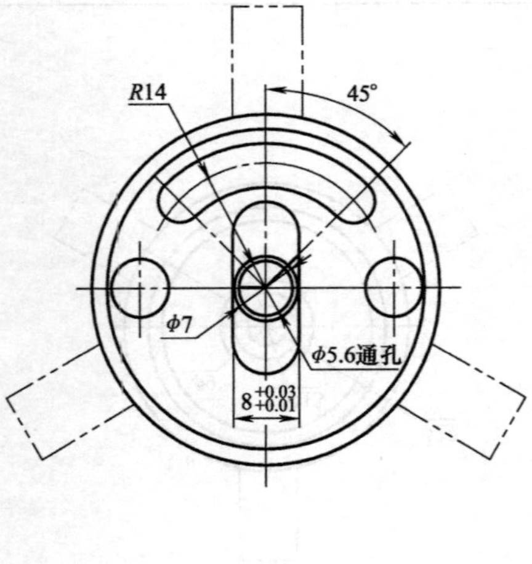

工序号	工步	加工内容	刀具	工艺装备	切削用量			
						n/(r/min)	a_p/mm	v_f/(mm/min)
铣 2	1	夹持 ϕ50mm 外圆，三爪固定在工作台上，端面定位，分中		自定心卡盘				
	2	1）铣 R14mm 圆弧槽，粗铣 12mm × 8mm 槽，单边留余量 0.1mm 2）精铣 12mm × 8mm 槽	ϕ4mm 白钢立铣刀		粗加工	2500	1	800
					精加工	3000		1000
	3	钻 2 × ϕ6mm 孔深 6mm	ϕ6mm 钻头			1500		250
	4	铣削 2 × ϕ6mm 孔深 7.5mm 至要求	ϕ4mm 白钢立铣刀			3000		1000

				编制		批准	
				日期		日期	
标记	处数	更改文件号	签字				

（续）

广州市番禺区职业技术学校	零件名称	顶盖	加工工艺卡		产品型号		FZJ-BXXW-05			
	毛坯类型	ϕ40mm 棒料	材料	铝合金	工艺卡号	DG004	第 4 页	共 4 页		
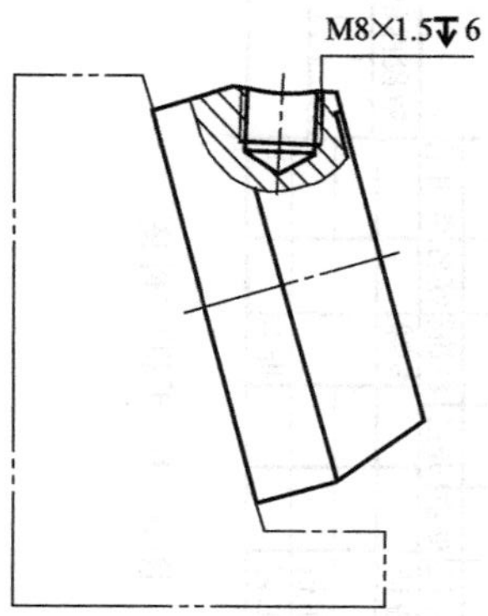	工序号	工步	加工内容	刀具	工艺装备	切削用量				
						n/（r/min）	a_p/mm	v_f/（mm/min）		
	铣 3	1	自定心卡盘装夹 ϕ39.6mm 外圆，找正		万能分度头					
		2	钻 M8 底孔至 ϕ6.8mm	钻头		1500		250		
		3	倒角 $C1$	倒角刀		400		50		
		4	手攻 M8 螺纹	丝锥						

标记	处数	更改文件号	签字	编制		批准	
				日期		日期	

三、设备、工具、量具、辅具的准备

根据任务的加工要求从前面的设备、工具、量具、辅具清单中选择本任务所需要的物料。

四、操作加工

加工操作过程参考任务一、任务二、任务三完成零件的加工。

任务六　手柄加工

【任务描述】

手柄零件是手动气阀开关的一个零件，在手动气阀开关中起到带动顶盖旋转从而拨动阀芯转动，起到调节方向和流量的作用。各学习小组根据图5-13所示图样的要求完成手柄零件的加工。各小组加工时请根据零件的结构特征、技术要求，合理设计加工工艺。

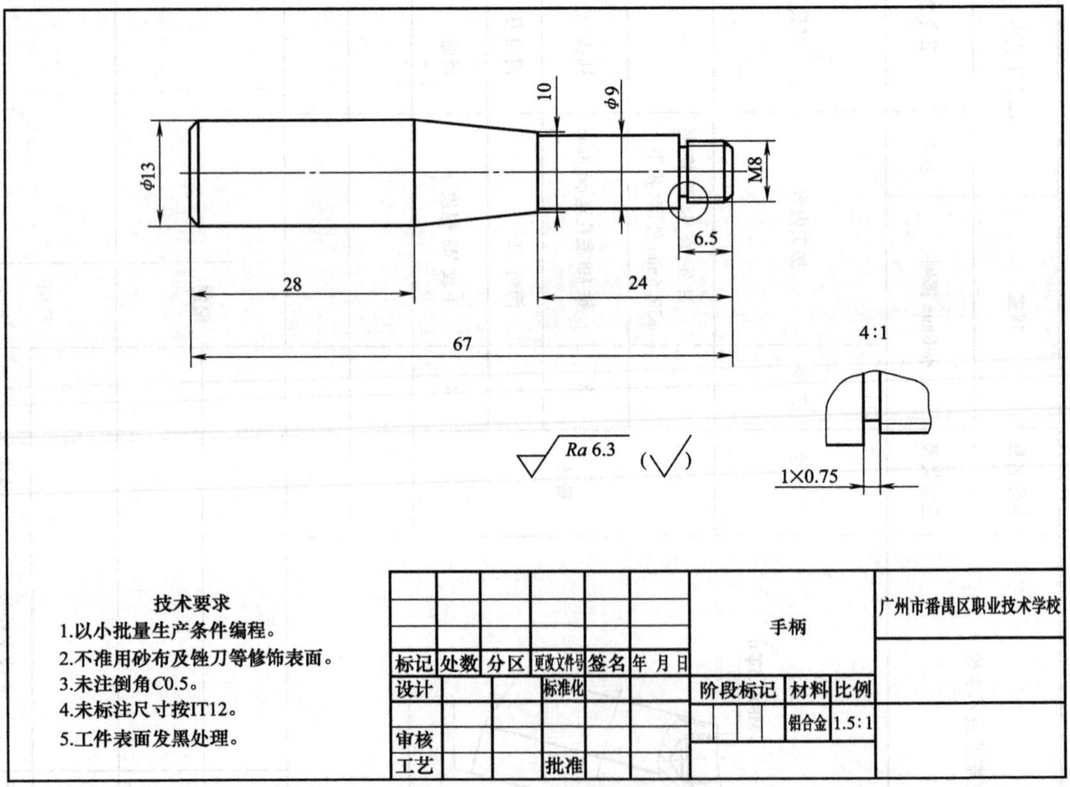

图5-13　手柄零件图

本任务教学时数为2学时。

【学习目标】

通过本任务的学习，学生应：

1）能对手柄零件进行正确的工艺分析，会编写工艺卡片。

2）掌握细长轴类零件的加工方法与技巧。

【任务知识与技能分析】

手柄零件所用材料为铝合金，备料毛坯尺寸为 ϕ20mm 棒料。加工要用到车削加工工序，加工工艺的编写至关重要，直接影响到是否能顺利完成加工任务。实施本任务涉及的主要知识与技能包括：

1）零件加工属于中小批量生产，生产工艺要注意考虑批量的大小。其中关键的是各工序与工步编排的合理性、科学性、便捷性。

2）尺寸公差的保证。手柄零件的加工包括两处尺寸公差要求，精度要求比较高，最小的要求为 0.02mm，对刀具、机床、检测工具要求较高，在合理选择切削用量的前提下，注重过程检测，确保加工质量。

【任务实施】

一、加工工艺分析

加工工艺是指导操作者将产品逐步生产成交货状态的指导性文件。手柄加工工艺分析包括分析零件图样中的尺寸标注，零件的结构工艺性，零件毛坯的选择，零件的装夹，加工刀具、量具、夹具的选择等。加工工艺编制质量的好坏直接影响到产品的生产成本和生产率，在生产中的作用是非常重要且不可或缺的。手柄加工工艺分析见表 5-24。

表 5-24 手柄加工工艺分析

序号	项目	分析内容	备注
1	手柄零件图样分析	细致认真地审读手柄零件图，重点关注尺寸公差、表面粗糙度值、几何公差与技术要求。具体如下： 1）手柄尺寸标注方法分析。分析整体与局部的尺寸标注是否完备，标注是否正确，有无多余尺寸 2）手柄零件轮廓的几何要素分析。分析图样中几何要素的给定条件是否充分、正确，包括螺纹、外圆、槽等几何要素 3）手柄精度及技术要求分析。尺寸精度要求车削外圆部分是 ϕ13mm ±0.02mm，长度是 67mm ±0.02mm，其余的尺寸按照 IT12 级控制。表面粗糙度值按照 Ra6.3μm 控制	
2	手柄结构工艺分析	1）手柄的结构包括阶梯轴、锥面、槽、螺纹。根据其结构工艺特性，须采用车削加工 2）手柄加工工序。根据结构特点，划分为一个加工工序，车削外圆 ϕ8mm、ϕ9mm、ϕ13mm 及锥面，切槽、车螺纹、切断 3）对各工序的粗、精加工。先对各表面进行粗加工，粗加工结束后再精加工，并进行精度控制	
3	装夹夹具分析	根据手柄结构特点，在车削过程中，所用的夹具为：车削圆周定位夹具采用自定心卡盘，两次装夹结合坯料进行	

（续）

序号	项目	分析内容	备注
4	加工刀具分析	根据手柄的轮廓几何要素，在车削过程中所用的刀具如下： 1）外圆车削部分选用外圆车刀，刀具材料一般采用硬质合金 2）切槽加工部分，根据槽宽选用1mm切槽刀，刀具材料一般采用硬质合金 3）螺纹加工使用螺纹车刀	
5	切削用量分析	切削用量的选择，包括背吃刀量、主轴转速和进给速度三项。手柄材料为铝合金，刀具材料均用硬质合金，切削具体要求如下： 1）确定背吃刀量 a_p(mm)，须考虑机床、刀具、装夹的刚性，车削最好一次切净余量，以提高生产率。根据产品实际情况，手柄粗加工一般不超过2mm，同时为了保证加工精度和表面粗糙度值，一般都留有一定的精加工余量，精车余量为0.1～0.5mm 2）主轴转速 n(r/min)，主轴转速应根据零件上被加工部位的直径，并按零件和刀具的材料及加工性质等条件所允许的切削速度 v_c(m/min)来确定 3）确定进给速度 v_f(mm/min)，进给速度的大小直接影响表面粗糙度值和车削效率，因此应在保证表面质量的前提下，选择较高的进给速度	
6	产品质量检测分析	手柄的检测包括外圆、长度、槽等内容，其中加工过程还须有辅助检测工具，具体准备的检测工具包括：①游标卡尺；②千分尺；③钢直尺；④螺纹环规；⑤深度游标卡尺；⑥百分表	

二、编制工艺卡

编制工艺卡（表5-25）时需查找《机床参数表》《机床使用说明书》《切削用量手册》《刀具手册》《机械加工工艺手册》等工艺文件资料。

三、设备、工具、量具、辅具的准备

根据任务的加工要求从前面的设备、工具、量具、辅具清单中选择本任务所需要的物料。

四、操作加工

加工操作过程参考任务一、任务二、任务三完成零件的加工。

【任务评价】

完成本项目后，应做到：

1）正确地识读手动气阀各零件的零件图，清楚图中所有的公差与技术要求。

2）独立或在适当帮助下分析手动气阀各零件的加工工艺，并编写工艺卡片。

3）清楚手动气阀各零件的加工过程，并能指出加工中须把握的关键点。

4）完成加工任务后，做好场地和设备的整理、清洁、维护等工作。

表 5-25 手柄加工工艺卡

广州市番禺区职业技术学校	零件名称	手柄	加工工艺卡		产品型号		FZJ-BXXW-05	
	毛坯类型	ϕ20mm 棒料	材料	铝合金	工艺卡号	SB001	第 1 页	共 1 页

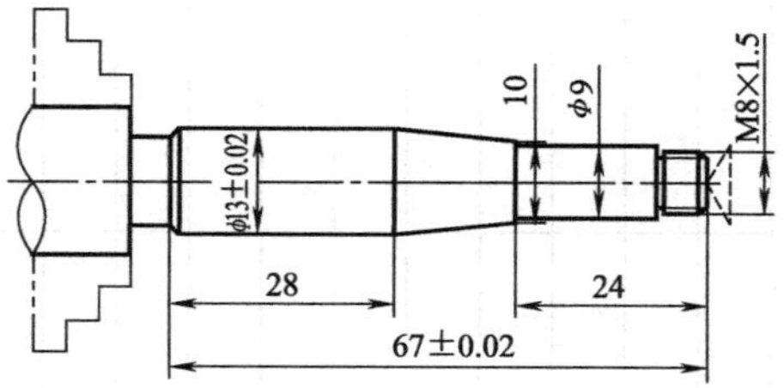

工序号	工步	加工内容	刀具	工艺装备	切削用量			
						n/(r/min)	a_p/mm	v_f/(mm/min)
车 1	1	1）车平端面 2）单边留余量 0.5mm，粗车 ϕ8mm、ϕ9mm、ϕ13mm 外圆、倒角及锥面 3）车 ϕ8mm、ϕ9mm、ϕ13mm 外圆、倒角及锥面至要求	外圆车刀（硬质合金）	自定心卡盘	粗加工	1000	1.0	150
					精加工	1300	0.2	100
	2	切 1mm×0.75mm 槽	切槽刀			800	1	70
	3	加工 M8×1.5mm 螺纹	螺纹车刀			600		

				编制		批准	
				日期		日期	
标记	处数	更改文件号	签字				

5）对零件产品进行检测，并填写产品质量评检单，具体见表5-26。

表5-26 手动气阀综合零件产品质量评检单

项目名称		项目五　手动气阀综合零件加工		项目时间	
组　别		成员名单			
序号	检查项目	检查内容	学生自检	教师核检	备注
1	加工工艺文件	工艺、加工参数合理			
2	外圆	ϕ50mm ±0.02mm			件1
3		$\phi34_{-0.03}^{\ 0}$mm			件1
4		ϕ34mm ±0.02mm			件2
5		$\phi14_{-0.03}^{\ 0}$mm			件3
6		ϕ16.5mm			件3
7		ϕ11mm			件3
8		ϕ8.6mm			件3
9		ϕ7mm			件3
10		ϕ5.4mm			件3
11		ϕ47mm			件4
12		ϕ36mm			件4
13		ϕ39.6mm ±0.02mm			件5
14		ϕ33mm ±0.02mm			件5
15		ϕ13mm			件6
16		ϕ9mm			件6
17	孔	4×ϕ5mm　深12mm			件1
18		4×ϕ4.5mm			件1
19		4×ϕ6.5mm　深4mm			件1
20		4×ϕ6.25mm			件1
21		ϕ12mm　深1mm			件1
22		ϕ6mm			件2
23		2×ϕ5mm 通孔			件2
24		ϕ4.8mm　深7mm			件3
25		ϕ4mm　深12mm			件3
26		$\phi35_{\ 0}^{+0.03}$mm			件4
27		ϕ34mm			件4
28		ϕ19mm ±0.02mm			件4
29		$\phi14_{-0.03}^{-0.01}$mm			件4
30		ϕ4mm　深3mm			件4
31		ϕ9mm　深4.5mm			件5
32		2×ϕ6mm　深8.5mm			件5
33		ϕ5.6mm			件5

（续）

序号	检查项目	检查内容	学生自检	教师核检	备注
34	孔	ϕ7mm			件5
35	成形面	R2.5mm			件2
36		6×SR3mm			件4
37		R14mm			件5
38		R2.5mm			件5
39	槽	2mm×1mm			件1
40		2mm×1.5mm			件3
41		1mm×0.75mm			件6
42	长度	15mm±0.02mm			件1
43		55mm±0.02mm			件1
44		44mm±0.02mm			件1
45		7.75mm			件1
46		4mm			件2
47		$5^{+0.02}_{0}$mm			件2
48		$3^{+0.02}_{0}$mm			件2
49		23.5mm±0.02mm			件3
50		3mm			件3
51		6.8mm			件3
52		10.5mm			件3
53		16.5mm			件3
54		5.5mm			件3
55		$8^{-0.01}_{-0.03}$mm			件3
56		$5^{-0.01}_{-0.03}$mm			件3
57		$2^{+0.02}_{0}$mm			件4
58		18mm±0.02mm			件5
59		1.5mm			件5
60		4mm			件5
61		7.5mm			件5
62		0.5mm			件5
63		$8^{+0.03}_{+0.01}$mm			件5
64		67mm			件6
65		6.5mm			件6
66		24mm			件6
67		28mm			件6
68	螺纹	4×M14 ↧ 16			件1
69		M6 ↧ 5			件3

（续）

序号	检查项目	检查内容	学生自检	教师核检	备注
70	螺纹	4×M4 ↧ 5			件4
71		M8 ↧ 6			件5
72		M8			件6
73	几何公差	同轴度0.02mm,3处			件1、件3、件4
74		垂直度0.02mm			件5
75		对称度0.02mm,4处			件2、件3、件5
76	倒角	超差每处扣1分			
77	表面粗糙度值	每降一级扣2分			
78	装配调试				

<table>
<tr><td rowspan="3">检查评价</td><td colspan="4">过程评价(学生填写)：

教师评语：</td></tr>
<tr><td>评　分</td><td></td><td>日　期</td><td></td></tr>
<tr><td>学生签字</td><td></td><td>教师签字</td><td></td></tr>
</table>

【任务拓展】

编写图5-14所示棘轮机构零件图的工艺方案。

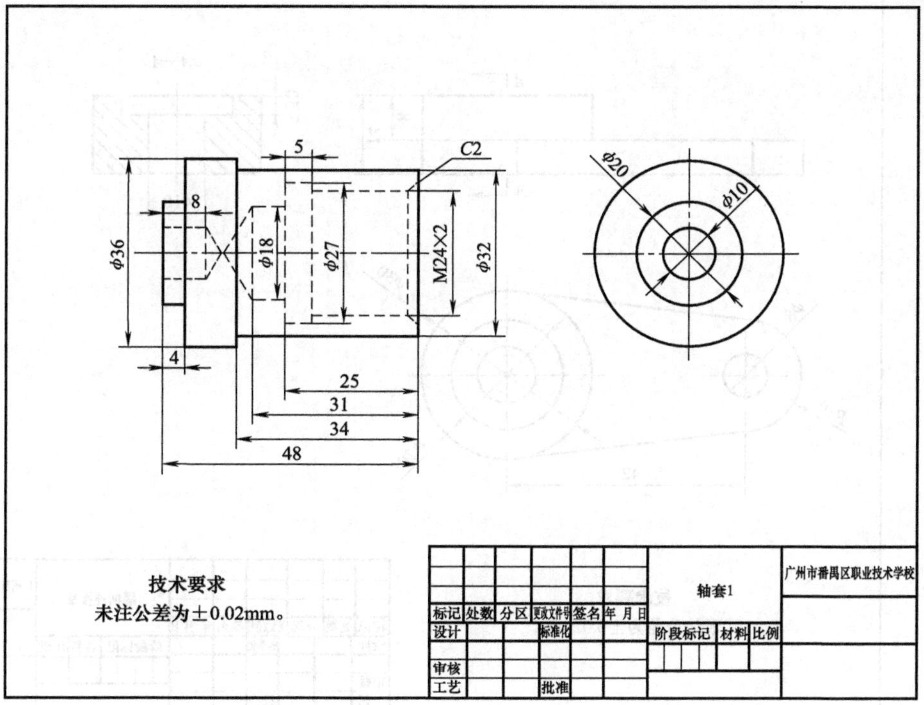

a)

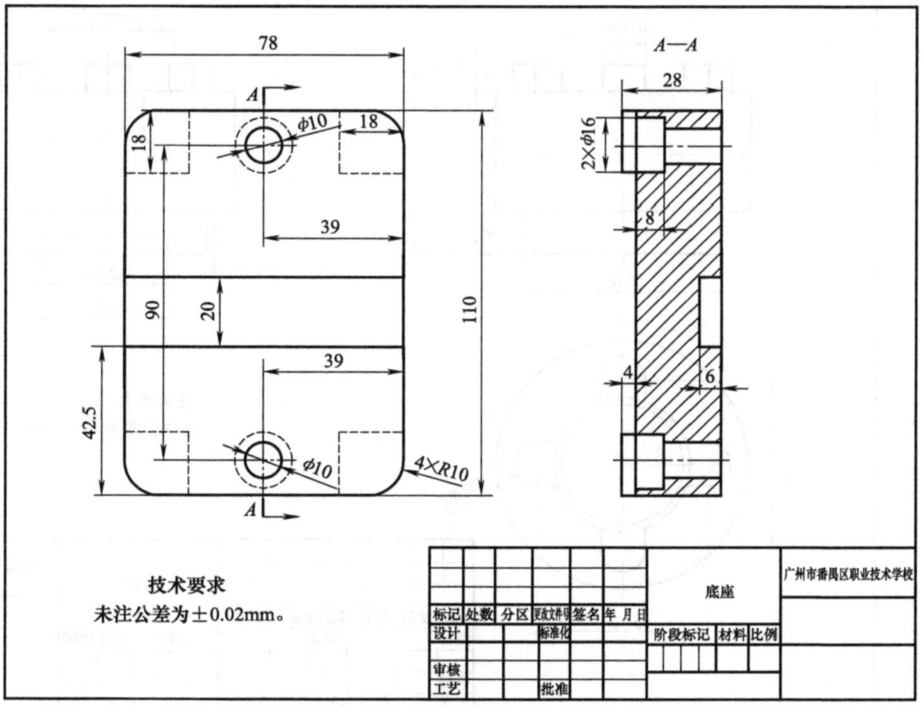

b)

图 5-14　棘轮机构零件图

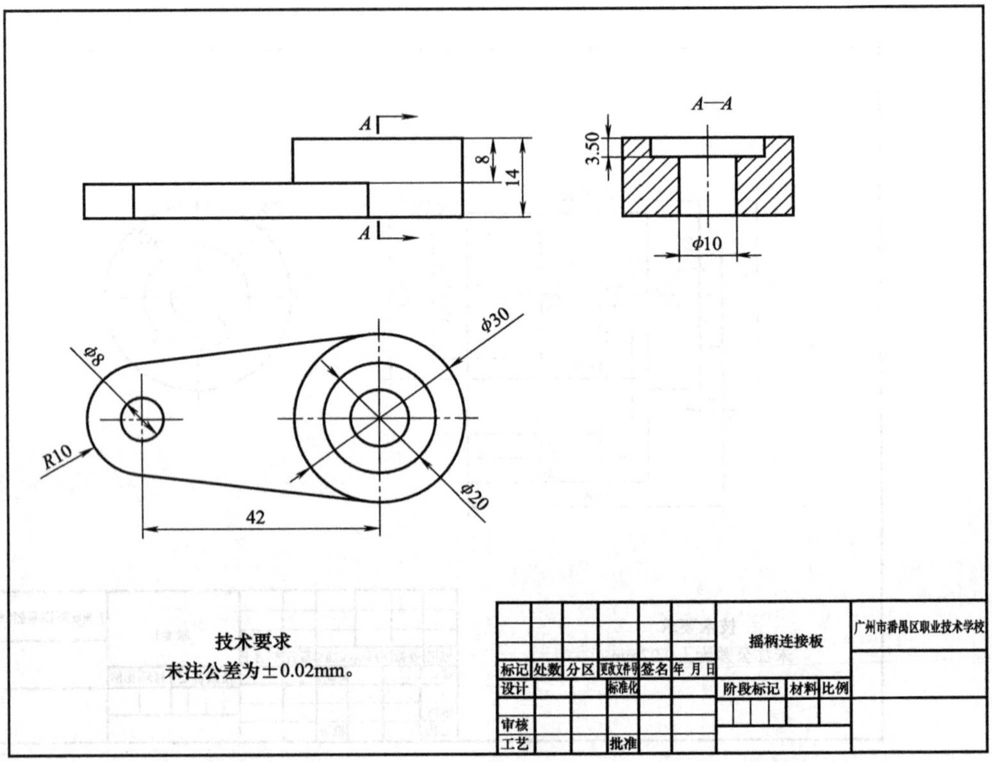
A
A
A—A
8
14
3.50
ϕ10
ϕ30
ϕ8
R10
ϕ20
42
技术要求
未注公差为±0.02mm。
标记 处数 分区 更改文件号 签名 年 月 日
设计 标准化
审核
工艺 批准
摇柄连接板
阶段标记 材料 比例
广州市番禺区职业技术学校

c)

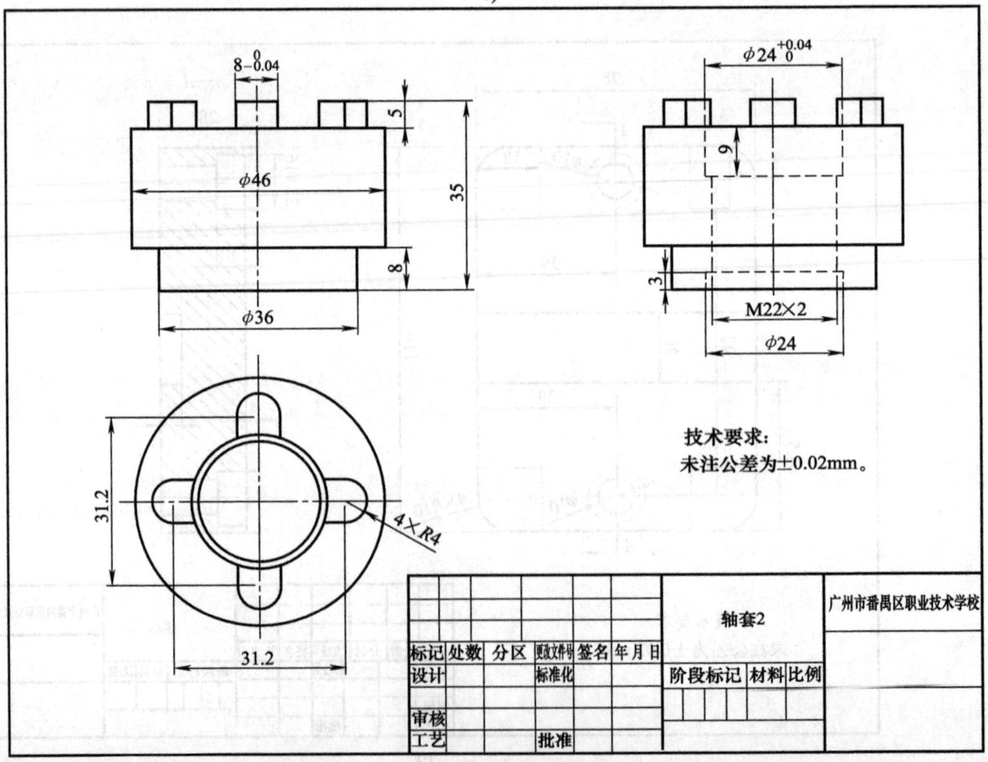
8-0.04 0
ϕ24 +0.04 0
5
35
ϕ46
8
ϕ36
9
3
M22×2
ϕ24
31.2
4×R4
31.2
技术要求:
未注公差为±0.02mm。
轴套2
广州市番禺区职业技术学校
标记 处数 分区 更改文件号 签名 年月日
设计 标准化
阶段标记 材料 比例
审核
工艺 批准

d)

图 5-14 棘轮机构

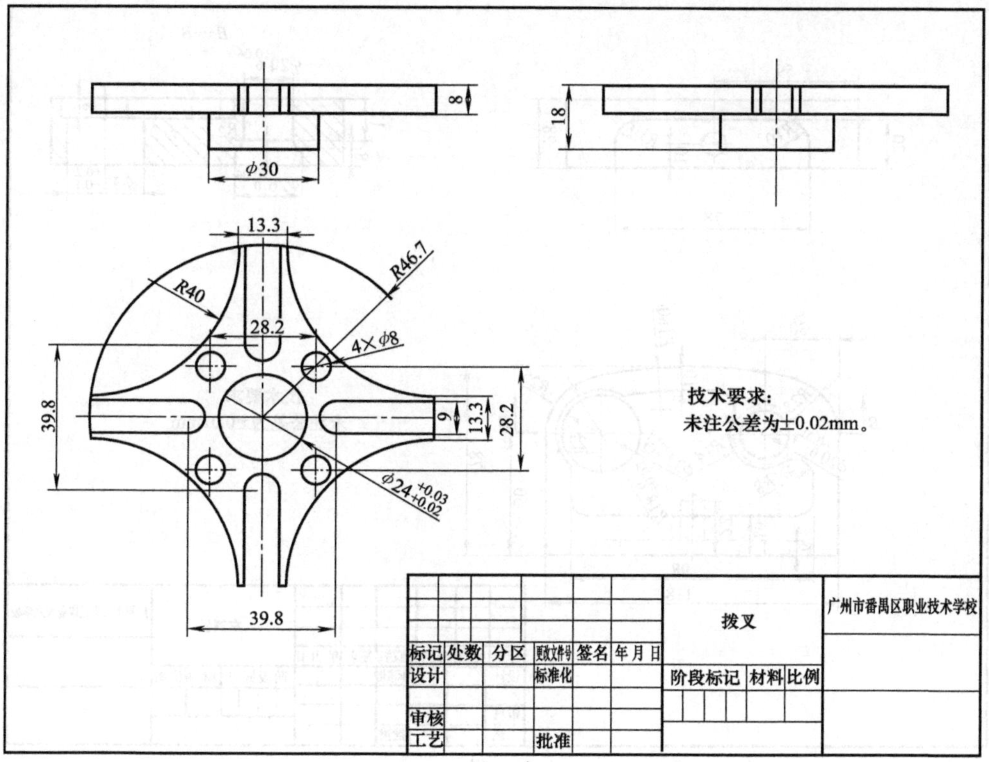
8
18
ϕ30
13.3
R46.7
R40
28.2
4×ϕ8
39.8
9
13.3
28.2
ϕ24$^{+0.03}_{+0.02}$
39.8
技术要求:
未注公差为±0.02mm。
拨叉
广州市番禺区职业技术学校
标记 处数 分区 更改文件号 签名 年 月 日
设计 标准化
阶段标记 材料 比例
审核
工艺 批准

e)

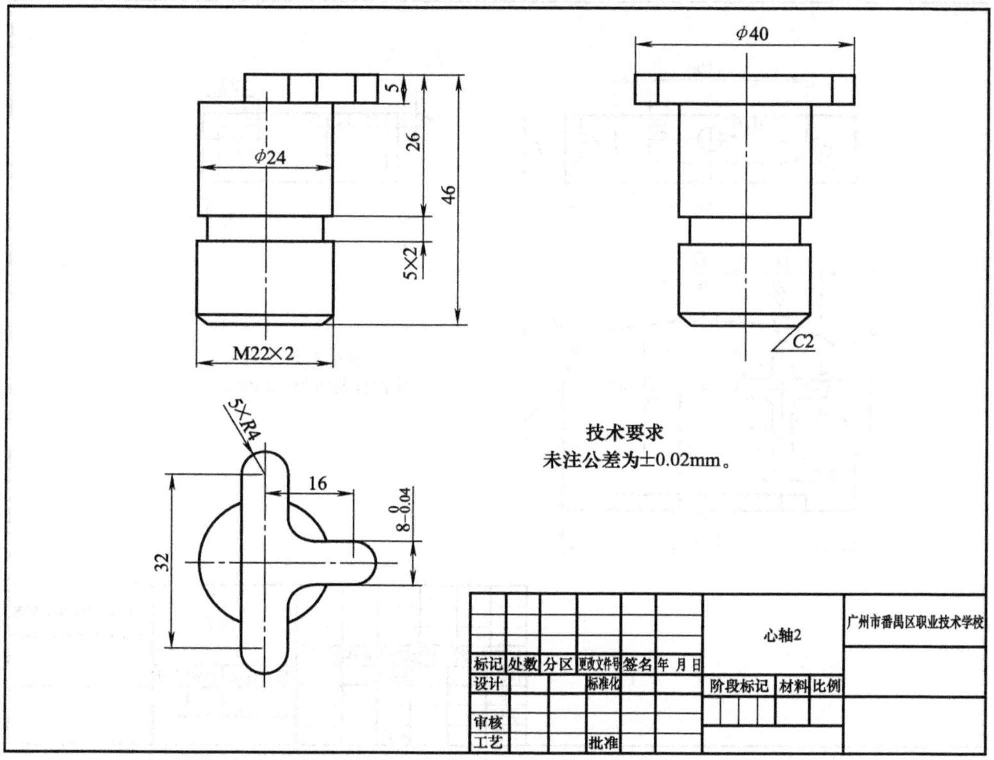
ϕ40
5
26
ϕ24
46
5×2
M22×2
C2
5×R4
16
8$^{0}_{-0.04}$
32
技术要求
未注公差为±0.02mm。
心轴2
广州市番禺区职业技术学校
标记 处数 分区 更改文件号 签名 年 月 日
设计 标准化
阶段标记 材料 比例
审核
工艺 批准

f)

零件图

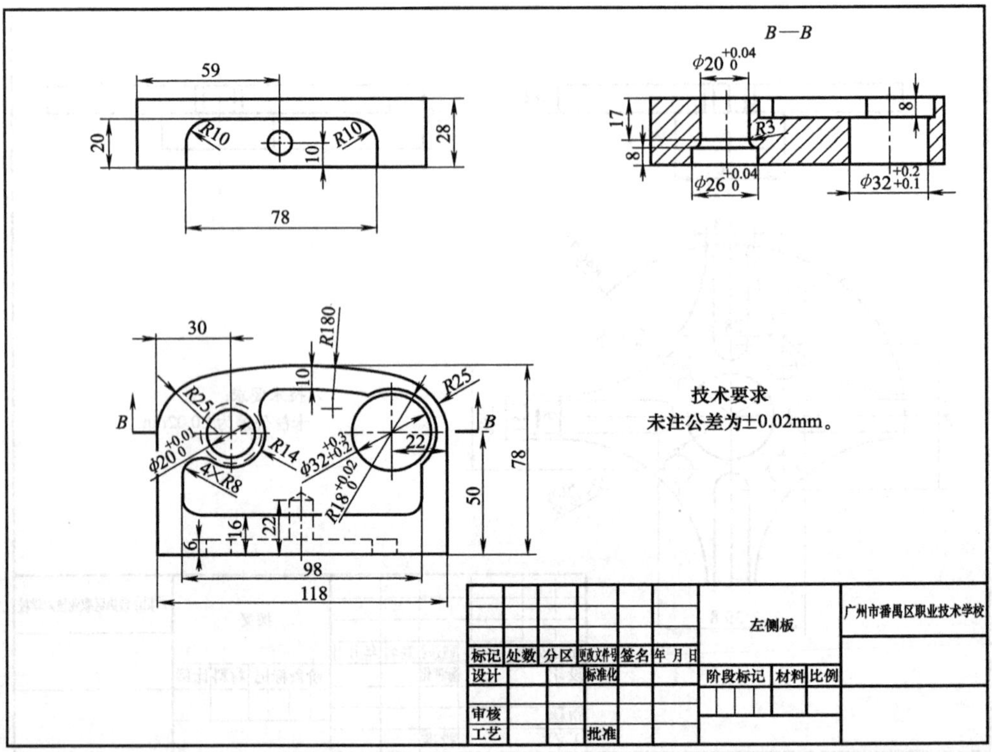
B—B
技术要求
未注公差为±0.02mm。
左侧板
广州市番禺区职业技术学校
标记 处数 分区 更改文件号 签名 年 月 日
设计 标准化
阶段标记 材料 比例
审核
工艺 批准

g)

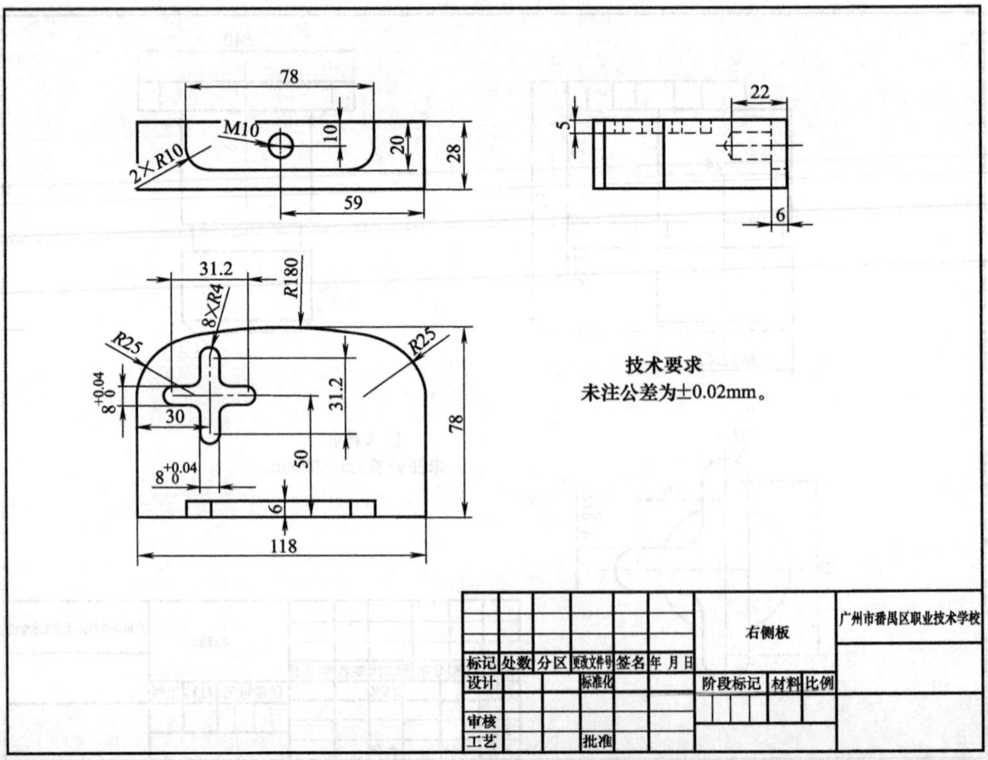
技术要求
未注公差为±0.02mm。
右侧板
广州市番禺区职业技术学校
标记 处数 分区 更改文件号 签名 年 月 日
设计 标准化
阶段标记 材料 比例
审核
工艺 批准

h)

图 5-14 棘轮机构

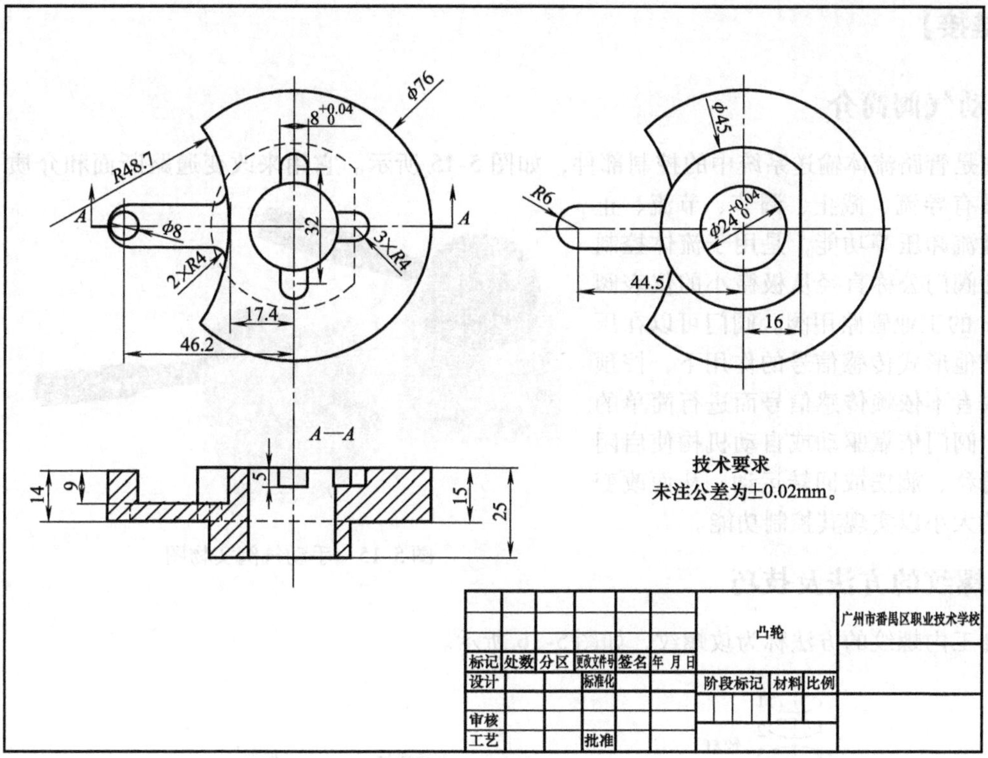
φ76
$8^{+0.04}_{0}$
R48.7
A
A
φ8
32
3×R4
2×R4
17.4
46.2
φ45
R6
$φ24^{+0.04}_{0}$
44.5
16
A—A
14
9
5
15
25
技术要求
未注公差为±0.02mm。
凸轮
广州市番禺区职业技术学校
标记 处数 分区 更改文件号 签名 年 月 日
设计 标准化
阶段标记 材料 比例
审核
工艺 批准

i)

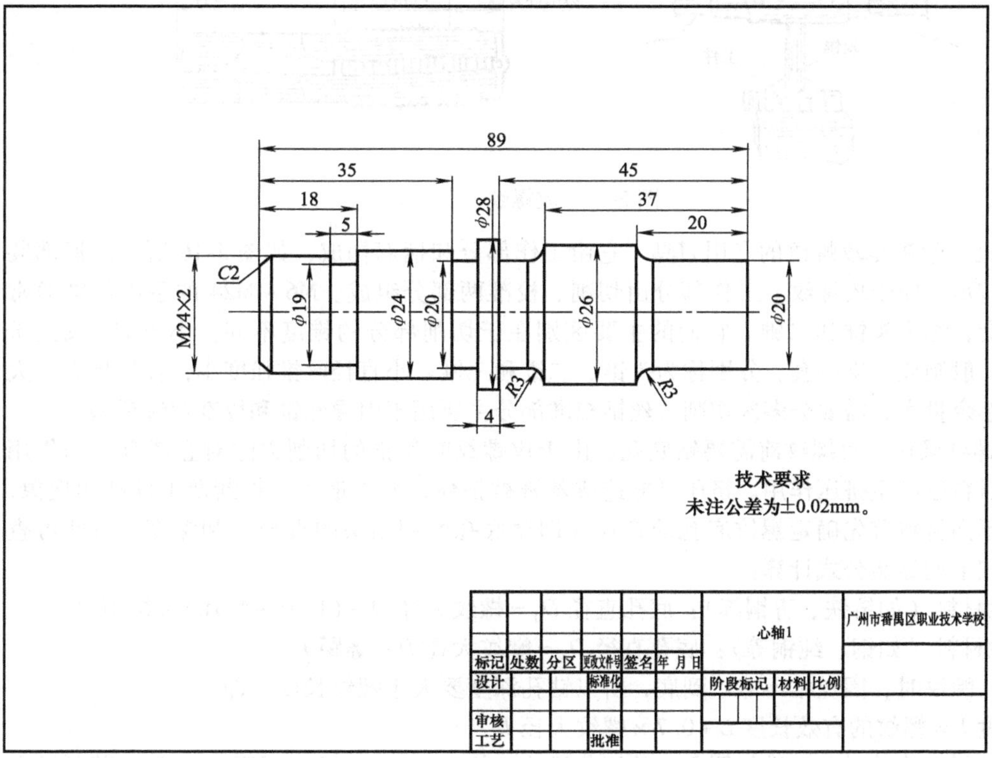
89
35
45
18
5
φ28
37
20
C2
M24×2
φ19
φ24
φ20
φ26
φ20
R3
R3
4
技术要求
未注公差为±0.02mm。
心轴1
广州市番禺区职业技术学校
标记 处数 分区 更改文件号 签名 年 月 日
设计 标准化
阶段标记 材料 比例
审核
工艺 批准

j)

零件图

【知识链接】

一、手动气阀简介

手动气阀是管路流体输送系统中的控制部件，如图 5-15 所示。它用来改变通路断面和介质流动方向，具有导流、截止、调节、节流、止回、分流或溢流卸压等功能，是用于流体控制的阀门。包括阀门公称直径从极微小的仪表阀到直径达 10m 的工业管路用阀。阀门可以在压力、温度或其他形式传感信号的作用下，按预定要求动作或者不依赖传感信号而进行简单的开启或关闭，阀门依靠驱动或自动机构使启闭件做升降、滑移、旋摆或回转运动，从而改变其流道面积的大小以实现其控制功能。

图 5-15 手动气阀实物图

二、攻螺纹的方法及技巧

用丝锥加工内螺纹的方法称为攻螺纹，如图 5-16 所示。

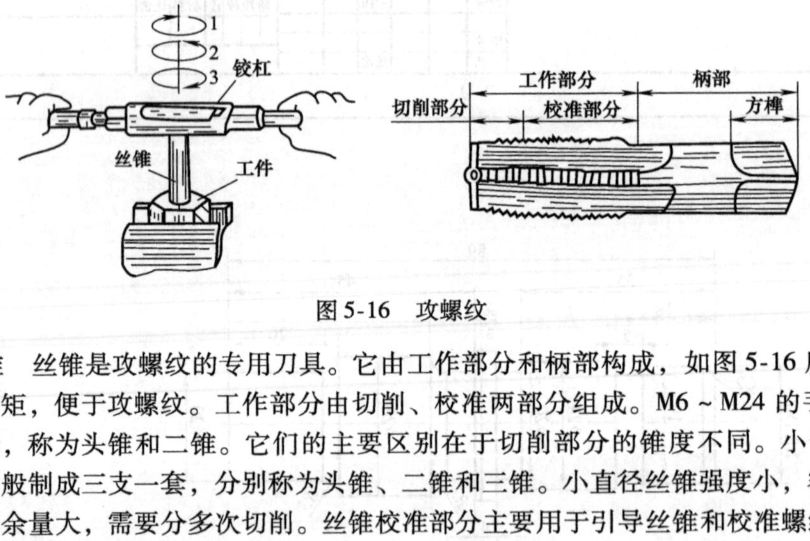

图 5-16 攻螺纹

（1）丝锥 丝锥是攻螺纹的专用刀具。它由工作部分和柄部构成，如图 5-16 所示。柄部装入铰杠传递转矩，便于攻螺纹。工作部分由切削、校准两部分组成。M6 ~ M24 的手用丝锥通常制成两支一套，称为头锥和二锥。它们的主要区别在于切削部分的锥度不同。小于 M6 或大于 M24 的丝锥一般制成三支一套，分别称为头锥、二锥和三锥。小直径丝锥强度小，容易折断；大直径丝锥切削余量大，需要分多次切削。丝锥校准部分主要用于引导丝锥和校准螺纹牙型。

（2）攻螺纹操作 攻螺纹前需要钻底孔。由于攻螺纹时丝锥的切削刃除对金属有切削作用外，对工件材料还产生挤压作用。挤压可能造成丝锥被挤住，发生崩刃、折断及工件乱扣现象，所以要根据不同材料首先确定螺纹底孔的直径（即钻底孔所用钻头的直径）和深度，对此可查有关手册或按下列经验公式计算：

1）脆性材料（如铸铁、青铜等）：底孔直径 D_0 = 螺纹大径 $D-(1.05\sim1.10)\times$ 螺距 P

2）韧性材料（如钢、纯铜等）：底孔直径 D_0 = 螺纹大径 $D-$ 螺距 P

攻不通孔螺纹时，因丝锥不能攻到底，所以钻孔深度要大于螺纹长度，即

底孔深度 L = 螺纹的有效长度 $L+0.7\times$ 螺纹大径 D

其次，钻削底孔并对孔口进行倒角，其倒角尺寸一般为 $(1\sim1.5)\times$ 螺距 $P\times45°$。若是通孔则两端均要倒角。倒角有利于丝锥开始切削时切入，且可避免孔口螺纹牙齿崩裂。

再次，用头锥攻螺纹。开始时，将丝锥垂直插入孔内，然后用铰杠轻压旋入1~2圈，目测或用直角尺在两个方向上检查丝锥与孔端面的垂直情况。丝锥切入3~4圈后，只转动，不加压，每转1~2圈后再反转1/4~1/2圈，以便断屑。攻钢件螺纹时应加机油润滑，攻铸铁件可加煤油。

最后，用二锥攻螺纹。先用手将丝锥旋入孔内，当旋不动时再用铰杠转动，此时不要加压力。

三、装配的基础知识

1. 装配

装配是指按照规定的技术要求，将若干个零件组装成部件或将若干个零件和部件组装成产品的过程。更明确地说，把已经加工好并经检验合格的单个零件，通过各种形式依次将零部件连接或紧固在一起，使之成为部件或产品的过程称为装配。

2. 装配工作的重要性

1）只有通过装配才能使若干个零件组合成一台完整的产品。

2）产品质量和使用性能与装配质量有着密切的关系，即装配工作的好坏，对整个产品的质量起着决定性的作用。

3）有些零件精度并不很高，但经过仔细修配和精心调整后，仍能装配出性能良好的产品。

3. 装配的工艺过程

（1）装配前的准备工作　研究和熟悉产品装配图及有关的技术资料，了解产品的结构、各零件的作用、相互关系及连接方法。

1）确定装配方法。

2）确定装配顺序。

3）清点装配时所需的工具、量具和辅具。

4）对照装配图清点零件、外购件、标准件等。

5）对装配零件进行清理和清洗。

6）对某些零件还需进行装配前的钳工工作，如刮削、修配、平衡试验、配钻、铰孔等。

（2）装配工作

1）部件装配。把零件装配成部件的过程称为部件装配。

2）总装配。把零件和部件装配成最终产品的过程称为总装配。

（3）调整、精度检验

1）调整就是调节零件或机构的相互位置、配合间隙、结合松紧度等，目的是使机构或机器协调工作，如调整轴承间隙、镶条位置、齿轮轴向位置等。

2）精度检验就是用量具或量仪对产品的工作精度、几何精度进行检验，直至达到技术要求为止。

（4）喷漆、涂油、装箱　喷漆是为了防止不加工面锈蚀和使产品外表美观。涂油是使产品工作表面和零件的已加工表面不生锈。

4. 装配工艺规程

装配工艺规程是装配工作的指导性文件，是工人进行装配工作的依据，它必须具备下列内容：

1）规定所有的零件和部件的装配顺序。

2）对所有的装配单元和零件确定出既保证装配精度，又是生产率比较高和比较经济的装配方法。

3）划分工序，确定工序内容。

4）确定必需的工人等级和工时定额。

5）选择完成装配工作所必需的工具、夹具及装配用的设备。

6）确定验收方法和装配技术条件。

参考文献

[1] 陈颂阳．数控车削加工技术［M］．北京：人民邮电出版社，2015.
[2] 张方阳．加工中心数控车组合项目教程［M］．武汉：华中科技大学出版社，2011.
[3] 周晓红．数控铣削工艺与技能训练［M］．北京：机械工业出版社，2011.
[4] 关颖．数控车床操作与加工项目式教程［M］．北京：电子工业出版社，2011.
[5] 施晓芳．数控加工工艺［M］．北京：电子工业出版社，2011.
[6] 殷小清，黄文汉，吴永锦．数控编程与加工——基于工作过程［M］．北京：中国轻工业出版社，2011.
[7] 曹著明，刘京华．组合件数控加工综合实训［M］．北京：机械工业出版社，2013.
[8] 武友德，吴伟．机械零件加工工艺编制［M］．北京：机械工业出版社，2009.